全国高职高专土建类专业规划教材

Building

Building engineering measurement and valuation

建筑工程计量与计价

主 编 黄昌见
副主编 施秀凤 万和香 王 锦
主 审 刘 粲

内容简介

本书根据住房和城乡建设部、国家质量监督检验检疫总局联合发布的《建设工程工程量清单计价规范》（GB 50500—2013）和《房屋建筑与装饰工程工程量计算规范》（GB 50854—2013）编写。

本书基于工作过程系统化建设课程的理念，以专业岗位技能为主线，共分为4个学习情境：①建筑工程计价入门；②建筑与装饰装修工程工程量计算；③建筑与装饰装修工程措施项目工程量计算；④建筑与装饰装修工程费用计算。在每个学习情境中设置了【能力目标】、【知识目标】，穿插了【课堂活动】、【小贴士】、【研讨与练习】及【知识链接】，并在每个学习情境后安排【能力训练】及【练习与思考】，从更深层次促使学生思考，提高其职业操作技能。

本书可作为高职高专建筑工程技术、工程造价、工程监理等专业的教材，也可作为高校相关专业师生及在岗工程造价人员学习参考资料。

全国高职高专土建类专业规划教材编审委员会

出版说明 INSTRUCTIONS

遵照《国务院关于加快发展现代职业教育的决定》(国发〔2014〕19号)提出的“服务经济社会发展和人的全面发展，推动专业设置与产业需求对接，课程内容与职业标准对接，教学过程与生产过程对接，毕业证书与职业资格证书对接”的基本原则，为全面推进高等职业院校土建类专业教育教学改革，促进高端技术技能型人才的培养，依据国家高职高专教育土建类专业教学指导委员会高等职业教育土建类专业教学基本要求，通过充分的调研，在总结吸收国内优秀高职高专教材建设经验的基础上，我们组织编写和出版了这套高职高专土建类专业“十三五”规划教材。

高职高专教学改革不断深入，土建行业工程技术日新月异，相应国家标准、规范，行业、企业标准、规范不断更新，作为课程内容载体的教材也必然要顺应教学改革和新形式的变化，适应行业的发展变化。教材建设应该按照最新的职业教育教学改革理念构建教材体系，探索新的编写思路，编写出版一套全新的、高等职业院校普遍认同的、能引导土建专业教学改革的“十三五”规划系列教材。为此，我们成立了规划教材编审委员会。教材编审委员会由全国30多所高职院校的权威教授、专家、院长、教学负责人、专业带头人及企业专家组成。编审委员会通过推荐、遴选，聘请了一批学术水平高、教学经验丰富、工程实践能力强的骨干教师及企业专家组成编写队伍。

本套教材具有以下特色：

1. 教材依据国家高职高专教育土建类专业教学指导委员会《高职高专土建类专业教学基本要求》编写，体现科学性、创新性、应用性；体现土建类教材的综合性、实践性、区域性、时效性等特点。

2. 适应高职高专教学改革的要求，以职业能力为主线，采用行动导向、任务驱动、项目载体，教、学、做一体化模式编写，按实际岗位所需的知识能力来选取教材内容，实现教材与工程实际的零距离“无缝对接”。

3. 体现先进性特点。将土建学科的新成果、新技术、新工艺、新材料、新知识纳入教材，结合最新国家标准、行业标准、规范编写。

4. 教材内容与工程实际紧密联系。教材案例选择符合或接近真实工程实际，有利于培养学生的工程实践能力。

5. 以社会需求为基本依据，以就业为导向，融入建筑企业岗位(八大员)职业资格考试、国家职业技能鉴定标准的相关内容，实现学历教育与职业资格认证相衔接。

6. 教材体系立体化。为了方便老师教学和学生学习，本套教材建立了多媒体教学电子课件、电子图集、标准规范、优秀专业网站、教学指导、教学大纲、题库、案例素材等教学资源支持服务平台。

全国高职高专土建类专业规划教材

编审委员会

前言 PREFACE

根据高职高专人才培养目标和工学结合人才培养模式以及专业教学改革的要求，本书基于工作过程系统化课程建设的理念，以专业岗位技能为主线，将整个建设项目的计量计价实施过程贯穿到课程中来，采用“边学边做、工学结合”的教学模式，实现所学即所用。

本书在编写时采用的标准、规范及相关文件主要有:《建筑安装工程费用项目组成》(建标〔2013〕44 号文件)、《建设工程工程量清单计价规范》(GB 50500—2013)、《房屋建筑与装饰工程工程量计算规范》(GB 50854—2013)、《建筑工程建筑面积计算规范》(GB/T 50353—2013)、《广东省建设工程计价通则(2010)》、《广东省建筑与装饰工程综合定额(2010)》上中下三册、《广东省建筑、装饰工程工程量清单计价指引(2013)》《混凝土结构施工图平面整体表示方法制图规则和构造详图》(11G101－1、11G101－2、11G101－3)等。

由于高职高专院校专业设置和课程内容的取舍要充分考虑企业和毕业生就业岗位的需求，建筑工程技术专业的毕业生主要从事施工员、安全员、质检员、监理员、造价员、资料员等岗位和岗位群的工作，所以本教材主要包括建筑工程计价入门、建筑与装饰装修工程工程量计算、建筑与装饰装修工程措施项目工程量计算、建筑与装饰装修工程费用计算等内容，并具有以下特点。

1. 课程内容新颖实用。本教材编写以最新颁布的国家和行业标准、规范为依据，体现我国当前工程造价体制改革的最新精神，反映了国内外本学科的最新动态。

2. 可操行性强，注重学生应用技能的培养。本书列举了许多典型的建筑与装饰装修工程实用的案例，并穿插了大量的工程图片，图文并茂，通俗易懂。特别是将大规模案例教学形式引入本课程教学，使学生置身于真实工作环境中，以实例进行教学和模拟训练，迅速提高学生实践动手能力。

3. 课程知识结构合理。在知识结构上本书以建筑工程计量与计价工作过程作为主线设置教学情境，把相关知识点融入情境各个环节中去，以情境进展引导能力拓展，做到知识内容全面，主线明确，层次分明，重点突出，结构合理。

4. 教材框架设计力求创新。在教材体系方面，每个学习情境前设置了【能力目标】、【知识目标】，为学生学习和教师教学作了引导；每个学习情境中穿插了【课堂活动】、【小贴士】、【研讨与练习】及【知识链接】，把以学生为主体，不断提高教学质量的改革模式作为编书的出发点。每个学习情境后安排【能力训练】及【练习与思考】，从更深层次促使学生思考，并提高其职业操作技能。

本书是集体智慧的结晶，由企业专家和同行专业人士共同制订教材编写大纲，同时参与教材编写过程的研讨工作。本书由广州城建职业学院黄昌见（造价工程师）统稿、定稿并担任主编，由广东广信建筑工程监理有限公司高级工程师刘粲担任主审。参与编写的还有广州城建职业学院施秀凤、广州华商职业学院王锦、广东交通职业技术学院张丽姝。在教材编写过程中得到了广州白云工商技师学院万和香的大力支持。

本书具体编写分工如下：学习情境1中任务1～任务2由刘粲编写，任务3～任务5由王锦编写；学习情境2由黄昌见编写；学习情境3由施秀凤编写；学习情境4由万和香编写；张丽姝编写了附录、每章练习与思考题及答案，并校对了全部书稿。

为了帮助任课教师更好地备课，按照教学计划顺利完成教学任务，我们将对选用本教材的授课教师提供包括课程标准、单元设计、教学PPT课件等在内的完整教学资料一套（联系方式：电子邮箱597658178@qq.com）。

本书在编写过程中参考了大量文献资料，同行也提出了很多宝贵意见，在此向相关人员一并表示衷心的感谢！

鉴于编者水平有限，书中不妥之处在所难免，恳请广大读者和同行批评指正。

编　者

目 录 CONTENTS

学习情境1　建筑工程计价入门 …… (1)

任务1　基本建设认识 …… (1)
任务2　建筑工程计价 …… (4)
任务3　工程量清单计价解读 …… (6)
任务4　工程量清单的编制 …… (8)
任务5　建设工程定额介绍 …… (36)
练习与思考 …… (47)

学习情境2　建筑与装饰装修工程工程量计算 …… (48)

任务1　建筑面积计算 …… (48)
任务2　土石方工程清单工程量计算 …… (65)
任务3　地基处理与边坡支护工程清单工程量计算 …… (74)
任务4　桩基工程清单工程量计算 …… (85)
任务5　砌筑工程清单工程量计算 …… (92)
任务6　混凝土及钢筋混凝土工程清单工程量计算 …… (114)
任务7　金属结构工程清单工程量计算 …… (147)
任务8　木结构工程清单工程量计算 …… (156)
任务9　门窗工程清单工程量计算 …… (163)
任务10　屋面及防水工程清单工程量计算 …… (177)
任务11　保温、隔热、防腐工程清单工程量计算 …… (188)
任务12　楼地面装饰工程清单工程量计算 …… (195)
任务13　墙、柱面装饰与隔断、幕墙工程清单工程量计算 …… (206)
任务14　天棚工程清单工程量计算 …… (217)
任务15　油漆、涂料、裱糊工程清单工程量计算 …… (223)
任务16　其他装饰工程清单工程量计算 …… (229)
练习与思考 …… (238)

学习情境3　建筑与装饰装修工程措施项目工程量计算 …… (239)

任务1　脚手架工程清单工程量计算 …… (239)
任务2　混凝土模板及支架(撑)工程清单工程量计算 …… (249)
任务3　其他措施工程清单工程量计算 …… (256)
练习与思考 …… (263)

学习情境4　建筑与装饰装修工程费用计算 …… (264)
任务1　建筑安装工程费用项目组成 …… (264)
任务2　综合单价的编制与计算 …… (270)
任务3　分部分项工程费计算 …… (272)
任务4　措施项目费计算 …… (278)
任务5　其他项目费计算 …… (280)
任务6　规费及税金计算 …… (281)
任务7　工程总费用计算及实例 …… (281)
练习与思考 …… (318)
附录　学生创业训练综合楼建筑施工图、结构施工图 …… (319)
参考文献 …… (347)

学习情境1　建筑工程计价入门

【能力目标】

1. 能正确划分基本建设项目；
2. 能正确描述计价模式；
3. 能正确描述清单计价程序；
4. 能结合《房屋建筑与装饰工程工程量计算规范》(GB 50854—2013)编制建筑与装饰装修工程工程量清单；
5. 能在工程计价实务中运用预算定额和企业定额。

【知识目标】

1. 了解基本建设的概念、造价文件的分类，掌握基本建设项目的划分；
2. 熟悉建筑工程计价的含义及模式；
3. 熟悉工程量清单计价的依据和计价程序；
4. 熟悉《建设工程工程量清单计价规范》(GB 50500—2013)、《房屋建筑与装饰工程工程量计算规范》(GB 50854—2013)的组成内容；
5. 了解建设工程定额的分类，掌握预算定额和企业定额的运用要点。

任务1　基本建设认识

1.1.1　基本建设

基本建设是指国民经济各部门为了扩大再生产而进行的增加固定资产的建设工作，也就是指建造、购置和安装固定资产的活动以及与此有关的其他工作。

【小贴士】

建造和安装是指建筑物、构筑物的建造和机械设备的安装；购置是指设备、工具和器具等的购置；有关的其他工作是指土地征购、拆迁补偿、勘察设计、试运转、生产职工培训和建设单位管理工作等。

1.1.2　基本建设项目的划分

为了基本建设管理工作和确定工程造价的需要，基本建设项目可划分为建设项目、单项工程、单位工程、分部工程和分项工程5个层次。如图1.1.1所示。

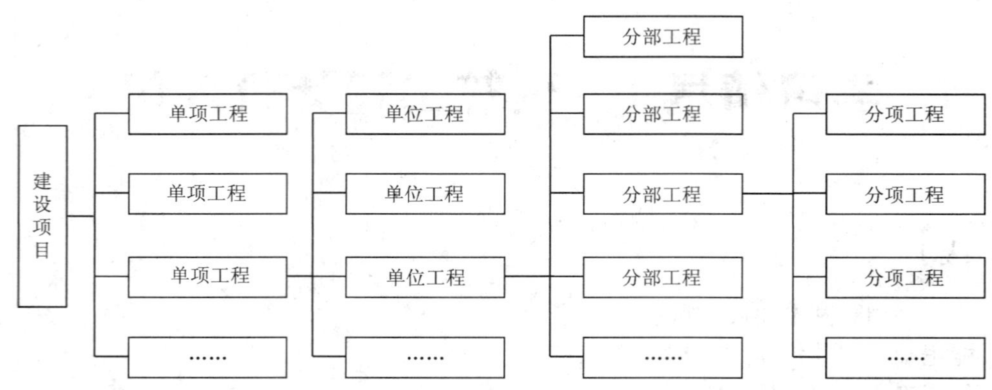

图 1.1.1　基本建设项目划分

(1)建设项目

建设项目是指经过有关部门批准的立项文件和设计任务书，经济上实行独立核算、行政上具有独立组织形式。在我国，建设项目的实施单位一般称为建设单位，建设项目的名称一般是以这个建设单位的名称来命名。如××小区、××工厂、××学校等都是建设项目。

(2)单项工程(又称工程项目)

单项工程是建设项目的组成部分，具有独立的设计文件，建成后可以独立发挥生产能力和使用效益。一个建设项目可以是一个或多个单项工程，如一个学校的行政楼、图书馆、教学楼、食堂，等等。

(3)单位工程

单位工程是单项工程的组成部分，是指具有独立设计文件，可以独立组织施工，但建成后不能独立发挥生产能力和使用效益的工程。如教学楼的建筑工程。

(4)分部工程

分部工程是单位工程的组成部分，一般是按照专业性质、工程部位的原则进行划分。如建筑工程可划分为地基与基础、主体结构、建筑装饰装修、屋面、建筑给水排水及供暖、通风与空调、建筑电气、智能建筑、建筑节能、电梯等 10 个分部工程。

当分部工程较大或较复杂时，可按材料种类、施工特点、施工程序、专业系统及类别将分部工程划分为若干分部工程。如主体结构可分为混凝土结构、砌体结构、钢结构、钢管混凝土结构、型钢混凝土结构、铝合金结构、木结构等 7 个子分部工程。

(5)分项工程

分项工程是分部工程的组成部分，一般按主要工种、材料、施工工艺、设备类别的原则进行划分。如混凝土结构工程可以划分为模板、钢筋、混凝土、预应力、现浇结构、装配式结构等分项工程。分项工程是单位工程组成的基本要素，也是工程造价的基本计算单位体，在“预算定额”中是组成定额的基本单位体，也被称为定额子目。

综上所述，一个建设项目是由若干个单项工程组成的，一个单项工程是由若干个单位工程组成的，一个单位工程是由若干个分部工程组成的，一个分部工程可以划分为若干个分项工程。

【课堂活动】

讨论并回答图 1.1.2 方框内“?”应填什么。并分组举出类似实例。

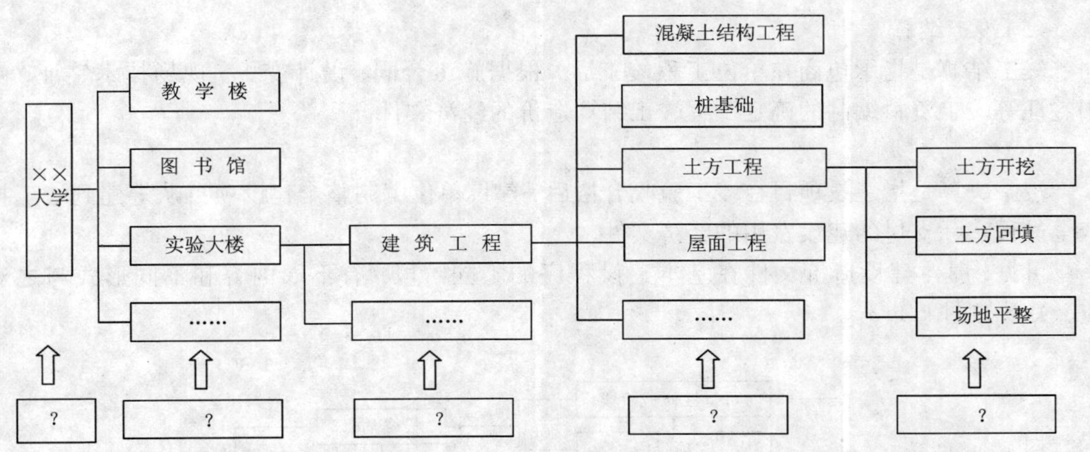

图 1.1.2　××大学新建工程基本建设项目的划分示意图

1.1.3　基本建设工程造价文件的分类

建设项目工程造价的计价贯穿于建设项目从投资决策到竣工验收全过程，是各阶段逐步深化、逐步细化和逐步接近实际造价的工程。计价过程各环节之间相互衔接，前者制约后者，后者补充前者。根据建设程序进展阶段的不同，基本建设工程造价文件包括投资估算，设计概算，施工图预算，标底、招标控制价、投标价，竣工结算和竣工决算等。

(1)投资估算

投资估算是指在可行性研究阶段、立项阶段，由可研单位或建设单位编制，用以确定建设项目的投资控制额的基本建设造价文件。投资估算只能反映工程大致的状况和投入，其作用主要是控制设计概算。

(2)设计概算

设计概算是指在初步设计或扩大初步设计阶段，由设计单位以投资估算为目标，根据初步设计图样、概算定额或概算指标、费用定额和有关技术经济资料，预先计算和确定建设项目从筹建至竣工验收、交付使用全部建设费用的经济文件。

(3)施工图预算

施工图预算是指在施工图设计完成后，单位工程开工前，由施工承包单位根据已审定的施工图纸、施工组织设计、消耗量定额或规范、单位估价表和各项费用取费要求、建设地区的自然及技术经济条件等资料，预先计算和确定建筑工程费用的技术经济文件。

(4)标底、招标控制价、投标价

标底是指业主为控制工程建设项目的投资，根据招标文件、各种计价依据和资料以及有关规定所计算的，用于测评各投标单位工程报价的工程造价。

招标控制价是招标人根据国家或省级、行业建设主管部门颁布的有关计价依据和办法，以及拟订的招标文件和招标工程量清单，结合工程具体情况编制的招标工程的最高投标限价。

投标价是指投标人投标时响应招标文件要求所报出的对已标价工程量清单汇总后标明的总价。

(5)竣工结算

竣工结算是指承包商在单位工程竣工后，根据施工合同、设计变更、现场技术签证、费用签证等竣工资料编制的确定工程竣工结算造价的经济文件。

(6)竣工决算

竣工决算是指建设项目在竣工验收合格后，建设单位编制整个建设项目从筹建到竣工投产全过程实际支付的建设费用的经济文件。

可见，基本建设造价文件在基本建设程序的不同阶段，有不同内容和不同形式与之对应，关系如图 1.1.3。

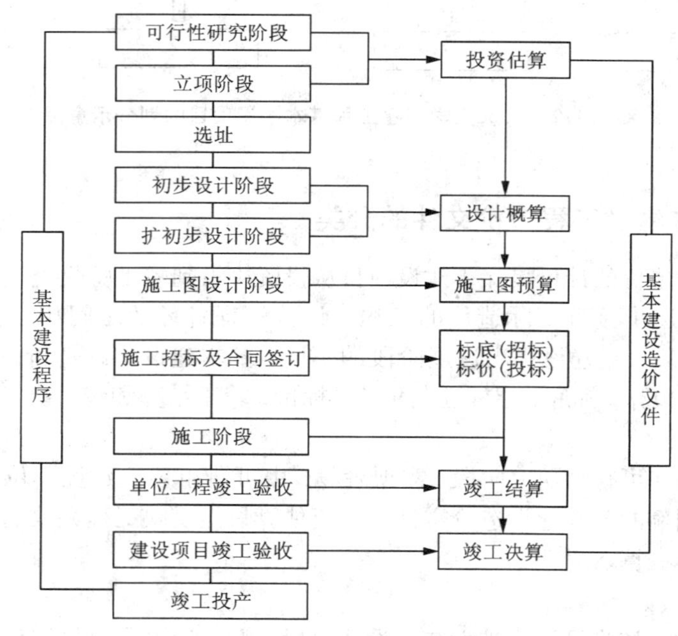

图 1.1.3　基本建设造价文件分类图

任务 2　建筑工程计价

1.2.1　建筑工程计价

计价，即计算建筑工程造价。建筑工程造价即建筑工程产品的价格。建筑工程产品的价格由成本、利润及税金组成，这与一般工业产品是相同的。但建筑产品有建设地点的固定性、施工的流动性、产品的单件性、施工周期长、涉及部门广等特点，每个建筑产品都必须单独设计和独立施工才能完成，即使利用同套图纸，也会因建设地点、时间、地质和地貌构造、各地消费水平等的不同，人工、材料的单价的不同以及各地规费计取标准、企业管理水平、竞争获得中标目的不同等诸多因素影响，而导致建筑产品价格的不同。所以建筑产品价格必须由特殊的定价方式来确定，那就是每个建筑产品必须单独定价。

1.2.2　建筑工程计价模式

建筑工程计价分为定额计价和工程量清单计价两种模式。

1. 定额计价模式

定额计价是在我国计划经济时期和计划经济向市场经济转型时期所采用的行之有效的计价模式。采用这种模式确定单位工程价格，其编制方法通常有单价法和实物法两种。

(1)单价法

所谓单价法是利用预算定额(或消耗量定额及估价表)中各分项工程相应的定额单价来编制单位工程计价文件的方法。首先按施工图计算出各分项工程量，并乘以相应的定额单价，汇总相加将得到单位工程的人、料、机费用，然后另加企业管理费、利润、规费和税金等，最后汇总各项费用即得到单位工程总造价。

单价法编制单位工程计价文件，其中人、料、机费用的计算公式为：

单位工程人、料、机费用 = ∑(分项工程量 × 预算定额单价)

应用单价法编制单位工程施工图预算的步骤如图1.2.1所示。

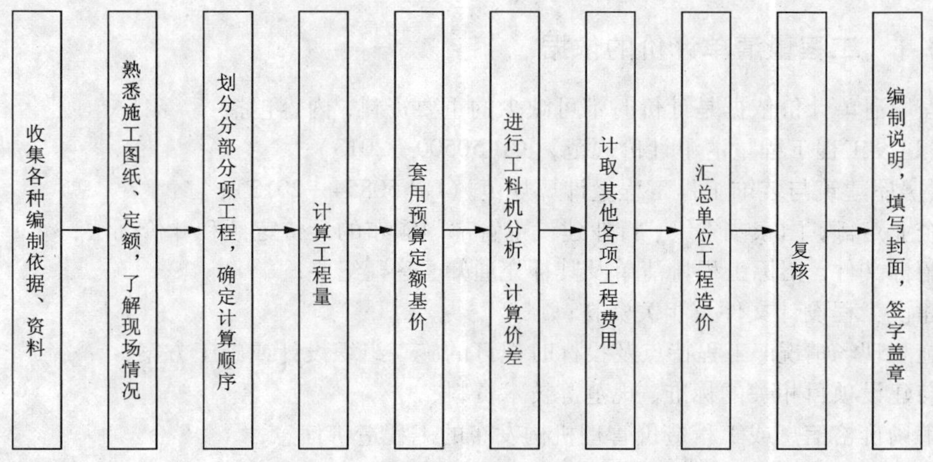

图1.2.1　单价法编制单位工程施工图预算的步骤

(2)实物法

实物法是首先计算出分项工程量，然后套用预算定额中相应人工、材料、机械台班用量，经汇总，再分别乘以工程当时当地的人工、材料、机械台班的实际价格，并按规定计取企业管理费、利润、规费、税金等其他各项费用，最后汇总即可得到单位工程价格。

实物法编制单位工程计价文件，人、料、机费用的计算公式为：

单位工程人、料、机费用 = ∑(分项工程量 × 人工定额用量 × 当时当地人工工资单价) + ∑(分项工程量 × 材料定额用量 × 当时当地材料单价) + ∑(分项工程量 × 施工机械台班定额用量 × 当时当地施工机械台班单价)

【小贴士】

实物法的计价步骤与单价法基本相同，但与单价法的主要区别是实物法通过套用定额消耗量，再分别乘以当时当地的各类人工、材料和机械台班的实际单价来确定人、料、机费用。

2. 工程量清单计价模式

由于传统的定额计价模式抑制市场的竞争，不利于促进企业改进技术、加强管理、提高劳动效率和市场竞争力，基于这种背景，我国在2003年提出另一种计价模式——工程量清单计价模式。

所谓工程量清单计价模式，是在建设工程招投标中，招标人或受其委托的具有资质的中介机构编制工程量清单，并作为招标文件的一部分提供给投标人，由投标人在投标报价时根据企业自身情况自主报价，经评审合理低价中标的一种计价方式。

工程量清单计价模式的造价计算方法采用"综合单价"法，即招标方给出工程量清单，投标方根据工程量清单组合分部分项工程的综合单价，并计算出分部分项工程的费用，再计算措施项目费、其他项目费、规费及税金，最后汇总成总造价。其基本数学模型是：

建筑工程造价＝分部分项工程费＋措施项目费＋其他项目费＋规费＋税金

任务3　工程量清单计价解读

1.3.1　工程量清单计价的依据

工程量清单计价依据是计价时不可缺少的重要资料，内容包括：

1)《建设工程工程量清单计价规范》(GB 50500—2013)；

2)《房屋建筑与装饰工程工程量计算规范》(GB 50854—2013)；

3)企业定额，国家或省级、行业建设主管部门颁布的计价定额和计价办法；

4)招标文件、招标工程量清单及其补充通知、答疑纪要；

5)建设工程设计文件及相关资料；

6)施工现场情况、工程特点及投标时拟订的施工组织设计或施工方案；

7)与建设项目相关的标准、规范等技术资料；

8)市场价格信息或工程造价管理机构发布的工程造价信息；

9)其他的相关资料。

1.3.2　工程量清单计价程序

工程量清单计价的一般编制程序，如图1.3.1所示。

1. 熟悉施工图纸及相关资料，了解现场情况

在编制工程量清单之前，首先熟悉施工图纸以及图纸答疑、地质勘探报告等相关资料，然后到工地建设地点了解现场实际情况，以便正确编制工程量清单。熟悉施工图纸及相关资料以便于列出分部分项工程项目名称，了解现场便于列出施工措施、项目名称。

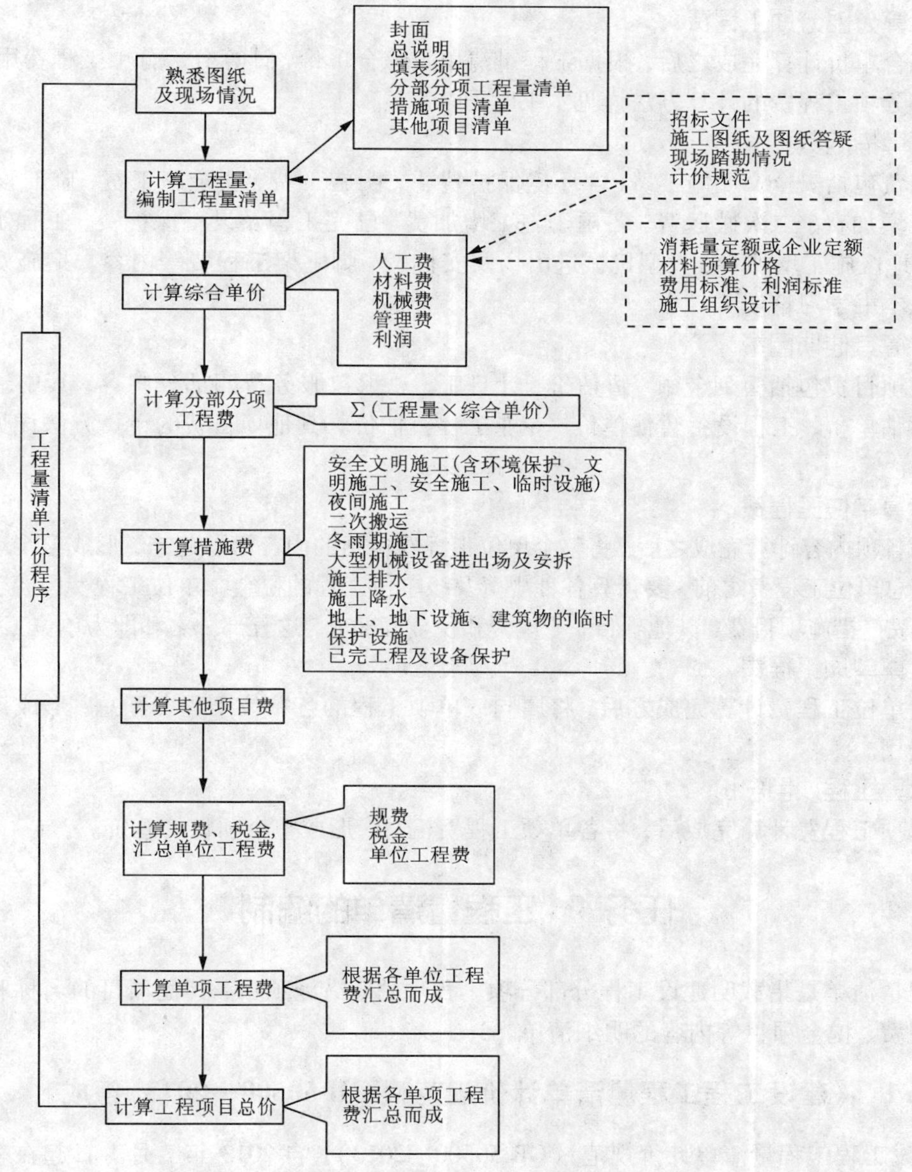

图1.3.1　工程量清单计价程序示意图

2. 编制工程量清单

工程量清单是载明建设工程分部分项工程项目、措施项目、其他项目的名称和相应数量以及规费、税金项目等内容的明细清单。工程量清单由招标人或其委托人，根据施工图纸、招标文件、计价规范以及现场实际情况，经过精心计算编制而成。

3. 计算综合单价

计算综合单价是标底编制人(指招标人或其委托人)或标价编制人(指投标人)，根据工程量清单、招标文件、建筑工程定额、施工组织设计、施工图纸、材料预算价格等资料，计算分项工程的单价。综合单价的计算方法详见本书学习情境4。

4. 计算分部分项工程费

在综合单价计算完成之后，根据工程量清单及综合单价，计算分部分项工程费用。

分部分项工程费的计算方法详见本书学习情境4。

5. 计算措施费

措施费包括安全文明施工费（含环境保护费、文明施工费、安全施工费、临时设施费）、夜间施工增加费、二次搬运费、冬雨季施工增加费、已完工程及设备保护费、工程定位复测费、特殊地区施工增加费、大型机械进出场及安拆费、脚手架工程费等内容。措施费的计算方法详见本书学习情境4。

6. 计算其他项目费

其他项目费包括暂列金额、暂估价、计日工、总承包服务费四部分内容，其中暂估价包括材料暂估单价、工程设备暂估单价、专业工程暂估价。其他项目费的计算方法详见本书学习情境4。

7. 计算单位工程费

前面各项内容计算完成之后，将整个单位工程费包括的内容汇总起来，形成整个单位工程费。在汇总单位工程费之前，要计算各种规费及该单位工程的税金。单位工程费内容包括分部分项工程费、措施项目费、其他项目费、规费和税金五部分，这五部分之和即为单位工程费。

8. 计算单项工程费

在各单位工程费计算完成之后，将属同一单项工程的各单位工程费汇总，形成该单项工程的总费用。

9. 计算工程项目总价

各单项工程费计算完成后，将各单项工程费汇总，形成整个项目的总价。

任务4　工程量清单的编制

工程量清单是指载明建设工程分部分项工程项目、措施项目、其他项目的名称和相应数量以及规费、税金项目等内容的明细清单。

1.4.1 《建设工程工程量清单计价规范》（GB 50500—2013）组成

《建设工程工程量清单计价规范》（GB 50500—2013），自2013年7月1日起在全国统一贯彻实施，原《建设工程工程量清单计价规范》（GB 50500—2008）同时废止。

《建设工程工程量清单计价规范》（GB 50500—2013）由正文和附录两部分组成。

1. 正文

正文包括总则、术语、一般规定、工程量清单编制、招标控制价、投标报价、合同价款约定、工程计量、合同价款调整、合同价款期中支付、竣工结算与支付、合同解除的价款结算与支付、合同价款争议的解决、工程造价鉴定、工程计价资料与档案、工程计价表格等16个方面。

2. 附录

附录包括物价变化合同价款调整方法，工程计价文件封面，工程计价文件扉页，工程计价总说明，工程计价汇总表，分部分项工程和措施项目计价表，其他项目计价表，规费、税金项目计价表，工程计量申请（核准）表，合同价款支付申请（核准）表，主要材料、工程设备一览表等11个方面。

1.4.2 《房屋建筑与装饰工程工程量计算规范》(GB 50854—2013)组成

《房屋建筑与装饰工程工程量计算规范》(GB 50854—2013)由正文和附录两部分组成。

1. 正文

正文包括总则、术语、工程计量、工程量清单编制4个方面。

2. 附录

附录包括土石方工程，地基处理与边坡支护工程，桩基工程，砌筑工程，混凝土及钢筋混凝土工程，金属结构工程，木结构工程，门窗工程，屋面及防水工程，保温、隔热、防腐工程，楼地面装饰工程，墙、柱面装饰与隔断、幕墙工程，天棚工程，油漆、涂料、裱糊工程，其他装饰工程，拆除工程，措施项目等17个方面。

1.4.3 分部分项工程量清单

分部分项工程量清单是指构成建设工程实体的全部分项实体项目名称和相应数量的明细清单，其格式见表1.4.1。

表1.4.1 分部分项工程和单价措施项目清单与计价表

工程名称：××工程　　标　段：　　第　页 共　页

序号	项目编码	项目名称	项目特征描述	计量单位	工程量	金额(元)		
						综合单价	合价	其中
								暂估价
1	010101001001	平整场地	1. 土壤类别：一、二类土	m^2	160.35			

【小贴士】

编制工程量清单时，若出现《房屋建筑与装饰工程工程量计算规范》(GB 50854—2013)附录中未包括的项目，编制人应做补充，并报省级或行业工程造价管理机构备案，省级或行业工程造价管理机构应汇总报住房和城乡建设部标准定额研究所。

补充项目的编码由代码01与B和三位阿拉伯数字组成，并应从01B001起顺序编制，同一招标工程的项目不得重码。

补充的工程量清单需附有补充项目的名称、项目特征、计量单位、工程量计算规则、工作内容。不能计量的措施项目，需附有补充项目的名称、工作内容及包含范围。

1. 项目编码

项目编码按《房屋建筑与装饰工程工程量计算规范》(GB 50854—2013)规定，采用5级编码，12位阿拉伯数字表示。1~9位应按附录的规定设置，10~12位应根据拟建工程的工程量清单项目名称和项目特征设置，同一招标工程的项目编码不得有重码。其中1~2位(1级)为专业工程代码，3~4位(2级)为附录分类顺序码，5~6位(3级)为分部工程顺序码，7~9位(4级)为分项工程项目名称顺序码，10~12位为清单项目名称顺序码。

（1）专业工程代码（第1～2位）

专业工程代码见表1.4.2。

表1.4.2　专业工程代码

第1～2位编码	对应的专业	第1～2位编码	对应的专业
01	房屋建筑与装饰工程	06	矿山工程
02	仿古建筑工程	07	构筑物工程
03	通用安装工程	08	城市轨道交通工程
04	市政工程	09	爆破工程
05	园林绿化工程		

（2）附录分类顺序码（第3～4位）

房屋建筑与装饰工程专业共分17个附录码，见表1.4.3。

表1.4.3　附录分类顺序码

第3～4位编码	对应的附录	适应的专业	前4位编码
01	A	土石方工程	0101
02	B	地基处理与边坡支护工程	0102
03	C	桩基工程	0103
04	D	砌筑工程	0104
05	E	混凝土及钢筋混凝土工程	0105
06	F	金属结构工程	0106
07	G	木结构工程	0107
08	H	门窗工程	0108
09	J	屋面及防水工程	0109
10	K	保温、隔热、防腐工程	0110
11	L	楼地面装饰工程	0111
12	M	墙、柱面装饰与隔断、幕墙工程	0112
13	N	天棚工程	0113
14	P	油漆、涂料、裱糊工程	0114
15	Q	其他装饰工程	0115
16	R	拆除工程	0116
17	S	措施项目	0117

（3）分部工程顺序码（第5～6位）

表1.4.4为房屋建筑与装饰工程中的砌筑工程中的分部工程顺序码。

表1.4.4　分部工程顺序码

第5~6位编码	对应的附录	适用的分部工程	前6位编码
01	D.1	砖砌体	010401
02	D.2	砌块砌体	010402
03	D.3	石砌体	010403
04	D.4	垫层	010404

(4)分项工程项目名称顺序码(第7~9位)

表1.4.5为砖砌体的分项工程顺序码。

表1.4.5　分项工程项目名称顺序码

第7~9位编码	对应的附录	适用的分项工程	前9位编码
001	D.1	砖基础	010401001
002	D.1	砖砌挖孔桩护壁	010401002
003	D.1	实心砖墙	010401003

(5)清单项目名称顺序码(第10~12位)

清单项目名称顺序码主要是区别同一分项工程具有不同特征的项目。如C20、C25两种现浇钢筋混凝土矩形柱的清单编码：矩形柱C20，010502001001；矩形柱C25，010502001002。

2.项目名称

分部分项工程量清单的项目名称应按附录的项目名称结合拟建工程的实际确定。

3.项目特征

项目特征是确定一个清单项目综合单价不可缺少的重要依据，在编制工程量清单时，必须对项目特征进行准确和全面地描述。但有些项目特征用文字往往又难以准确和全面地描述。为达到规范、简洁、准确、全面描述项目特征的要求，在描述工程量清单项目特征时应按以下原则进行：

1)项目特征描述的内容应按计价规范附录中的规定，结合拟建工程的实际，满足确定综合单价的需要。

2)若采用标准图集或施工图纸能够全部或部分满足项目特征描述的要求，项目特征描述可直接采用详见××图集或××图号的方式。对不能满足项目特征描述要求的部分，仍应用文字描述。

4.计量单位

计量单位应按附录中规定的计量单位确定。当计量单位有两个或两个以上时，应结合拟建工程项目的实际情况，确定其中一个为计量单位。同一工程项目的计量单位应一致。例如《房屋建筑与装饰工程工程量计算规范》(GB 50854—2013)对门窗工程的计量单位已修订为“樘”或“m^2”两个计量单位，实际工作中，就应选择最适宜、最方便计量的单位来表示。工程计量时每一项目汇总的有效位数应遵守下列规定：

1）以“t”为单位，应保留小数点后三位数字，第四位小数四舍五入；

2）以“m”、“m^2”、“m^3”、“kg”为单位，应保留小数点后两位数字，第三位小数四舍五入；

3）以“个”、“件”、“根”、“组”、“系统”为单位，应取整数。

5. 工程量计量规则

工程量必须按计价规范中的工程量计算规则计算。

6. 工程内容

工程内容无须描述，因为其主要讲的是操作程序。

**【课堂活动】**

根据以上所述内容，分组讨论并回答表1.4.6中的“?”。

××工程基础为砖基础，已知长度为20 m，砖基础断面面积为0.45 m^2，剖面图如图1.4.1所示，砂石垫层200 mm厚，采用MU10页岩砖、M5.0水泥砂浆砌筑的等高式标准砖大放脚基础，试编制砖基础的工程量清单(基础墙厚均为240 mm)。

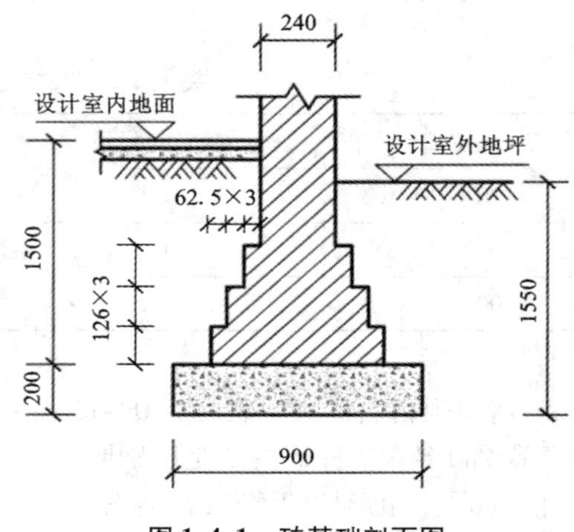

图1.4.1　砖基础剖面图

【解】　1)项目名称：砖基础。

2)项目编码：?

3)项目特征描述：?

4)计量单位：m^3

5)计算工程量：$0.45\times20=9.00\ m^3$

6)表格填写。

表1.4.6　分部分项工程和单价措施项目清单与计价表

工程名称：××工程　　　　标　段：　　　　第　页　共　页

序号	项目编码	项目名称	项目特征描述	计量单位	工程量	金额(元)		
						综合单价	合价	其中 暂估价
1	?	砖基础	1. 砖品种、规格、强度等级：? 2. 基础类型：? 3. 砂浆强度等级：?	m^3	9.00			

1.4.4　措施项目清单

措施项目清单的编制需考虑多种因素，除工程本身的因素外，还涉及水文、气象、环境、安全等因素。在编制措施项目清单时，因工程情况不同，出现计量规范附录中未列的措施项目，可根据工程的具体情况对措施项目清单作补充。

计量规范将措施项目划分为两类：一类是不能计算工程量的项目，如文明施工和安全防护、临时设施等，就以“项”计价，称为“总价项目”；另一类是可以计算工程量的项目，如脚手架、降水工程等，就以“量”计价，更有利于措施费的确定和调整，称为“单价项目”。

1.4.5 其他项目清单

其他项目清单是指除分部分项工程量清单、措施项目清单外的由于招标人的特殊要求而设置的项目清单。工程建设标准的高低、工程的复杂程度、工程的工期长短、工程的组成内容、发包人对工程管理要求等都直接影响其他项目清单的具体内容，按照《建设工程工程量清单计价规范》(GB 50500—2013)，其他项目清单宜按照下列内容列项：

1)暂列金额；

2)暂估价(包括材料暂估单价、工程设备暂估单价、专业工程暂估价)；

3)计日工；

4)总承包服务费。

若出现上述1)~4)条未列部分，编制人可根据工程的具体情况进行补充。

1. 暂列金额

暂列金额是指建设单位在工程量清单中暂定并包括在工程合同价款中的一笔款项。用于施工合同签订时尚未确定或者不可预见的所需材料、工程设备、服务的采购，施工中可能发生的工程变更、合同约定调整因素出现时的工程价款调整以及发生的索赔、现场签证确认等的费用。

【课堂活动】

暂列金额列入合同价格是否就属于承包人(中标人)所有？

2. 暂估价

暂估价是指招标人在工程量清单中提供的用于支付必然要发生但暂时不能确定价格的材料、工程设备的单价以及专业工程的金额。一般而言，为方便合同管理，需要纳入分部分项工程项目清单综合单价中的暂估价应只是材料费、工程设备费，以方便投标人组价。专业工程的暂估价应是综合暂估价，包括除规费和税金以外的管理费、利润等。

3. 计日工

计日工是为了解决现场发生的零星工作的计价而设立的。计日工对完成零星工作所消耗的人工工时、材料数量、施工机械台班进行计量，并按照计日工表中填报的适用项目的单价进行计价支付。

4. 总承包服务费

总承包服务费是指为了解决招标人在法律、法规允许的条件下进行专业工程发包以及自行供应材料、工程设备，并需要总承包人对发包的专业工程提供协调和配合服务，对甲供材料、工程设备提供收、发和保管服务以及进行施工现场管理时发生并向总承包人支付的费用。招标人应预计该项费用，并按投标人的投标报价向投标人支付该项费用。

1.4.6 规费项目清单

规费项目清单是指根据国家法律、法规规定，由省级政府或省级有关权力部门规定施工企业必须缴纳的，应计入建筑安装工程造价的费用项目明细清单。《建设工程工程量清单计价规范》(GB 50500—2013)规定，规费项目清单应按照下列内容列项：

1)社会保险费(包括养老保险费、失业保险费、医疗保险费、工伤保险费、生育保险费)；

2)住房公积金；

3)工程排污费。

若出现上述1)～3)条未列的项目，应根据省级政府或省级有关部门的规定列项。

1.4.7 税金项目清单

税金项目清单是指按照国家税法规定的应计入建筑安装工程造价内的营业税、城市维护建设税、教育费附加和地方教育附加项目清单。

1.4.8 工程量清单计价编制使用表格

(表格实践操作具体详见“学习情景4”中的“任务7”)

1.封面

1)招标工程量清单封面，见表1.4.7。

表1.4.7 招标工程量清单封面

＿＿＿＿＿＿＿工程 **招标工程量清单** 招　标　人：＿＿＿＿＿＿＿＿＿＿ (单位盖章) 造价咨询人：＿＿＿＿＿＿＿＿＿＿ (单位盖章) 年　月　日

2)招标控制价封面，见表1.4.8。

表1.4.8　招标控制价封面

__________工程

招标控制价

招　标　人：__________________
（单位盖章）

造价咨询人：__________________
（单位盖章）

3)投标总价封面，见表1.4.9。

表1.4.9　投标总价封面

__________工程

投标总价

投　标　人：__________________
（单位盖章）

年　月　日

4）竣工结算书封面，见表1.4.10。

表1.4.10　竣工结算书封面

<table>
<tr><td>

________工程

竣 工 结 算 书

发　包　人：______________
（单位盖章）

承　包　人：______________
（单位盖章）

造价咨询人：______________
（单位盖章）

年　月　日

</td></tr>
</table>

5）工程造价鉴定意见书封面，见表1.4.11。

表1.4.11　工程造价鉴定意见书封面

<table>
<tr><td>

________工程

编号：×××[2×××]××号

工程造价鉴定意见书

造价咨询人：______________
（单位盖章）

年　月　日

</td></tr>
</table>

2. 工程计价文件扉页

1)招标工程量清单扉页，见表1.4.12。

表1.4.12　招标工程量清单扉页

＿＿＿＿＿工程

招标工程量清单

招　标　人：＿＿＿＿＿＿＿＿＿　　造价咨询人：＿＿＿＿＿＿＿＿＿

（单位盖章）　　（单位资质专用章）

法定代表人　　法定代表人

或其授权人：＿＿＿＿＿＿＿＿＿　　或其授权人：＿＿＿＿＿＿＿＿＿

（签字或盖章）　　（签字或盖章）

编　制　人：＿＿＿＿＿＿＿＿＿　　复　核　人：＿＿＿＿＿＿＿＿＿

（造价人员签字盖专用章）　　（造价工程师签字盖专用章）

编制时间：年　月　日　　复核时间：　年　月　日

2)招标控制价扉页，见表1.4.13。

表1.4.13　招标控制价扉页

＿＿＿＿＿工程

招标控制价

招标控制价(小写)：＿＿＿＿＿＿＿＿＿＿＿＿＿＿＿＿＿＿

(大写)：＿＿＿＿＿＿＿＿＿＿＿＿＿＿＿＿＿＿

招　标　人：＿＿＿＿＿＿＿＿＿　　造价咨询人：＿＿＿＿＿＿＿＿＿

（单位盖章）　　（单位资质专用章）

法定代表人　　法定代表人

或其授权人：＿＿＿＿＿＿＿＿＿　　或其授权人：＿＿＿＿＿＿＿＿＿

（签字或盖章）　　（签字或盖章）

编　制　人：＿＿＿＿＿＿＿＿＿　　复　核　人：＿＿＿＿＿＿＿＿＿

（造价人员签字盖专用章）　　（造价工程师签字盖专用章）

编制时间：年　月　日　　复核时间：　年　月　日

3)投标总价扉页，见表1.4.14。

表1.4.14　投标总价扉页

投标总价

招　标　人：________________

工程名称：________________

投标总价(小写)：________________

(大写)：________________

投　标　人：________________

(单位盖章)

法定代表人

或其授权人：________________

(签字或盖章)

编　制　人：________________

(造价人员签字盖专用章)

编制时间：　　年　月　日

4)竣工结算总价扉页，见表1.4.15。

表1.4.15　竣工结算总价扉页

________工程

竣工结算总价

签约合同价(小写)：________　　(大写)：________

竣工结算价(小写)：________　　(大写)：________

发　包　人：________　承　包　人：________　造价咨询人：________

(单位盖章)　(单位盖章)　(单位资质专用章)

法定代表人　法定代表人　法定代表人

或其授权人：________　或其授权人：________　或其授权人：________

(签字或盖章)　(签字或盖章)　(签字或盖章)

编　制　人：________　核对人：________

(造价人员签字盖专用章)　(造价工程师签字盖专用章)

编制时间：　年　月　日　　核对时间：　年　月　日

5）工程造价鉴定意见书扉页，见表1.4.16。

表1.4.16　工程造价鉴定意见书扉页

<table>
<tr><td>

________工程

工程造价鉴定意见书

鉴定结论：

造价咨询人：________________

（盖单位章及资质专用章）

法定代表人：________________

（签字或盖章）

造价工程师：________________

（签字盖专用章）

年　月　日

</td></tr>
</table>

3.工程计价总说明

工程计价总说明，见表1.4.17。

（1）工程量清单的编制总说明应按下列内容填写

1）工程概况：建设规模、工程特征、计划工期、施工现场实际情况、自然地理条件、环境保护要求等。

2）工程招标和专业工程发包范围。

3）工程量清单编制依据。

4）工程质量、材料、施工等的特殊要求。

5）其他需要说明的问题。

（2）招标控制价、投标报价、竣工结算的编制总说明应按下列内容填写

1）工程概况：建设规模、工程特征、计划工期、合同工期、实际工期、施工现场及变化情况、施工组织设计的特点、自然地理条件、环境保护要求等。

2）编制依据等。

（3）工程造价鉴定总说明应按下列内容填写

1）鉴定项目委托人名称、委托鉴定的内容。

2）委托鉴定的证据材料。

3）鉴定的依据及使用的专业技术手段。

4）对鉴定过程的说明。

5）明确的鉴定结论。

6）其他需说明的事宜。

表 1.4.17 总说明

工程名称： 第 页 共 页

4. 工程计价汇总表

1）建设项目招标控制价/投标报价汇总表，见表 1.4.18。

表 1.4.18 建设项目招标控制价/投标报价汇总表

工程名称： 第 页 共 页

序号	单项工程名称	金额(元)	其中：金额(元)		
			暂估价	安全文明施工费	规费
合计					

注：本表适用于建设项目招标控制价或投标报价的汇总。

2）单项工程招标控制价/投标报价汇总表，见表 1.4.19。

表 1.4.19 单项工程招标控制价/投标报价汇总表

工程名称： 第 页 共 页

序号	单位工程名称	金额(元)	其中：金额(元)		
			暂估价	安全文明施工费	规费
合计					

注：本表适用于单项工程招标控制价或投标报价的汇总。暂估价包括分部分项工程中的暂估价和专业工程暂估价。

3)单位工程招标控制价/投标报价汇总表，见表1.4.20。

表1.4.20　单位工程招标控制价/投标报价汇总表

工程名称：　　　　　　　　　　　标　段：　　　　　　　　　　　第　页　共　页

序号	汇总内容	金额(元)	其中：暂估价(元)
1	分部分项工程		
1.1			
1.2			
…			
2	措施项目		
2.1	其中：安全文明施工费		
3	其他项目		
3.1	其中：暂列金额		
3.2	其中：专业工程暂估价		
3.3	其中：计日工		
3.4	其中：总承包服务费		
4	规费		
5	税金		
招标控制价合计=1+2+3+4+5			

注：本表适用于单位工程招标控制价或投标报价的汇总，如无单位工程划分，单项工程也使用本表汇总。

4)建设项目竣工结算汇总表，见表1.4.21。

表1.4.21　建设项目竣工结算汇总表

工程名称：　　　　　　　　　　　　　　　　　　　　　　　　　　第　页　共　页

序号	单项工程名称	金额(元)	其中：金额(元)	
			安全文明施工费	规费
	合　计			

5)单项工程竣工结算汇总表，见表1.4.22。

表 1.4.22　单项工程竣工结算汇总表

工程名称：　　　　　　　　　　　　　　　　　　　　　　　　　　第　页　共　页

序号	单位工程名称	金额(元)	其中：金额(元)	
			安全文明施工费	规 费
合　计				

6)单位工程竣工结算汇总表，见表 1.4.23。

表 1.4.23　单位工程竣工结算汇总表

工程名称：　　　　　　　　　　标　段：　　　　　　　　　　第　页　共　页

序号	汇 总 内 容	金　额(元)
1	分部分项工程	
1.1		
1.2		
…		
2	措施项目	
2.1	其中：安全文明施工费	
3	其他项目	
3.1	其中：专业工程结算价	
3.2	其中：计日工	
3.3	其中：总承包服务费	
3.4	其中：索赔与现场签证	
4	规费	
5	税金	
竣工结算总价合计 = 1 + 2 + 3 + 4 + 5		

注：如无单位工程划分，单项工程也使用本表汇总。

5. 分部分项工程和措施项目计价表

1)分部分项工程和单价措施项目清单与计价表，见表 1.4.24。

表1.4.24　分部分项工程和单价措施项目清单与计价表

工程名称：　　　　　　　　　　　　标　段：　　　　　　　　　　　　第　页　共　页

序号	项目编码	项目名称	项目特征描述	计量单位	工程量	金　额(元)		
						综合单价	合价	其中
								暂估价
本页小计								
合　计								

注：为计取规费等的使用，可在表中增设“其中：定额人工费”。

2)综合单价分析表，见表1.4.25。

表1.4.25　综合单价分析表

工程名称：　　　　　　　　　　　　标　段：　　　　　　　　　　　　第　页　共　页

项目编码		项目名称		计量单位		工程量			
清单综合单价组成明细									
定额编号	定额项目名称	定额单位	数量	单　价				合　价			
				人工费	材料费	机械费	管理费和利润	人工费	材料费	机械费	管理费和利润
…											
人工单价	小　计										
元/工日	未计价材料费										
清单项目综合单价											
材料费明细	主要材料名称、规格、型号				单位	数量		单价(元)	合价(元)	暂估单价(元)	暂估合价(元)
	其他材料费							—		—	
	材料费小计							—		—	

注：①如不使用省级或行业建设主管部门发布的计价依据，可不填定额编号、名称等。

②招标文件提供了暂估单价的材料，按暂估的单价填入表内“暂估单价”栏及“暂估合价”栏。

3）综合单价调整表，见表1.4.26。

表1.4.26　综合单价调整表

工程名称：　　　　　　　　　　　　标　段：　　　　　　　　　　　　第　页　共　页

序号	项目编码	项目名称	已标价清单综合单价（元）					调整后综合单价（元）				
			综合单价	其中				综合单价	其中			
				人工费	材料费	机械费	管理费和利润		人工费	材料费	机械费	管理费和利润
…												

造价工程师（签章）：　　　发包人代表（签章）　　造价人员（签章）：　　　承包人代表（签章）

日期：　　　　　　　　　　　　　　日期：

注：综合单价调整应附调整依据。

4）总价措施项目清单与计价表，见表1.4.27。

表1.4.27　总价措施项目清单与计价表

工程名称：　　　　　　　　　　　　标　段：　　　　　　　　　　　　第　页　共　页

序号	项目编码	项目名称	计算基础	费率（%）	金额（元）	调整费率（%）	调整后金额（元）	备注
		安全文明施工费						
		夜间施工增加费						
		二次搬运费						
		冬雨季施工增加费						
		已完工程及设备保护费						
		…						
合计								

编制人（造价人员）：　　　　　　　　　　　　　复核人（造价工程师）：

注：①“计算基础”中安全文明施工费可为“定额基价”、“定额人工费”或“定额人工费＋定额机械费”，其他项目可为“定额人工费”或“定额人工费＋定额机械费”。

②按施工方案计算的措施费，若无“计算基础”和“费率”的数值，也可只填“金额”数值，但应在备注栏说明施工方案出处或计算方法。

6. 其他项目计价表

1）其他项目清单与计价汇总表，见表1.4.28。

表 1.4.28　其他项目清单与计价汇总表

工程名称：　　　　　　　　　　　标　段：　　　　　　　　　　　第　页　共　页

序号	项目名称	金额(元)	结算金额(元)	备注
1	暂列金额			明细详见表 1.4.29
2	暂估价			
2.1	材料(工程设备)暂估价/结算价			明细详见表 1.4.30
2.2	专业工程暂估价/结算价			明细详见表 1.4.31
3	计日工			明细详见表 1.4.32
4	总承包服务费			明细详见表 1.4.33
5	索赔与现场签证			明细详见表 1.4.34
…				
合计				—

注：材料(工程设备)暂估单价进入清单项目综合单价，此处不汇总。

2)暂列金额明细表，见表 1.4.29。

表 1.4.29　暂列金额明细表

工程名称：　　　　　　　　　　　标　段：　　　　　　　　　　　第　页　共　页

序号	项目名称	计量单位	暂定金额(元)	备注
1				
2				
…				
合　计				—

注：此表由招标人填写，如不能详列，也可只列暂定金额总额，投标人应将上述暂列金额计入投标总价中。

3)材料(工程设备)暂估单价及调整表，见表 1.4.30。

表 1.4.30　材料(工程设备)暂估单价及调整表

工程名称：　　　　　　　　　　　标　段：　　　　　　　　　　　第　页　共　页

序号	材料(工程设备)名称、规格、型号	计量单位	数量		暂估(元)		确认(元)		差额±(元)		备注
			暂估	确认	单价	合价	单价	合价	单价	合价	
合计											

注：此表由招标人填写“暂估单价”，并在备注栏说明暂估价的材料、工程设备拟用在哪些清单项目上，投标人应将上述材料、工程设备暂估单价计入工程量清单综合单价报价中。

4）专业工程暂估价及结算价表，见表1.4.31。

表1.4.31　专业工程暂估价及结算价表

工程名称：　　　　　　　　　　　　标　段：　　　　　　　　　　　　第　页　共　页

序号	工程名称	工程内容	暂估金额（元）	结算金额（元）	差额±（元）	备注
合　计						

注：此表“暂估金额”由招标人填写，投标人应将“暂估金额”计入投标总价中。结算时按合同约定结算金额填写。

5）计日工表，见表1.4.32。

表1.4.32　计日工表

工程名称：　　　　　　　　　　　　标　段：　　　　　　　　　　　　第　页　共　页

编号	项目名称	单位	暂定数量	实际数量	综合单价（元）	合价（元）	
						暂定	实际
一	人　工						
1							
2							
…							
人工小计							
二	材　料						
1							
2							
…							
材料小计							
三	施工机械						
1							
2							
…							
施工机械小计							
四、企业管理费和利润							
总　计							

注：此表项目名称、暂定数量由招标人填写，编制招标控制价时，单价由招标人按有关计价规定确定；投标时，单价由投标人自主报价，按暂定数量计算合价计入投标总价中。结算时，按发承包双方确认的实际数量计算合价。

6)总承包服务费计价表，见表1.4.33。

表1.4.33　总承包服务费计价表

工程名称：　　　　　　　　　　　　　　　　　　标　段：　　　　　　　　　　　　　　　　　第　页　共　页

序号	项目名称	项目价值(元)	服务内容	计算基础	费率(%)	金额(元)
1	发包人发包专业工程					
2	发包人提供材料					
	合计	—	—		—	

注：此表项目名称、服务内容由招标人填写，编制招标控制价时，费率及金额由招标人按有关计价规定确定；投标时，费率及金额由投标人自主报价，计入投标总价中。

7)索赔与现场签证计价汇总表，见表1.4.34。

表1.4.34　索赔与现场签证计价汇总表

工程名称：　　　　　　　　　　　　　　　　　　标　段：　　　　　　　　　　　　　　　　　第　页　共　页

序号	签证及索赔项目名称	计量单位	数量	单价(元)	合价(元)	索赔及签证依据
—	本页小计	—	—	—		—
—	合计	—	—	—		—

注：签证及索赔依据是指经双方认可的签证单和索赔依据的编号。

8）费用索赔申请（核准）表，见表1.4.35。

表1.4.35　费用索赔申请（核准）表

工程名称：　　　　　　　　　　　　　　　　　　标　段：　　　　　　　　　　　　　　　编号：

致：____（发包人全称）

根据施工合同条款第________条的约定，由于________原因，我方要求索赔金额（大写）________（小写________），请予核准。

附：1. 费用索赔的详细理由和依据：

2. 索赔金额的计算：

3. 证明材料：

承包人（章）

造价人员________　　　　承包人代表________　　　　日　期________

复核意见： 根据施工合同条款第________条的约定，你方提出的费用索赔申请经复核： □不同意此项索赔，具体意见见附件。 □同意此项索赔，索赔金额的计算，由造价工程师复核。 监理工程师________ 日　　期________	复核意见： 根据施工合同条款第________条的约定，你方提出的费用索赔申请经复核，索赔金额为（大写）________（小写________）。 造价工程师________ 日　　期________

审核意见：

□不同意此项索赔。

□同意此项索赔，与本期进度款同期支付。

发包人（章）
发包人代表________
日　　期________

注：①在选择栏中的"□"内作标识"√"。

②本表一式四份，由承包人填报，发包人、监理人、造价咨询人、承包人各存一份。

9）现场签证表，见表1.4.36。

表1.4.36　现场签证表

工程名称：　　　　　　　　　　　　标　段：　　　　　　　　　　　　编号：

<table>
<tr><td>施工部位</td><td></td><td>日期</td><td></td></tr>
<tr><td colspan="4">致：________________________________（发包人全称）
根据______（指令人姓名）　年　月　日的口头指令或你方__________（或监理人）　年　月　日的书面通知，我方要求完成此项工作应支付价款金额为（大写）__________（小写______），请予核准。
附：1. 签证事由及原因：
2. 附图及计算式：
承包人（章）
造价人员______　　承包人代表______　　日　期______</td></tr>
<tr><td colspan="2">复核意见：
你方提出的此项签证申请经复核：
□不同意此项签证，具体意见见附件。
□同意此项签证，签证金额的计算，由造价工程师复核。
监理工程师______
日　　期______</td><td colspan="2">复核意见：
□此项签证按承包人中标的计日工单价计算，金额为（大写）________元（小写________元）。
□此项签证因无计日工单价，金额为（大写）______（小写______）。
造价工程师______
日　　期______</td></tr>
<tr><td colspan="4">审核意见：
□不同意此项签证。
□同意此项签证，价款与本期进度款同期支付。
发包人（章）
发包人代表______
日　　期______</td></tr>
</table>

注：①在选择栏中的“□”内作标识“√”。

②本表一式四份，由承包人在收到发包人（监理人）的口头或书面通知后填写，发包人、监理人、造价咨询人、承包人各存一份。

7. 规费、税金项目计价表

规费、税金项目计价表，见表1.4.37。

表1.4.37 规费、税金项目计价表

工程名称： 标 段： 第 页 共 页

序 号	项目名称	计算基础	计算基数	计算费率(%)	金额(元)
1	规 费	定额人工费			
1.1	社会保险费	定额人工费			
(1)	养老保险费	定额人工费			
(2)	失业保险费	定额人工费			
(3)	医疗保险费	定额人工费			
(4)	工伤保险费	定额人工费			
(5)	生育保险费	定额人工费			
1.2	住房公积金	定额人工费			
1.3	工程排污费	按工程所在地环境保护部门收取标准，按实计入			
…					
2	税 金	分部分项工程费+措施项目费+其他项目费+规费-按规定不计税的工程设备金额			
合 计					

编制人(造价人员)： 复核人(造价工程师)：

8. 工程计量申请(核准)表

工程计量申请(核准)表，见表1.4.38。

表1.4.38 工程计量申请(核准)表

工程名称： 标 段： 第 页 共 页

序号	项目编码	项目名称	计量单位	承包人申报数量	发包人核实数量	发承包人确认数量	备注
承包人代表： 日期：		监理工程师： 日期：		造价工程师： 日期：		发包人代表： 日期：	

9. 合同价款支付申请(核准)表

(1)预付款支付申请(核准)表

预付款支付申请(核准)表见表1.4.39。

表1.4.39　预付款支付申请(核准)表

工程名称:　　　　　　　　　　　　标　段:　　　　　　　　　　　　编号:

致:________________________________(发包人全称)

我方根据施工合同的约定,现申请支付工程预付款额为(大写)________(小写________),请予核准。

序号	名称	申请金额(元)	复核金额(元)	备注
1	已签约合同价款金额			
2	其中:安全文明施工费			
3	应支付的预付款			
4	应支付的安全文明施工费			
5	合计应支付的预付款			
…				

承包人(章)

造价人员________　　承包人代表________　　日　期________

复核意见: □与合同约定不相符,修改意见见附件。 □与合同约定相符,具体金额由造价工程师复核。 监理工程师________ 日　　期________	复核意见: 你方提出的支付申请经复核,应支付预付款金额为(大写)________(小写________)。 造价工程师________ 日　　期________

审核意见:

□不同意。

□同意,支付时间为本表签发后的15天内。

发包人(章)

发包人代表________

日　　期________

注:①在选择栏中的"□"内作标识"√"。

②本表一式四份,由承包人填报,发包人、监理人、造价咨询人、承包人各存一份。

(2)总价项目进度款支付分解表

总价项目进度款支付分解表,见表1.4.40。

表 1.4.40　总价项目进度款支付分解表

工程名称：　　　　　　　　　　　　　　标　段：　　　　　　　　　　　　　　单位：元

序号	项目名称	总价金额	首次支付	二次支付	三次支付	四次支付	五次支付	
	安全文明施工费							
	夜间施工增加费							
	二次搬运费							
	…							
	社会保险费							
	住房公积金							
	…							
	合计							

编制人（造价人员）：　　　　　　　　　　　　　　　　复核人（造价工程师）：

注：①本表应由承包人在投标报价时根据发包人在招标文件明确的进度款支付周期与报价填写，签订合同时，发承包双方可就支付分解协商调整后作为合同附件。

②单价合同使用本表，“支付”栏时间应与单价项目进度款支付周期相同。

③总价合同使用本表，“支付”栏时间应与约定的工程计量周期相同。

（3）进度款支付申请（核准）表

进度款支付申请（核准）表，见表 1.4.41。

表 1.4.41　进度款支付申请（核准）表

工程名称：　　　　　　　　　　　　　　标　段：　　　　　　　　　　　　　　编号：

致：____（发包人全称）

我方于________至________期间已完成了________工作，根据施工合同的约定，现申请支付本周期的合同款额为（大写）________（小写________），请予核准。

序号	名称	实际金额（元）	申请金额（元）	复核金额（元）	备注
1	累计已完成的合同价款		—		
2	累计已实际支付的合同价款		—		
3	本周期合计完成的合同价款				
3.1	本周期已完成单价项目的金额				
3.2	本周期应支付的总价项目的金额				
3.3	本周期已完成的计日工价款				
3.4	本周期应支付的安全文明施工费				
3.5	本周期应增加的合同价款				

续表 1.4.41

序号	名称	实际金额(元)	申请金额(元)	复核金额(元)	备注
4	本周期合计应扣减的金额				
4.1	本周期应抵扣的预付款				
4.2	本周期应扣减的金额				
5	本周期应支付的合同价款				

附：上述 3、4 详见附件清单。

承包人(章)

造价人员________　　承包人代表________　　日　期________

复核意见：

□与实际施工情况不相符，修改意见见附件。

□与实际施工情况相符，具体金额由造价工程师复核。

监理工程师________
日　　期________

复核意见：

你方提出的支付申请经复核，本周期已完成合同款额为(大写)________(小写________)，本周期应支付金额为(大写)________(小写________)。

造价工程师________
日　　期________

审核意见：

□不同意。

□同意，支付时间为本表签发后的 15 天内。

发包人(章)
发包人代表________
日　　期________

注：①在选择栏中的“□”内作标识“√”。

②本表一式四份，由承包人填报，发包人、监理人、造价咨询人、承包人各存一份。

(4)竣工结算款支付申请(核准)表

竣工结算款支付申请(核准)表，见表 1.4.42。

表 1.4.42　竣工结算款支付申请(核准)表

工程名称：　　　　　　　　　标　段：　　　　　　　　　编号：

致：________________________(发包人全称)

我方于____至____期间已完成合同约定的工作，工程已经完工，根据施工合同的约定，现申请支付竣工结算合同款额为(大写)________(小写________)，请予核准。

序号	名称	申请金额(元)	复核金额(元)	备注
1	竣工结算合同价款总额			
2	累计已实际支付的合同价款			
3	应预留的质量保证金			
4	应支付的竣工结算款金额			

续表 1.4.42

序号	名称	申请金额(元)	复核金额(元)	备注

承包人(章)

造价人员________ 承包人代表________ 日 期________

复核意见：

□与实际施工情况不相符，修改意见见附件。

□与实际施工情况相符，具体金额由造价工程师复核。

监理工程师________
日 期________

复核意见：

你方提出的竣工结算款支付申请经复核，竣工结算款总额为(大写)________(小写________)，扣除前期支付以及质量保证金后应支付金额为(大写)________(小写________)。

造价工程师________
日 期________

审核意见：

□不同意。

□同意，支付时间为本表签发后的 15 天内。

发包人(章)
发包人代表________
日 期________

注：①在选择栏中的"□"内作标识"√"。

②本表一式四份，由承包人填报，发包人、监理人、造价咨询人、承包人各存一份。

(5)最终结清支付申请(核准)表

最终结清支付申请(核准)表，见表 1.4.43。

表 1.4.43 最终结清支付申请(核准)表

工程名称： 标 段： 编号：

致：____(发包人全称)

我方于________至________期间已完成了缺陷修复工作，根据施工合同的约定，现申请支付最终结清合同款额为(大写)________(小写________)，请予核准。

序号	名称	申请金额(元)	复核金额(元)	备注
1	已预留的质量保证金			
2	应增加因发包人原因造成缺陷的修复金额			
3	应扣减承包人不修复缺陷、发包人组织修复的金额			
4	最终应支付的合同价款			

续表 1.4.43

序号	名称	申请金额(元)	复核金额(元)	备注

上述3、4详见附件清单。

承包人(章)

造价人员________　　承包包人代表________　　日　期________

复核意见： □与实际施工情况不相符，修改意见见附件。 □与实际施工情况相符，具体金额由造价工程师复核。 监理工程师________ 日　期________	复核意见： 你方提出的支付申请经复核，最终应支付金额为(大写)________(小写________)。 造价工程师________ 日　期________

审核意见：

□不同意。

□同意，支付时间为本表签发后的15天内。

发包人(章)

发包人代表________

日　期________

注：①在选择栏中的"□"内作标识"√"。如监理人已退场，监理工程师栏可空缺。

②本表一式四份，由承包人填报，发包人、监理人、造价咨询人、承包人各存一份。

10. 主要材料、工程设备一览表

(1)发包人提供材料和工程设备一览表

发包人提供材料和工程设备一览表，见表1.4.44。

表1.4.44　发包人提供材料和工程设备一览表

工程名称：　　标　段：　　第　页　共　页

序号	材料(工程设备)名称、规格、型号	单位	数量	单价(元)	交货方式	送达地点	备注

注：此表由招标人填写，供投标人在投标报价、确定总承包服务费时参考。

（2）承包人提供主要材料和工程设备一览表（适用于造价信息差额调整法）

承包人提供主要材料和工程设备一览表（适用于造价信息差额调整法），见表1.4.45。

表1.4.45　承包人提供主要材料和工程设备一览表（适用于造价信息差额调整法）

工程名称：　　　　　　　　　　　　　　标　段：　　　　　　　　　　　　　　第　页　共　页

序号	名称、规格、型号	单位	数量	风险系数（%）	基准单价（元）	投标单价（元）	发承包人确认单价（元）	备注

注：①此表由招标人填写除"投标单价"栏的内容，投标人在投标时自主确定投标单价。

②招标人应优先采用工程造价管理机构发布的单价为基准单价，未发布的，通过市场调查确定其基准单价。

（3）承包人提供主要材料和工程设备一览表（适用于价格指数差额调整法）

承包人提供主要材料和工程设备一览表（适用于价格指数差额调整法），见表1.4.46。

表1.4.46　承包人提供主要材料和工程设备一览表（适用于价格指数差额调整法）

工程名称：　　　　　　　　　　　　　　标　段：　　　　　　　　　　　　　　第　页　共　页

序号	名称、规格、型号	变值权重 B	基本价格指数 F_0	现行价格指数 F_t	备注
	定值权重 A		—	—	
合计		1	—	—	

注：①"名称、规格、型号"、"基本价格指数"栏由招标人填写，基本价格指数应首先采用工程造价管理机构发布的价格指数，没有时，可采用发布的价格代替。如人工、机械费也采用本法调整，由招标人在"名称"栏填写。

②"变值权重"栏由投标人根据该项人工、机械费和材料、工程设备价值在投标总报价中所占的比例填写，1减去其比例为定值权重。

③"现行价格指数"按约定的付款证书相关周期最后一天的前42天的各项价格指数填写，该指数应首先采用工程造价管理机构发布的价格指数，没有时，可采用发布的价格代替。

任务5　建设工程定额介绍

1.5.1　概　述

1. 建设工程定额的概念

（1）定额

所谓定额，即规定的额度，是人们根据不同的需要，对某一事物规定的数量标准。

(2)建设工程定额

建设工程定额是指在正常的施工条件和合理劳动组织、合理使用材料及机械的条件下，完成单位合格产品所必须消耗资源的数量标准，其中的资源主要包括在建设生产过程中所投入的人工、机械、材料和资金等生产要素。建设工程定额反映了工程建设投入与产出的关系，它一般除了规定的数量标准以外，还规定了具体的工作内容、质量标准和安全要求等。

2. 建设工程定额分类

建设工程定额是工程建设中各类定额的总称。根据不同划分方式有不同的名称，如图1.5.1所示。

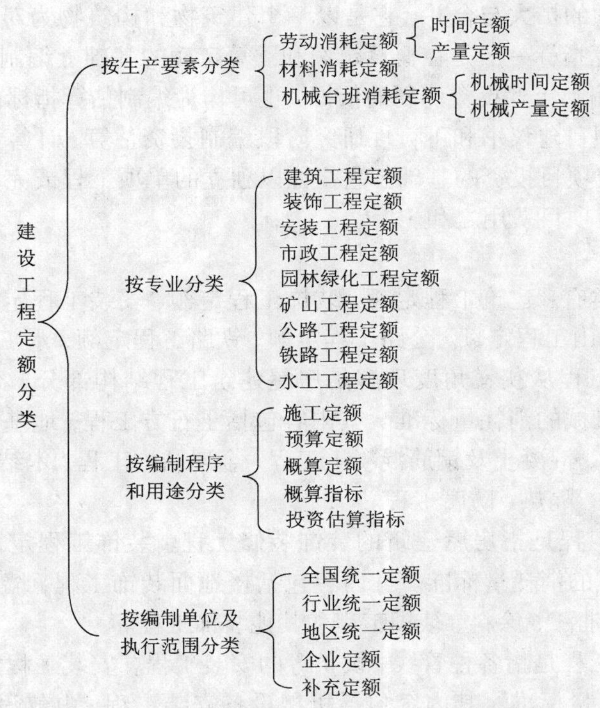

图1.5.1 建设工程定额分类图

(1)按生产要素分

1)劳动消耗定额，简称劳动定额或人工定额，是指在正常施工条件下，生产一定计量单位质量合格的建筑产品所需的劳动消耗量标准。其表现形式分为时间定额和产量定额。

2)材料消耗定额，简称材料定额，是指在合理和节约使用材料的前提下，生产单位合格产品所消耗的建筑材料的数量标准。

3)机械台班消耗定额，简称机械定额，是指在合理使用施工机械和合理组织施工条件下，完成单位合格产品所必须消耗的机械台班数量标准。其表现形式分为机械时间定额和机械产量定额。

(2)按编制程序和用途分类

1)施工定额，是以同一性质的施工过程—— 工序作为研究对象，确定完成一定计量单位的某一施工工程——工序所需人工、材料和机械台班消耗的数量标准。施工定额是施工企业组织生产和加强管理在企业内部使用的一种定额，属于企业定额的性质。施工定额是工程建设定额中分项最细、定额子目最多的一种定额，也是工程建设定额中的基础性定额。

2）预算定额，是指在正常施工生产条件下，在社会平均水平的基础上，完成一定计量单位的分项工程或结构构件所需消耗的人工、材料和施工机械台班的数量标准。预算定额是以建筑物或构筑物各个分部分项工程为对象编制的定额。预算定额是以施工定额为基础综合扩大编制的，同时也是编制概算定额的基础。

3）概算定额，是指确定生产一定计量单位扩大结构构件或扩大分部分项工程所需的人工、材料和施工机械台班消耗量的标准。概算定额是编制扩大初步设计概算、控制项目投资的重要依据，在工程建设的投资管理中起了重要作用。

4）概算指标，是概算定额的扩大与合并，它是以整个建筑物和构筑物为对象，以更为扩大的计量单位来编制的。概算指标一般是在概算定额和预算定额的基础上编制的，是设计单位编制设计概算或建设单位编制年度投资计划的依据，也可作为编制估算指标的基础。

5）投资估算指标，是在项目建议书和可行性研究阶段编制投资估算、计算投资需要量时使用的一种指标，是合理确定项目投资的基础。它往往以独立的单项工程或完整的工程项目为计算对象，编制内容是所有项目费用之和。

（3）按专业分类

建设工程定额按专业分类有：建筑工程定额、装饰工程定额、安装工程定额、市政工程定额、园林绿化工程定额、矿山工程定额、公路工程定额、铁路工程定额、水工工程定额等。

1）建筑工程定额。建筑工程从狭义角度理解是房屋建筑工程结构部分。建筑工程定额是指建筑工程人工、材料及机械的消耗量标准。其内容包括土石方工程，地基处理与边坡支护工程，桩基工程，砌筑工程，混凝土及钢筋混凝土工程，金属结构工程，木结构工程，门窗工程，屋面及防水工程，保温、隔热、防腐工程。

2）装饰工程定额。装饰工程是指房屋建筑的装饰装修工程。装饰工程定额是指建筑装饰装修工程人工、材料及机械的消耗量标准。其内容包括楼地面装饰工程，墙、柱面装饰与隔断、幕墙工程，天棚工程，油漆、涂料、裱糊工程和其他装饰工程。

3）安装工程定额。安装工程是指各种管线、设备等的安装工程。安装工程定额是指安装工程人工、材料及机械的消耗量标准。其内容包括机械设备安装工程，电气设备安装工程，热力设备安装工程，炉窑砌筑工程，静置设备与工艺金属结构制作安装工程，工业管道工程，消防工程，给排水、采暖、燃气工程，通风空调工程，自动化控制仪表安装工程，通信设备及线路工程，建筑智能化系统设备安装工程，长距离输送管道工程。

4）市政工程定额。市政工程是指城市的道路、桥涵和市政管网等公共设施及公用设施的建设工程。市政工程定额是指市政工程人工、材料及机械的消耗量标准。其内容包括土石方工程、道路工程、桥涵护岸工程、隧道工程、市政管网工程、地铁工程、钢筋工程、拆除工程。

5）园林绿化工程定额。园林绿化工程定额是指园林绿化工程人工、材料及机械的消耗量标准。其内容包括绿化工程，园路、园桥、假山工程，园林景观工程。

6）矿山工程定额。矿山工程定额是指矿山工程人工、材料及机械的消耗量标准。其内容包括露天工程和井巷工程。

7）公路工程定额。公路工程定额是指城际交通工程人工、材料及机械的消耗量标准。其内容包括城际交通公路工程和桥梁工程。

8）铁路工程定额。铁路工程定额是指铁路工程人工、材料及机械的消耗量标准。

9）水工工程定额。水工工程定额是指水工工程人工、材料及机械的消耗量标准。

（4）按编制单位及执行范围分类

1）全国统一定额。全国统一定额是由国家建设行政主管部门综合全国工程建设中技术和施工组织管理的情况编制，并在全国范围内执行的定额。

2）行业统一定额。行业统一定额是由各行业行政主管部门考虑到各行业部门专业工程技术特点以及施工生产和管理水平所编制的，一般只在本行业和相同专业性质的范围内使用。

3）地区统一定额。地区统一定额是由地区建设行政主管部门考虑地区性特点和全国统一定额水平作适当调整和补充而编制的，仅在本地区范围内使用。

4）企业定额。企业定额是指由施工企业考虑本企业的具体情况，参照国家、部门或地区定额进行编制，只在本企业内部使用的定额。企业定额水平应高于国家现行定额，才能满足生产技术发展、企业管理和增强市场竞争能力的需要。

5）补充定额。补充定额是指随着设计、施工技术的发展，现行定额不能满足需要的情况下，为了补充缺陷所编制的定额。补充定额只能在指定的范围内使用，可以作为以后修订定额的基础。

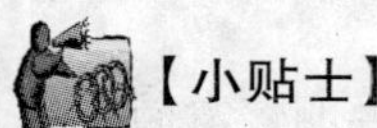【小贴士】

按定额的编制程序和用途分类的各种定额间关系比较如下。

施工定额是生产性定额，编制对象是施工工序，用于编制施工预算，定额水平为社会平均先进水平；预算定额是计价性定额，编制对象是分项工程，用于编制施工图预算，定额水平为社会平均水平；概算定额是计价性定额，编制对象是扩大的分项工程，用于编制扩大初步设计概算，定额水平为社会平均水平；概算指标是计价性定额，编制对象是整个建筑物或构筑物，用于编制初步设计概算，定额水平为社会平均水平；投资估算指标是计价性定额，编制对象是独立的单项工程或完整的工程项目，用于编制投资估算，定额水平为社会平均水平。

1.5.2　预算定额

目前现行的预算定额一般是指消耗量定额和单位估价表“二合一”的一种定额，即在定额表中既有一定计量单位的分项工程或结构构件所必需的人工、材料和施工机械台班消耗的数量标准，又有相应的预算基价。本节以《广东省建筑与装饰工程综合定额（2010）》为例，阐述预算定额的组成和应用。

1. 预算定额的组成

预算定额一般是按照工程种类不同以分部工程分章编制，例如：土石方工程、桩基础工程、砌筑工程、混凝土及钢筋混凝土工程、木结构工程、金属结构工程、屋面及防水工程、保温隔热工程等。每一章又按产品技术规格、施工方法等的不同，划分很多分项工程定额项目。

各分项工程按一定的顺序汇编成分部工程，然后按照施工顺序、项目特点装订成册即为建筑工程预算定额手册。

建筑工程预算定额手册一般由目录、总说明、分章说明、工程内容、工程量计算规则、分项工程定额表和有关附录等组成。如《广东省建筑与装饰工程综合定额（2010）》分上、中、下三册共 31 章，由五部分构成，分别是分部分项工程项目、措施项目、其他项目、规费、税金，另有 8 个附录以及示意图。此外，还有总说明，每章有章说明和工程量计算规则。

(1)定额总说明

定额总说明主要说明各分部工程的共性问题和有关的统一规定，对各章都起作用。主要包括以下内容：

1)定额的适用范围、指导思想及地位作用；

2)定额编制原则、依据及性质；

3)定额人工编制的依据、水平和已考虑的其他因素；

4)定额所采用的材料规格、材质标准、允许换算的原则；

5)定额考虑的机械、脚手架、超高费的范围；

6)关于人工、材料、机械及费用的一般规定。

【课堂活动】

讨论并回答《广东省建筑与装饰工程综合定额(2010)》中管理费按城市划分为几类？每一类分别包含广东省哪些城市？

(2)分章说明

该部分主要介绍了分部工程所包括的主要项目内容，编制中有关问题的说明，定额允许换算和不得换算及允许增减系数的一些规定，特殊情况的处理方法等。它是定额手册的重要部分，是执行定额和进行工程量计算的基础，必须全面掌握。

(3)工程量计算规则

工程量计算规则是对分部分项工程量计算规则所作的统一规定。

(4)分项工程定额表

分项工程定额表是预算定额的主要组成部分，主要包括工作内容，定额计量单位，定额编号，子目名称、基价，人工、材料、机械消耗量及相应的单价，人工费、材料费、机械费、(管理费)、(附注)等(如表 1.5.1 所示)。

$$基价 = 人工费 + 材料费 + 机械费 + (管理费)$$

式中：$人工费 = 分项工程定额用工量 \times 人工工日单价$

$$材料费 = \sum(分项工程定额材料用量 \times 相应的材料单价)$$

$$机械费 = \sum(分项工程定额机械台班使用量 \times 相应机械台班单价)$$

$$管理费 = (人工费 + 机械费) \times 系数$$

【小贴士】

管理费加括号表示不同地区使用的定额基价组成不同，包含或不包含管理费。如《广东省建筑与装饰工程综合定额(2010)》是包含管理费的。

表1.5.1　A.3.1.2　砖墙

工作内容：运料，淋砖，砂浆(制作)运输，砌砖，安放垫块、木砖、铁件等；
砖旋、砖过梁、砖拱包括制作、安装及拆除模板。　　计量单位：10 m^3

定额编号				A3－4
子目名称				混水砖外墙
				墙体厚度
				3/4 砖
基价(元)		一类		2453.28
		二类		2438.02
		三类		2422.77
		四类		2407.52
其中	人工费（元）			806.00
	材料费（元）			1525.25
	机械费（元）			—
	管理费(元)	一类		122.03
		二类		106.77
		三类		91.52
		四类		76.27
编　码	名　称	单　位	单价(元)	消 耗 量
0001001	综合工日	工日	51.00	15.804
0413001	标准砖 240 mm×115 mm×53 mm	千块	270.00	5.433
0503051	松杂板枋材	m^3	1313.52	0.017
0401013	复合普通硅酸盐水泥 P. C 32.5	t	317.07	0.044
3115001	水	m^3	2.80	1.100
0351001	圆钉(综合)	kg	4.36	0.370
8001436	含量：水泥石灰砂浆 M5.0(制作)	m^3	—	[2.180]
9946131	其他材料费	元	1.00	17.37

(5)定额附录(附表)

定额手册最后是附录(附表)，它是配合定额使用的不可缺少的重要组成部分，主要包括各种半成品配合比表、装饰材料预算价格表及机械台班单价表等资料，有时还设附件图等，供定额换算、补充使用。如《广东省建筑与装饰工程综合定额(2010)》附录包括8个方面：

1)建筑物超高增加人工、机械；

2)利润标准；

3)商品混凝土价格参考表、混凝土及砂浆制作含量表(见表1.5.2)；

4)混凝土及砂浆配合比；

5)人工工种划分参考表；

6)工料机价格构成及管理费内容说明；

7)建筑与装饰材料损耗率参考表；

8)管理费费率参考表。

表 1.5.2　现场搅拌砌筑砂浆

计量单位：m^3

<table>
<tr><td colspan="4">材　料　编　号</td><td>8001606</td><td>8001611</td></tr>
<tr><td colspan="4" rowspan="2">材　料　名　称</td><td colspan="2">水泥石灰砂浆</td></tr>
<tr><td>M5.0</td><td>M7.5</td></tr>
<tr><td colspan="4">基 价（元）</td><td>169.84</td><td>181.33</td></tr>
<tr><td rowspan="3">其中</td><td colspan="3">人工费(元)</td><td>16.83</td><td>16.83</td></tr>
<tr><td colspan="3">材料费(元)</td><td>143.30</td><td>154.79</td></tr>
<tr><td colspan="3">机械费(元)</td><td>9.71</td><td>9.71</td></tr>
<tr><td>编　码</td><td>名　称</td><td>单 位</td><td>单价(元)</td><td colspan="2">消　耗　量</td></tr>
<tr><td>0001001</td><td>综合工日</td><td>工 日</td><td>51.00</td><td>0.330</td><td>0.330</td></tr>
<tr><td>8005021</td><td>砌筑用混合砂浆(配合比)中砂 M5.0</td><td>m^3</td><td>143.30</td><td>1.000</td><td>—</td></tr>
<tr><td>8005031</td><td>砌筑用混合砂浆(配合比)中砂 M7.5</td><td>m^3</td><td>154.79</td><td>—</td><td>1.000</td></tr>
<tr><td>9905691</td><td>灰浆搅拌机(拌筒容量 200L)</td><td>台班</td><td>70.86</td><td>0.137</td><td>0.137</td></tr>
</table>

2. 预算定额手册的使用

预算定额手册主要包括预算定额的直接套用、预算定额的换算和预算定额的补充三方面的工作内容。

(1)预算定额的直接套用

当施工图的设计要求与定额的项目内容完全一致时，可以直接套用预算定额。

【应用案例 1.5.1】 某工程混水砖外墙，墙体厚度为3/4砖厚，采用标准砖、M5.0水泥石灰砂浆砌筑，根据表1.5.1及表1.5.2确定该分项工程的定额基价(管理费按一类地区考虑)。

【解】 ① 确定定额编号，查表1.5.1，得定额编号为A3－4。

②确定该分项工程定额基价 = 2453.28 + 2.180 × 169.84 = 2823.53 元/10 m^3

(2)预算定额的换算

当施工图纸设计项目内容与套用的相应定额项目的内容不完全一致时，则应按定额规定的范围、内容和方法进行换算。

定额换算主要有乘系数换算、砂浆(混凝土)换算和其他换算等。

1)乘系数换算。乘系数换算是指根据定额的分部说明或附注规定，对定额基价或其中的人工费、材料费、机械费乘以规定的换算系数，从而得出新的定额基价。

$$换算后的基价 = 原定额基价 \times 调整系数$$

或 $$换算后的基价 = 原定额基价 + \sum 调整部分金额 \times (调整系数 - 1)$$

【应用案例1.5.2】　《广东省建筑与装饰工程综合定额(2010)》土石方工程章说明中规定：土方定额是按干土编制的。如挖湿土时，人工挖土按相应定额子目人工消耗量乘以系数1.18。试确定人工挖100 m^3三类湿土(深度在1.5 m内)的定额基价(管理费按一类地区考虑，人工挖土方三类土深度在1.5 m内定额基价为1557.56元/100 m^3，其中人工费为1348.54元/100 m^3)。

【解】　换算后基价=原定额基价+人工费×(调整系数-1)

=1557.56+1348.54×(1.18-1)

=1800.30元/100 m^3

2)砂浆(混凝土)换算。砂浆换算是指砌筑砂浆的强度等级、抹灰砂浆配合比及砂浆用量的换算；混凝土换算是指构件混凝土、楼地面混凝土的强度等级、混凝土类型的换算。即换算公式为：

换算后的基价=换算前的定额基价+(换入单价-换出单价)×定额材料用量

【应用案例1.5.3】　已知某工程采用混水砖外墙，墙体厚度为3/4砖厚，采用标准砖、M7.5水泥石灰砂浆砌筑，根据表1.5.1及表1.5.2确定该混水砖外墙的定额基价(管理费按一类地区考虑)。

【解】　由【应用案例1.5.1】可知，采用3/4墙厚、标准砖、M5.0水泥石灰砂浆砌筑的混水砖外墙，定额基价为2823.53元/10 m^3

换算后的基价=换算前的定额基价+(换入单价-换出单价)×定额材料用量

=2823.53+(181.33-169.84)×2.180=2848.58元/10 m^3

3)其他换算。除了以上三种外，还有由于材料的品种、规格发生变化而引起的定额换算，如砌筑、浇筑或抹灰等厚度发生变化而引起的定额换算等。

【小贴士】

①换算后的定额项目，应在其定额编号后加注“换”字；②根据施工图、设计说明、标准图做法说明选择预算定额项目；③对每个分项工程的内容、技术特征、施工方法进行仔细核对，确定与之相对应的预算定额项目；④每个分项工程的名称、工作内容、计量单位应与预算定额项目相一致。

(3)预算定额的补充

当施工图纸的某些工程项目，由于采用新材料、新结构、新工艺等原因，预算定额中没有类似定额可供套用，必须编制补充定额项目。补充定额必须经造价管理部门审批后方能使用。其编制方法有定额代用法、定额组合法、计算补充法三种。

(4)工料机分析及价差的调整

1)工料机分析。工料机分析就是依据预算定额中的各类人工、各种材料、机械的消耗量，计算分析出单位工程中的相同的人工、材料、机械的消耗量。也就是把单位工程的各分项工程的工程量乘以相应的人工、材料、机械定额消耗量，然后将相同消耗量相加，即为该单位工程人工、材料、机械的消耗量。其计算公式为：

单位工程某种人工、材料、机械消耗量=∑(各分项工程工程量×定额消耗量)

2)工料机价差的调整。预算定额基价中的人工费、材料费、机械使用费是根据编制定额所在地区当时的预算价格确定的，而人工、材料、机械的实际价格随着时间的变化会发生变化，计算工程造价时，实际价格与预算价格就会存在差额。所以，为了使工程造价更符合实际造价，就要对工料机价差进行调整。工料机价差的调整有两种基本方法，即单项工料机价差调整法和工料机价差综合系数调整法。

①单项工料机价差调整法。即对影响工程造价较大的主要工料机（如三类工、钢材、木材、水泥、花岗岩、施工机械等）进行单项价差调整。其公式为：

单项工料机价差调整 = ∑[单位工程中某种工料机消耗量 ×（实际或指导单价 - 预算定额中的预算单价）]

【应用案例 1.5.4】 试计算【应用案例 1.5.1】10 m^3混水砖砖外墙工程综合工日（15.804 工日）、标准砖（5.433 千块）、M5.0 水泥石灰砂浆（制作）（2.180 m^3）的价差调整值。假定实际单价：综合工日（100 元/工日）、标准砖（269 元/千块）、M5.0 水泥石灰砂浆（180 元/m^3）。

【解】 综合工日价差调整值 = 15.804 工日 ×（100 元/工日 - 51 元/工日）= 774.40 元

标准砖价差调整值 = 5.433 千块 ×（269 元/千块 - 270 元/千块）= -5.433 元

M5.0 水泥石灰砂浆（制作）价差调整值 = 2.180 m^3 ×（180 元/m^3 - 169.84 元/m^3）

= 22.15 元

②工料机价差综合系数调整法。采用单项工料机价差调整法，优点是准确性高，但计算过程较复杂。因此，一些用量少、单价相对较低的工料机（如辅材、小型机械等）常采用乘以综合系数的方法来调整单位工程工料机价差。采用综合系数调整材料价差的具体做法就是用单位工程定额工料机费乘以综合调价系数，求出单位工程工料机的价差，计算公式为：

单位工程采用综合系数调整材料价差 = 单位工程定额工料机费 × 工料机综合调整系数

【应用案例 1.5.5】 某单位工程的定额材料费为 50000.35 元，按规定以定额材料费为基数乘以综合调价系数 1.46%，试计算该工程综合材料价差。

【解】 某单位工程综合材料价差 = 50000.35 × 1.46% = 730.01 元

1.5.3 企业定额

1. 企业定额概念、组成及作用

（1）企业定额概念

企业定额是指建筑施工企业根据本企业的技术水平和管理水平，编制完成单位合格产品所必需的人工、材料和施工机械台班的消耗量以及其他生产经营要素消耗的数量标准。企业定额反映施工生产与生产消费之间的数量关系，是施工企业生产力水平的体现，每个企业均应拥有反映自己企业能力的企业定额。企业的技术和管理水平不同，企业定额的定额水平也就不同。因此，企业定额是施工企业进行施工管理和投标报价的基础和依据，从一定意义上讲，企业定额是企业的商业秘密，是企业参与市场竞争的核心竞争能力的具体表现。

（2）企业定额的组成

企业定额是直接用于建筑施工管理的一种定额。它由劳动定额、材料消耗定额、施工机械台班使用定额三部分组成。

（3）企业定额的作用

企业定额为施工企业编制施工作业计划、施工组织设计和施工预算提供了必要技术依据，具体来说，它在施工企业起着如下的作用：

1）企业定额是企业计划管理的依据；

2）企业定额是组织和指挥施工生产的有效工具；

3）企业定额是计算工人劳动报酬的根据；

4）企业定额是企业激励工人的重要依据；

5）企业定额有利于推广先进技术；

6）企业定额是编制施工预算和加强企业成本管理的基础；

7）企业定额是施工企业进行工程投标、编制工程投标报价的基础和主要依据。

2. 企业定额的编制依据

1）国家有关招投标法规、《建设工程工程量清单计价规范》（GB 50500—2013）、《房屋建筑与装饰工程工程量计算规范》（GB 50854—2013）、统一的基础定额和地方相应的法规与定额等。

2）国家规定的工程技术、质量与安全标准及操作规程、工程设计标准图集及其相关的技术资料等。

3）本行业和相关行业及其本行业中先进企业的发展水平、相关资料、信息等。

4）企业积累的已完工程资料、原有生产定额与管理费用定额及其分析资料、企业财务与项目成本台账、“工法”、技术专利及相关技术与组织经验资料和信息等。

5）企业投标报价策略及其实施方案确定的依据。

3. 企业定额的内容及应用

（1）企业定额的内容

企业定额一般由文字说明、定额项目表及附录三部分组成。

1）文字说明。文字说明包括总说明，分册说明和分章、节说明等。

总说明主要说明定额的编制依据、适用范围、用途、工程质量要求，有关综合性工作内容及有关规定和说明。

分册和分章节说明，主要说明本册、章、节定额的工作内容、施工方法，有关规定及说明、工程量计算规则等。

2）定额项目表。定额项目表是分节定额中核心部分和主要内容，主要包括工作内容、分项工程名称、定额单位、定额表及附注，如表1.5.3所示。

表1.5.3　干粘石

工作内容：清扫、打底、弹线、嵌条、筛洗石渣、配色、抹光、起线、粘石等　　单位10 m^2

编号	项目			人工			水泥	砂子	石子	107胶	甲基硅醇钠
				综合	技工	普工	kg				
147	墙面、墙裙			$\frac{2.62}{0.38}$	$\frac{2.08}{0.48}$	$\frac{0.54}{1.85}$	92	324	60		
148	混凝土墙面	不打底	干粘石	$\frac{1.85}{0.54}$	$\frac{1.48}{0.68}$	$\frac{0.37}{2.70}$	53	104	60	0.26	
149			机喷石	$\frac{1.85}{0.54}$	$\frac{1.48}{0.68}$	$\frac{0.37}{2.70}$	49	46	60	4.25	0.40

续表 1.5.3

<table>
<tr><th rowspan="2">编号</th><th rowspan="2" colspan="2">项 目</th><th colspan="3">人 工</th><th>水泥</th><th>砂子</th><th>石子</th><th>107 胶</th><th>甲基硅醇钠</th></tr>
<tr><th>综合</th><th>技工</th><th>普工</th><th colspan="5">kg</th></tr>
<tr><td>150</td><td rowspan="2">柱</td><td>方柱</td><td>$\frac{3.96}{0.25}$</td><td>$\frac{3.10}{0.32}$</td><td>$\frac{0.86}{1.16}$</td><td>96</td><td>340</td><td>60</td><td></td><td></td></tr>
<tr><td>151</td><td>圆柱</td><td>$\frac{4.21}{0.24}$</td><td>$\frac{3.21}{0.31}$</td><td>$\frac{0.97}{1.03}$</td><td>92</td><td>324</td><td>60</td><td></td><td></td></tr>
<tr><td>152</td><td colspan="2">窗盘心</td><td>$\frac{4.05}{0.25}$</td><td>$\frac{3.11}{0.32}$</td><td>$\frac{0.94}{1.06}$</td><td>92</td><td>324</td><td>60</td><td></td><td></td></tr>
</table>

注：① 墙面(裙)、方柱以分格为准，不分格者，综合时间定额乘以 0.85；

② 窗盘心以起线为准，不带起线者，综合时间乘以 0.8；

③ 表中人工定额，分子为时间定额，分母为产量定额。

工作内容是说明完成该分项工程所包括的操作内容。单位为该分项工程单位，定额表是由定额编号、定额子目名称、工料机械消耗指标组成。

附注一般列在定额表的下面，主要是根据施工内容及条件变动，规定人工、材料、机械定额用量的调整。一般采用系数和增减工料的方法来计算。附注是对定额表的补充。

3）附录。附录一般放在定额分册后面，包括有关名词解释、图示、做法及有关参考资料，如材料消耗计算表，砂浆、混凝土配合比表及计算公式等。

（2）企业定额的应用

要正确使用企业定额，首先应熟悉定额总说明，册、章、节说明及附注等有关文字说明的部分，以便了解定额有关规定及说明、工程量计算规则、施工操作方法、项目的工作内容及调整的规定要求等。企业定额一般可直接套用，但有时需要调整换算后才能套用。

1）直接套用。

【应用案例 1.5.6】 某办公楼东侧混凝土方柱面采用干粘石（分格）装饰，按企业定额工程量计算规则计算，干粘石工程量为 500 m^2，试计算其工料数量。

【解】 由表 1.5.3 查得定额编号为 150，该项目与定额做法完全一致，可以直接套用定额，其工料数量为

劳动工日用量 = 50 × 3.96 = 198 工日

水泥用量 = 50 × 96 = 4800 kg

砂子用量 = 50 × 340 = 17000 kg

石子用量 = 50 × 60 = 3000 kg

2）调整计算。当工程设计要求、施工条件及施工方法与定额项目的内容及规定不完全相符时，应按规定调整计算，调整的方法一般采用系数调整和增减工日、材料消耗量调整。

【课堂活动】

分组讨论并回答题目中的“？”。

某宿舍外墙裙面采用干粘石（不分格）装饰，按企业定额工程量计算规则计算，干粘石工程量为 400 m^2，试计算其工料数量。

【解】　由表1.5.3查得定额编号为147，附注①规定：墙面(裙)、方柱以分格为准，不分格者，综合时间定额乘以0.85。做法与规定不一致，需调整，其工料数量为

劳动工日用量 = ？工日

水泥用量 = ？kg

砂子用量 = ？kg

石子用量 = ？kg

练习与思考

1. 如何分解基本建设项目？分解的目的是什么？

2. 基本建设各阶段分别要编制的造价文件是什么？

3. 建筑工程计价的含义是什么？

4. 简述单位工程施工图预算书的编制步骤。

5. 某工程采用M7.5水泥砂浆砌筑弧形砖基础，试计算每10 m^3的弧形砖基础的定额基价。(按《广东省建筑与装饰工程综合定额(2010)》相关规定换算)

学习情境2　建筑与装饰装修工程工程量计算

【能力目标】

1. 能运用《建筑工程建筑面积计算规范》(GB/T 50353—2013)进行实际工程建筑面积计算；

2. 能用《房屋建筑与装饰工程工程量计算规范》(GB 50854—2013)进行实际工程清单工程量计算和项目特征的描述，并能编制实际工程分部分项工程量清单。

【知识目标】

1. 掌握建筑面积的基本概念及计算规则；

2. 掌握《房屋建筑与装饰工程工程量计算规范》(GB 50854—2013)中建筑与装饰装修工程工程量清单项目设置及工程量计算规则，掌握建筑与装饰装修工程工程量清单的编制方法。

任务1　建筑面积计算

2.1.1　建筑面积计算规范简介

从2014年7月1日起，我国建筑面积的计算依据是住房和城乡建设部颁发的国家标准《建筑工程建筑面积计算规范》(GB/T 50353—2013)(以下简称《规范》)，本规范的主要技术内容包括：总则、术语、计算建筑面积的规定。

本规范适用于新建、扩建、改建的工业与民用建筑工程建设全过程的建筑面积计算。

本规范中的建筑面积是指建筑物(包括墙体)所形成的楼地面面积，包括使用面积、辅助面积和结构面积三个部分。使用面积是指建筑物各层平面布置中，可直接为生产或生活使用的净面积之和，如住宅建筑中的居室、客厅、书房等。辅助面积是指建筑物各层平面布置中为辅助生产或生活所占净面积的总和，如楼梯间、走廊、电梯间。使用面积与辅助面积的总和称为“有效面积”。结构面积是指建筑物各层平面布置中的墙体、柱等结构所占面积的总和。

2.1.2　建筑面积计算规则及应用案例

1. 计算建筑面积的规定

1)建筑物的建筑面积应按自然层外墙结构外围水平面积之和计算。结构层高在2.20 m及以上的，应计算全面积；结构层高在2.20 m以下的，应计算1/2面积。

【小贴士】

①自然层是指按楼地面结构分层的楼层。

②结构层高是指楼面或地面结构层上表面至上部结构层上表面之间的垂直距离。

2)建筑物内设有局部楼层(见图2.1.1)时，对于局部楼层的二层及以上楼层，有围护结构的应按其围护结构外围水平面积计算，无围护结构的应按其结构底板水平面积计算。结构层高在2.20 m及以上的，应计算全面积；结构层高在2.20 m以下的，应计算1/2面积。

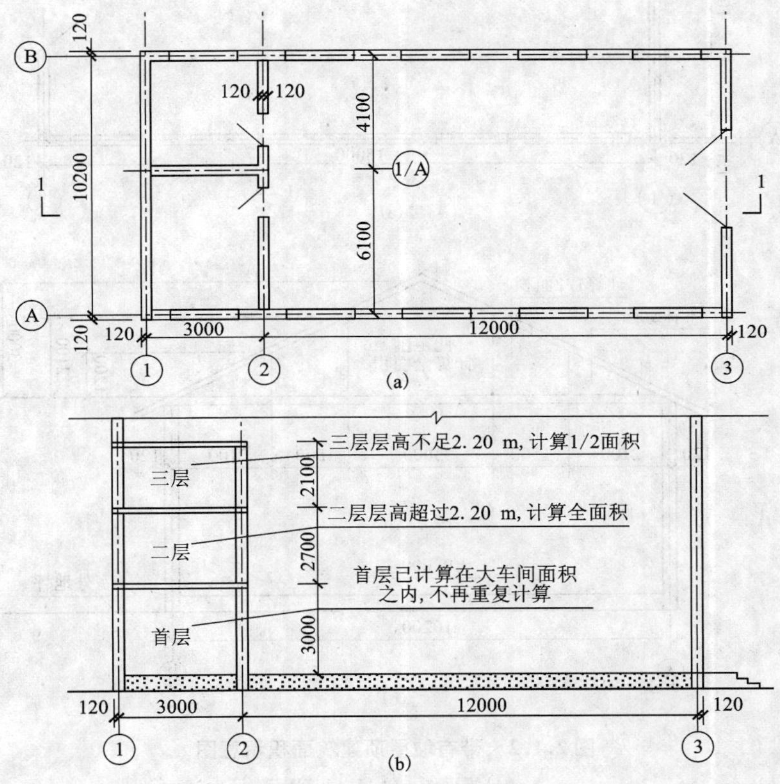

图2.1.1　有局部楼层的单层大车间示意图

(a)平面；(b)1—1剖面

【应用案例2.1.1】　计算图2.1.1的建筑面积(已知墙厚均为240 mm，各层楼板厚均为120 mm)。

【解】　$S=(10.2+0.12\times2)\times(12+3+0.12\times2)+(3+0.12\times2)\times(10.2+0.12\times2)+(3+0.12\times2)\times(10.2+0.12\times2)\times1/2=209.84\ \text{m}^2$

【小贴士】

①围护结构是指围合建筑空间的墙体、门、窗。

②围护设施是指为保障安全而设置的栏杆、栏板等围挡。

3)形成建筑空间的坡屋顶(见图2.1.2)，结构净高在2.10 m及以上的部位应计算全面积；结构净高在1.20 m及以上至2.10 m以下的部位应计算1/2面积；结构净高在1.20 m以下的部位不应计算建筑面积。

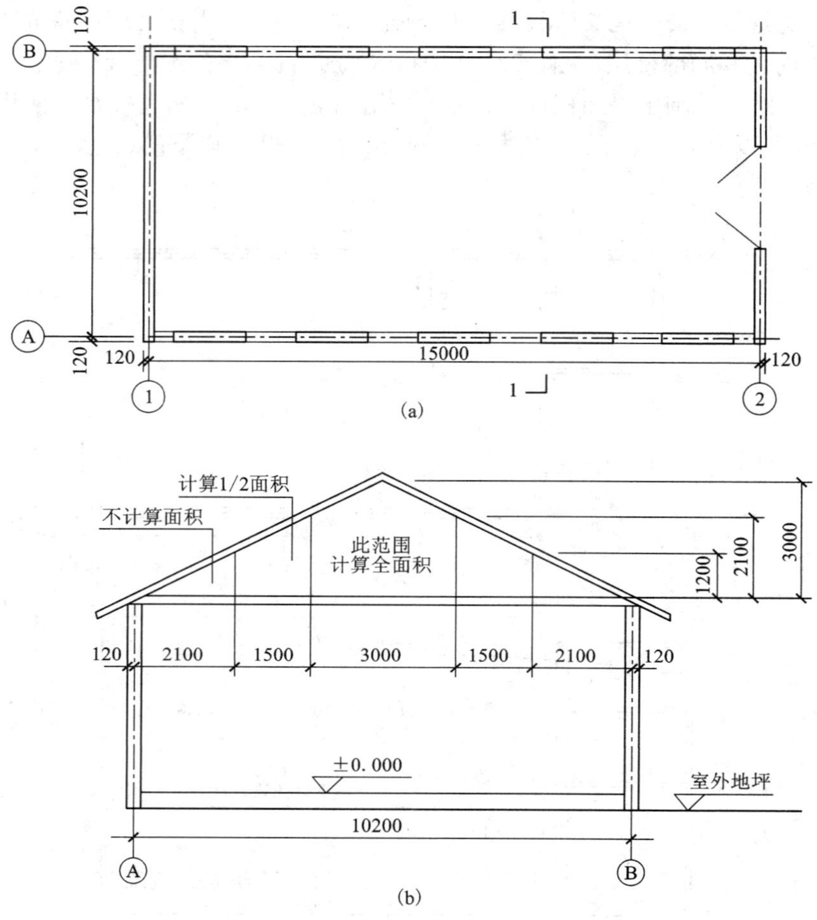

图2.1.2 带有坡屋顶建筑面积示意图

(a)平面图；(b)1—1剖面

【应用案例2.1.2】 计算图2.1.2的建筑面积(已知墙厚均为240 mm)。

【解】 $S=(10.2+0.12\times2)\times(15+0.12\times2)+3.00\times(15+0.12\times2)$

$+1.50\times(15+0.12\times2)\times1/2\times2$

$=227.69\ m^2$

【小贴士】

①建筑空间是指以建筑界面限定的、供人们生活和活动的场所。

②结构净高是指楼面或地面结构层上表面至上部结构层下表面之间的垂直距离。

4)场馆看台(见图2.1.3)下的建筑空间，结构净高在2.10 m及以上的部位应计算全面积；结构净高在1.20 m及以上至2.10 m以下的部位应计算1/2面积；结构净高在1.20 m以下的部位不应计算建筑面积。室内单独设置的有围护设施的悬挑看台，应按看台结构底板水平投影面积计算建筑面积。有顶盖无围护结构的场馆看台(见图2.1.4)应按其顶盖水平投影面积的1/2计算面积。

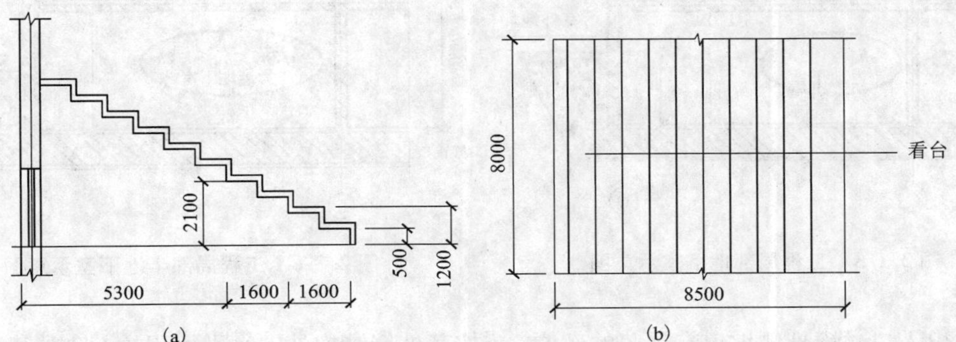

图2.1.3　场馆看台示意图

(a)剖面；(b)平面

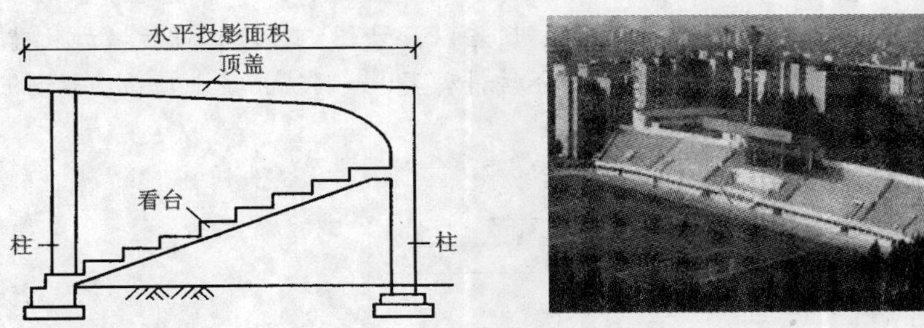

图2.1.4　有顶盖无围护结构的场馆看台示意图

【应用案例2.1.3】　计算建筑物场馆看台下(见图2.1.3)的建筑面积。

【解】　$S=8\times5.3+8\times1.6\times0.5=48.80\ m^2$

【小贴士】

“有顶盖无围护结构的场馆看台”中所称的“场馆”为专业术语，指各种“场”类建筑，如：体育场、足球场、网球场、带看台的风雨操场等。

5)地下室、半地下室应按其结构外围水平面积计算。结构层高在2.20 m及以上的，应计算全面积；结构层高在2.20 m以下的，应计算1/2面积。

【小贴士】

①室内地平面低于室外地平面的高度超过室内净高的1/2的房间为地下室(见图2.1.5)。室内地平面低于室外地平面的高度超过室内净高的1/3，且不超过1/2的房间为半地下室(见图2.1.6)。

②地下室作为设备、管道层按第26)项执行；地下室的各种竖向井道按第19)项执行；地

下室的围护结构不垂直于水平面的按第18)项规定执行。

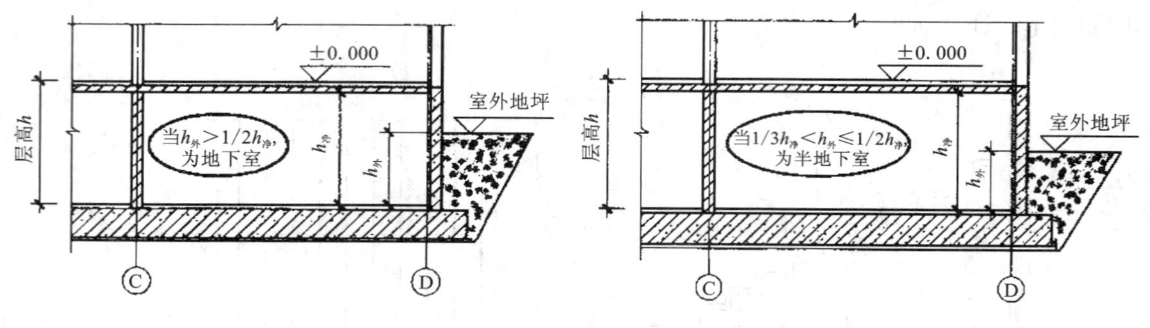

图2.1.5　工程局部地下室示意图　　图2.1.6　工程局部半地下室示意图

6)出入口外墙外侧坡道有顶盖的部位，应按其外墙结构外围水平面积的1/2计算面积。

【小贴士】

出入口坡道分有顶盖出入口坡道和无顶盖出入口坡道，出入口坡道顶盖的挑出长度，为顶盖结构外边线至外墙结构外边线的长度；顶盖以设计图纸为准，对后增加及建设单位自行增加的顶盖等，不计算建筑面积。顶盖不分材料种类(如钢筋混凝土顶盖、彩钢板顶盖、阳光板顶盖等)。(地下室出入口见图2.1.7)。

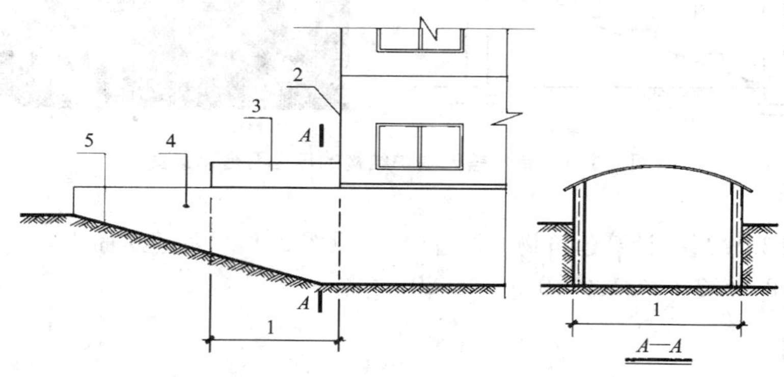

图2.1.7　地下室出入口

1—计算1/2投影面积部位；2—主体建筑；3—出入口顶盖；4—封闭出入口侧墙；5—出入口坡道

7)建筑物架空层及坡地建筑物吊脚架空层(见图2.1.8)，应按其顶板水平投影计算建筑面积。结构层高在2.20 m及以上的，应计算全面积；结构层高在2.20 m以下的，应计算1/2面积。

【应用案例2.1.4】　计算图2.1.8吊脚架空层的建筑面积(结构层高$h=3300$ mm)。

【解】　$S=(4.5+0.12+1.5)\times(4.2+0.12\times2)=27.17\ m^2$

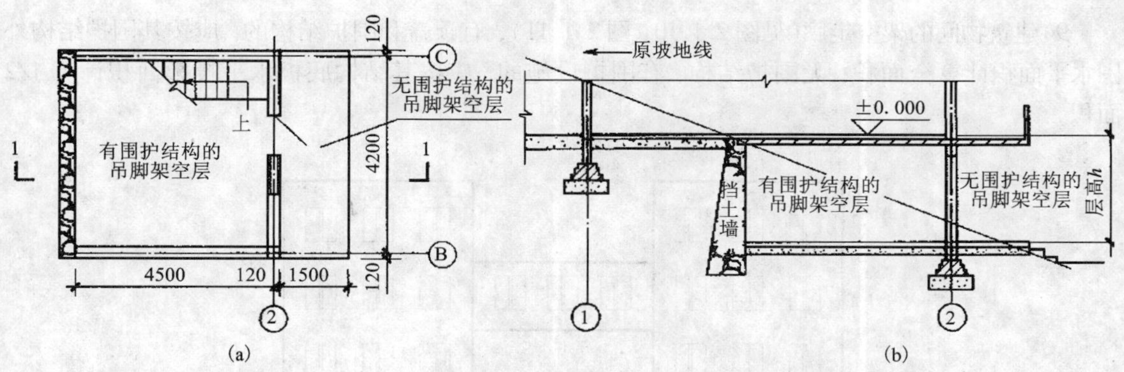

图 2.1.8　坡地建筑吊脚架空层示意图

(a)平面图；(b)1—1 剖面

【小贴士】

①架空层是指仅有结构支撑而无外围护结构的开敞空间层。

②第 7)项既适用于建筑物吊脚架空层、深基础架空层建筑面积的计算，也适用于目前部分住宅、学校教学楼等工程在底层架空或在二楼或以上某个甚至多个楼层架空，作为公共活动、停车、绿化等空间的建筑面积的计算。架空层中有围护结构的建筑空间按相关规定计算。

8)建筑物的门厅、大厅(见图 2.1.9)应按一层计算建筑面积，门厅、大厅内设置的走廊应按走廊结构底板水平投影面积计算建筑面积。结构层高在 2.20 m 及以上的，应计算全面积；结构层高在 2.20 m 以下的，应计算 1/2 面积。

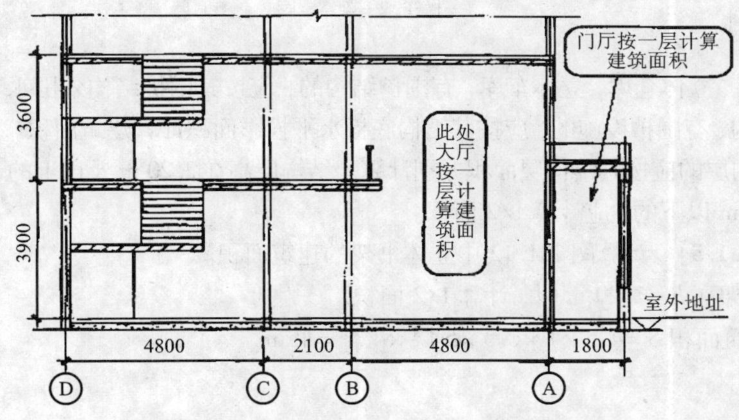

图 2.1.9　某建筑大厅及门厅剖面示意图

【小贴士】

①走廊是指建筑物中的水平交通空间。

②架空走廊是指专门设置在建筑物的二层或二层以上，作为不同建筑物之间水平交通的空间。

9）建筑物间的架空走廊（见图 2.1.10、图 2.1.11），有顶盖和围护结构的，应按其围护结构外围水平面积计算全面积；无围护结构、有围护设施的，应按其结构底板水平投影面积计算 1/2 面积。

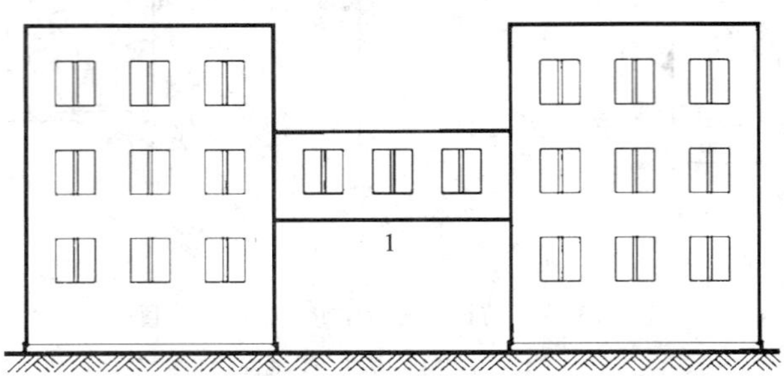

图 2.1.10　有围护结构的架空走廊

1—架空走廊

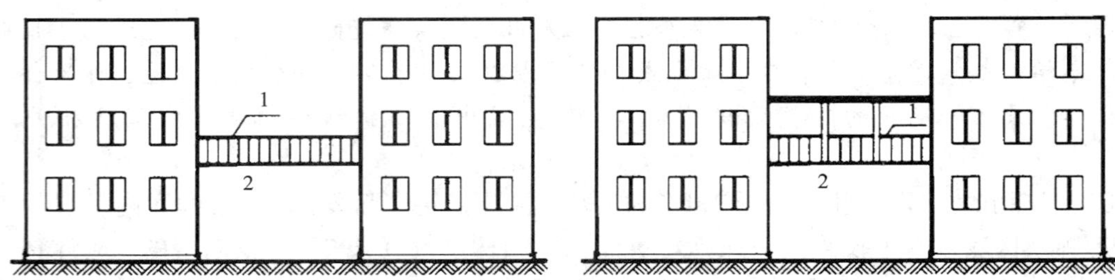

图 2.1.11　无围护结构的架空走廊

1—栏杆；2—架空走廊

10）立体书库、立体仓库、立体车库，有围护结构的，应按其围护结构外围水平面积计算建筑面积；无围护结构、有围护设施的，应按其结构底板水平投影面积计算建筑面积。无结构层的应按一层计算，有结构层的应按其结构层面积分别计算。结构层高在 2.20 m 及以上的，应计算全面积；结构层高在 2.20 m 以下的，应计算 1/2 面积。

【应用案例 2.1.5】　计算图 2.1.12 中立体书架的建筑面积。

【解】　当书架高 $h<2.20$ m 时，计算 1/2 面积。

立体书架建筑面积 $S=4.5\times1\times0.5\times5$ 层 $\times4$ 个 $=45\ \mathrm{m}^2$

【小贴士】

①结构层是指整体结构体系中承重的楼板层。

②第 10）项主要规定了图书馆中的立体书库、仓储中心的立体仓库、大型停车场的立体车库等建筑的建筑面积计算规则。起局部分隔、存储等作用的书架层、货架层或可升降的立体钢结构停车层均不属于结构层，故该部分分层不计算建筑面积。

11）有围护结构的舞台灯光控制室（见图 2.1.13），应按其围护结构外围水平面积计算。结构层高在 2.20 m 及以上的，应计算全面积；结构层高在 2.20 m 以下的，应计算 1/2 面积。

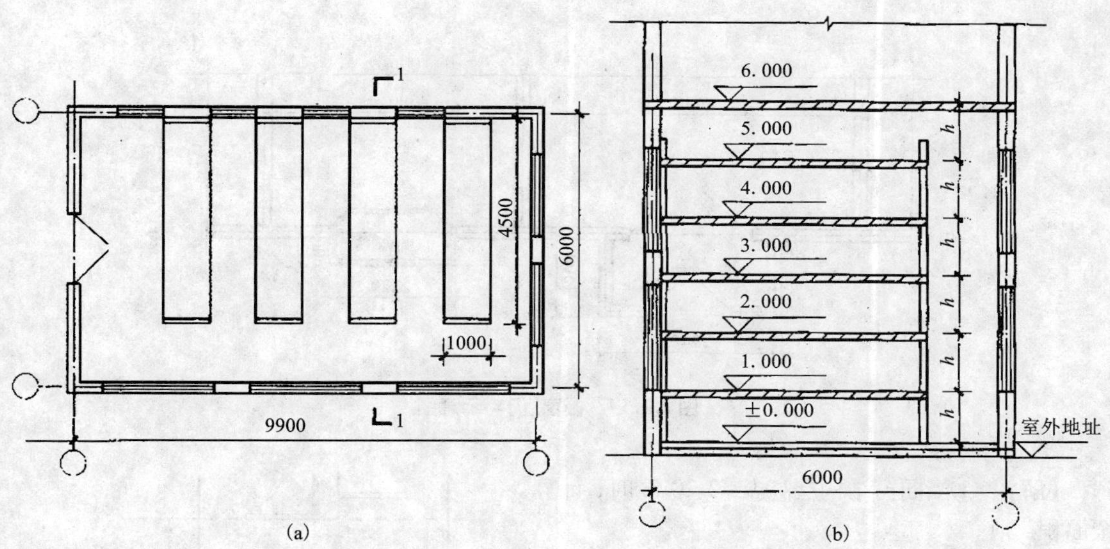

图2.1.12　立体书架示意图

(a)平面图；(b)1—1剖面

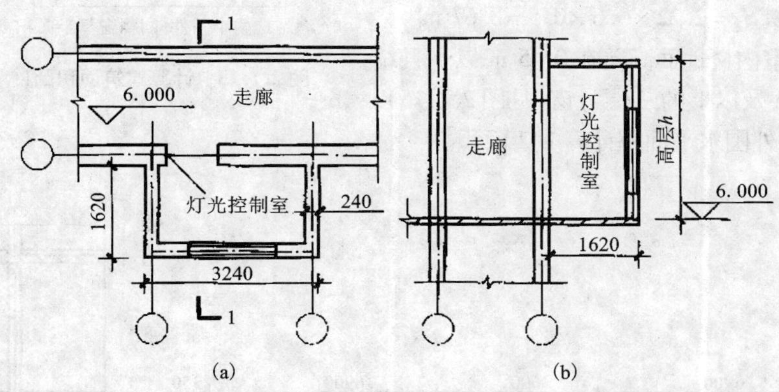

图2.1.13　某剧院舞台灯光控制室示意图

(a)平面图；(b)1—1剖面

【应用案例2.1.6】　计算图2.1.13中某剧院灯光控制室建筑面积。

【解】

①当有围护结构的灯光控制室结构层高 $h \geqslant 2.20$ m时，应计算全面积，则：

$$S = 3.24 \times 1.62 = 5.25\ \text{m}^2$$

②当有围护结构的灯光控制室结构层高 $h < 2.20$ m时，应计算1/2面积，则：

$$S = 3.24 \times 1.62 \times 0.5 = 2.62\ \text{m}^2$$

12）附属在建筑物外墙的落地橱窗（见图2.1.14），应按其围护结构外围水平面积计算。结构层高在2.20 m及以上的，应计算全面积；结构层高在2.20 m以下的，应计算1/2面积。

【应用案例2.1.7】　计算图2.1.14中某建筑物落地橱窗的建筑面积。

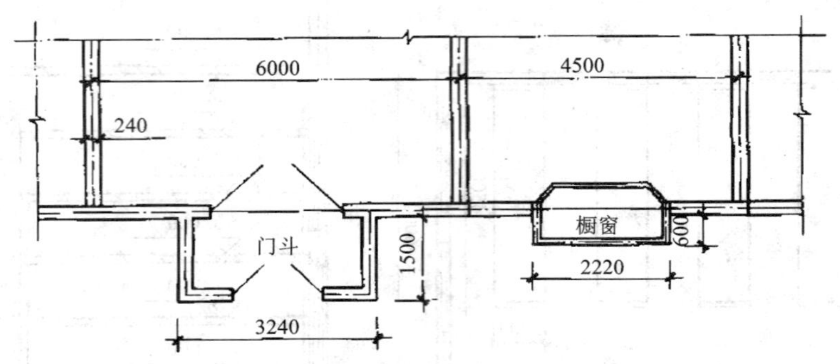

图 2.1.14　橱窗、门斗示意图

【解】 ①当橱窗结构层高 $h \geq 2.20$ m 时，计算全面积，则：

橱窗建筑面积 $S_1 = 2.22 \times 0.6 = 1.33\ \text{m}^2$

②当橱窗结构层高 $h < 2.20$ m 时，计算 1/2 面积，则：

橱窗建筑面积 $S_2 = 2.22 \times 0.6 \times 0.5 = 0.67\ \text{m}^2$

13）窗台与室内楼地面高差在 0.45 m 以下且结构净高在 2.10 m 及以上的凸（飘）窗（见图 2.1.15），应按其围护结构外围水平面积计算 1/2 面积。

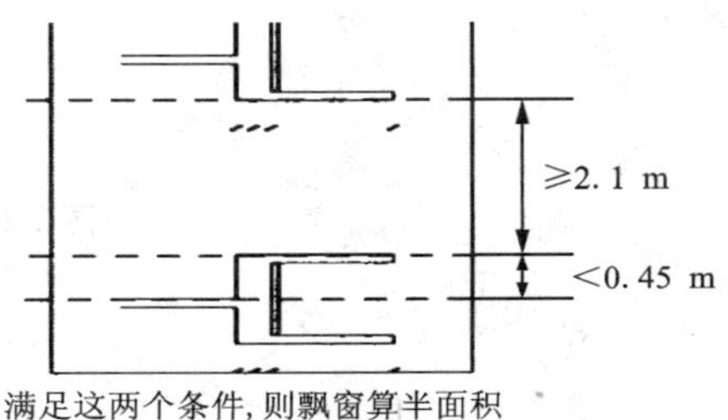

图 2.1.15　计算建筑面积凸（飘）窗示意图

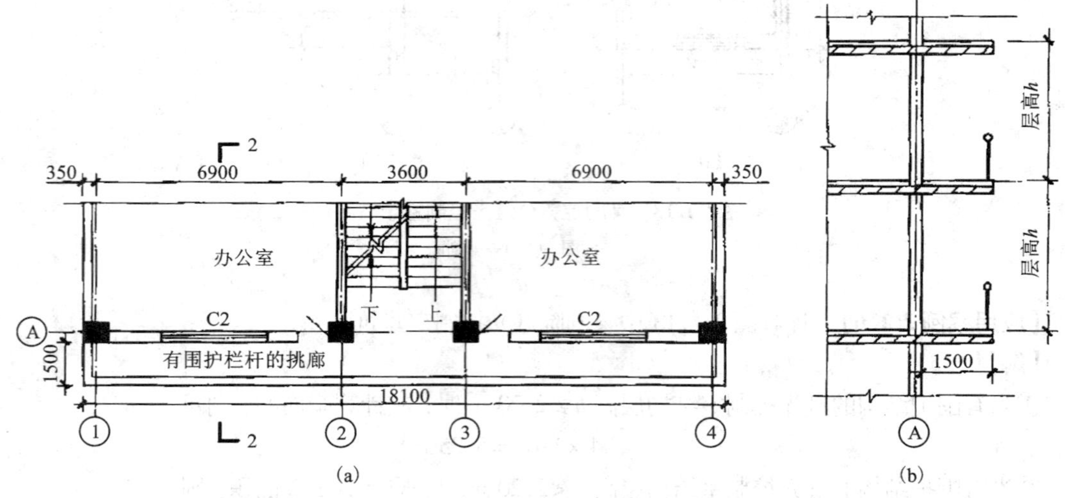

图 2.1.16　有围护栏杆的挑廊示意图

(a)平面图；(b)2—2 剖面

14）有围护设施的室外走廊（挑廊）（见图 2.1.16），应按其结构底板水平投影面积计算 1/2 面积；有围护设施（或柱）的檐廊（见图 2.1.17），应按其围护设施（或柱）外围水平面积计算 1/2 面积。

【应用案例 2.1.8】 计算图 2.1.16 中有围护栏杆的挑廊的建筑面积(结构层高 $h=3.2$ m)。

【解】 某层挑廊建筑面积 $S=1.5\times18.1\times0.5=13.58\ \text{m}^2$

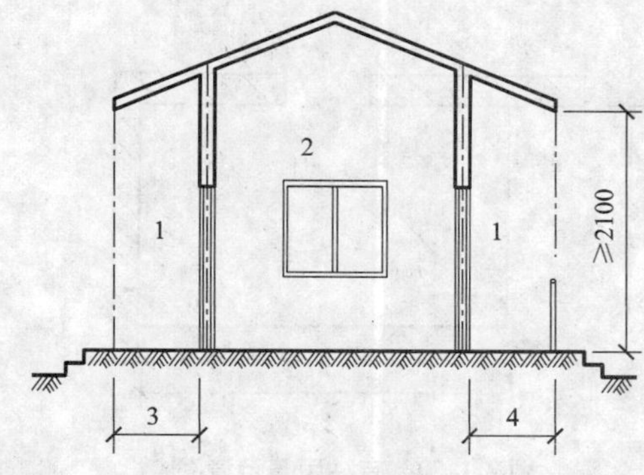

图 2.1.17　檐廊示意图

1—檐廊；2—室内；3—不计算建筑面积部位；4—计算 1/2 建筑面积部位

**【小贴士】**

①檐廊(见图 2.1.17)是指建筑物挑檐下的水平交通空间。

②挑廊是指挑出建筑物外墙的水平交通空间。

15)门斗(见图 2.1.18)应按其围护结构外围水平面积计算建筑面积。结构层高在 2.20 m 及以上的，应计算全面积；结构层高在 2.20 m 以下的，应计算 1/2 面积。

【小贴士】

①门斗是指建筑物入口处两道门之间的空间(见图 2.1.18)。

②门廊是指建筑物入口前有顶棚的半围合空间(见图 2.1.19)。

图 2.1.18　门斗示意图

图 2.1.19　门廊示意图

【应用案例 2.1.9】 计算图 2.1.14 中某建筑物门斗的建筑面积。

【解】 ①当门斗结构层高 $h\geqslant2.20$ m 时，计算全面积，则：

$$门斗面积\ S_1=3.24\times1.5=4.86\ \text{m}^2$$

②门斗结构层高 $h<2.20$ m 时，计算 1/2 面积，则：

$$门斗面积\ S_2=3.24\times1.5\times0.5=2.43\ \text{m}^2$$

16)门廊(见图 2.1.19)应按其顶板的水平投影面积的 1/2 计算建筑面积；有柱雨篷(见图 2.1.20)应按其结构板水平投影面积的 1/2 计算建筑面积；无柱雨篷(见图 2.1.21)的结构外边线至外墙结构外边线的宽度在 2.10 m 及以上的，应按雨篷结构板的水平投影面积的 1/2 计算建筑面积。

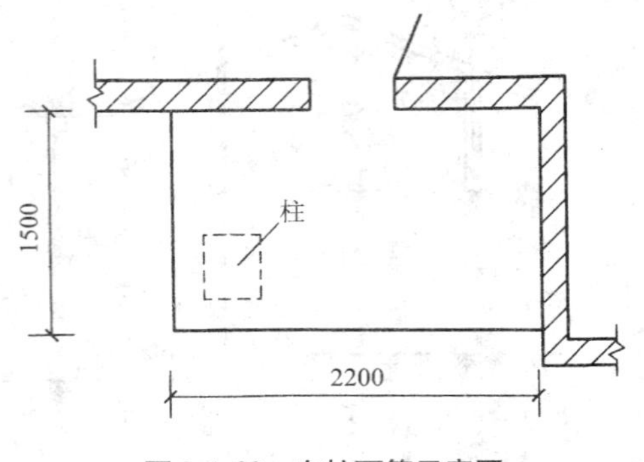

图 2.1.20　有柱雨篷示意图

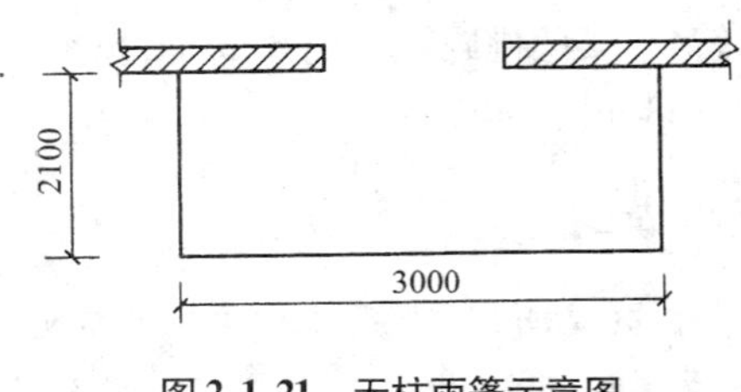

图 2.1.21　无柱雨篷示意图

【课堂活动】

根据上述雨篷建筑面积计算规则，计算如图 2.1.20、图 2.1.21 所示雨篷建筑面积。

【小贴士】

雨篷分为有柱雨篷和无柱雨篷。有柱雨篷，没有出挑宽度的限制，也不受跨越层数的限制，均计算建筑面积。无柱雨篷，其结构板不能跨层，并受出挑宽度的限制，设计出挑宽度大于或等于 2.10 m 时才计算建筑面积。出挑宽度，系指雨篷结构外边线至外墙结构外边线的宽度，弧形或异形时，取最大宽度。

17）设在建筑物顶部的、有围护结构的楼梯间、水箱间、电梯机房（见图 2.1.22、图 2.1.23）等，结构层高在 2.20 m 及以上的应计算全面积；结构层高在 2.20 m 以下的，应计算 1/2 面积。

图 2.1.22　出屋顶楼梯间示意图

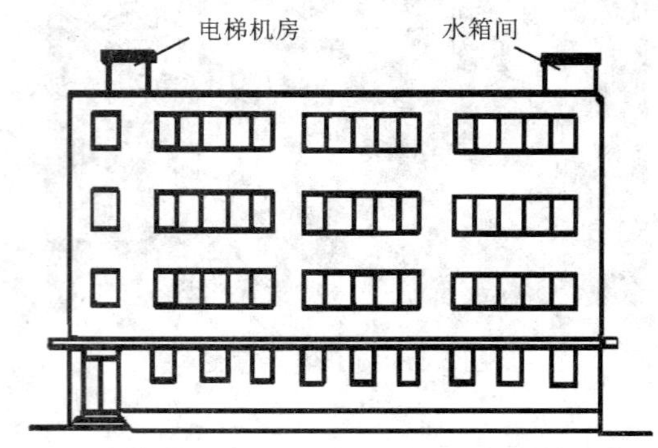

图 2.1.23　电梯机房、水箱间示意图

18）围护结构不垂直于水平面的楼层，应按其底板面的外墙外围水平面积计算。结构净高在 2.10 m 及以上的部位，应计算全面积；结构净高在 1.20 m 及以上至 2.10 m 以下的部位，应计算 1/2面积；结构净高在 1.20 m 以下的部位，不应计算建筑面积。

【小贴士】

18)项使用的是“结构净高”，与其他正常平楼层按层高划分不同，但与斜屋面的划分原则相一致。对于斜围护结构(见图2.1.24)与斜屋顶采用相同的计算规则，即只要外壳倾斜，就按结构净高划段，分别计算建筑面积。

19)建筑物的室内楼梯(见图2.1.25)、电梯井(见图2.1.26)、提物井、管道井、通风排气竖井、烟道，应并入建筑物的自然层计算建筑面积。有顶盖的采光井(见图2.1.27)应按一层计算面积，结构净高在2.10 m及以上的，应计算全面积；结构净高在2.10 m以下的，应计算1/2面积。

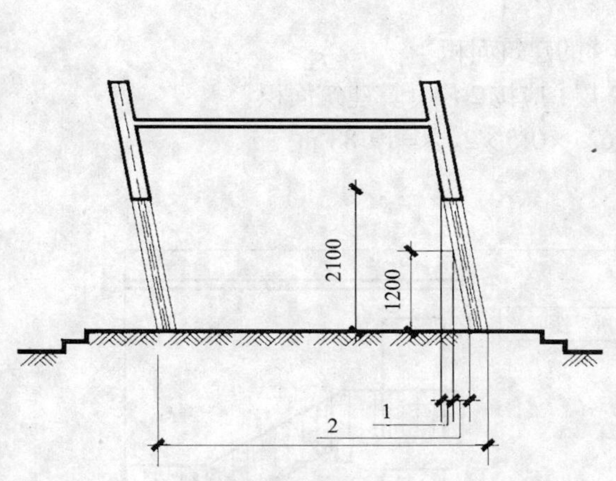

图2.1.24　斜围护结构

1—计算1/2建筑面积部位；2—不计算建筑面积部位

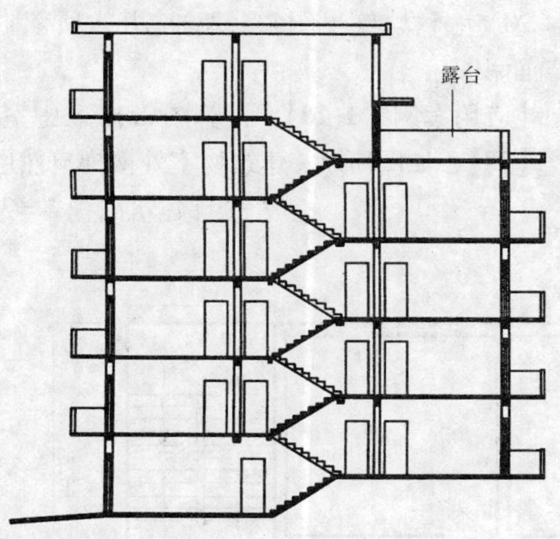

图2.1.25　室内楼梯间示意图

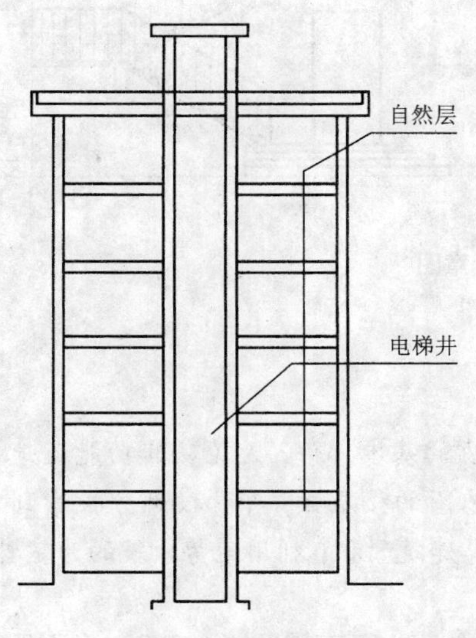

图2.1.26　电梯井示意图

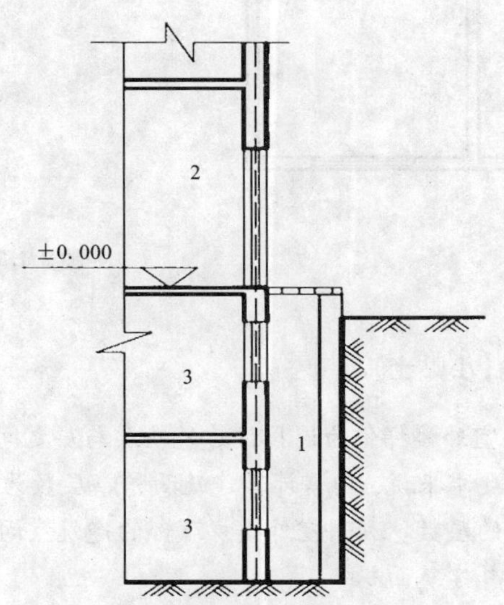

图2.1.27　地下室采光井

1—采光井；2—室内；3—地下室

【小贴士】

建筑物的楼梯间层数按建筑物的层数计算。有顶盖的采光井包括建筑物中的采光井和地下室采光井(见图2.1.27)。

【课堂活动】

根据上述室内楼梯及电梯井建筑面积计算规则，如图2.1.25～图2.1.26应计算几层建筑面积?

20)室外楼梯(见图2.1.28)应并入所依附建筑物自然层，并应按其水平投影面积的1/2计算建筑面积。

【应用案例2.1.10】 计算图2.1.28中室外楼梯的建筑面积。

【解】 如图所示，建筑物室外楼梯自然层为2层，应按2层计算建筑面积。

$$室外楼梯建筑面积 S=3\times6.625\times0.5\times2 层=19.88\ \mathrm{m}^2$$

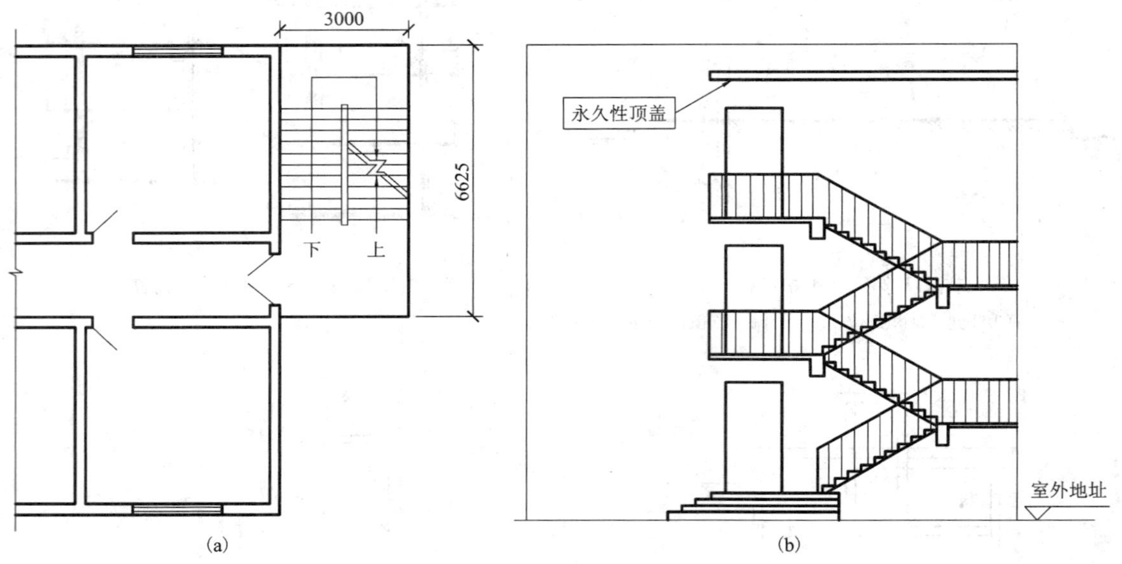

图2.1.28 室外楼梯示意图

(a)平面图；(b)立面图

【小贴士】

室外楼梯作为连接该建筑物层与层之间交通不可缺少的基本部件，无论从其功能还是工程计价的要求来说，均需计算建筑面积。层数为室外楼梯所依附的楼层数，即梯段部分投影到建筑物范围的层数。利用室外楼梯下部的建筑空间不得重复计算建筑面积；利用地势砌筑的为室外踏步，不计算建筑面积。

21)在主体结构内的阳台(见图2.1.29)，应按其结构外围水平面积计算全面积；在主体结构外的阳台(见图2.1.30)，应按其结构底板水平投影面积计算1/2面积。

图 2.1.29　主体结构内阳台示意图

图 2.1.30　主体结构外阳台示意图

【小贴士】

建筑物的阳台，不论其形式如何，均以建筑物主体结构为界分别计算建筑面积。

22)有顶盖无围护结构的车棚(见图 2.1.31)、货棚、站台、加油站、收费站等，应按其顶盖水平投影面积的 1/2 计算建筑面积。

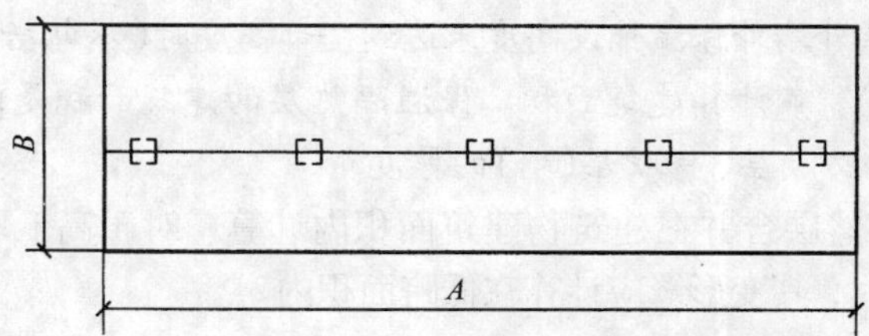

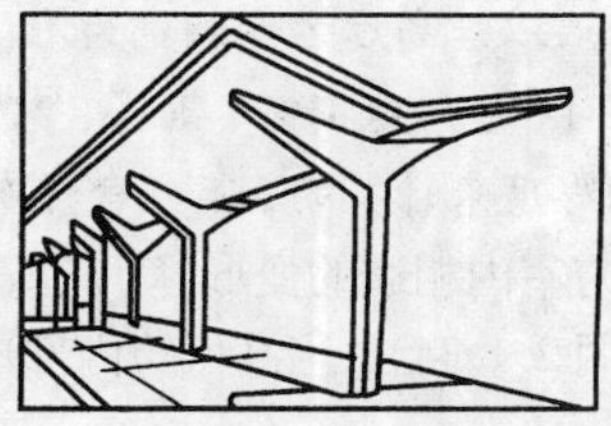

图 2.1.31　车棚示意图

23)以幕墙(见图 2.1.32)作为围护结构的建筑物，应按幕墙外边线计算建筑面积。

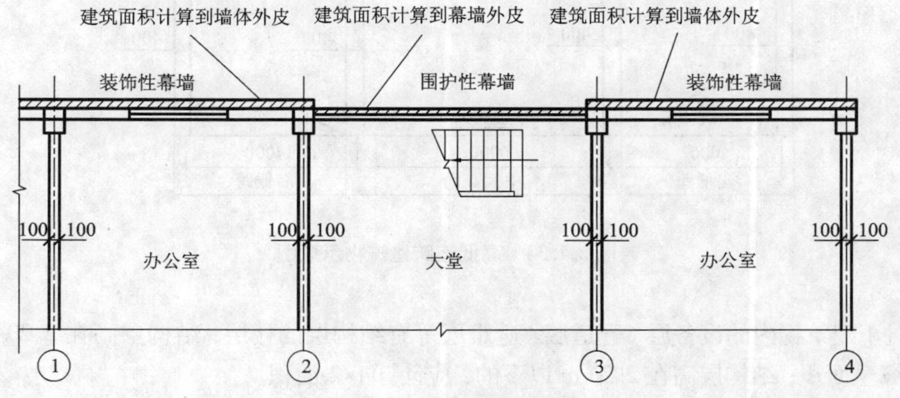

图 2.1.32　建筑物幕墙示意图

【小贴士】

幕墙以其在建筑物中所起的作用和功能来区分。直接作为外墙起围护作用的幕墙，按其外边线计算建筑面积；设置在建筑物墙体外起装饰作用的幕墙，不计算建筑面积。

24）建筑物的外墙外保温层（见图 2.1.33），应按其保温材料的水平截面积计算，并计入自然层建筑面积。

【小贴士】

建筑物外墙外侧有保温隔热层的，保温隔热层以保温材料的净厚度乘以外墙结构外边线长度按建筑物的自然层计算建筑面积，其外墙外边线长度不扣除门窗和建筑物外已计算建筑面积构件（如阳台、室外走廊、门斗、落地橱窗等部件）所占长度。当建筑物外已计算建筑面积的构件（如阳台、室外走廊、门斗、落地橱窗等部件）有保温隔热层时，其保温隔热层也不再计算建筑面积。外墙是斜面者按楼面楼板处的外墙外边线长度乘以保温材料的净厚度计算。外墙外保温以沿高度方向满铺为准，某层外墙外保温铺设高度未达到全部高度时（不包括阳台、室外走廊、门斗、落地橱窗、雨篷、飘窗等），不计算建筑面积。保温隔热层的建筑面积是以保温隔热材料的厚度来计算的，不包含抹灰层、防潮层、保护层（墙）的厚度。

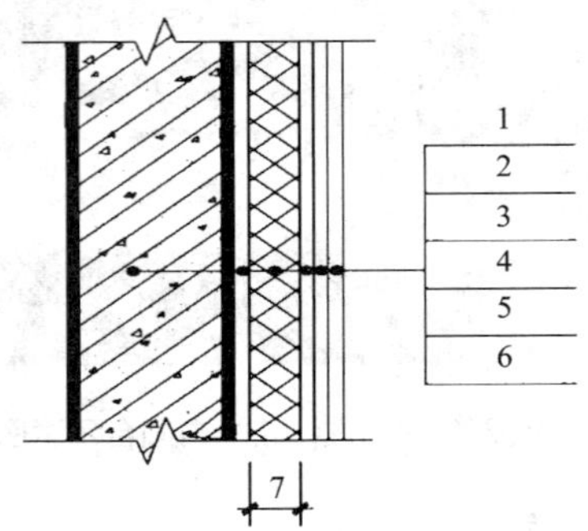

图 2.1.33　建筑外墙外保温

1—墙体；2—黏结胶浆；3—保温材料；4—标准网；5—加强网；6—抹面胶浆；7—计算建筑面积部位

25）与室内相通的变形缝，应按其自然层合并在建筑物建筑面积内计算。对于高低联跨的建筑物（见图 2.1.34），当高低跨内部连通时，其变形缝应计算在低跨面积内。

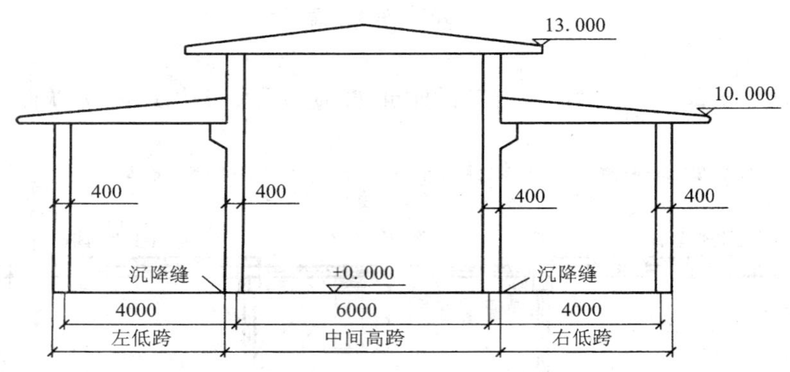

图 2.1.34　高低连跨建筑物示意图

26）对于建筑物内的设备层、管道层、避难层等有结构层的楼层，结构层高在 2.20 m 及以上的，应计算全面积；结构层高在 2.20 m 以下的，应计算 1/2 面积。

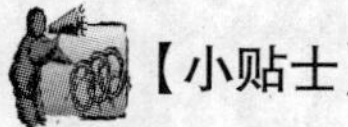【小贴士】

设备层、管道层虽然其具体功能与普通楼层不同，但在结构上及施工消耗上并无本质区别，且本规范定义自然层为“按楼地面结构分层的楼层”，因此设备、管道楼层归为自然层，其计算规则与普通楼层相同。在吊顶空间内设置管道的，则吊顶空间部分不能被视为设备层、管道层。

2. 不应计算建筑面积的项目

1）与建筑物内不相连通的建筑部件。

【小贴士】

与建筑物内不相连通的建筑部件，指的是依附于建筑物外墙外不与户室开门连通，起装饰作用的敞开式挑台(廊)、平台，以及不与阳台相通的空调室外机搁板(箱)(见图2.1.35)等设备平台部件。

图2.1.35　空调室外机搁板示意图

2）骑楼(见图2.1.36)、过街楼(见图2.1.37)底层的开放公共空间和建筑物通道。

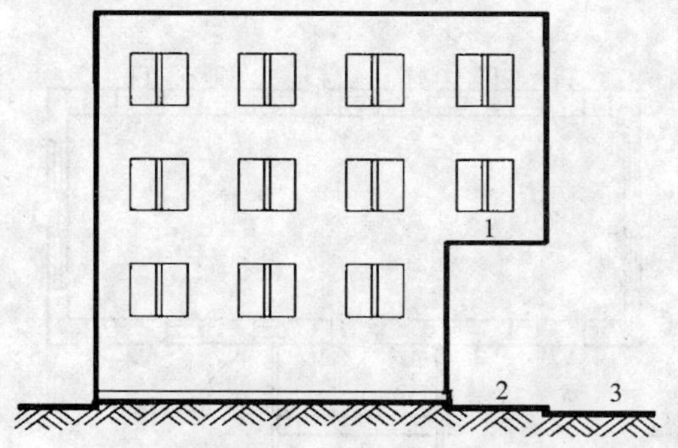

图2.1.36　骑楼示意图

1—骑楼；2—人行道；3—街道

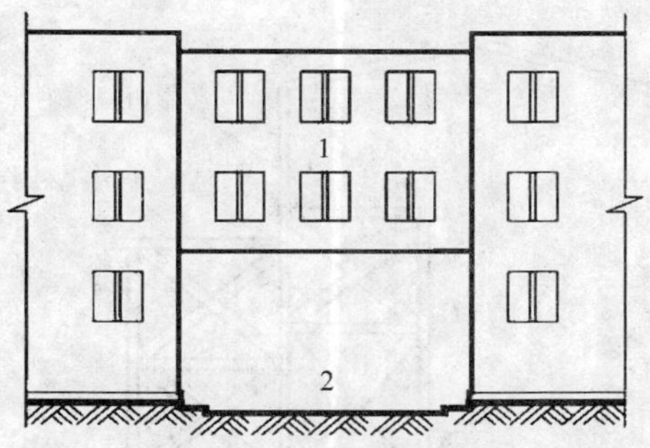

图2.1.37　过街楼示意图

1—过街楼；2—建筑物通道

3）舞台及后台悬挂幕布和布景的天桥、挑台等。

4）露台、露天游泳池、花架、屋顶的水箱及装饰性结构构件(见图2.1.38)。

5）建筑物内的操作平台、上料平台、安装箱和罐体的平台(见图2.1.39)。

【小贴士】

建筑物内不构成结构层的操作平台、上料平台(包括：工业厂房、搅拌站和料仓等建筑中的设备操作控制平台、上料平台等)，其主要作用为室内构筑物或设备服务的独立上人设施，因此不计算建筑面积。

6）勒脚、附墙柱、垛、台阶(见图2.1.40)、墙面抹灰、装饰面、镶贴块料面层、装饰性幕墙，主体结构外的空调室外机搁板(箱)、构件、配件，挑出宽度在2.10 m以下的无柱雨篷和顶盖高度达到或超过两个楼层的无柱雨篷。

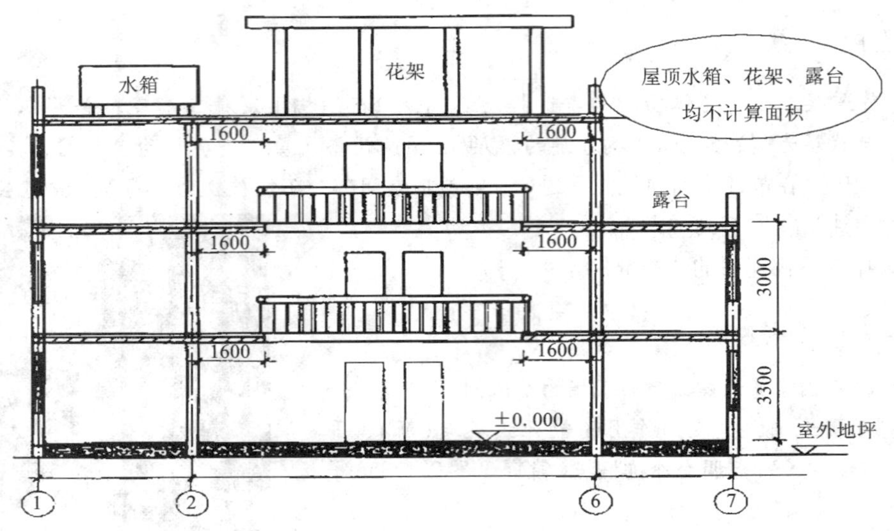

图 2.1.38　建筑物屋顶水箱、花架、露台示意图

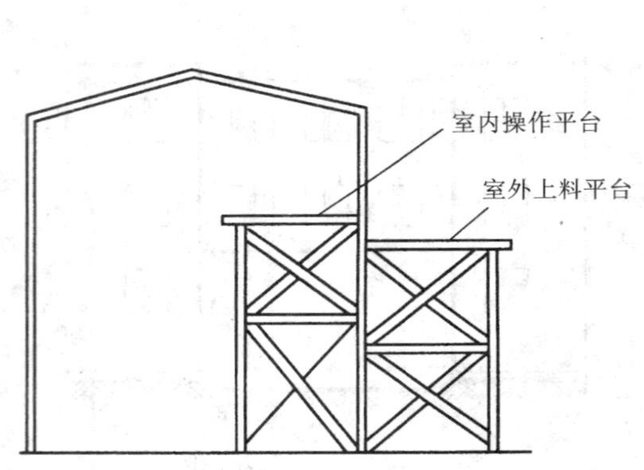

图 2.1.39　操作平台、上料平台示意图

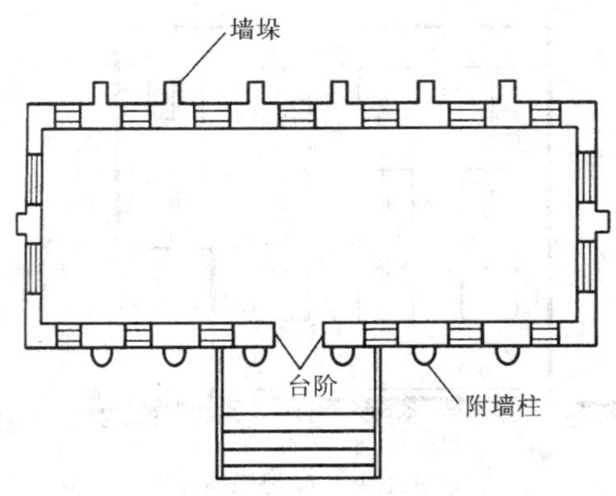

图 2.1.40　台阶、附墙柱、墙垛示意图

7）窗台与室内地面高差在 0.45 m 以下且结构净高在 2.10 m 以下的凸（飘）窗，窗台与室内地面高差在 0.45 m 及以上的凸（飘）窗（见图 2.1.41）。

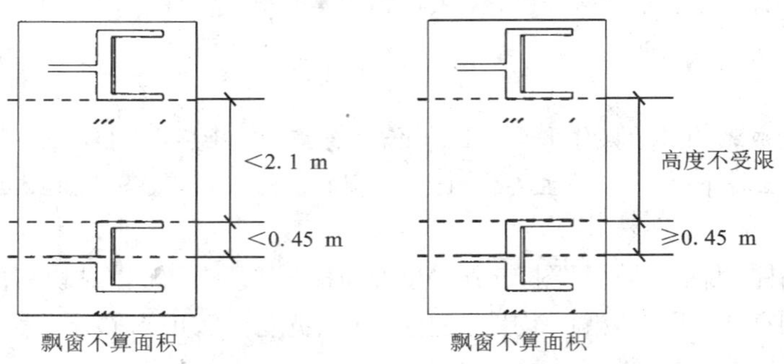

图 2.1.41　不计算建筑面积的凸（飘）窗示意图

8)室外爬梯、室外专用消防钢楼梯(见图2.1.42、图2.1.43)。

图2.1.42　室外爬梯示意图

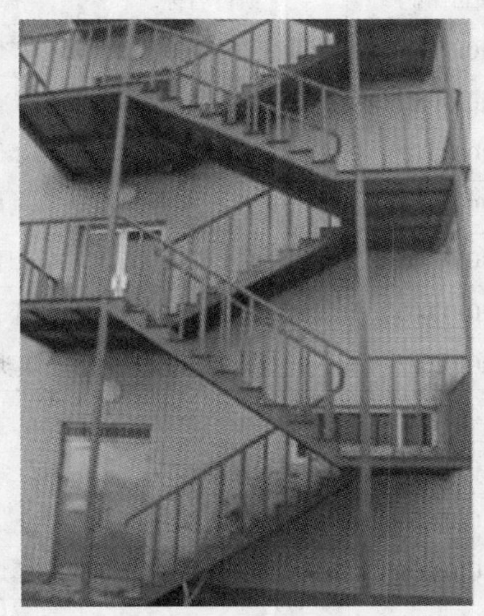

图2.1.43　室外专用消防钢楼梯示意图

【小贴士】

室外钢楼梯需要区分具体用途，如专用于消防楼梯，则不计算建筑面积，如果是建筑物唯一通道，兼用于消防，则需要按20)项室外楼梯的规则计算建筑面积。

9)无围护结构的观光电梯。

10)建筑物以外的地下人防通道，独立的烟囱、烟道、地沟、油(水)罐、气柜、水塔、贮油(水)池、贮仓、栈桥等构筑物。

【能力训练2.1.1】　计算建筑面积。

【原始资料】　学生创业训练综合楼建筑施工图、结构施工图(见附录)，《建筑工程建筑面积计算规范》(GB/T 50353—2013)。

任务2　土石方工程清单工程量计算

2.2.1　工程量清单项目设置

土石方工程工程量清单项目按照《房屋建筑与装饰工程工程量计算规范》(GB 50854—2013)附录A列项，共分3节13个子项，包括土方工程、石方工程、回填。土石方工程工程量清单项目设置见表2.2.1所示。

表 2.2.1　土石方工程工程量清单项目设置

项目编码	项目名称	项目特征	备　注
010101001	平整场地	土壤类别，弃土运距，取土运距	土方工程（编码：010101）
010101002	挖一般土方	土壤类别，挖土深度，弃土运距	
010101003	挖沟槽土方		
010101004	挖基坑土方		
010101005	冻土开挖	冻土厚度，弃土运距	
010101006	挖淤泥、流砂	挖掘深度，弃淤泥、流砂距离	
010101007	管沟土方	土壤类别，管外径，挖沟深度，回填要求	
010102001	挖一般石方	岩石类别，开凿深度，弃碴运距	石方工程（编码：010102）
010102002	挖沟槽石方		
010102003	挖基坑石方		
010102004	挖管沟石方	岩石类别，管外径，挖沟深度	
010103001	回填方	密实度要求，填方材料品种，填方粒径要求，填方来源、运距	回填（编码：010103）
010103002	余方弃置	废弃料品种，运距	

2.2.2　工程量清单编制规定

1）土壤及岩石分类。应根据《房屋建筑与装饰工程工程量计算规范》（GB 50854—2013）土壤分类表（表 A.1－1）和岩石分类表（表 A.2－1）进行划分。

2）土方（或石方）体积。土方（或石方）的体积应按挖掘前的天然密实体积计算。非天然密实土方应按表 2.2.2，非天然密实石方应按表 2.2.3［附注：天然密实体积是指土方（或石方）未经挖掘前的自然状态］。

表 2.2.2　土方体积折算系数表

天然密实度体积	虚方体积	夯实后体积	松填体积
0.77	1.00	0.67	0.83
1.00	1.30	0.87	1.08
1.15	1.50	1.00	1.25
0.92	1.20	0.80	1.00

表 2.2.3　石方体积折算系数表

石方类别	天然密实度体积	虚方体积	松填体积	码方
石方	1.0	1.54	1.31	
块石	1.0	1.75	1.43	1.67
砂夹石	1.0	1.07	0.94	

3）挖土方（或石方）平均厚度。挖土方（或石方）平均厚度应按自然地面测量标高至设计地坪标高间的平均厚度确定。基础土方（或石方）开挖深度应按基础垫层底表面标高至交付施工场地标高确定，无交付施工场地标高时，应按自然地面标高确定。

4）建筑物场地厚度≤ ±300 mm 的挖、填、运、找平，应按表 2.2.7 中平整场地项目编码列项。厚度 > ±300 mm 以外的竖向布置挖土或山坡切土，应按表 2.2.7 中挖一般土方项目编码列项。厚度 > ±300 mm 的竖向布置挖石或山坡凿石应按表 2.2.9 中挖一般石方项目编码列项。

5）沟槽、基坑、一般土方（或一般石方）的划分为：底宽≤7 m 且底长 >3 倍底宽为沟槽；底长≤3 倍底宽且底面积≤150 m^2 为基坑；超出上述范围则为一般土方（或一般石方）。

6）挖土方如需截桩头时，应按桩基工程相关项目列项。桩间挖土不扣除桩的体积，并在项目特征中加以描述。

7）弃、取土运距或弃碴运距可以不描述，但应注明由投标人根据施工现场实际情况自行考虑，决定报价。

8）挖沟槽、基坑、一般土方因工作面和放坡增加的工作量（管沟工作面增加的工作量）是否并入各土方工程量中，应按各省、自治区、直辖市或行业建设主管部门的规定实施，如并入各土方工程量中，办理工程结算时，按经发包人认可的施工组织设计规定计算，编制工程量清单时，可按表 2.2.4 ~ 表 2.2.6 规定计算。

9）挖方出现流砂、淤泥时，如设计未明确，在编制工程量清单时，其工程量可为暂估量，结算时应根据实际情况由发包人与承包人双方现场签证确认工程量。

10）管沟土方（或石方）项目适用于管道（给排水、工业、电力、通信）、光（电）缆沟[包括：人（手）孔、接口坑]及连接井（检查井）等。

表 2.2.4　放坡系数表

土类别	放坡起点（m）	人工挖土	机械挖土		
			在坑内作业	在坑上作业	顺沟槽在坑上作业
一、二类土	1.20	1∶0.5	1∶0.33	1∶0.75	1∶0.5
三类土	1.50	1∶0.33	1∶0.25	1∶0.67	1∶0.33
四类土	2.00	1∶0.25	1∶0.10	1∶0.33	1∶0.25

注：①沟槽、基坑中土类别不同时，分别按其放坡起点、放坡系数，依不同土类别厚度加权平均计算。

②计算放坡时，在交接处的重复工程量不予扣除，原槽、坑作基础垫层时，放坡自垫层上表面开始计算。

表 2.2.5　基础施工所需工作面宽度计算表

基础材料	每边各增加工作面宽度（mm）
砖基础	200
浆砌毛石、条石基础	150
混凝土基础垫层支模板	300
混凝土基础支模板	300
基础垂直面做防水层	1000（防水层面）

表 2.2.6　管沟施工每侧所需工作面宽度计算表

管道结构宽(mm) 管沟材料	≤500	≤1000	≤2500	>2500
混凝土及钢筋混凝土管道(mm)	400	500	600	700
其他材质管道(mm)	300	400	500	600

注：管道结构宽：有管座的按基础外缘，无管座的按管道外径。

11)填方密实度要求，在无特殊要求情况下，项目特征可描述为满足设计和规范的要求。

12)填方材料品种可以不描述，但应注明由投标人根据设计要求验方后方可填入，并符合相关工程的质量规范要求。

13)填方粒径要求，在无特殊要求情况下，项目特征可以不描述。

14)如需买土回填应在项目特征填方来源中描述，并注明买土方数量。

2.2.3　清单工程量计算规则及应用案例

1. 土方工程

土方工程包括平整场地，挖一般土方，挖沟槽土方，挖基坑土方，冻土开挖，挖淤泥、流砂，管沟土方 7 个清单子项。土方工程清单工程量计算规则见表 2.2.7。

表 2.2.7　土方工程清单工程量计算规则

土方工程	计算规则	计量单位	工程内容
平整场地(清单编码：010101001×××)	按设计图示尺寸以建筑物首层建筑面积计算	m^2	1. 土方挖填 2. 场地找平 3. 运输
挖一般土方(清单编码：010101002×××)	按设计图示尺寸以体积计算	m^3	1. 排地表水 2. 土方开挖 3. 围护(挡土板)及拆除 4. 基底钎探 5. 运输
挖沟槽土方(清单编码：010101003×××)	按设计图示尺寸以基础垫层底面积乘以挖土深度计算		
挖基坑土方(清单编码：010101004×××)			
冻土开挖(清单编码：010101005×××)	按设计图示尺寸开挖面积乘厚度以体积计算		1. 爆破 2. 开挖 3. 清理 4. 运输
挖淤泥、流砂(清单编码：010101006×××)	按设计图示位置、界限以体积计算		1. 开挖 2. 运输
管沟土方(清单编码：010101007×××)	1. 以米计量，按设计图示以管道中心线长度计算； 2. 以立方米计量，按设计图示管底垫层面积乘以挖土深度计算，无管底垫层按管外径的水平投影面积乘以挖土深度计算。不扣除各类井的长度，井的土方并入。	1. m 2. m^3	1. 排地表水 2. 土方开挖 3. 围护(挡土板)、支撑 4. 运输 5. 回填

【小贴士】

土方工程应注意：

关于实施《房屋建筑与装饰工程工程量计算规范》(GB 50854—2013)等的若干意见(粤建造〔2013〕4号)中指出：挖沟槽、基坑、一般土方因工作面和放坡增加的工程量应计入相应土方项目的清单工程量中。

【应用案例2.2.1】　××工程首层的外墙外边尺寸如图2.2.1所示，该场地在±300 mm内挖填找平，已知土壤为一、二类土，场地平整中不发生弃土与取土，试编制该工程的平整场地工程量清单(该阳台在主体结构外，采用钢管栏杆、扶手)。

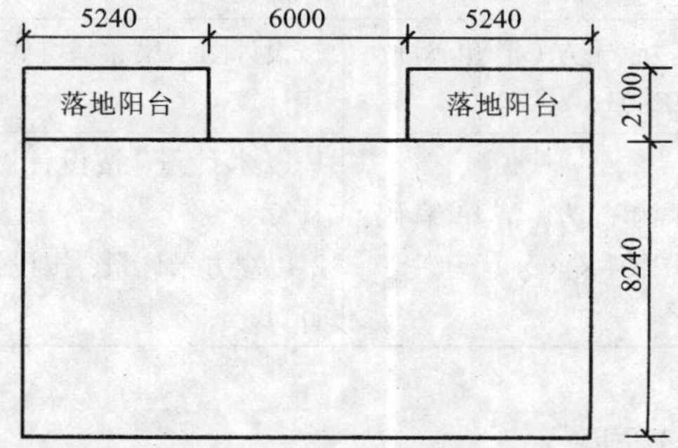

图2.2.1　××工程首层平面图

【解】　平整场地工程量：

$$S_{平}=(5.24\times2+6.00)\times8.24+5.24\times2.1\times0.5\times2=135.80+11.00=146.80\ m^2$$

平整场地的工程量清单见表2.2.8。

表2.2.8　分部分项工程和单价措施项目清单与计价表

工程名称：××工程　　　　标　段：　　　　第　页　共　页

序号	项目编码	项目名称	项目特征描述	计量单位	工程量	金额(元)		
						综合单价	合价	其中
								暂估价
1	010101001001	平整场地	1. 土壤类别：一、二类土	m^2	146.80			

【课堂活动】

根据《广东省建筑与装饰工程综合定额(2010)》与《房屋建筑与装饰工程工程量计算规范》(GB 50854—2013)，分组讨论并回答平整场地定额工程量与清单工程量计算规则的区别，并计算【应用案例2.2.1】平整场地定额工程量。

2. 石方工程

石方工程包括挖一般石方、挖沟槽石方、挖基坑石方、挖管沟石方4个清单子项，石方工程清单工程量计算规则见表2.2.9。

表 2.2.9　石方工程清单工程量计算规则

石方工程	计算规则	计量单位	工程内容
挖一般石方(清单编码:010102001×××)	按设计图示尺寸以体积计算	m^3	1. 排地表水 2. 凿石 3. 运输
挖沟槽石方(清单编码:010102002×××)	按设计图示尺寸沟槽底面积乘以挖石深度以体积计算		
挖基坑石方(清单编码:010102003×××)	按设计图示尺寸基坑底面积乘以挖石深度以体积计算		
挖管沟石方(清单编码:010102004×××)	1. 以米计量,按设计图示以管道中心线长度计算; 2. 以立方米计量,按设计图示截面积乘以长度计算	1. m 2. m^3	1. 排地表水 2. 凿石 3. 回填 4. 运输

3. 回填

回填工程包括回填方、余方弃置 2 个清单子项,回填工程清单工程量计算规则见表 2.2.10。

表 2.2.10　回填清单工程量计算规则

回　填	计算规则	计量单位	工程内容
回填方(清单编码:010103001×××)	按设计图示尺寸以体积计算	m^3	1. 运输 2. 回填 3. 压实
余方弃置(清单编码:010103002×××)	按挖方清单项目工程量减利用回填方体积(正数)计算		余方点装料运输至弃置点

注:①场地回填体积 = 回填面积 × 平均回填厚度。

②室内回填体积 = 主墙间面积 × 回填厚度,不扣除间隔墙。

③基础回填体积 = 挖方清单项目体积 − 自然地坪以下埋设的基础体积(包括基础垫层及其他构筑物)。

【应用案例 2.2.2】

(1)设计说明

①某工程 ±0.00 以下基础工程施工图详见图 2.2.2 至图 2.2.5,室内外标高差为 450 mm。

②基础垫层为非原槽浇注,垫层支模,混凝土强度等级为 C10,地圈梁混凝土强度等级为 C20。

③砖基础,使用普通页岩标准砖,M5 水泥砂浆砌筑。

④独立柱基及柱为 C20 混凝土。

⑤本工程建设方已完成三通一平。

⑥混凝土及砂浆材料均采用商品混凝土。

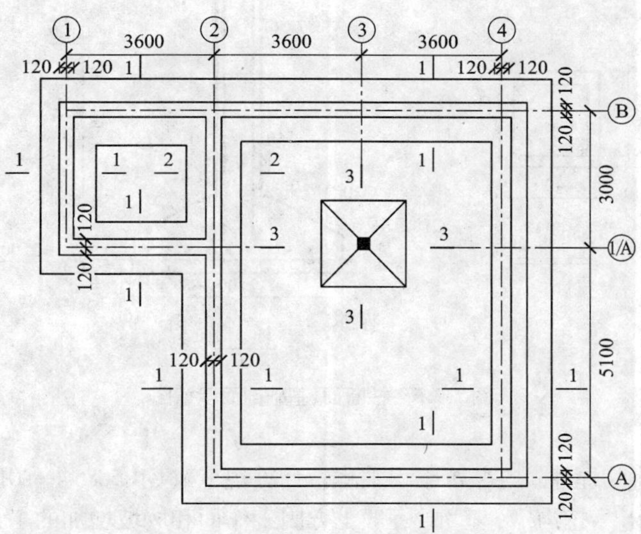

图 2.2.2　某工程基础平面图

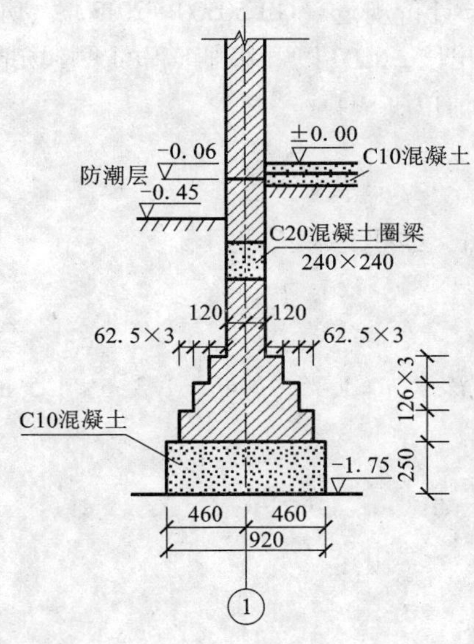

图 2.2.3　1—1 剖面

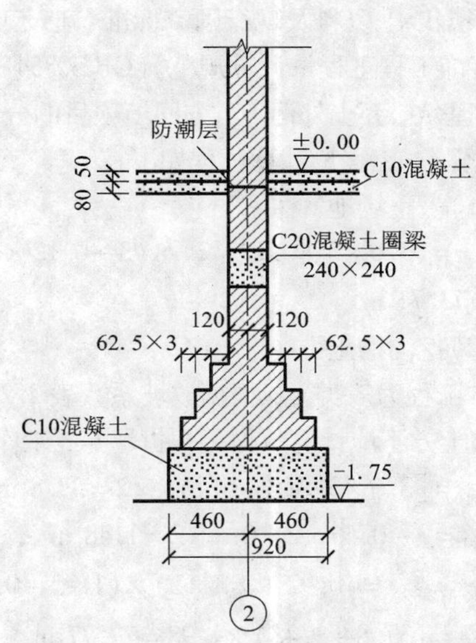

图 2.2.4　2—2 剖面

(2)施工方案

①本基础工程土方为人工开挖，非桩基工程，不考虑开挖时排地表水及基底钎探，不考虑支挡土板施工，工作面为 300 mm，放坡系数为 1∶0.33。

②开挖基础土，其中一部分土壤考虑按挖方量的 60% 进行现场运输、堆放，采用人力车运输，距离为 40 m，另一部分土壤在基坑边 5 m 内堆放。平整场地弃、取土运距为 5 m。弃土外运 5 km，回填为夯填。

③土壤类别三类土，均属天然密实土，现场内土壤堆放时间为三个月。

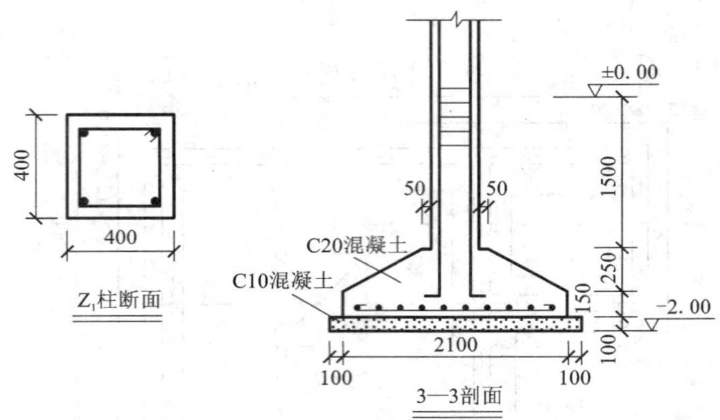

图 2.2.5　柱断面、基础剖面示意图

(3)计算说明

广东省关于实施《房屋建筑与装饰工程工程量计算规范》(GB 50854—2013)等的若干意见(粤建造〔2013〕4 号)中指出：挖沟槽、基坑、一般土方因工作面和放坡增加的工程量应计入相应土方项目的清单工程量中。

(4)问题

根据以上资料及现行国家标准《建设工程工程量清单计价规范》(GB 50500—2013)、《房屋建筑与装饰工程工程量计算规范》(GB 50854—2013)，试列出该 ±0.00 以下基础工程的平整场地、挖沟槽、基坑、弃土外运、土方回填项目的分部分项工程量清单。

【解】 工程量计算过程如下：

(1)平整场地

$S_{平} = (3.6 \times 3 + 0.12 \times 2) \times (3 + 0.12 \times 2) + 5.1 \times (3.6 \times 2 + 0.12 \times 2)$

$= 73.71\ m^2$

(2)挖沟槽土方

本工程为三类土，根据放坡系数表 2.2.4 规定，开挖深度 $h = 1.75 - 0.45 = 1.3\ m < 1.5\ m$，故挖沟槽土方不应计算放坡。根据题意，工作面为 0.3 m。

$L_{外} = [3.6 \times 3 + (3 + 5.1)] \times 2 = 37.8\ m$

$L_{内} = 3 - 0.46 \times 2 - 0.3 \times 2 = 1.48\ m$

$S_{1-1(2-2)} = (0.92 + 0.3 \times 2) \times (1.75 - 0.45) = 1.98\ m^2$

$V_{槽} = (37.8 + 1.48) \times 1.98 = 77.77\ m^3$

(3)挖基坑土方

本工程为三类土，采用人工挖土，根据放坡系数表 2.2.4 规定，开挖深度 $h = 2 - 0.45 = 1.55\ m > 1.5\ m$，故挖基坑土方应计算放坡，根据题意放坡系数为 1∶0.33，工作面为 0.3 m。

$S_{下} = [(2.1 + 0.1 \times 2) + 0.3 \times 2]^2 = 2.9^2\ m^2$

$S_{上} = [(2.1 + 0.1 \times 2) + 0.3 \times 2 + (2 - 0.45) \times 0.33 \times 2]^2 = 3.92^2\ m^2$

$$V_{坑} = \frac{1}{3} \times h \times [S_{上} + S_{下} + (S_{上} S_{下})^{1/2}]$$

$$= \frac{1}{3} \times 1.55 \times (2.9^2 + 3.92^2 + 2.9 \times 3.92) = 18.16\ m^3$$

(4)回填方

①垫层：(具体计算规则详见学习情境2 任务6)

$V_{垫}=[37.8+(3-0.46\times2)]\times0.92\times0.25+2.3\times2.3\times0.1=9.70\ m^3$

②埋在土下砖基础(含圈梁)：(具体计算规则详见学习情境2 任务5 及任务6)

$V_{砖基础}=[37.8+(3-0.12\times2)]\times[(1.75-0.45-0.25)\times0.24+0.0945]$

$=40.56\times0.3465=14.05\ m^3$

③埋在土下的混凝土基础及柱：(具体计算规则详见学习情境2 任务6)

$V_1=\frac{1}{3}\times0.25\times[(0.4+0.05\times2)^2+2.1^2+(0.4+0.05\times2)\times2.1]+0.4\times0.4\times(1.5-0.45)$

$+2.1\times2.1\times0.15=1.31\ m^3$

基坑槽回填：$V_{坑槽回填}=77.77+18.16-9.7-14.05-1.31=70.87\ m^3$

室内回填：$V_{内填}=[(3.6-0.12\times2)\times(3-0.12\times2)+(3.6\times2-0.12\times2)$

$\times(3+5.1-0.12\times2)-0.4\times0.4]\times[0.45-(0.08+0.05)]=20.42\ m^3$

(5)余方弃置

$V_{弃}=77.77+18.16-70.87-20.42=4.64\ m^3$

工程量清单见表2.2.11。

表2.2.11　分部分项工程和单价措施项目清单与计价表

工程名称：　　　　　　　　　　　　　　　　标段：　　　　　　　　　　　　　　　　第　页　共　页

序号	项目编码	项目名称	项目特征描述	计量单位	工程量	金额(元)		
						综合单价	合价	其中 暂估价
1	010101001001	平整场地	土壤类别：三类土 弃土运距：5 m 取土运距：5 m	m^2	73.71			
2	010101003001	挖沟槽土方	土壤类别：三类土 挖土深度：1.30 m 弃土运距：40 m	m^3	77.77			
3	010101004001	挖基坑土方	1. 土壤类别：三类土 2. 挖土深度：1.55 m 3. 弃土运距：40 m	m^3	18.16			
4	010103001001	回填方	1. 密实度要求：满足规范及设计 2. 填方材料品种：满足规范及设计 3. 填方粒径要求：满足规范及设计 4. 填方运距：40 m	m^3	91.29			
5	010103002001	余方弃置	运距：5 km	m^3	4.64			

【**能力训练 2.2.1**】 编制土石方工程工程量清单。

【**原始资料**】 学生创业训练综合楼建筑施工图、结构施工图(见附录),《建设工程工程量清单计价规范》(GB 50500—2013)、《房屋建筑与装饰工程工程量计算规范》(GB 50854—2013),土质类别为三类土,弃土运距 5 km。

任务 3 地基处理与边坡支护工程清单工程量计算

2.3.1 工程量清单项目设置

地基处理与边坡支护工程工程量清单项目按照《房屋建筑与装饰工程工程量计算规范》(GB 50854—2013)附录 B 列项,共分 2 节 28 个子项,包括地基处理、基坑与边坡支护。地基处理与边坡支护工程工程量清单项目设置见表 2.3.1 所示。

表 2.3.1 地基处理与边坡支护工程工程量清单项目设置

项目编码	项目名称	项目特征	备 注
010201001	换填垫层	材料种类及配比,压实系数,掺加剂品种	地基处理(编码:010201)
010201002	铺设土工合成材料	部位,品种,规格	
010201003	预压地基	排水竖井种类、断面尺寸、排列方式、间距、深度,预压方法,预压荷载、时间,砂垫层厚度	
010201004	强夯地基	夯击能量,夯击遍数,夯击点布置形式、间距,地耐力要求,夯填材料种类	
010201005	振冲密实(不填料)	地层情况,振密深度,孔距	
010201006	振冲桩(填料)	地层情况,空桩长度、桩长,桩径,填充材料种类	
010201007	砂石桩	地层情况,空桩长度、桩长,桩径,成孔方法,材料种类、级配	
010201008	水泥粉煤灰碎石桩	地层情况,空桩长度、桩长,桩径,成孔方法,混合料强度等级	
010201009	深层搅拌桩	地层情况,空桩长度、桩长,桩截面尺寸,水泥强度等级、掺量	
010201010	粉喷桩	地层情况,空桩长度、桩长,桩径,粉体种类、掺量,水泥强度等级、石灰粉要求	
010201011	夯实水泥土桩	地层情况,空桩长度、桩长,桩径,成孔方法,水泥强度等级,混合料配比	
010201012	高压喷射注浆桩	地层情况,空桩长度、桩长,桩截面,注浆类型、方法,水泥强度等级	
010201013	石灰桩	地层情况,空桩长度、桩长,桩径,成孔方法,掺和料种类、配合比	
010201014	灰土(土)挤密桩	地层情况,空桩长度、桩长,桩径,成孔方法,灰土级配	
010201015	柱锤冲扩桩	地层情况,空桩长度、桩长,桩径,成孔方法,桩体材料种类、配合比	
010201016	注浆地基	地层情况,空钻深度、注浆深度,注浆间距,浆液种类及配比,注浆方法,水泥强度等级	
010201017	褥垫层	厚度,材料品种及比例	

续表 2.3.1

项目编码	项目名称	项目特征	备注
010202001	地下连续墙	地层情况，导墙类型、截面，墙体厚度，成槽深度，混凝土种类、强度等级，接头形式	基坑与边坡支护（编码：010202）
010202002	咬合灌注桩	地层情况，桩长，桩径，混凝土种类、强度等级，部位	
010202003	圆木桩	地层情况，桩长，材质，尾径，桩倾斜度	
010202004	预制钢筋混凝土板桩	地层情况，送桩深度、桩长，桩截面，沉桩方法，连接方式，混凝土强度等级	
010202005	型钢桩	地层情况或部位，送桩深度、桩长，规格型号，桩倾斜度，防护材料种类，是否拔出	
010202006	钢板桩	地层情况，桩长，板桩厚度	
010202007	锚杆(锚索)	地层情况，锚杆(索)类型、部位，钻孔深度，钻孔直径，杆体材料品种、规格、数量，预应力，浆液种类、强度等级	
010202008	土钉	地层情况，钻孔深度，钻孔直径，置入方法，杆体材料品种、规格、数量，浆液种类、强度等级	
010202009	喷射混凝土、水泥砂浆	部位，厚度，材料种类，混凝土(砂浆)类别、强度等级	
010202010	钢筋混凝土支撑	部位，混凝土种类，混凝土强度等级	
010202011	钢支撑	部位，钢材品种、规格，探伤要求	

2.3.2　工程量清单编制规定

1)本节所提到的地层情况按《房屋建筑与装饰工程工程量计算规范》(GB 50854—2013)土壤分类表(表 A.1－1)和岩石分类表(表 A.2－1)的规定，并根据岩土工程勘察报告按单位工程各地层所占比例(包括范围值)进行描述。对无法准确描述的地层情况，可注明由投标人根据岩土工程勘察报告自行决定报价。

2)涉及地基处理的桩，其项目特征中的桩长应包括桩尖，空桩长度＝孔深－桩长，孔深为自然地面至设计桩底的深度。

3)高压喷射注浆类型包括旋喷、摆喷、定喷，高压喷射注浆方法包括单管法、双重管法、三重管法。

4)如采用泥浆护壁成孔，工作内容包括土方、废泥浆外运，如采用沉管灌注成孔，工作内容包括桩尖制作、安装。

5)土钉置入方法包括钻孔置入、打入或射入等。

6)本节所提到的混凝土种类：指清水混凝土、彩色混凝土等，如在同一地区既使用预拌(商品)混凝土，又允许现场搅拌混凝土时，也应注明。

7)地下连续墙和喷射混凝土(砂浆)的钢筋网、咬合灌注桩的钢筋笼及钢筋混凝土支撑的钢筋制作、安装，按《房屋建筑与装饰工程工程量计算规范》(GB 50854—2013)附录 E 中相关项目列项。本分部未列的基坑与边坡支护的排桩按《房屋建筑与装饰工程工程量计算规范》(GB 50854—2013)附录 C 中相关项目列项。水泥土墙、坑内加固按《房屋建筑与装饰工程工程量计算规范》(GB 50854—2013)表 2.3.2 中相关项目列项。砖、石挡土墙、护坡按《房屋建筑与装饰工程工程量计算规范》(GB 50854—2013)附录 D 中相关项目列项。混凝土挡土墙按《房屋建筑与装饰工程工程量计算规范》(GB 50854—2013)附录 E 中相关项目列项。

【知识链接】

地基处理与边坡支护工程相关构件见图 2.3.1 至图 2.3.13。

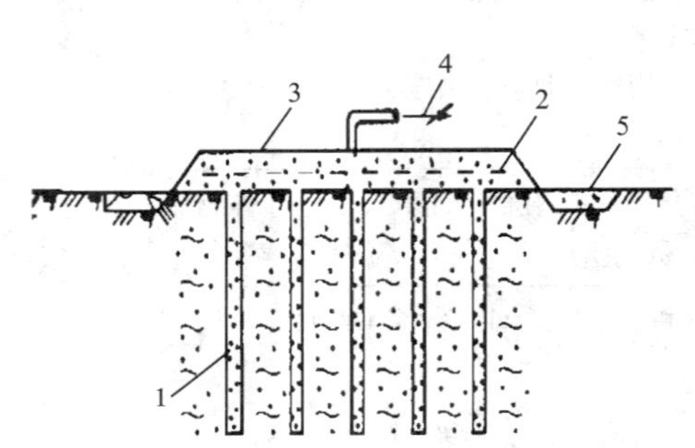

图 2.3.1　真空预压地基示意图

1—砂井；2—砂垫层；3—薄膜；4—抽水、气；5—黏土

图 2.3.2　强夯地基示意图

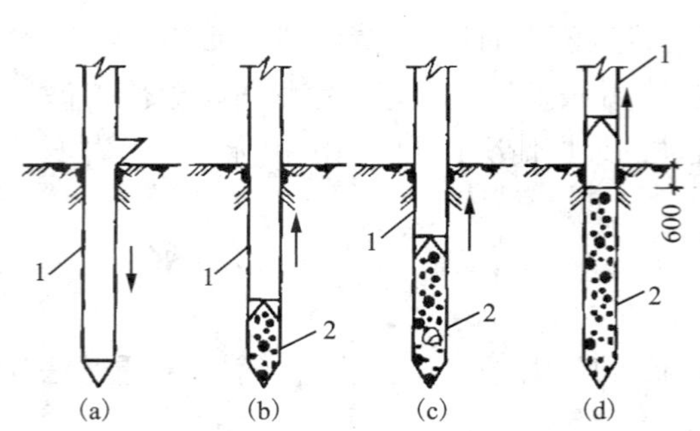

图 2.3.3　水泥粉煤灰碎石桩施工工艺流程示意图

(a)打入桩管；(b)、(c)灌水泥、粉煤灰碎石振动拔管；(d)成桩

1—桩管；2—水泥、粉煤灰、碎石桩

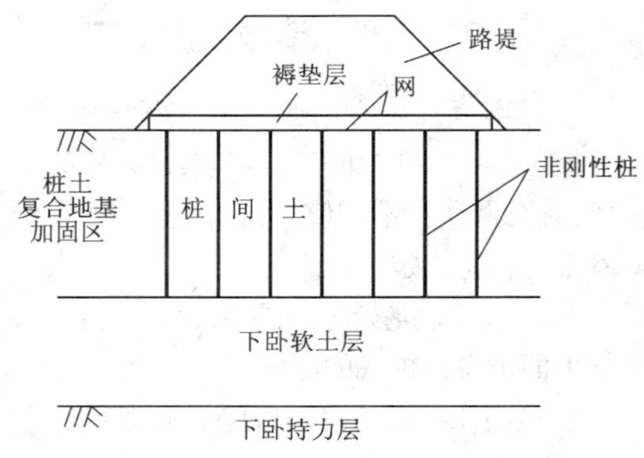

图 2.3.4　褥垫层示意图

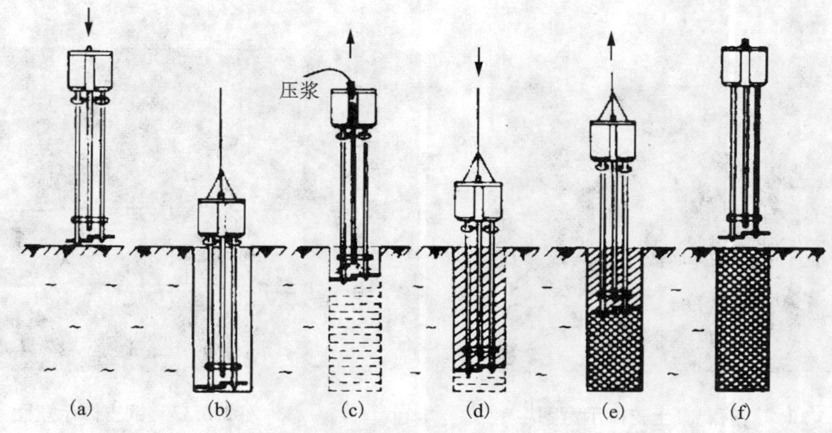

图 2.3.5　深层搅拌桩施工过程示意图

(a)定位；(b)沉入到底部；(c)喷浆搅拌(上升)；(d)重复搅拌(下沉)；(e)重复搅拌(上升)；(f)完毕

图 2.3.6　地下连续墙示意图

图 2.3.7　咬合桩示意图

图 2.3.8　钢板桩示意图

图 2.3.9　锚杆示意图

图 2.3.10　土钉示意图

图 2.3.11　喷射混凝土示意图

图 2.3.12　钢筋混凝土支撑示意图

图 2.3.13　钢支撑示意图

2.3.3　清单工程量计算规则及应用案例

1. 地基处理

地基处理包括换填垫层、铺设土工合成材料、预压地基、强夯地基等 17 个清单子项。地基处理清单工程量计算规则见表 2.3.2。

表 2.3.2　地基处理清单工程量计算规则

<table>
<tr><th>地基处理</th><th>计算规则</th><th>计量单位</th><th>工程内容</th></tr>
<tr><td>换填垫层（清单编码：010201001 × × ×）</td><td>按设计图示尺寸以体积计算</td><td>m^3</td><td>1. 分层铺填
2. 碾压、振密或夯实
3. 材料运输</td></tr>
<tr><td>铺设土工合成材料（清单编码：010201002 × × ×）</td><td>按设计图示尺寸以面积计算</td><td rowspan="4">m^2</td><td>1. 挖填锚固沟
2. 铺设
3. 固定
4. 运输</td></tr>
<tr><td>预压地基（清单编码：010201003 × × ×）</td><td rowspan="3">按设计图示处理范围以面积计算</td><td>1. 设置排水竖井、盲沟、滤水管
2. 铺设砂垫层、密封膜
3. 堆载、卸载或抽气设备安拆、抽真空
4. 材料运输</td></tr>
<tr><td>强夯地基（清单编码：010201004 × × ×）</td><td>1. 铺设夯填材料
2. 强夯
3. 夯填材料运输</td></tr>
<tr><td>振冲密实（不填料）（清单编码：010201005 × × ×）</td><td>1. 振冲加密
2. 泥浆运输</td></tr>
</table>

续表 2.3.2

地基处理	计算规则	计量单位	工程内容
振冲桩(填料)(清单编码：010201006×××)	1. 以米计量，按设计图示尺寸以桩长计算； 2. 以立方米计量，按设计桩截面乘以桩长以体积计算	1. m 2. m^3	1. 振冲成孔、填料、振实 2. 材料运输 3. 泥浆运输
砂石桩(清单编码：010201007×××)	1. 以米计量，按设计图示尺寸以桩长(包括桩尖)计算； 2. 以立方米计量，按设计桩截面乘以桩长(包括桩尖)以体积计算		1. 成孔 2. 填充、振实 3. 材料运输
水泥粉煤灰碎石桩(清单编码：010201008×××)	按设计图示尺寸以桩长(包括桩尖)计算	m	1. 成孔 2. 混合料制作、灌注、养护 3. 材料运输
深层搅拌桩(清单编码：010201009×××)	按设计图示尺寸以桩长计算		1. 预搅下钻、水泥浆制作、喷浆搅拌提升成桩 2. 材料运输
粉喷桩(清单编码：010201010×××)			1. 预搅下钻、喷粉搅拌提升成桩 2. 材料运输
夯实水泥土桩(清单编码：010201011×××)	按设计图示尺寸以桩长(包括桩尖)计算		1. 成孔、夯底 2. 水泥土拌合、填料、夯实 3. 材料运输
高压喷射注浆桩(清单编码：010201012×××)	按设计图示尺寸以桩长计算		1. 成孔 2. 水泥浆制作、高压喷射注浆 3. 材料运输
石灰桩(清单编码：010201013×××)	按设计图示尺寸以桩长(包括桩尖)计算		1. 成孔 2. 混合料制作、运输、夯填
灰土(土)挤密桩(清单编码：010201014×××)			1. 成孔 2. 灰土拌和、运输、填充、夯实
柱锤冲扩桩(清单编码：010201015×××)	按设计图示尺寸以桩长计算		1. 安、拔套管 2. 冲孔、填料、夯实 3. 桩体材料制作、运输
注浆地基(清单编码：010201016×××)	1. 以米计量，按设计图示尺寸以钻孔深度计算 2. 以立方米计量，按设计图示尺寸以加固体积计算	1. m 2. m^3	1. 成孔 2. 注浆导管制作、安装 3. 浆液制作、压浆 4. 材料运输
褥垫层(清单编码：010201017×××)	1. 以平方米计量，按设计图示尺寸以铺设面积计算 2. 以立方米计量，按设计图示尺寸以体积计算	1. m^2 2. m^3	材料拌和、运输、铺设、压实

【应用案例 2.3.1】 如图 2.3.14 所示，图(a)为预压地基、图(b)为强夯地基，分别计算清单工程量。

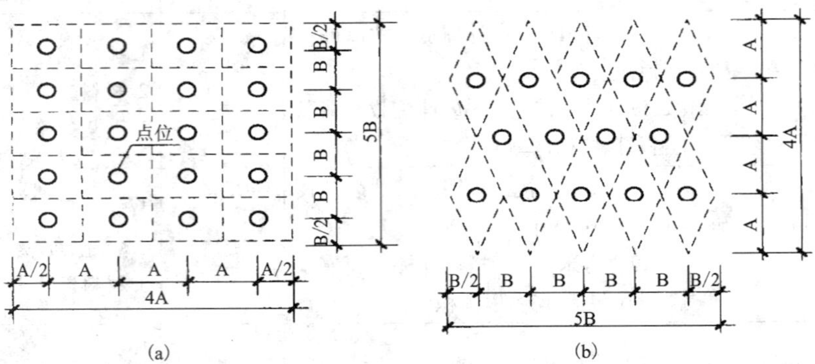

图 2.3.14　工程量计算示意图

【解】 清单工程量

(1)预压地基：20 × A × B

(2)强夯地基：14 × A × B

【应用案例 2.3.2】 × ×工程基底为可塑红黏土，不能满足设计承载力要求，采用水泥粉煤灰碎石桩进行地基处理，桩径为 400 mm，桩体强度等级为 C20，桩数为 52 根，设计桩长为 10 m，桩端进入硬塑黏土层不少于 1.5 m，桩顶在地面以下 1.5 ~ 2 m，水泥粉煤灰碎石桩采用振动沉管灌注桩施工，桩顶采用 200 mm 厚人工级配砂石(砂∶碎石 = 3∶7，最大粒径 30 mm)作为褥垫层，如图 2.3.15、图 2.3.16 所示。

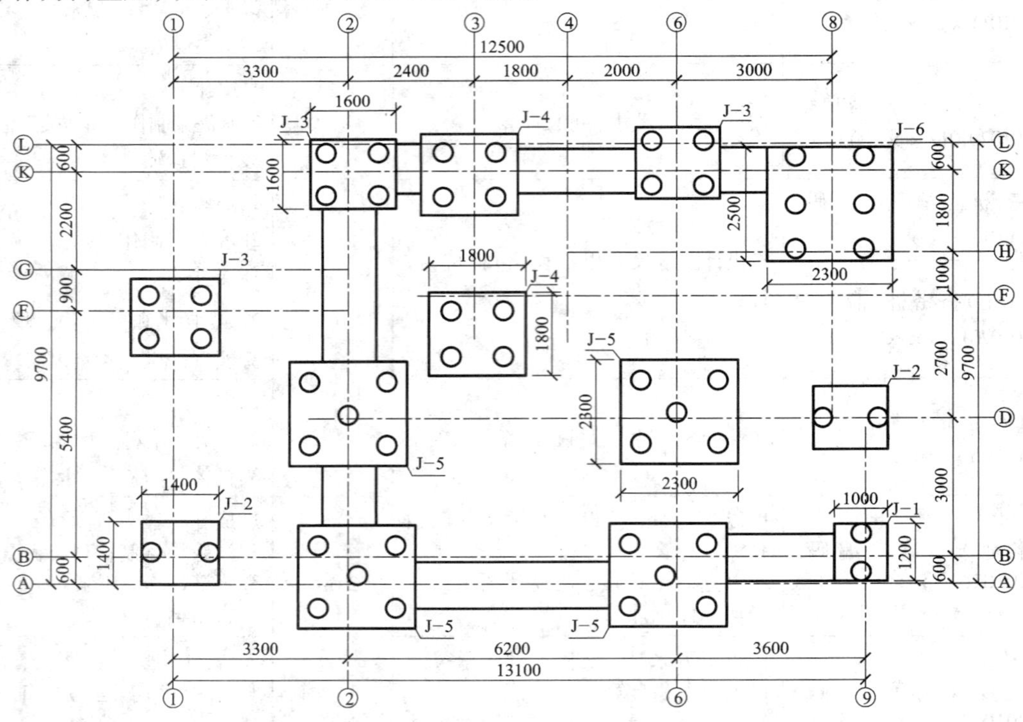

图 2.3.15　× ×工程水泥粉煤灰碎石桩平面图

根据以上资料及现行国家标准《建设工程工程量清单计价规范》(GB 50500—2013)、《房屋建筑与装饰工程工程量计算规范》(GB 50854—2013)，试编制该工程地基处理的水泥粉煤灰碎石桩、褥垫层项目的分部分项工程量清单。

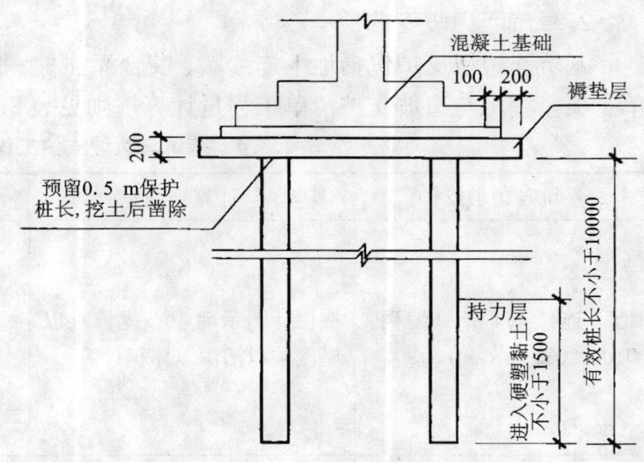

图 2.3.16　水泥粉煤灰碎石桩详图

【解】　清单工程量计算过程如下：

(1)水泥粉煤灰碎石桩工程量：

$L = 10$ m/根 ×52 根 =520 m

(2)褥垫层工程量：

①J-1　[1.2+(0.1+0.2)×2]×[1+(0.1+0.2)×2]×1 个 =2.88 m^2

②J-2　[1.4+(0.1+0.2)×2]×[1.4+(0.1+0.2)×2]×2 个 =8.00 m^2

③J-3　[1.6+(0.1+0.2)×2]×[1.6+(0.1+0.2)×2]×3 个 =14.52 m^2

④J-4　[1.8+(0.1+0.2)×2]×[1.8+(0.1+0.2)×2]×2 个 =11.52 m^2

⑤J-5　[2.3+(0.1+0.2)×2]×[2.3+(0.1+0.2)×2]×4 个 =33.64 m^2

⑥J-6　[2.3+(0.1+0.2)×2]×[2.5+(0.1+0.2)×2]×1 个 =8.99 m^2

$S = 2.88 + 8.00 + 14.52 + 11.52 + 33.64 + 8.99 = 79.55$ m^2

工程量清单见表 2.3.3。

表 2.3.3　分部分项工程和单价措施项目清单与计价表

工程名称：　　　　　　　　　　标　段：　　　　　　　　　　第　页　共　页

序号	项目编码	项目名称	项目特征描述	计量单位	工程量	金额(元)		
						综合单价	合价	其中 暂估价
1	010201008001	水泥粉煤灰碎石桩	1.地层情况：三类土 2.空桩长度、桩长：1.5~2 m、10 m 3.桩径：400 mm 4.成孔方法：振动沉管 5.混合料强度等级：C20	m	520			
2	010201017001	褥垫层	1.厚度：200 mm 2.材料品种及比例：人工级配砂石(最大粒径30 mm)，砂：碎石 =3:7	m^2	79.55			

2. 基坑与边坡支护

基坑与边坡支护包括地下连续墙、咬合灌注桩、圆木桩、预制钢筋混凝土板桩等 11 个清单子项。基坑与边坡支护清单工程量计算规则见表 2.3.4。

表 2.3.4　基坑与边坡支护工程量计算规则

<table>
<tr><th>基坑与边坡支护</th><th>计算规则</th><th>计量单位</th><th>工程内容</th></tr>
<tr><td>地下连续墙(清单编码：010202001×××)</td><td>按设计图示墙中心线长乘以厚度乘以槽深以体积计算</td><td>m^3</td><td>1. 导墙挖填、制作、安装、拆除
2. 挖土成槽、固壁、清底置换
3. 混凝土制作、运输、灌注、养护
4. 接头处理
5. 土方、废泥浆外运
6. 打桩场地硬化及泥浆池、泥浆沟</td></tr>
<tr><td>咬合灌注桩(清单编码：010202002×××)</td><td>1. 以米计量，按设计图示尺寸以桩长计算
2. 以根计量，按设计图示数量计算</td><td rowspan="3">1. m
2. 根</td><td>1. 成孔、固壁
2. 混凝土制作、运输、灌注、养护
3. 套管压拔
4. 土方、废泥浆外运
5. 打桩场地硬化及泥浆池、泥浆沟</td></tr>
<tr><td>圆木桩(清单编码：010202003×××)</td><td rowspan="2">1. 以米计量，按设计图示尺寸以桩长(包括桩尖)计算
2. 以根计量，按设计图示数量计算</td><td>1. 工作平台搭拆
2. 桩机移位
3. 桩靴安装
4. 沉桩</td></tr>
<tr><td>预制钢筋混凝土板桩(清单编码：010202004×××)</td><td>1. 工作平台搭拆
2. 桩机移位
3. 沉桩
4. 板桩连接</td></tr>
<tr><td>型钢桩(清单编码：010202005×××)</td><td>1. 以吨计量，按设计图示尺寸以质量计算
2. 以根计量，按设计图示数量计算</td><td>1. t
2. 根</td><td>1. 工作平台搭拆
2. 桩机移位
3. 打(拔)桩
4. 接桩
5. 刷防护材料</td></tr>
<tr><td>钢板桩(清单编码：010202006×××)</td><td>1. 以吨计量，按设计图示尺寸以质量计算
2. 以平方米计量，按设计图示墙中心线长乘以桩长以面积计算</td><td>1. t
2. m^2</td><td>1. 工作平台搭拆
2. 桩机移位
3. 打拔钢板桩</td></tr>
<tr><td>锚杆(锚索)(清单编码：010202007×××)</td><td rowspan="2">1. 以米计量，按设计图示尺寸以钻孔深度计算
2. 以根计量，按设计图示数量计算</td><td rowspan="2">1. m
2. 根</td><td>1. 钻孔、浆液制作、运输、压浆
2. 锚杆(锚索)制作、安装
3. 张拉锚固
4. 锚杆(锚索)施工平台搭设、拆除</td></tr>
<tr><td>土钉(清单编码：010202008×××)</td><td>1. 钻孔、浆液制作、运输、压浆
2. 土钉制作、安装
3. 土钉施工平台搭设、拆除</td></tr>
</table>

续表 2.3.4

基坑与边坡支护	计算规则	计量单位	工程内容
喷射混凝土、水泥砂浆（清单编码：010202009×××）	按设计图示尺寸以面积计算	m^2	1. 修整边坡 2. 混凝土（砂浆）制作、运输、喷射、养护 3. 钻排水孔、安装排水管 4. 喷射施工平台搭设、拆除
钢筋混凝土支撑（清单编码：010202010×××）	按设计图示尺寸以体积计算	m^3	1. 模板（支架或支撑）制作、安装、拆除、堆放、运输及清理模内杂物、刷隔离剂等 2. 混凝土制作、运输、浇筑、振捣、养护
钢支撑（清单编码：010202011×××）	按设计图示尺寸以质量计算。不扣除孔眼质量，焊条、铆钉、螺栓等不另增加质量	t	1. 支撑、铁件制作（摊销、租赁） 2. 支撑、铁件安装 3. 探伤 4. 刷漆 5. 拆除 6. 运输

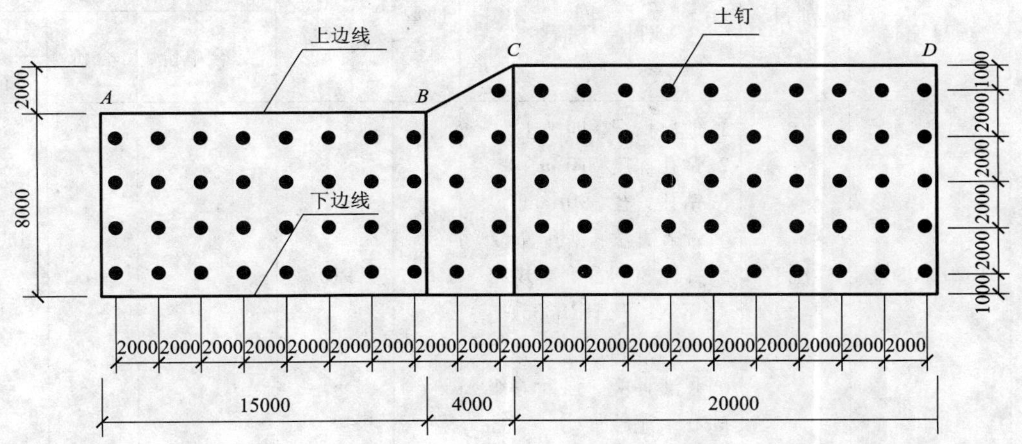

图 2.3.17　*AD* 段边坡立面图

【应用案例 2.3.3】　××边坡工程采用土钉支护，根据岩土工程勘察报告，地层为带块石的碎石土，土钉成孔直径为 90 mm，采用 1 根 HRB335，直径 25 的钢筋作为杆体，成孔深度均为 10.0 m，土钉入射倾角为 15°，杆筋送入钻孔后，灌注 M30 水泥砂浆。混凝土面板采用 C20 喷射混凝土，厚度为 120 mm，如图 2.3.17、图 2.3.18所示。

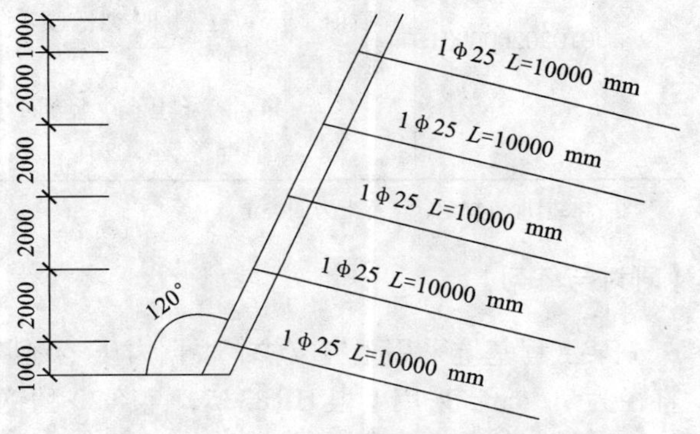

图 2.3.18　*AD* 段边坡剖面图

根据以上资料及现行国家标准《建设

工程工程量清单计价规范》(GB 50500—2013)、《房屋建筑与装饰工程工程量计算规范》(GB 50854—2013)，试编制该边坡支护分部分项工程量清单(不考虑挂网及锚杆、喷射平台等内容)。

【解】 工程量计算过程如下：

(1)土钉工程量：$n = 10$ m/根 ×91 根 =910 m

(2)喷射混凝土工程量：

①AB 段 $S_1 = 8 \div \sin 60° \times 15 = 138.56\ \text{m}^2$

②BC 段 $S_2 = (10 + 8) \div 2 \div \sin 60° \times 4 = 41.57\ \text{m}^2$

③CD 段 $S_3 = 10 \div \sin 60° \times 20 = 230.9\ \text{m}^2$

$S = 138.56 + 41.57 + 230.94 = 411.07\ \text{m}^2$

工程量清单见表 2.3.5。

表 2.3.5 分部分项工程和单价措施项目清单与计价表

工程名称： 标 段： 第 页 共 页

序号	项目编码	项目名称	项目特征描述	计量单位	工程量	金额(元)		
						综合单价	合价	其中 暂估价
1	010202008001	土钉	1. 地层情况：四类土 2. 钻孔深度：10 m 3. 钻孔直径：90 mm 4. 置入方法：钻孔置入 5. 杆体材料品种、规格、数量：1 根 HRB335、直径 25 的钢筋 6. 浆液种类、强度等级：M30 水泥砂浆	m	910			
2	010202009001	喷射混凝土	1. 部位：AD 段边坡 2. 厚度：120 mm 3. 材料种类：喷射混凝土 4. 混凝土(砂浆)种类、强度等级：C20	m^2	411.07			

注：根据规范规定，碎石土为四类土。

【研讨与练习】

某工程基坑采用土钉支护，根据岩土工程勘察报告，地层为带块石的碎石土，土钉成孔直径为 90 mm，采用 1 根 HRB335，直径 20 的钢筋作为杆体，成孔深度为 5 m，每平方米放置一根杆筋，杆筋送入钻孔后，灌浆 M30 水泥砂浆。混凝土面板采用 C20 混凝土，喷射厚度为 100 mm，如图 2.3.19、图 2.3.20 所示。试编制该边坡支护工程量清单。

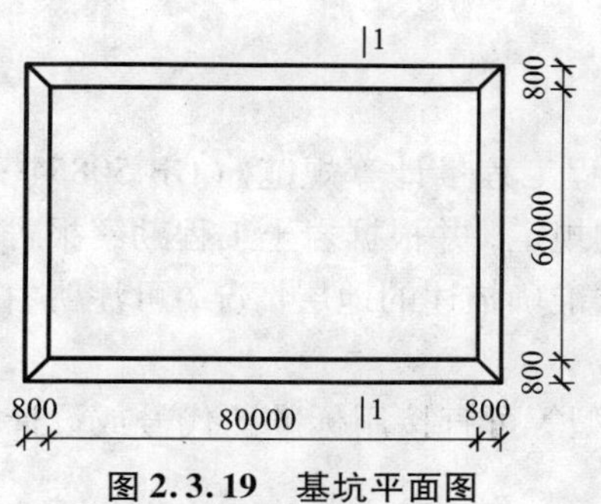

图 2.3.19　基坑平面图

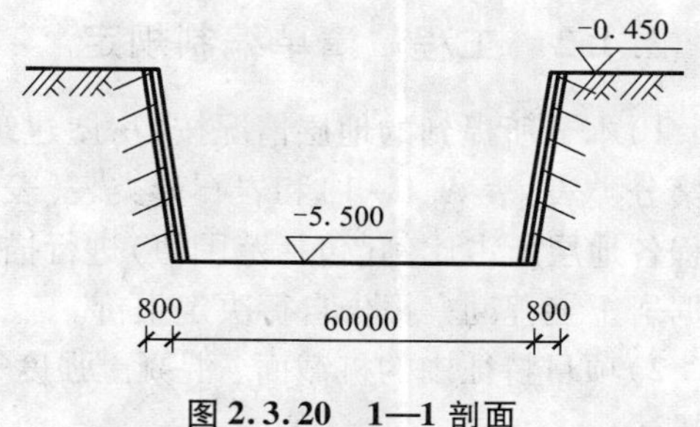

图 2.3.20　1—1 剖面

任务4　桩基工程清单工程量计算

2.4.1　工程量清单项目设置

桩基工程工程量清单项目按照《房屋建筑与装饰工程工程量计算规范》(GB 50854—2013)附录C列项，共分2节11个子项，包括打桩、灌注桩。桩基工程工程量清单项目设置见表2.4.1所示。

表 2.4.1　桩基工程工程量清单项目设置

项目编码	项目名称	项目特征	备　注
010301001	预制钢筋混凝土方桩	地层情况，送桩深度、桩长，桩截面，桩倾斜度，沉桩方法，接桩方式，混凝土强度等级	打桩 (编码：010301)
010301002	预制钢筋混凝土管桩	地层情况，送桩深度、桩长，桩外径、壁厚，桩倾斜度，沉桩方法，桩尖类型，混凝土强度等级，填充材料种类，防护材料种类	
010301003	钢管桩	地层情况，送桩深度、桩长，材质，管径、壁厚，桩倾斜度，沉桩方法，填充材料种类，防护材料种类	
010301004	截(凿)桩头	桩类型，桩头截面、高度，混凝土强度等级，有无钢筋	
010302001	泥浆护壁成孔灌注桩	地层情况，空桩长度、桩长，桩径，成孔方法，护筒类型、长度，混凝土种类、强度等级	灌注桩 (编码：010302)
010302002	沉管灌注桩	地层情况，空桩长度、桩长，复打长度，桩径，沉管方法，桩尖类型，混凝土种类、强度等级	
010302003	干作业成孔灌注桩	地层情况，空桩长度、桩长，桩径，扩孔直径、高度，成孔方法，混凝土种类、强度等级	
010302004	挖孔桩土(石)方	地层情况，挖孔深度，弃土(石)运距	
010302005	人工挖孔灌注桩	桩芯长度，桩芯直径、扩底直径、扩底高度，护壁厚度、高度，护壁混凝土种类、强度等级，桩芯混凝土种类、强度等级	
010302006	钻孔压浆桩	地层情况，空钻长度、桩长，钻孔直径，水泥强度等级	
010302007	灌注桩后压浆	注浆导管材料、规格，注浆导管长度，单孔注浆量，水泥强度等级	

2.4.2 工程量清单编制规定

1）本节所提到的地层情况按《房屋建筑与装饰工程工程量计算规范》（GB 50854—2013）土壤分类表（表 A.1－1）和岩石分类表（表 A.2－1）的规定，并根据岩土工程勘察报告按单位工程各地层所占比例（包括范围值）进行描述。对无法准确描述的地层情况，可注明由投标人根据岩土工程勘察报告自行决定报价。

2）项目特征中的桩截面、混凝土强度等级、桩类型等可直接用标准图代号或设计桩型进行描述。

3）预制钢筋混凝土方桩、预制钢筋混凝土管桩（见图 2.4.1）项目以成品桩编制，应包括成品桩购置费，如果用现场预制，应包括现场预制桩的所有费用。

4）打试验桩（见图 2.4.2）和打斜桩应按相应项目单独列项，并应在项目特征中注明试验桩或斜桩（斜率）。

5）截（凿）桩头项目适用于《房屋建筑与装饰工程工程量计算规范》（GB 50854—2013）附录 B、附录 C 所列桩的桩头截（凿）。

6）预制钢筋混凝土管桩桩顶与承台的连接构造按《房屋建筑与装饰工程工程量计算规范》（GB 50854—2013）附录 E 相关项目列项。

7）灌注桩的项目特征中桩长应包括桩尖，空桩长度＝孔深－桩长，孔深为自然地面至设计桩底的深度。

8）泥浆护壁成孔灌注桩是指在泥浆护壁条件下成孔，采用水下灌注混凝土的桩。其成孔方法包括冲击钻成孔、冲抓锥成孔、回旋钻成孔、潜水钻成孔、泥浆护壁的旋挖成孔等。

9）沉管灌注桩的沉管方法包括捶击沉管法、振动沉管法、振动冲击沉管法、内夯沉管法等。

10）干作业成孔灌注桩是指不用泥浆护壁和套管护壁的情况下，用钻机成孔后，下钢筋笼，灌注混凝土的桩，适用于地下水位以上的土层使用。其成孔方法包括螺旋钻成孔、螺旋钻成孔扩底、干作业的旋挖成孔等。

11）本节所提到的混凝土种类：指清水混凝土、彩色混凝土、水下混凝土等，如在同一地区既使用预拌（商品）混凝土，又允许现场搅拌混凝土时，也应注明。

12）混凝土灌注桩的钢筋笼制作、安装，按《房屋建筑与装饰工程工程量计算规范》（GB 50854—2013）附录 E 中相关项目编码列项。

【知识链接】

桩基工程相关构件见图 2.4.1 至图 2.4.7。

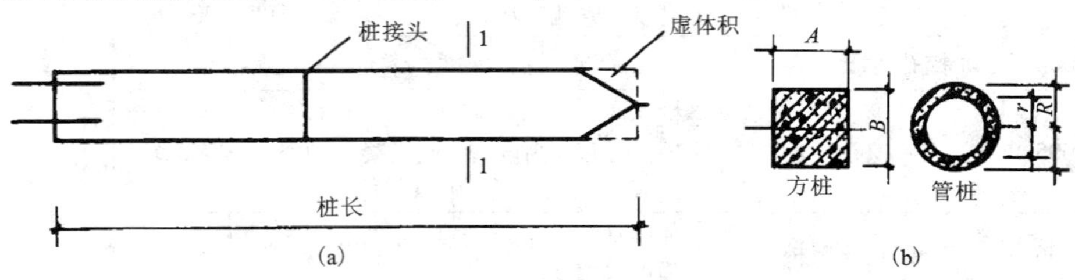

图 2.4.1 预制钢筋混凝土方（管）桩示意图

（a）预制桩身示意图；（b）1—1 截面图

图 2.4.2　静载压桩试验示意图

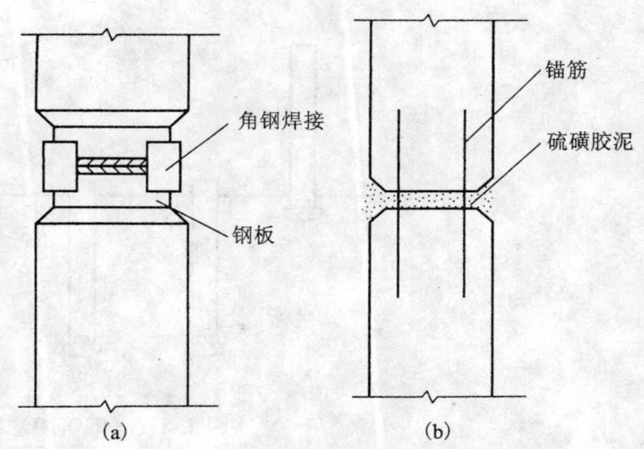

图 2.4.3　接桩示意图

(a)电焊接桩示意图；(b)硫磺胶泥接桩示意图

图 2.4.4　钢桩尖示意图

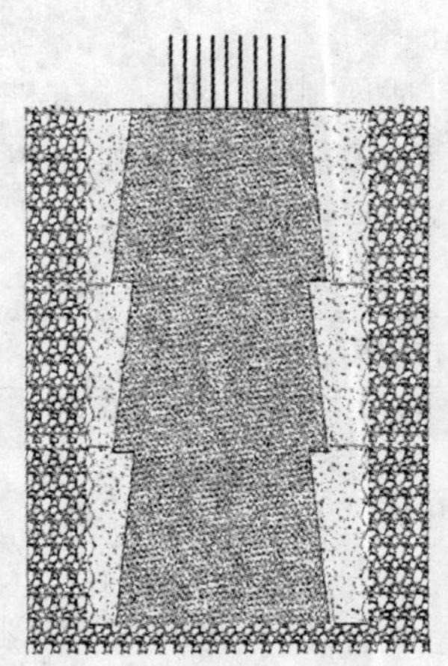

图 2.4.5　人工挖孔灌注桩示意图

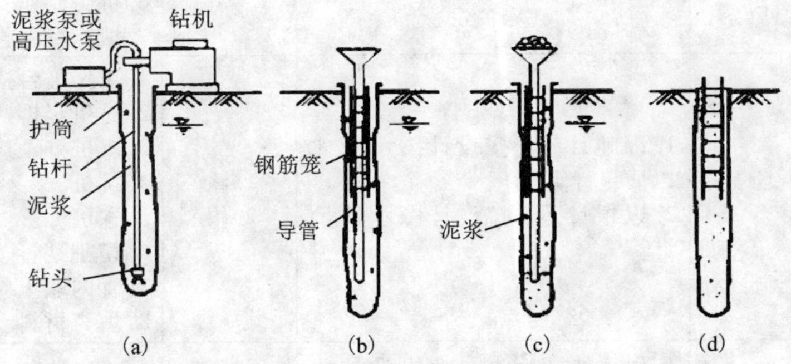

图 2.4.6　钻孔灌注桩施工工艺流程图

(a)成孔；(b)下导管和钢筋笼；(c)浇灌水下混凝土；(d)沉桩

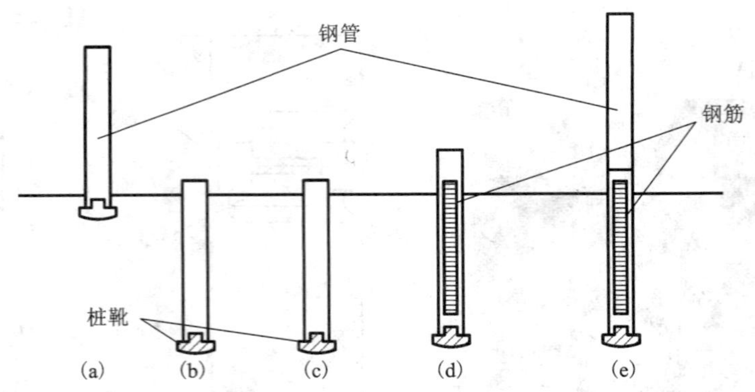

图 2.4.7 沉管灌注桩施工工艺流程图

(a)就位；(b)沉套管；(c)开始灌注混凝土；(d)下钢筋骨架继续浇灌混凝土；(e)拔管成型

2.4.3 清单工程量计算规则及应用案例

1. 打桩

打桩包括预制钢筋混凝土方桩、预制钢筋混凝土管桩、钢管桩、截(凿)桩头 4 个清单子项。打桩清单工程量计算规则见表 2.4.2。

表 2.4.2 打桩清单工程量计算规则

打桩	计算规则	计量单位	工程内容
预制钢筋混凝土方桩(清单编码：010301001×××)	1. 以米计量，按设计图示尺寸以桩长(包括桩尖)计算 2. 以立方米计量，按设计图示截面积乘以桩长(包括桩尖)以实体积计算 3. 以根计量，按设计图示数量计算	1. m 2. m^3 3. 根	1. 工作平台搭拆 2. 桩机竖拆、移位 3. 沉桩 4. 接桩(见图 2.4.3) 5. 送桩
预制钢筋混凝土管桩(清单编码：010301002×××)			1. 工作平台搭拆 2. 桩机竖拆、移位 3. 沉桩 4. 接桩 5. 送桩 6. 桩尖制作安装(见图 2.4.4) 7. 填充材料、刷防护材料
钢管桩(清单编码：010301003×××)	1. 以吨计量，按设计图示尺寸以质量计算 2. 以根计量，按设计图示数量计算	1. t 2. 根	1. 工作平台搭拆 2. 桩机竖拆、移位 3. 沉桩 4. 接桩 5. 送桩 6. 切割钢管、精割盖帽 7. 管内取土 8. 填充材料、刷防护材料
截(凿)桩头(清单编码：010301004×××)	1. 以立方米计量，按设计桩截面乘以桩头长度以体积计算 2. 以根计量，按设计图示数量计算	1. m^3 2. 根	1. 截(切割)桩头 2. 凿平 3. 废料外运

【应用案例 2.4.1】　××工程采用 C80 ϕ500×100 高强度预应力混凝土管桩共 120 根，有效桩长 L=15 m，钢桩尖每个重 30 kg。根据图纸设计和招标文件要求，每根桩离桩顶浇注无收缩混凝土 C30 为 1200 mm 长，其下安设 2 mm 厚、D=280 mm 封孔钢板，送桩 1.2 m，采用静力压桩，如图 2.4.8 所示。由工程地质勘察资料所知：土壤级别为二类土。试编制预制钢筋混凝土管桩的工程量清单。

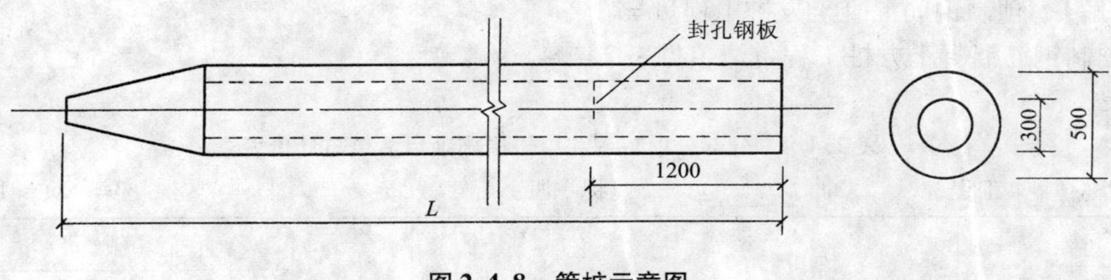

图 2.4.8　管桩示意图

【解】　管桩工程量 = 15×120 = 1800 m

则管桩工程量清单见表 2.4.3。

表 2.4.3　分部分项工程和单价措施项目清单与计价表

工程名称：××工程　　　　标　段：　　　　第　页　共　页

序号	项目编码	项目名称	项目特征描述	计量单位	工程量	金额(元)		
						综合单价	合价	其中 暂估价
1	010301002001	预制钢筋混凝土管桩	1. 地层情况：二类土 2. 送桩深度、桩长：1.2 m、15 m 3. 桩外径、壁厚：500 mm、100 mm 4. 沉桩方法：静力压桩 5. 桩尖类型：钢桩尖 6. 混凝土强度等级：C80 7. 填充材料种类：无收缩混凝土	m	1800.00			

**【课堂活动】**

讨论并回答表格内“?”。

××工程地基为二类土，基础采用预制钢筋混凝土方桩(见图 2.4.9)，共 50 根，其中桩身混凝土为 C50、现场运输 1.2 km，送桩深度 1.5 m。由于施工图纸和招标文件规定，该工程方桩采用静力压桩，电焊接桩，根据以上要求试编制该工程预制方桩工程量清单。

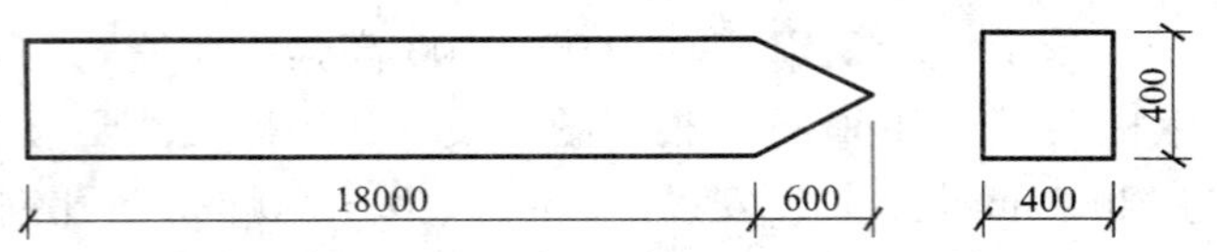

图 2.4.9 预制方桩示意图

【解】 预制钢筋混凝土方桩工程量 = ?

预制钢筋混凝土方桩工程量清单见表 2.4.4。

表 2.4.4 分部分项工程和单价措施项目清单与计价表

工程名称：××工程 标 段： 第 页 共 页

序号	项目编码	项目名称	项目特征描述	计量单位	工程量	金额(元)		
						综合单价	合价	其中 暂估价
1	?	预制钢筋混凝土方桩	1. 地层情况：? 2. 送桩深度、桩长：1.5 m、18.6 m 3. 桩截面：? 4. 沉桩方法：? 5. 接桩方式：? 6. 混凝土强度等级：?	m	?			

2. 灌注桩

灌注桩包括泥浆护壁成孔灌注桩、沉管灌注桩、干作业成孔灌注桩、挖孔桩土(石)方、人工挖孔灌注桩、钻孔压浆桩、灌注桩后压浆 7 个清单子项。灌注桩清单工程量计算规则见表 2.4.5。

表 2.4.5 灌注桩工程量计算规则

灌注桩	计算规则	计量单位	工程内容
泥浆护壁成孔灌注桩(清单编码：010302001×××)	1. 以米计量，按设计图示尺寸以桩长(包括桩尖)计算 2. 以立方米计量，按不同截面在桩上范围内以体积计算 3. 以根计量，按设计图示数量计算	1. m 2. m^3 3. 根	1. 护筒埋设 2. 成孔、固壁 3. 混凝土制作、运输、灌注、养护 4. 土方、废泥浆外运 5. 打桩场地硬化及泥浆池、泥浆沟
沉管灌注桩(清单编码：010302002×××)			1. 打(沉)拔钢管 2. 桩尖制作、安装 3. 混凝土制作、运输、灌注、养护

续表 2.4.5

灌注桩	计算规则	计量单位	工程内容
干作业成孔灌注桩（清单编码：010302003×××）	1. 以米计量，按设计图示尺寸以桩长（包括桩尖）计算 2. 以立方米计量，按不同截面在桩上范围内以体积计算 3. 以根计量，按设计图示数量计算	1. m 2. m^3 3. 根	1. 成孔、扩孔 2. 混凝土制作、运输、灌注、振捣、养护
挖孔桩土（石）方（清单编码：010302004×××）	按设计图示尺寸（含护壁）截面积乘以挖孔深度，以立方米计算	m^3	1. 排地表水 2. 挖土、凿石 3. 基底钎探 4. 运输
人工挖孔灌注桩（清单编码：010302005×××）	1. 以立方米计量，按桩芯混凝土体积计算 2. 以根计量，按设计图示数量计算	1. m^3 2. 根	1. 护壁制作 2. 混凝土制作、运输、灌注、振捣、养护
钻孔压浆桩（清单编码：010302006×××）	1. 以米计量，按设计图示尺寸以桩长计算 2. 以根计量，按设计图示数量计算	1. m 2. 根	钻孔、下注浆管、投放骨料、浆液制作、运输、压浆
灌注桩后压浆（清单编码：010302007×××）	按设计图示以注浆孔数计算	孔	1. 注浆导管制作、安装 2. 浆液制作、运输、压浆

【应用案例 2.4.2】　××工程采用排桩进行基坑支护，排桩采用旋挖钻孔灌注桩进行施工。场地地面标高为 495.50～496.10 m，旋挖桩桩径为 1000 mm，桩长 20 m，采用水下商品混凝土 C30，桩顶标高 493.50 m，桩数为 206 根，超灌高度不少于 1 m。根据地质情况，采用 5 mm 厚钢护筒，护筒长度不少于 3 m。据地质资料和设计情况可知，一、二类土约占 25%，三类土约占 20%，四类土约占 55%。

根据以上资料及现行国家标准《建设工程工程量清单计价规范》（GB 50500—2013）、《房屋建筑与装饰工程工程量计算规范》（GB 50854—2013），试编制该排桩分部分项工程量清单。

【解】　(1) 泥浆护壁成孔灌注桩工程量：$V=\pi\times0.5^2\times20\times206=3234.20\ m^3$

(2) 截（凿）桩头工程量：$\pi\times0.5^2\times1\times206=161.79\ m^3$

工程量清单见表 2.4.6。

表 2.4.6 分部分项工程和单价措施项目清单与计价表

工程名称：××工程　　　　标　段：　　　　第　页　共　页

序号	项目编码	项目名称	项目特征描述	计量单位	工程量	金额(元)		
						综合单价	合价	其中 暂估价
1	010302001001	泥浆护壁成孔灌注桩	1. 地层情况：一、二类土约占 25%，三类土约占 20%，四类土约占 55% 2. 空桩长度、桩长：2 ~ 2.6 m、20 m 3. 桩径：1000 mm 4. 成孔方法：旋挖钻孔 5. 护筒类型、长度：5 mm 厚钢护筒、不少于 3 m 6. 混凝土种类、强度等级：水下商品混凝土 C30	m^3	3234.20			
2	010301004001	截(凿)桩头	1. 桩类型：旋挖桩 2. 桩头截面、高度；桩径 1000 mm、不少于 1 m 3. 混凝土强度等级：C30 4. 有无钢筋：有	m^3	161.79			

【研讨与练习】

某工程有钻孔灌注桩 120 根，设计桩径为 600 mm，设计有效桩长为 20 m，按设计要求需进入中风化岩 0.5 m，桩顶标高为 -2.5 m，施工场地标高为 -0.5 m。泥浆运输距离为 3 km，桩身采用 C25 商品混凝土，本工程为三类土，根据地质情况，采用 5 mm 厚钢护筒，护筒长度不少于 3 m。试编制钻孔灌注桩工程量清单。

任务 5　砌筑工程清单工程量计算

2.5.1　工程量清单项目设置

砌筑工程工程量清单项目按照《房屋建筑与装饰工程工程量计算规范》(GB 50854—2013)附录 D 列项，共分 4 节 27 个子项，包括砖砌体、砌块砌体、石砌体、垫层。砌筑工程工程量清单项目设置如表 2.5.1 所示。

2.5.2　工程量清单编制规定

1)“砖基础”项目适用于各种类型砖基础：柱基础、墙基础、管道基础等。

2)砖墙砌筑如图 2.5.1 所示，标准砖尺寸为 240 mm × 115 mm × 53 mm。标准砖墙墙体厚度按表 2.5.2 规定计算。

表 2.5.1　砌筑工程工程量清单项目设置

项目编码	项目名称	项目特征	备　注
010401001	砖基础	砖品种、规格、强度等级，基础类型，砂浆强度等级，防潮层材料种类	砖砌体（编码：010401）
010401002	砖砌挖孔桩护壁	砖品种、规格、强度等级，砂浆强度等级	
010401003	实心砖墙	砖品种、规格、强度等级，墙体类型，砂浆强度等级、配合比	
010401004	多孔砖墙		
010401005	空心砖墙		
010401006	空斗墙	砖品种、规格、强度等级，墙体类型，砂浆强度等级、配合比	
010401007	空花墙		
010401008	填充墙	砖品种、规格、强度等级，墙体类型，填充材料种类及厚度，砂浆强度等级、配合比	
010401009	实心砖柱	砖品种、规格、强度等级，柱类型，砂浆强度等级、配合比	
010401010	多孔砖柱		
010401011	砖检查井	井截面、深度，砖品种、规格、强度等级，垫层材料种类、厚度，底板厚度，井盖安装，混凝土强度等级，砂浆强度等级，防潮层材料种类	
010401012	零星砌砖	零星砌砖名称、部位，砖品种、规格、强度等级，砂浆强度等级、配合比	
010401013	砖散水、地坪	砖品种、规格、强度等级，垫层材料种类、厚度，散水、地坪厚度，面层种类、厚度，砂浆强度等级	
010401014	砖地沟、明沟	砖品种、规格、强度等级，沟截面尺寸，垫层材料种类、厚度，混凝土强度等级，砂浆强度等级	
010402001	砌块墙	砌块品种、规格、强度等级，墙体类型，砂浆强度等级	砌块砌体（编码：010402）
010402002	砌块柱		
010403001	石基础	石材种类、规格，基础类型，砂浆强度等级	石砌体（编码：010403）
010403002	石勒脚	石材种类、规格，石表面加工要求，勾缝要求，砂浆强度等级、配合比	
010403003	石墙		
010403004	石挡土墙		
010403005	石柱		
010403006	石栏杆		
010403007	石护坡	垫层材料种类、厚度，石料种类、规格，护坡厚度、高度，石表面加工要求，勾缝要求，砂浆强度等级、配合比	
010403008	石台阶		
010403009	石坡道		
010403010	石地沟、明沟	沟截面尺寸，土壤类别、运距，垫层材料种类、厚度，石料种类、规格，石表面加工要求，勾缝要求，砂浆强度等级、配合比	
010404001	垫层	垫层材料种类、配合比、厚度	垫层（编码：010404）

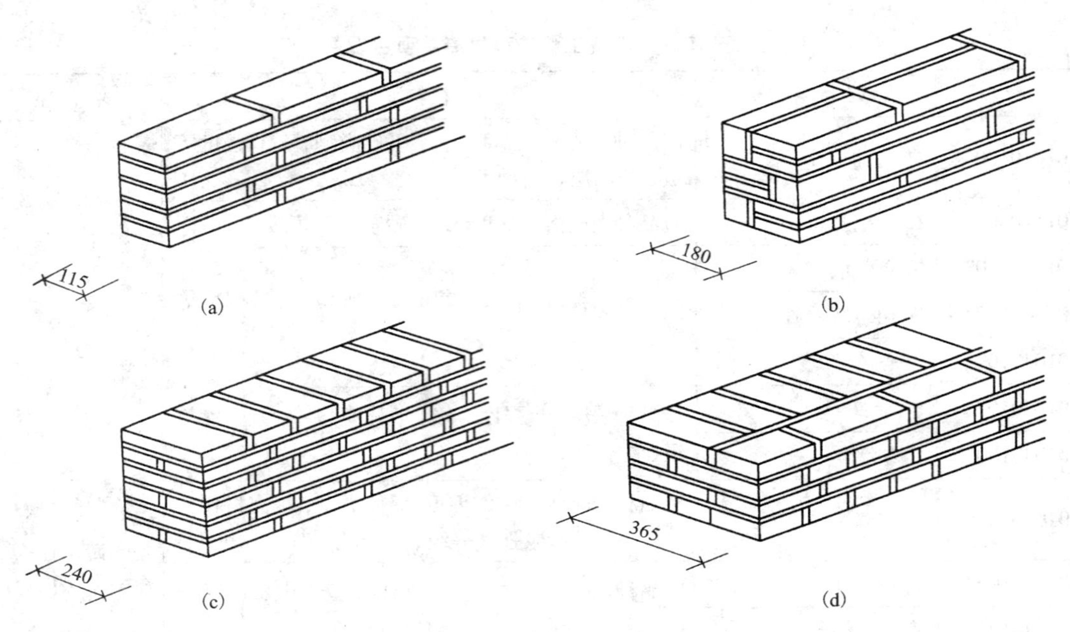

图 2.5.1　墙厚示意图

(a)1/2 砖墙示意图；(b)3/4 砖墙示意图；(C)1 砖墙示意图；(d)1 $\frac{1}{2}$砖墙示意图

表 2.5.2　标准墙计算厚度表

砖数(厚度)	1/4	1/2	3/4	1	1 $\frac{1}{2}$	2	2 $\frac{1}{2}$	3
计算厚度(mm)	53	115	180	240	365	490	615	740

3)基础与墙(柱)身的划分见表 2.5.3。

表 2.5.3　基础与墙身划分

砖	基础与墙(柱)身使用同一种材料(见图 2.5.2)	以设计室内地面为界(有地下室者，以地下室室内设计地面为界)，以下为基础，以上为墙(柱)身
	基础与墙(柱)身使用不同材料(见图 2.5.3)	位于设计室内地面高度≤±300 mm 时，以不同材料为分界线，以下为基础，以上为墙(柱)身；高度>±300 mm 时，以设计室内地面为分界线，以下为基础，以上为墙(柱)身
	基础与围墙	以设计室外地坪为界，以下为基础，以上为墙身(见图 2.5.4)
石	基础与勒脚	应以设计室外地坪为界，以下为基础，以上为勒脚
	勒脚与墙身	应以设计室内地面为界，以下为勒脚，以上为墙身
	基础与围墙	石围墙内外地坪标高不同时，应以较低地坪标高为界，以下为基础；内外标高之差为挡土墙时，挡土墙以上为墙身

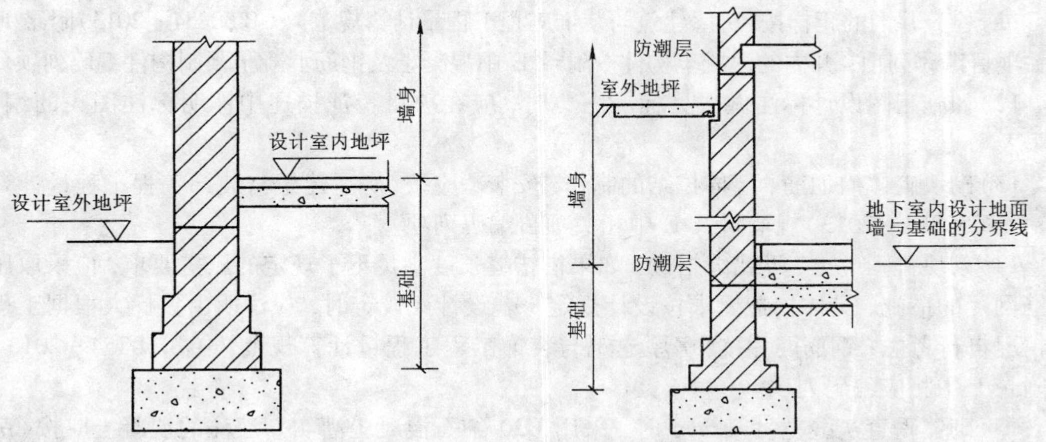

图 2.5.2　基础与墙身使用同种材料示意图

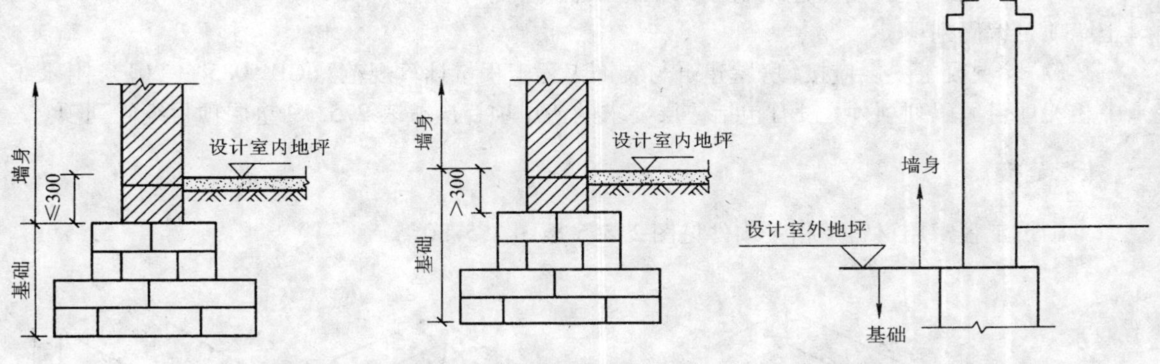

图 2.5.3　基础与墙身使用不同种材料示意图　　**图 2.5.4　基础与围墙**

4）框架外表面的镶贴砖部分，按零星项目编码列项。

5）附墙烟囱、通风道、垃圾道应按设计图示尺寸以体积（扣除孔洞所占体积）计算，并入所依附的墙体体积内。当设计规定孔洞内需抹灰时，应按《房屋建筑与装饰工程工程量计算规范》（GB 50854—2013）附录 M 中零星抹灰项目编码列项。

6）空斗墙的窗间墙、窗台下、楼板下、梁头下等的实砌部分，按零星砌砖项目编码列项。

7）“空花墙”项目适用于各种类型的空花墙，使用混凝土花格砌筑的空花墙，实砌墙体与混凝土花格应分别计算，混凝土花格按混凝土及钢筋混凝土中预制构件相关项目编码列项。

8）台阶、台阶挡墙、梯带、锅台、炉灶、蹲台、池槽、池槽腿、砖胎模、花台、花池、楼梯栏板、阳台栏板、地垄墙、≤0.3 m^2的孔洞填塞等，应按零星砌砖项目编码列项。砖砌锅台与炉灶可按外形尺寸以个计算，砖砌台阶可按水平投影面积以平方米计算，小便槽、地垄墙可按长度计算，其他工程按立方米计算。

9）砖砌体内钢筋加固，应按《房屋建筑与装饰工程工程量计算规范》（GB 50854—2013）附录 E 中相关项目编码列项。

10）砖砌体勾缝按《房屋建筑与装饰工程工程量计算规范》（GB 50854—2013）附录 M 中相关项目编码列项。

11）检查井内的爬梯按《房屋建筑与装饰工程工程量计算规范》（GB 50854—2013）附录 E 中相关项目编码列项；井内的混凝土构件按附录 E 中混凝土及钢筋混凝土预制构件编码列项。

12）如施工图设计标注做法见标准图集时，应在项目特征描述中注明标注图集的编码、页号及节点大样。

13）砌块砌体内加筋、墙体拉结的制作、安装，应按《房屋建筑与装饰工程工程量计算规范》（GB 50854—2013）规范附录 E 中相关项目编码列项。

14）砌块排列应上、下错缝搭砌，如果搭错缝长度满足不了规定的压搭要求，应采取压砌钢筋网片的措施，具体构造要求按设计规定。若设计无规定时，应注明由投标人根据工程实际情况自行考虑；钢筋网片按《房屋建筑与装饰工程工程量计算规范》（GB 50854—2013）规范附录 F 中相应编码列项。

15）砌体垂直灰缝宽 >30 mm 时，采用 C20 细石混凝土灌实。灌注的混凝土应按《房屋建筑与装饰工程工程量计算规范》（GB 50854—2013）附录 E 相关项目编码列项。

16）石梯膀应按《房屋建筑与装饰工程工程量计算规范》（GB 50854—2013）附录 C 石挡土墙项目编码列项。

17）除混凝土垫层应按《房屋建筑与装饰工程工程量计算规范》（GB 50854—2013）附录 E 中相关项目编码列项外，没有包括垫层要求的清单项目应按表 2.5.19 垫层项目编码列项。

【知识链接】

砌筑工程常用材料及相关构件见图 2.5.5 至图 2.5.30。

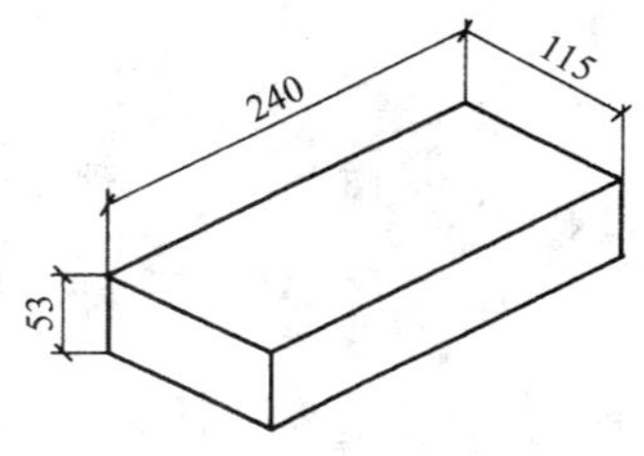

图 2.5.5　烧结普通砖

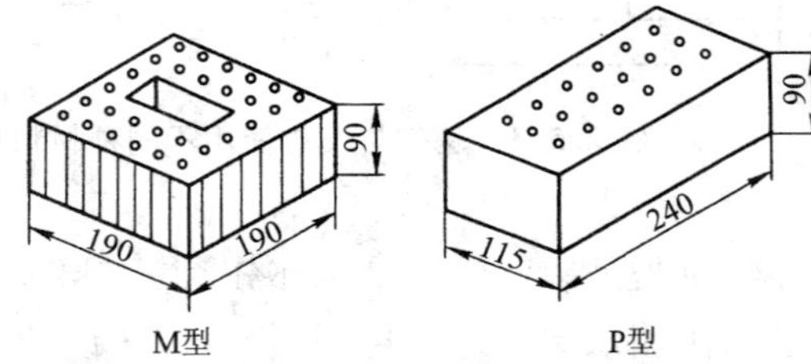

图 2.5.6　烧结多孔砖（单位：mm）

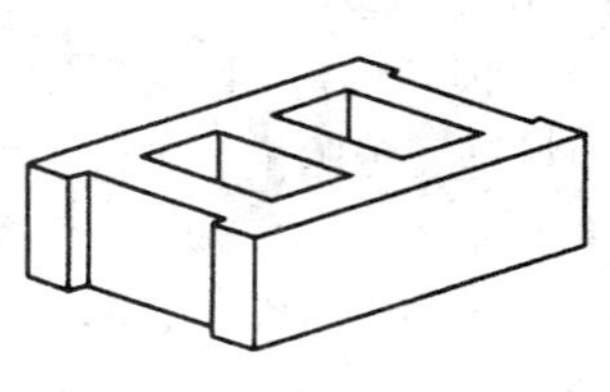

图 2.5.7　混凝土小型空心砌块

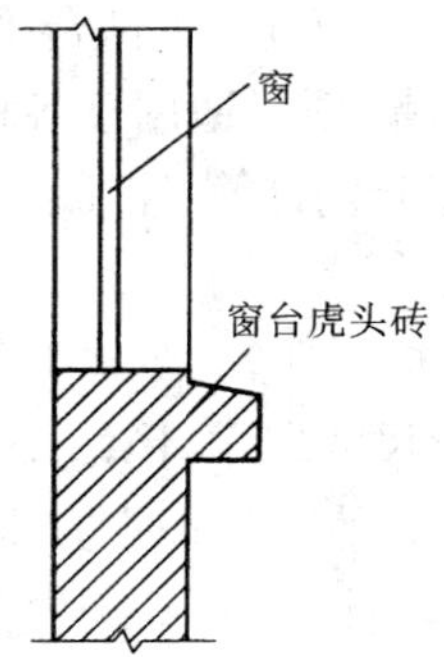

图 2.5.8　窗台虎头砖示意图

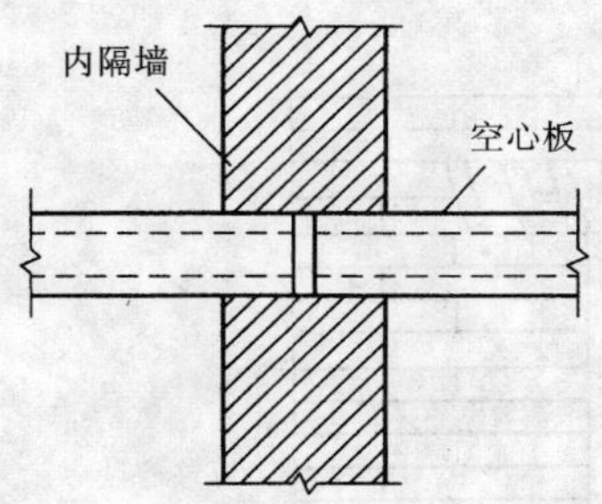

图 2.5.9　内墙板头示意图

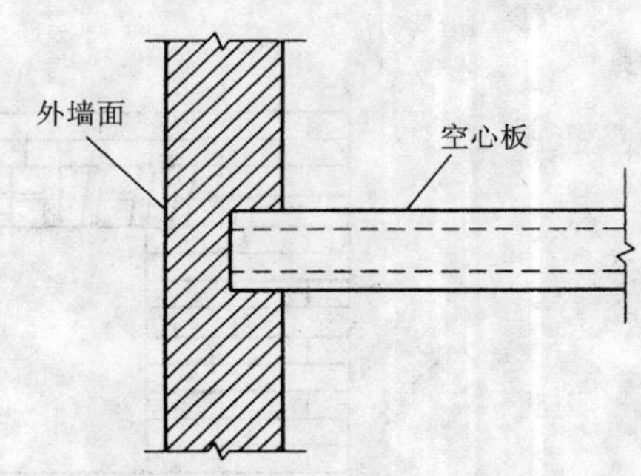

图 2.5.10　外墙板头示意图

图 2.5.11　砖压顶示意图

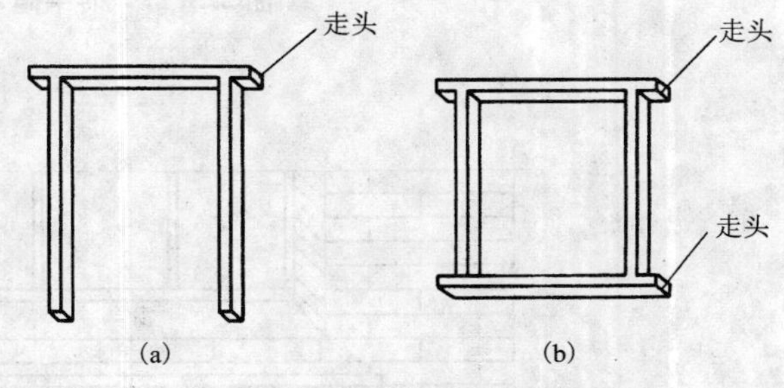

图 2.5.12　木门窗走头示意图

(a)木门走头示意图；(b)木窗框走头示意图

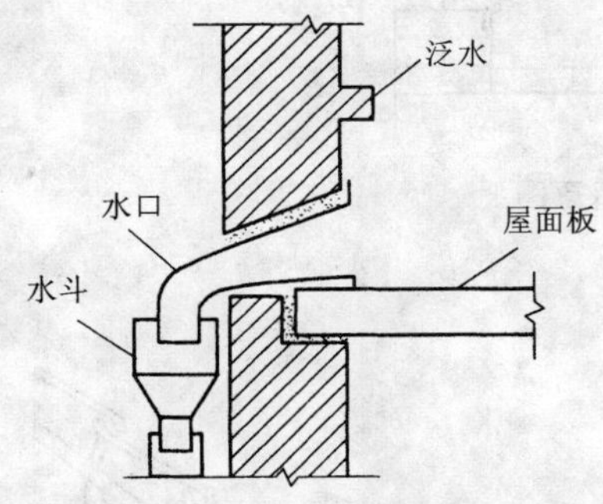

图 2.5.13　山墙泛水、排水示意图

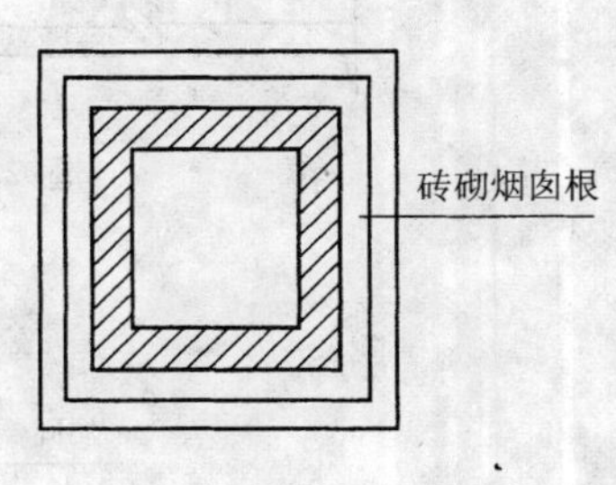

图 2.5.14　砖烟囱平面示意图

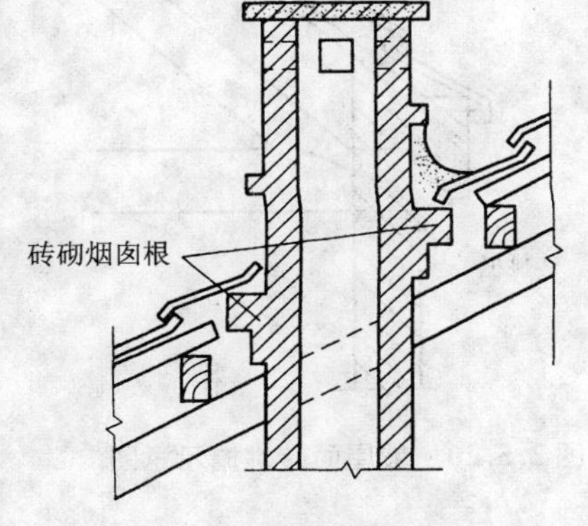

图 2.5.15　砖烟囱剖面示意图(平瓦坡屋面)

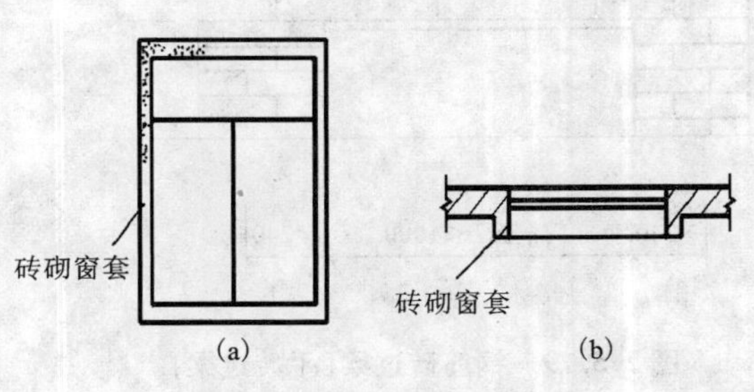

图 2.5.16　窗套示意图

(a)立面图；(b)剖面图

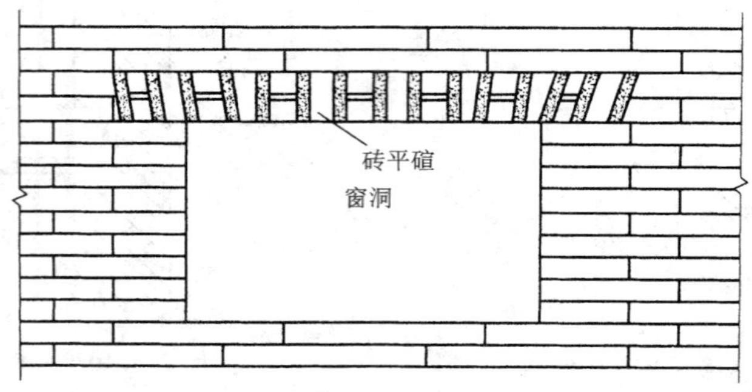

图 2.5.17　砖平碹示意图

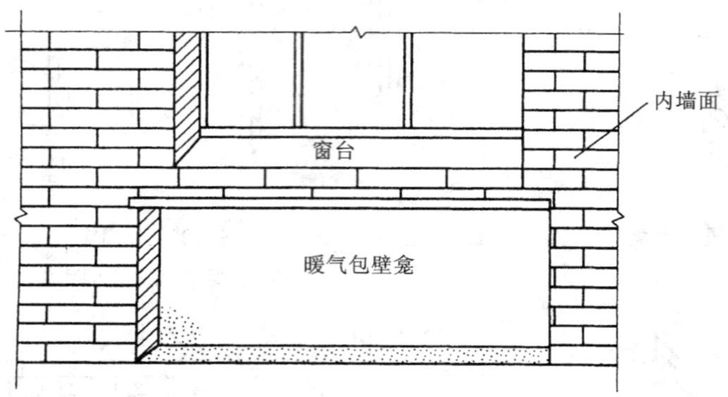

图 2.5.18　暖气包壁龛示意图

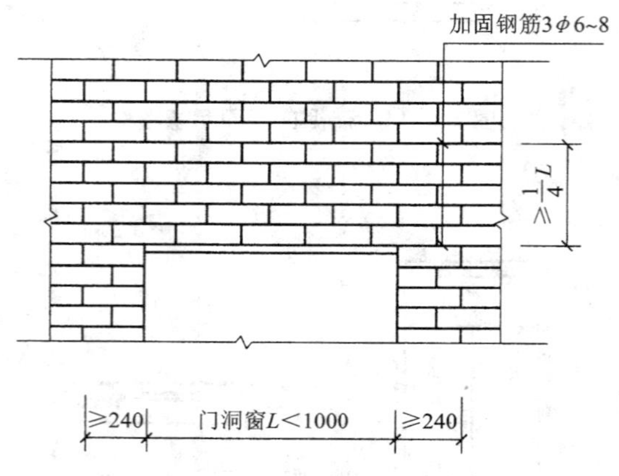

图 2.5.19　钢筋砖过梁(平砖过梁)

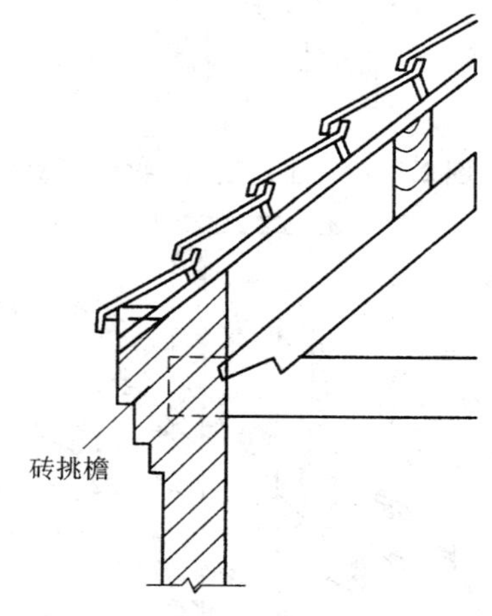

图 2.5.20　坡屋面砖挑檐示意图

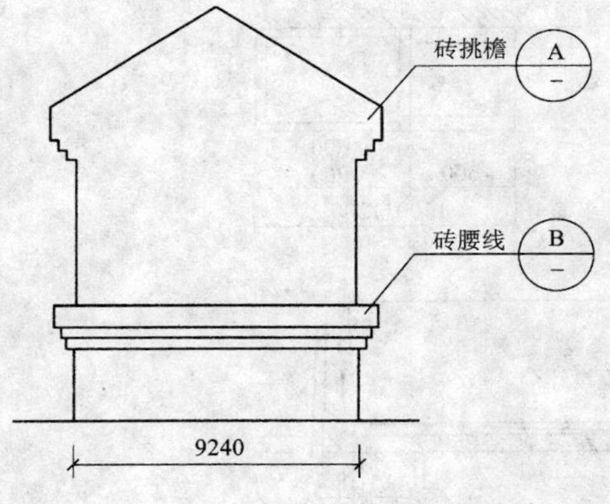

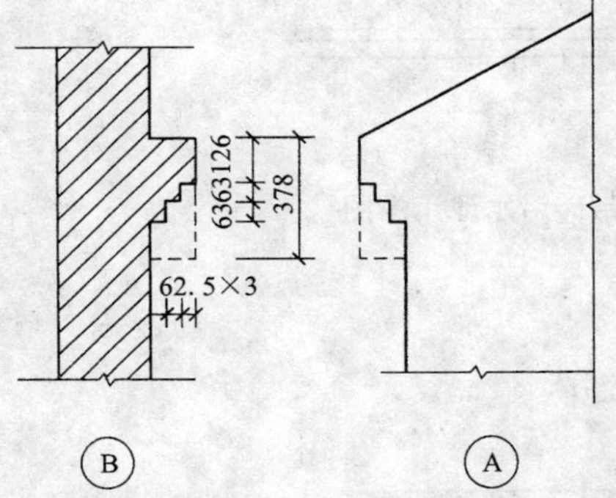

图 2.5.21　砖挑檐、腰线示意图

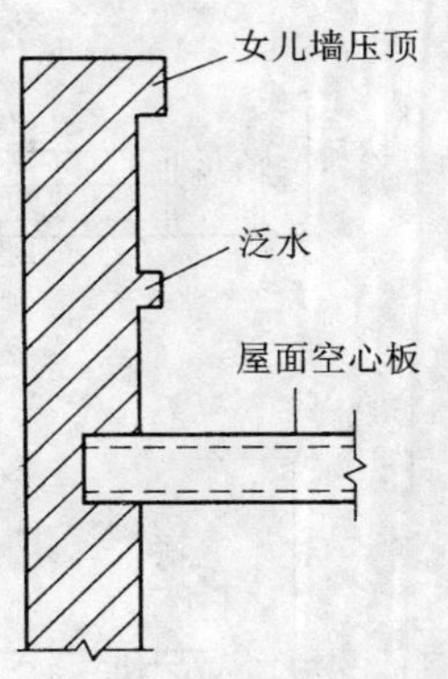

图 2.5.22　女儿墙示意图

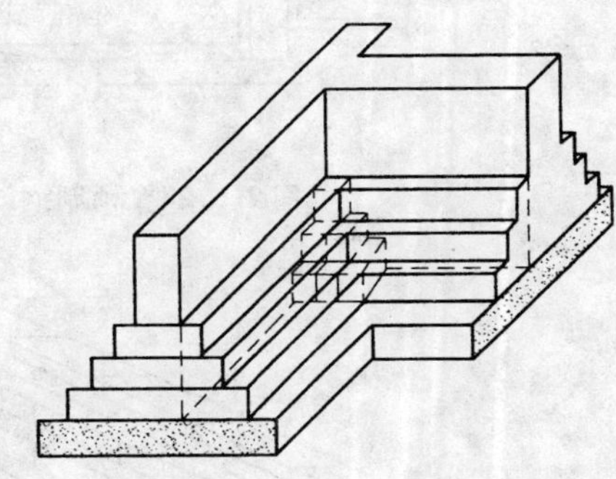

图 2.5.23　砖基础大放脚 T 形接头处重叠部分示意图

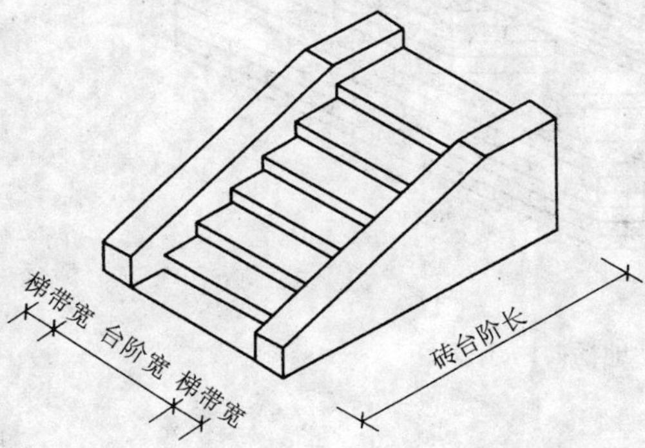

图 2.5.24　砖砌台阶示意图

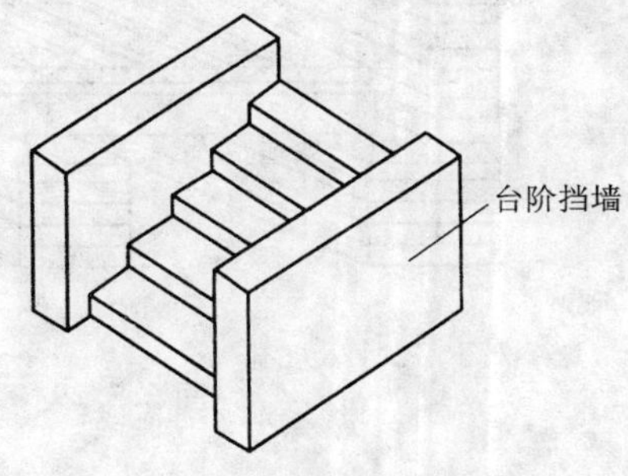

图 2.5.25　有台阶挡墙示意图

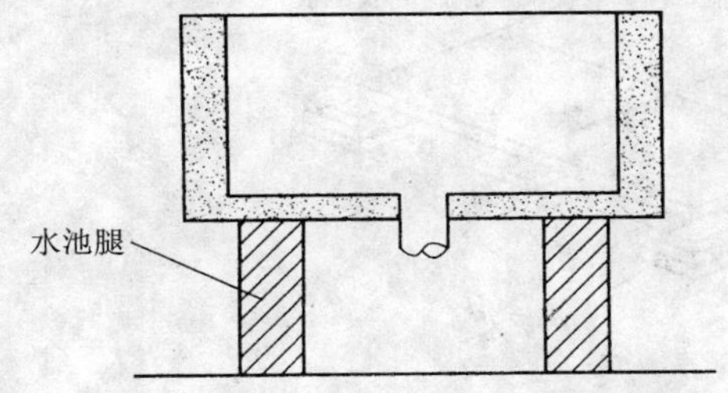

图 2.5.26　砖砌水池（槽）腿示意图

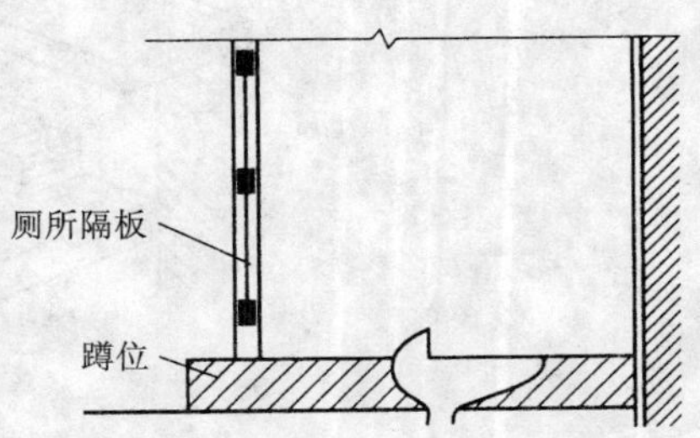

图 2.5.27　砖砌蹲位示意图

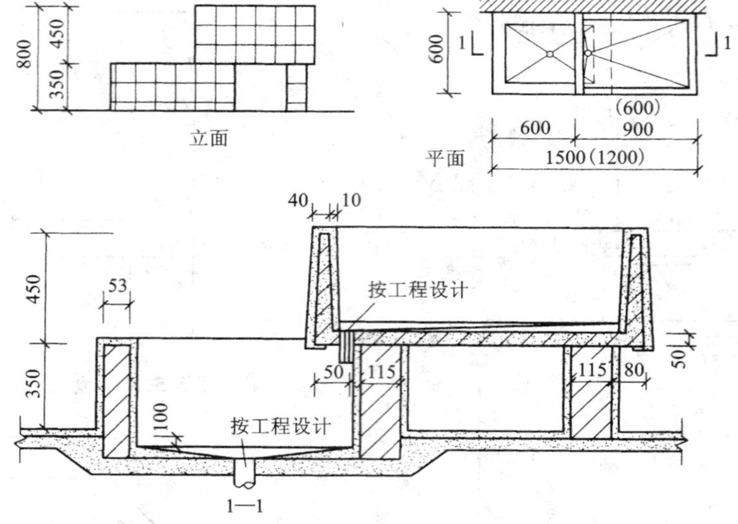

图 2.5.28　预制钢筋混凝土清洗池带砖污水池示意图

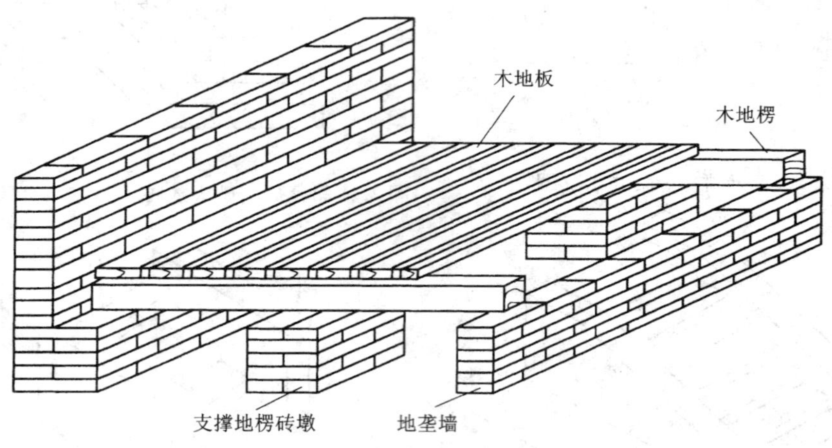

图 2.5.29　地垄墙及支撑地楞砖墩示意图

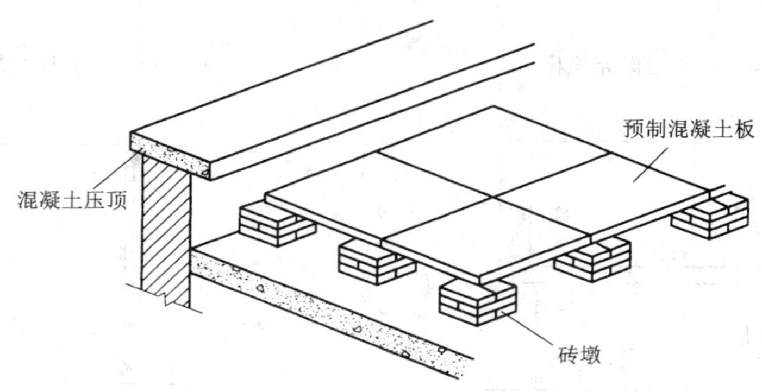

图 2.5.30　屋面架空隔热层砖墩示意图

2.5.3　清单工程量计算规则及应用案例

1. 砖砌体

砖砌体包括砖基础，砖砌挖孔桩护壁，实心砖墙，多孔砖墙，空心砖墙，空斗墙，空花墙，填充墙，实心砖柱，多孔砖柱，砖检查井，零星砌砖，砖散水、地坪，砖地沟、明沟。

(1)砖基础与砖砌挖孔桩护壁

砖基础与砖砌挖孔桩护壁清单工程量计算规则见表2.5.4。

表2.5.4　砖基础与砖砌挖孔桩护壁清单工程量计算规则

砖基础与砖砌挖孔桩护壁	计算规则	计量单位	工程内容
砖基础（清单编码：010401001×××）	按设计图示尺寸以体积计算。包括附墙垛基础宽出部分体积，扣除地梁（圈梁）、构造柱所占体积，不扣除基础大放脚T形接头处的重叠部分（见图2.5.23）及嵌入基础内的钢筋、铁件、管道、基础砂浆防潮层和单个面积≤0.3 m^2 的孔洞所占体积，靠墙暖气沟的挑檐不增加	m^3	1. 砂浆制作、运输 2. 砌砖 3. 防潮层铺设 4. 材料运输
砖砌挖孔桩护壁（清单编码：010401002×××）	按设计图示尺寸，以立方米计算		1. 砂浆制作、运输 2. 砌砖 3. 材料运输

1)基础大放脚。

基础大放脚的形式有等高式（见图2.5.31）和不等高式（见图2.5.32）。

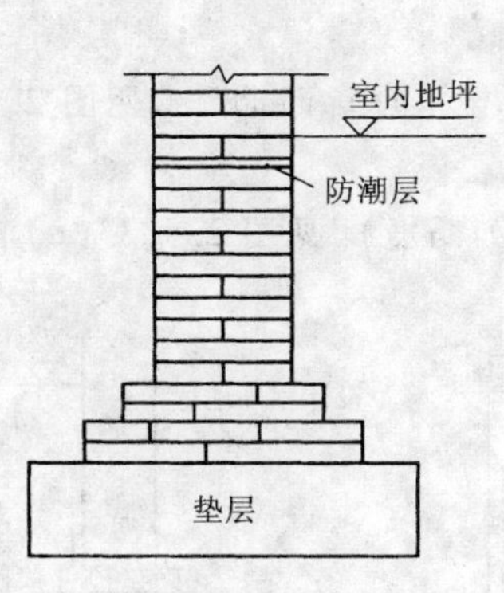

图2.5.31　等高式大放脚示意图

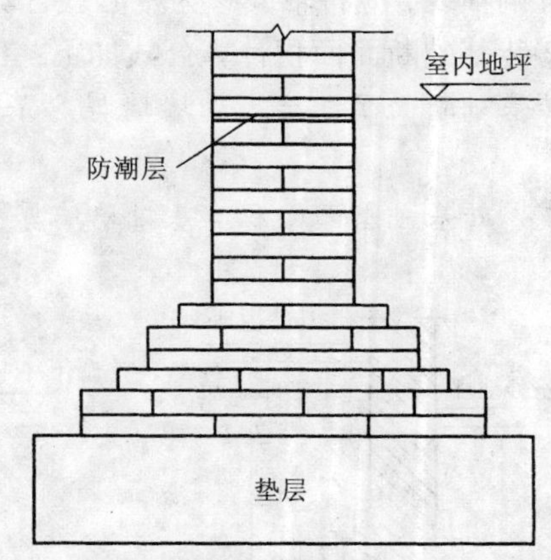

图2.5.32　不等高式大放脚示意图

2)基础大放脚折加高度和增加的断面面积。

基础大放脚折加高度和增加的断面面积可查表2.5.5。

表 2.5.5　砖基础大放脚折加高度和增加断面积

放脚层数	折加高度/(m)												增加的断面积/(m²)	
	1/2 砖(0.115)		1 砖(0.24)		1.5 砖(0.365)		2 砖(0.49)		2.5 砖(0.615)		3 砖(0.74)			
	等高	不等高	等高	不等高	等高	不等高	等高	不等高	等高	不等高	等高	不等高	等高	不等高
一	0.137	0.137	0.066	0.066	0.043	0.043	0.032	0.032	0.026	0.026	0.021	0.021	0.01575	0.01575
二	0.411	0.342	0.197	0.164	0.129	0.108	0.096	0.080	0.077	0.064	0.064	0.053	0.04725	0.03938
三			0.394	0.328	0.259	0.216	0.193	0.161	0.154	0.128	0.128	0.106	0.0945	0.07875
四			0.656	0.525	0.432	0.345	0.321	0.253	0.256	0.205	0.213	0.170	0.1575	0.126
五			0.984	0.788	0.647	0.518	0.482	0.380	0.384	0.307	0.319	0.255	0.2363	0.189
六			1.378	1.083	0.906	0.712	0.672	0.530	0.538	0.419	0.447	0.351	0.3308	0.2599
七			1.838	1.444	1.208	0.949	0.900	0.707	0.717	0.563	0.596	0.468	0.441	0.3465
八			2.363	1.838	1.553	1.208	1.157	0.900	0.922	0.717	0.766	0.596	0.567	0.4411
九			2.953	2.297	1.942	1.510	1.447	1.125	1.153	0.896	0.958	0.745	0.7088	0.5513
十			3.610	2.789	2.372	1.834	1.768	1.366	1.409	1.088	1.171	0.905	0.8663	0.6694

3)砖基础工程量的计算。

按设计图示尺寸以体积计算，计算式为：

$$V = \text{基础长度} \times \text{基础断面面积} \pm \text{应增加的体积} - \text{应扣除体积}$$

式中，各项计算方法如下。

①基础长度：外墙砖基础按外墙中心线长度计算，内墙砖基础按内墙净长线长度计算。若遇有偏轴线，应将轴线移为中心线计算。

②砖基础断面面积计算公式如下：

砖基础断面面积 = 基础墙墙厚 × 基础高度 + 大放脚增加的断面面积[见图 2.5.33(a)(b)]

或　砖基础断面面积 = 基础墙墙厚 ×(基础高度 + 折加高度)[见图 2.5.33(c)]

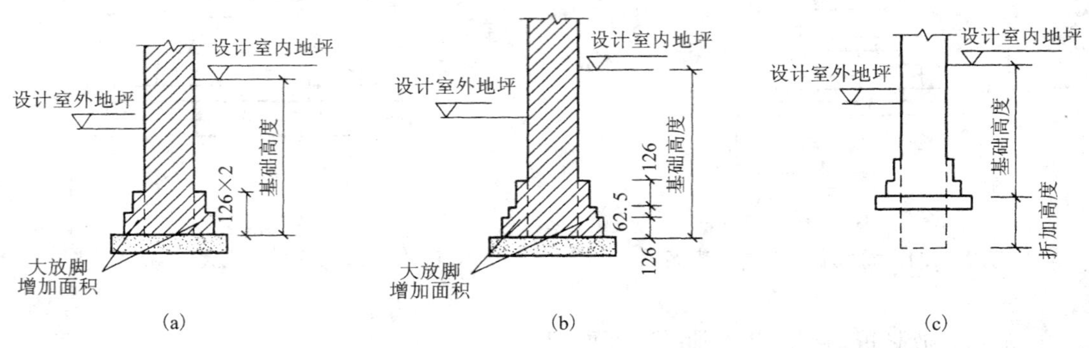

图 2.5.33　大放脚增加断面面积与折加高度示意图

(a)等高式大放脚增加面积；(b)不等高式大放脚增加面积；(c)折加高度

$$折加高度=\frac{\Delta S}{d}$$

ΔS——基础大放脚增加的面积；

d——基础墙厚度。

【应用案例 2.5.1】　××工程基础为砖基础，如图2.5.34所示，砂石垫层200厚，采用MU10页岩砖、M5.0水泥砂浆砌筑的等高式标准砖大放脚基础，试编制砖基础的工程量清单（基础墙厚均为240 mm）。

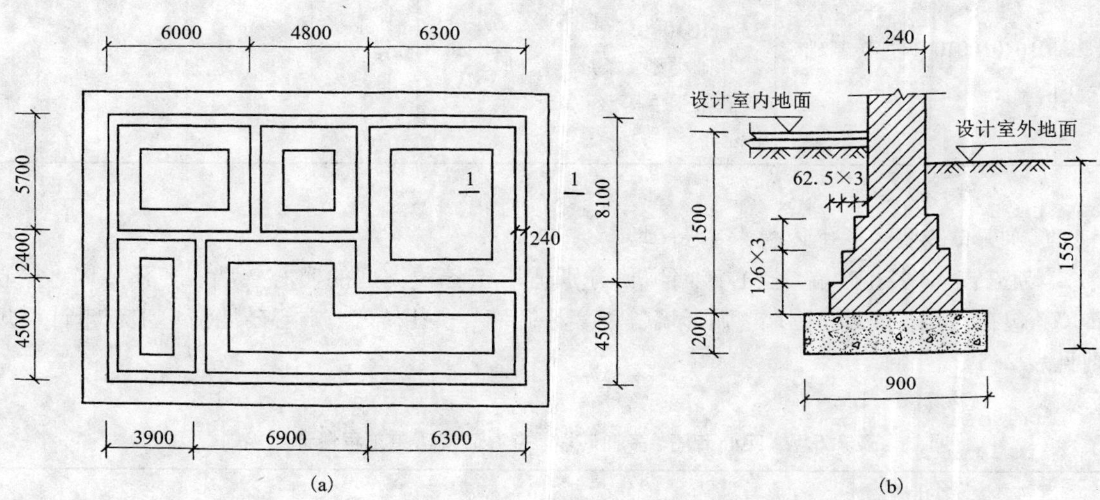

图2.5.34　砖基础示意图

（a）基础平面图；（b）1—1剖面图

【解】　砖基础工程量：

1）外墙砖基础长：

$L_{外}=[(4.50+2.40+5.70-0.24)+(3.90+6.90+6.30-0.24)]\times 2$

$=(12.36+16.86)\times 2$

$=58.44\ \mathrm{m}$

2）内墙砖基础净长：

$L_{内}=(5.70-0.24)+(8.10+0.24-0.24)+(6.30-0.24)+(3.90+6.90-0.24-0.24)+(4.50+2.40-0.24-0.24)$

$=5.46+8.10+6.06+10.32+6.42$

$=36.36\ \mathrm{m}$

3）用大放脚增加的断面面积或折加高度计算砖基础工程量：

$V_{砖}=0.24\times(1.50+0.394)\times(58.44+36.36)=43.09\ \mathrm{m}^3$

或 $V_{砖}=(0.24\times 1.50+0.0945)\times(58.44+36.36)=43.09\ \mathrm{m}^3$

砖基础的工程量清单见表2.5.6。

表 2.5.6　分部分项工程和单价措施项目清单与计价表

工程名称：××工程　　　　标　段：　　　　第　页　共　页

序号	项目编码	项目名称	项目特征描述	计量单位	工程量	金　额(元)		
						综合单价	合价	其中
								暂估价
1	010401001001	砖基础	1. 砖品种、规格、强度等级：页岩砖、240×115×53、MU10 2. 基础类型：条形砖基础 3. 砂浆强度等级：M5.0 水泥砂浆	m^3	43.09			

(2)实心砖墙，多孔砖墙，空心砖墙

实心砖墙、多孔砖墙、空心砖墙项目分别适用于各种类型的实心砖墙、多孔砖墙、空心砖墙，包括外墙、内墙、围墙、弧形墙等。实心砖墙、多孔砖墙、空心砖墙清单工程量计算规则见表 2.5.7。

表 2.5.7　实心砖墙、多孔砖墙、空心砖墙清单工程量计算规则

实心砖墙，多孔砖墙，空心砖墙	计算规则	计量单位	工程内容
实心砖墙(清单编码：010401003×××)	按设计图示尺寸以体积计算。扣除门窗、洞口、嵌入墙内的钢筋混凝土柱、梁、圈梁、挑梁、过梁及凹进墙内的壁龛、管槽、暖气槽、消火栓箱所占体积，不扣除梁头、板头、檩头、垫木、木楞头、沿缘木、木砖、门窗走头、砖墙内加固钢筋、木筋、铁件、钢管及单个面积≤0.3 m^2 的孔洞所占体积。凸出墙面的腰线、挑檐、压顶、窗台线、虎头砖、门窗套的体积亦不增加。凸出墙面的砖垛并入墙体体积内计算	m^3	1. 砂浆制作、运输 2. 砌砖 3. 刮缝 4. 砖压顶砌筑 5. 材料运输
多孔砖墙(清单编码：010401004×××)			
空心砖墙(清单编码：010401005×××)			

1)实心砖墙、多孔砖墙、空心砖墙工程量的计算。

按设计图示尺寸以体积计算，计算式如下：

$$V = 墙长 \times 墙厚 \times 墙高 + 应增加的体积 - 应扣除体积$$

式中，各项计算方法如下。

①墙长度计算：外墙按中心线计算，内墙按净长线计算。若遇有偏轴线，应将轴线移为中心线计算。

②墙高度计算：见表 2.5.8。

表 2.5.8　墙身高度划分

墙体名称	屋面类型		《房屋建筑与装饰工程工程量计算规范》(GB 50854—2013)墙身计算高度	图　例
外墙	坡屋面	无檐口天棚者	算至屋面板底	图 2.5.35
		有屋架且室内外均有天棚	算至屋架下弦底面另加 200 mm	图 2.5.36
		有屋架无天棚	算至屋架下弦底面另加 300 mm	图 2.5.35
		无天棚，出檐宽度≥600 mm	按实砌高度计算	
	平屋面	有女儿墙，无檐口	算至屋面板上表面	图 2.5.37(a)
		有挑檐	算至钢筋混凝土板底	图 2.5.37(b)
内墙	位于屋架下弦者		算至屋架下弦底	图 2.5.38
	无屋架，有天棚者		算至天棚底另加 100 mm	图 2.5.39
	有钢筋混凝土楼板隔层者		算至楼板顶	
	有框架梁		算至梁底面	图 2.5.44
女儿墙	砖压顶		屋面板上表面算至压顶上表面	图 2.5.42
	钢筋混凝土压顶		屋面板上表面算至压顶下表面	图 2.5.43
山墙	内、外山墙		按平均高度计算	图 2.5.40、图 2.5.41
框架间墙			不分内外墙按墙体净尺寸以体积计算	
围墙	砖压顶		算至压顶上表面	
	钢筋混凝土压顶		算至压顶下表面	

注：围墙柱并入围墙体积内。

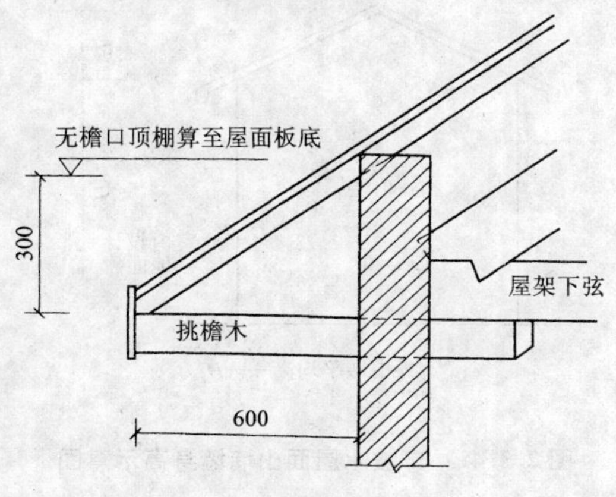

图 2.5.35　无檐口天棚时，外墙高度示意图

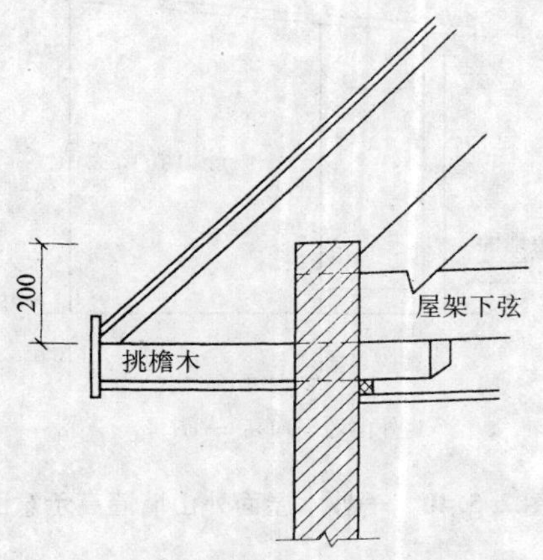

图 2.5.36　室内外均有天棚时，外墙高度示意图

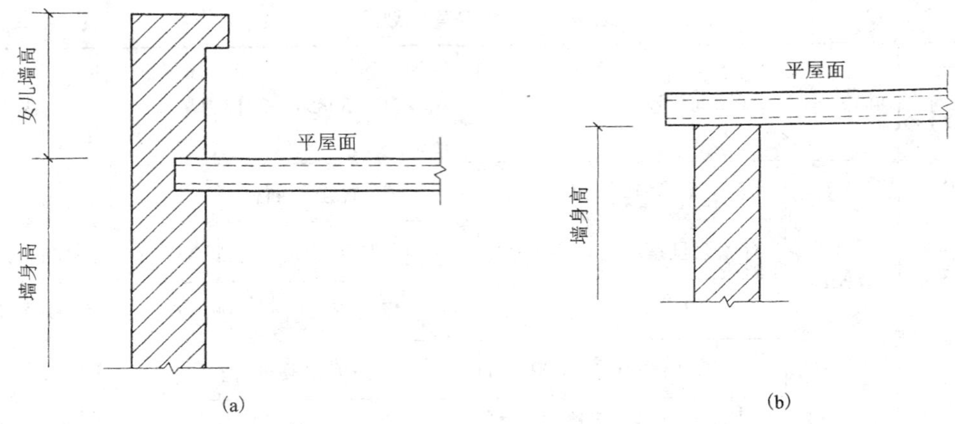

图 2.5.37　平屋面外墙墙身高度示意图

(a)有女儿墙的平屋面；(b)无女儿墙的平屋面

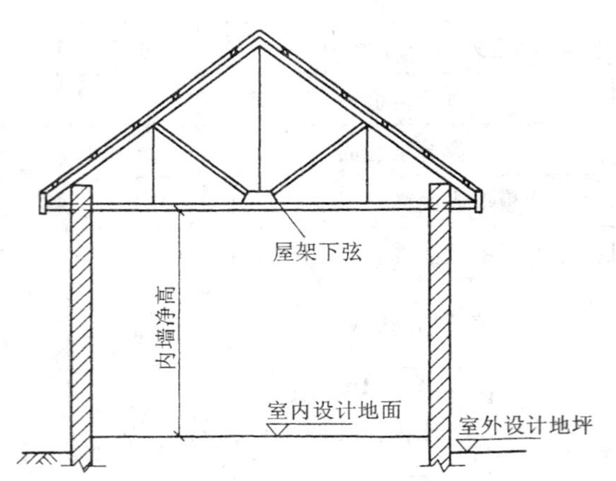

图 2.5.38　屋架下弦的内墙墙身高度示意图

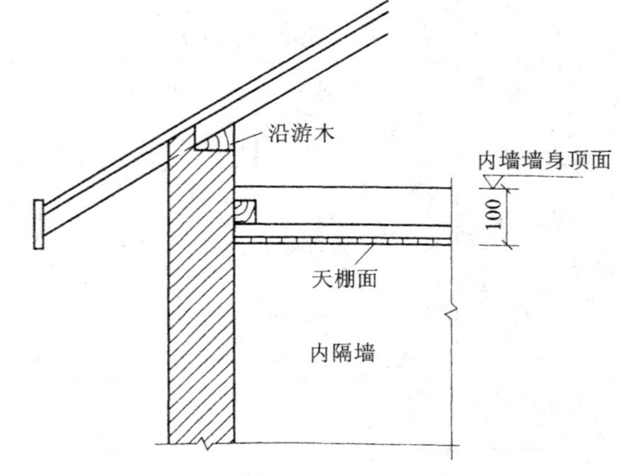

图 2.5.39　无屋架时，内墙墙身高度示意图

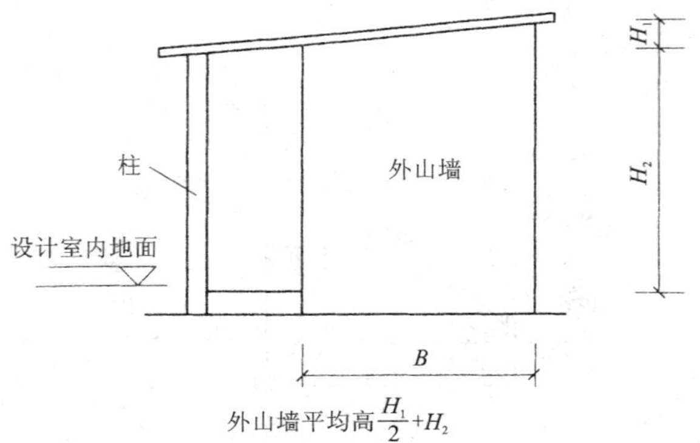

图 2.5.40　一坡水屋面外山墙墙高示意图

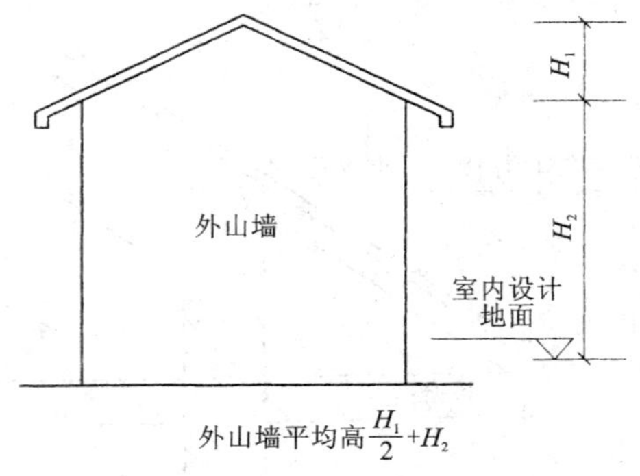

图 2.5.41　二坡水屋面山墙墙身高示意图

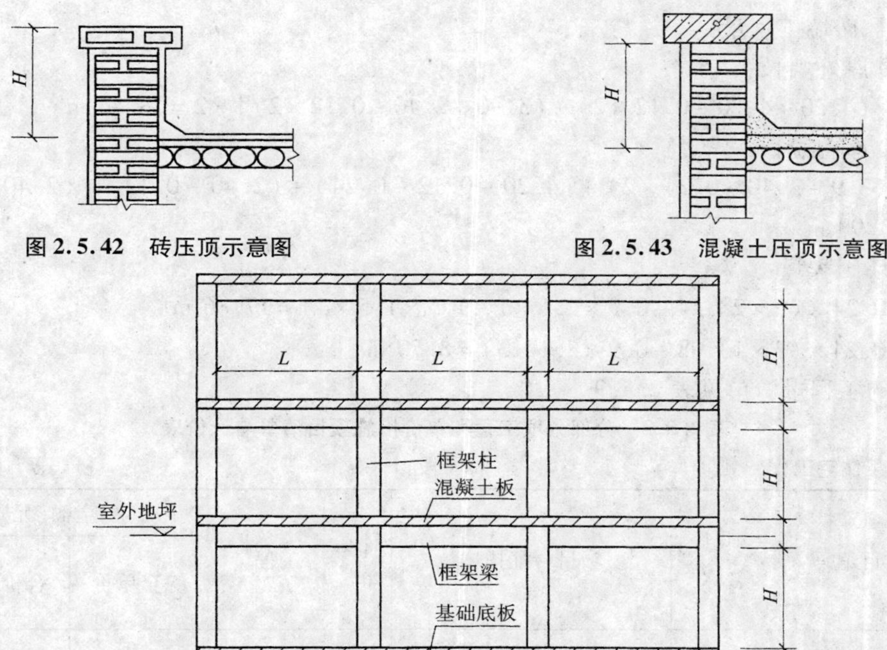

图 2.5.42　砖压顶示意图

图 2.5.43　混凝土压顶示意图

图 2.5.44　有框架梁时的墙身高度示意图

【应用案例 2.5.2】　某住宅工程为砖混结构，如图 2.5.45 所示，采用 MU10 页岩砖、M5.0 水泥石灰砂浆砌筑内外砖墙，墙高 3 m，其中 M1 为 900 × 2100（4 樘），C1 为 1500 × 1500（4 樘），试编制实心砖墙的工程量清单（墙厚均为 240 mm，不考虑过梁体积）。

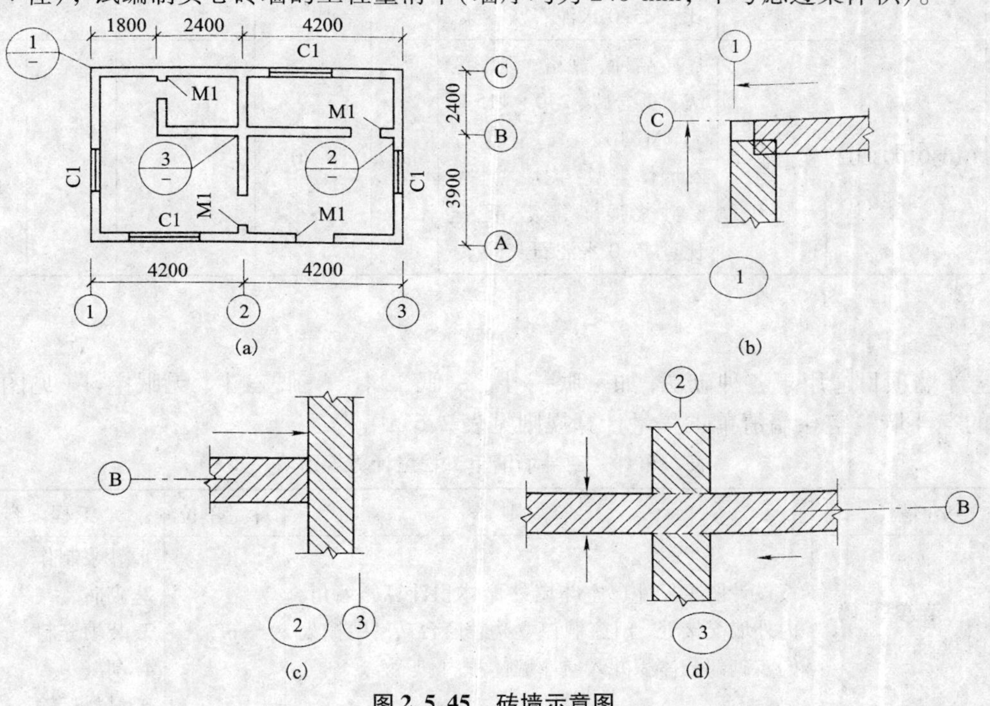

图 2.5.45　砖墙示意图

(a) 平面图；(b) ①节点示意图；(c) ②节点示意图；(d) ③节点示意图

【解】 砖墙工程量：

1)240 厚外墙长：

$L_{外}=[(4.20+4.20-0.12\times2)+(3.90+2.40-0.12\times2)]\times2=28.44$ m

2)240 厚内墙长：

$L_{内}=(3.9+2.40-0.24\times2)+(4.20-0.12-0.24)+(2.40-0.12)+(2.40-0.24-0.12)=13.98$ m

3)砖墙工程量：

$V_{外}=0.24\times(3\times28.44-0.9\times2.1\times1-1.5\times1.5\times4)=17.86\ m^3$

$V_{内}=0.24\times(3\times13.98-0.9\times2.1\times3)=8.70\ m^3$

砖墙的工程量清单见表 2.5.9。

表 2.5.9 分部分项工程和单价措施项目清单与计价表

工程名称：某住宅工程　　　　标　段：　　　　第　页　共　页

序号	项目编码	项目名称	项目特征描述	计量单位	工程量	金额(元)		
						综合单价	合价	其中 暂估价
1	010401003001	实心砖墙	1. 砖品种、规格、强度等级：页岩砖、240×115×53、MU10 2. 墙体类型：外墙 3. 砂浆强度等级、配合比：M5.0 水泥石灰砂浆	m^3	17.86			
2	010401003002	实心砖墙	1. 砖品种、规格、强度等级：页岩砖、240×115×53、MU10 2. 墙体类型：内墙 3. 砂浆强度等级、配合比：M5.0 水泥石灰砂浆	m^3	8.70			

(3)空斗墙

空斗墙项目适用于各种砌法[如一眠一斗、一眠二斗、一眠三斗、无眠空斗(见图 2.5.46)]的空斗墙。空斗墙清单工程量计算规则见表 2.5.10。

表 2.5.10 空斗墙清单工程量计算规则

空斗墙	计算规则	计量单位	工程内容
空斗墙(清单编码：010401006×××)	按设计图示尺寸以空斗墙外形体积计算。墙角、内外墙交接处、门窗洞口立边、窗台砖、屋檐处的实砌部分体积并入空斗墙体积内	m^3	1. 砂浆制作、运输 2. 砌砖 3. 装填充料 4. 刮缝 5. 材料运输

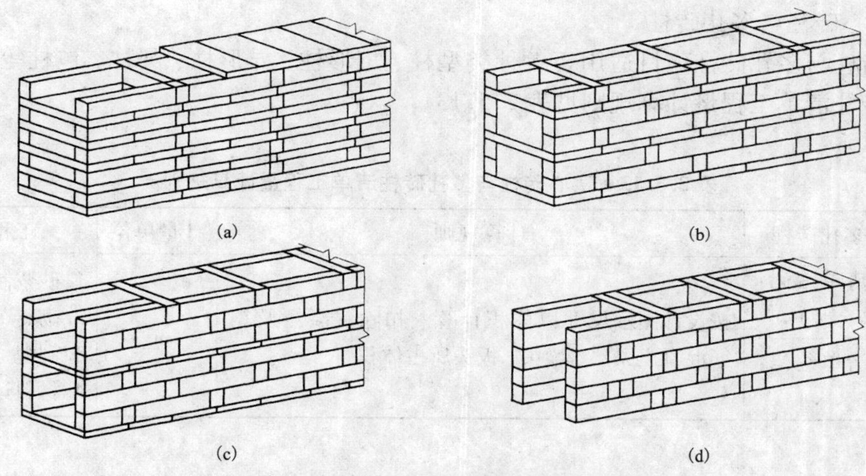

图 2.5.46　空斗墙各种做法示意图

(a)一眠一斗；(b)一眠二斗；(c)一眠三斗；(d)无眠空斗

(4)空花墙

空花墙项目适用于各种类型的空花墙(见图2.5.47)，使用混凝土花格砌筑的空花墙，实砌墙体与混凝土花格应分别计算，混凝土花格按混凝土及钢筋混凝土中预制构件相关项目编码列项。空花墙清单工程量计算规则见表2.5.11。

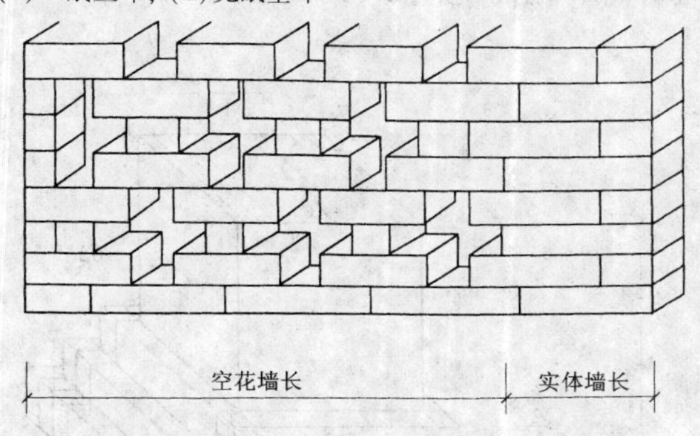

图 2.5.47　空花墙示意图

(5)填充墙

填充墙清单工程量计算规则见表2.5.12。

表 2.5.11　空花墙清单工程量计算规则

空花墙	计算规则	计量单位	工程内容
空花墙(清单编码：010401007×××)	按设计图示尺寸以空花部分外形体积计算，不扣除空洞部分体积	m^3	1. 砂浆制作、运输 2. 砌砖 3. 装填充料 4. 刮缝 5. 材料运输

表 2.5.12　填充墙清单工程量计算规则

填充墙	计算规则	计量单位	工程内容
填充墙(清单编码：010401008×××)	按设计图示尺寸以填充墙外形体积计算	m^3	1. 砂浆制作、运输 2. 砌砖 3. 装填充料 4. 刮缝 5. 材料运输

(6)实心砖柱与多孔砖柱

实心砖柱与多孔砖柱项目适用于各种类型柱、矩形柱、异形柱、圆柱、包柱等。实心砖柱与多孔砖柱清单工程量计算规则见表 2.5.13。

表 2.5.13　实心砖柱与多孔砖柱清单工程量计算规则

实心砖柱与多孔砖柱	计算规则	计量单位	工程内容
实心砖柱(清单编码:010401009×××)	按设计图示尺寸以体积计算。扣除混凝土及钢筋混凝土梁垫、梁头、板头所占体积	m^3	1. 砂浆制作、运输 2. 砌砖 3. 刮缝 4. 材料运输
多孔砖柱(清单编码:010401010×××)			

有放脚砖柱基础工程量计算分为两部分,一是将柱的体积计算至柱底;二是将柱四周放脚体积算出,见图 2.5.48、图 2.5.49。

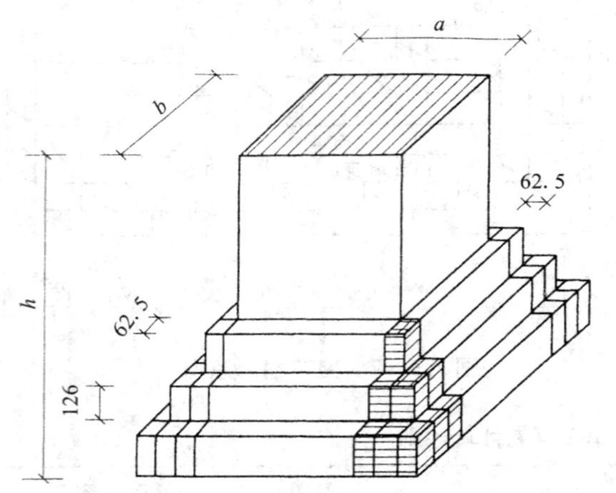

图 2.5.48　砖柱四周放脚示意图

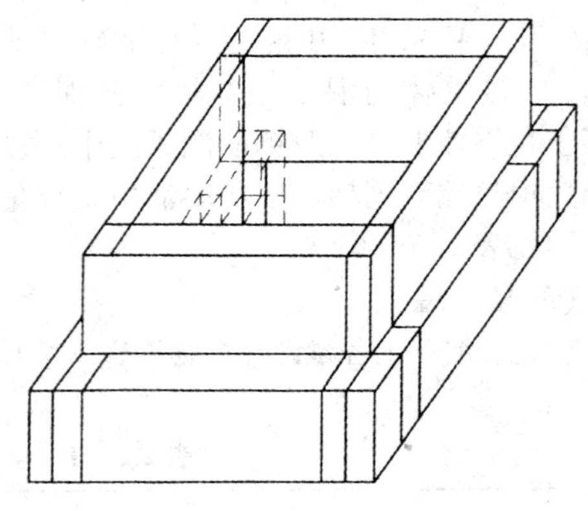

图 2.5.49　砖柱基四周放脚体积 ΔV 示意图

计算公式:

$$V_{柱基} = abh + \Delta V$$
$$= abh + n(n+1)[0.007875(a+b) + 0.000328125(2n+1)]$$

式中:a——柱断面长,m;

b——柱断面宽,m;

h——柱基高,m;

n——放脚层数;

ΔV——砖柱四周放脚体积,m^3。

砖柱基四周放脚体积表见表 2.5.14。

表 2.5.14　砖柱基四周放脚体积表　单位：m^3

放脚层数 \ a(m)×b(m)	0.24×0.24	0.24×0.365	0.365×0.365 0.24×0.49	0.365×0.49 0.24×0.615	0.49×0.49 0.365×0.615	0.49×0.615 0.365×0.74	0.365×0.865 0.615×0.615	0.615×0.74 0.49×0.865	0.74×0.74 0.615×0.865
一	0.010	0.011	0.013	0.015	0.017	0.019	0.021	0.024	0.025
二	0.033	0.038	0.045	0.050	0.056	0.062	0.068	0.074	0.080
三	0.073	0.085	0.097	0.108	0.120	0.132	0.144	0.156	0.167
四	0.135	0.154	0.174	0.194	0.213	0.233	0.253	0.272	0.292
五	0.221	0.251	0.281	0.310	0.340	0.369	0.400	0.428	0.458
六	0.337	0.379	0.421	0.462	0.503	0.545	0.586	0.627	0.669
七	0.487	0.543	0.597	0.653	0.708	0.763	0.818	0.873	0.928
八	0.674	0.745	0.816	0.887	0.957	1.028	1.095	1.170	1.241
九	0.910	0.990	1.078	1.167	1.256	1.344	1.433	1.521	1.61
十	1.173	1.282	1.390	1.498	1.607	1.715	1.823	1.931	2.04

【应用案例 2.5.3】　某工程有 5 个等高式放脚砖柱基础，柱断面 0.365 m × 0.365 m，柱基高 1.85 m，放脚层数 5 层，计算砖柱基础清单工程量。

【解】　已知 $a=0.365$ m，$b=0.365$ m，$h=1.85$ m，$n=5$，则

$V_{柱基}=\{0.365\times0.365\times1.85+5\times6\times[0.007875\times(0.365+0.365)+0.000328125\times(2\times5+1)]\}\times5=(0.246+0.281)\times5=0.527\times5=2.64\ m^3$

(7)砖检查井与零星砌砖

砖检查井与零星砌砖清单工程量计算规则见表 2.5.15。

表 2.5.15　砖检查井与零星砌砖清单工程量计算规则

砖检查井与零星砌砖	计算规则	计量单位	工程内容
砖检查井（清单编码：010401011×××）	按设计图示数量计算	座	1. 砂浆制作、运输 2. 铺设垫层 3. 底板混凝土制作、运输、浇筑、振捣、养护 4. 砌砖 5. 刮缝 6. 井池底、壁抹灰 7. 抹防潮层 8. 材料运输
零星砌砖（清单编码：010401012×××）	1. 以立方米计量，按设计图示尺寸截面积乘以长度计算 2. 以平方米计量，按设计图示尺寸水平投影面积计算 3. 以米计量，按设计图示尺寸长度计算 4. 以个计量，按设计图示数量计算	1. m^3 2. m^2 3. m 4. 个	1. 砂浆制作、运输 2. 砌砖 3. 刮缝 4. 材料运输

(8)砖散水、地坪，砖地沟、明沟

砖散水、地坪，砖地沟、明沟清单工程量计算规则见表2.5.16。

表2.5.16　砖散水、地坪，砖地沟、明沟清单工程量计算规则

砖散水、地坪，砖地沟、明沟	计算规则	计量单位	工程内容
砖散水、地坪(清单编码：010401013×××)	按设计图示尺寸以面积计算	m^2	1. 土方挖、运、填 2. 地基找平、夯实 3. 铺设垫层 4. 砌砖散水、地坪 5. 抹砂浆面层
砖地沟、明沟(清单编码：010401014×××)	以米计量，按设计图示以中心线长度计算	m	1. 土方挖、运、填 2. 铺设垫层 3. 底板混凝土制作、运输、浇筑、振捣、养护 4. 砌砖 5. 刮缝、抹灰 6. 材料运输

(9)砌块砌体

砌块砌体包括砌块墙、砌块柱2个清单子项。砌块墙项目适用于以各种规格的砌块砌筑而成的各种类型的墙体。砌块柱项目适用于各种类型柱(矩形柱、方柱、异形柱、圆柱、包柱等)。砌块砌体清单工程量计算规则见表2.5.17。

表2.5.17　砌块砌体清单工程量计算规则

砌块砌体	计算规则	计量单位	工程内容
砌块墙(清单编码：010402001×××)	同实心砖墙	m^3	1. 砂浆制作、运输 2. 砌砖、砌块 3. 勾缝 4. 材料运输
砌块柱(清单编码：010402002×××)	按设计图示尺寸以体积计算。扣除混凝土及钢筋混凝土梁垫、梁头、板头所占体积		

(10)石砌体

石砌体包括石基础，石勒脚，石墙，石挡土墙，石柱，石栏杆，石护坡，石台阶，石坡道，石地沟、明沟石10个清单子项。其中“石基础”项目适用于各种规格(粗料石、细料石等)、各种材质(砂石、青石等)和各种类型(柱基、墙基、直形、弧形等)基础；“石勒脚”“石墙”项目适用于各种规格(粗料石、细料石等)、各种材质(砂石、青石、大理石、花岗石等)和各种类型(直形、弧形等)勒脚和墙体；“石挡土墙”项目适用于各种规格(粗料石、细料石、块石、毛石、卵石等)、各种材质(砂石、青石、石灰石等)和各种类型(直形、弧形、台阶形等)挡土墙；“石柱”项目适用于各种规格、各种石质、各种类型的石柱；“石栏杆”项目适用于无雕饰的一般石栏杆；“石护坡”项目适用于各种石质和各种石料(粗料石、细料石、片石、块石、毛石、卵石等)；“石台阶”项目包括石梯带(垂带)，不包括石梯膀。石砌体清单工程量计算规则见表2.5.18。

表 2.5.18 石砌体清单工程量计算规则

石砌体	计算规则	计量单位	工程内容
石基础（清单编码：010403001×××）	按设计图示尺寸以体积计算。包括附墙垛基础宽出部分体积，不扣除基础砂浆防潮层及单个面积≤0.3 m^2的孔洞所占体积，靠墙暖气沟的挑檐不增加体积。基础长度：外墙按中心线，内墙按净长计算	m^3	1. 砂浆制作、运输 2. 吊装 3. 砌石 4. 防潮层铺设 5. 材料运输
石勒脚（清单编码：010403002×××）	按设计图示尺寸以体积计算，扣除单个面积>0.3 m^2的孔洞所占体积		1. 砂浆制作、运输 2. 吊装 3. 砌石 4. 石表面加工 5. 勾缝 6. 材料运输
石墙（清单编码：010403003×××）	同实心砖墙		
石挡土墙（清单编码：010403004×××）	按设计图示尺寸以体积计算		1. 砂浆制作、运输 2. 吊装 3. 砌石 4. 变形缝、泄水孔、压顶抹灰 5. 滤水层 6. 勾缝 7. 材料运输
石柱（清单编码：010403005×××）			1. 砂浆制作、运输 2. 吊装 3. 砌石 4. 石表面加工 5. 勾缝 6. 材料运输
石栏杆（清单编码：010403006×××）	按设计图示以长度计算	m	
石护坡（清单编码：010403007×××）	按设计图示尺寸以体积计算	m^3	
石台阶（清单编码：010403008×××）			1. 铺设垫层 2. 石料加工 3. 砂浆制作、运输 4. 砌石 5. 石表面加工 6. 勾缝 7. 材料运输
石坡道（清单编码：010403009×××）	按设计图示尺寸以水平投影面积计算	m^2	
石地沟、明沟（清单编码：010403010×××）	按设计图示以中心线长度计算	m	1. 土方挖、运 2. 砂浆制作、运输 3. 铺设垫层 4. 砌石 5. 石表面加工 6. 勾缝 7. 回填 8. 材料运输

(11)垫层

垫层清单工程量计算规则见表2.5.19。

表2.5.19　垫层墙清单工程量计算规则

垫层	计算规则	计量单位	工程内容
垫层(清单编码：010404001×××)	按设计图示尺寸以立方米计算	m^3	1. 垫层材料的拌制 2. 垫层铺设 3. 材料运输

【能力训练2.5.1】 计算砌筑工程工程量。

【原始资料】 学生创业训练综合楼建筑施工图、结构施工图(见附录)。

任务6　混凝土及钢筋混凝土工程清单工程量计算

2.6.1　工程量清单项目设置

混凝土及钢筋混凝土工程工程量清单项目按照《房屋建筑与装饰工程工程量计算规范》(GB 50854—2013)附录E列项，共分16节76个子项，包括现浇混凝土基础、现浇混凝土柱、现浇混凝土梁、现浇混凝土墙、现浇混凝土板、现浇混凝土楼梯、现浇混凝土其他构件、后浇带、预制混凝土柱、预制混凝土梁、预制混凝土屋架、预制混凝土板、预制混凝土楼梯、其他预制构件、钢筋工程、螺栓铁件等。混凝土及钢筋混凝土工程工程量清单项目设置见表2.6.1所示。

表2.6.1　混凝土及钢筋混凝土工程工程量清单项目设置

项目编码	项目名称	项目特征	备　注
010501001	垫层	混凝土种类，混凝土强度等级	现浇混凝土基础(编码：010501)
010501002	带形基础		
010501003	独立基础		
010501004	满堂基础		
010501005	桩承台基础		
010501006	设备基础	混凝土种类，混凝土强度等级，灌浆材料及其强度等级	
010502001	矩形柱	混凝土种类，混凝土强度等级	现浇混凝土柱(编码：010502)
010502002	构造柱		
010502003	异形柱	柱形状，混凝土种类，混凝土强度等级	

续表 2.6.1

项目编码	项目名称	项目特征	备　注
010503001	基础梁	混凝土种类，混凝土强度等级	现浇混凝土梁（编码：010503）
010503002	矩形梁		
010503003	异形梁		
010503004	圈梁		
010503005	过梁		
010503006	弧形、拱形梁		
010504001	直形墙	混凝土种类，混凝土强度等级	现浇混凝土墙（编码：010504）
010504002	弧形墙		
010504003	短肢剪力墙		
010504004	挡土墙		
010505001	有梁板	混凝土种类，混凝土强度等级	现浇混凝土板（编码：010505）
010505002	无梁板		
010505003	平板		
010505004	拱板		
010505005	薄壳板		
010505006	栏板		
010505007	天沟（檐沟）、挑檐板		
010505008	雨篷、悬挑板、阳台板		
010505009	空心板		
010505010	其他板		
010506001	直形楼梯	混凝土种类，混凝土强度等级	现浇混凝土楼梯（编码：010506）
010506002	弧形楼梯		
010507001	散水、坡道	垫层材料种类、厚度，面层厚度，混凝土种类，混凝土强度等级，变形缝填塞材料种类	现浇混凝土其他构件（编码：010507）
010507002	室外地坪	地坪厚度，混凝土强度等级	
010507003	电缆沟、地沟	土壤类别，沟截面净空尺寸，垫层材料种类、厚度，混凝土种类，混凝土强度等级，防护材料种类	
010507004	台阶	踏步高、宽，混凝土种类，混凝土强度等级	
0010507005	扶手、压顶	断面尺寸，混凝土种类，混凝土强度等级	
010507006	化粪池、检查井	部位，混凝土强度等级，防水、抗渗要求	
010507007	其他构件	构件的类型，构件规格，部位，混凝土种类，混凝土强度等级	

续表 2.6.1

项目编码	项目名称	项目特征	备　注
010508001	后浇带	混凝土种类，混凝土强度等级	后浇带（编码：010508）
010509001	矩形柱	图代号，单件体积，安装高度，混凝土强度等级，砂浆（细石混凝土）强度等级、配合比	预制混凝土柱（编码：010509）
010509002	异形柱		
010510001	矩形梁	图代号，单件体积，安装高度，混凝土强度等级，砂浆（细石混凝土）强度等级、配合比	预制混凝土梁（编码：010510）
010510002	异形梁		
010510003	过梁		
010510004	拱形梁		
010510005	鱼腹式吊车梁		
010510006	其他梁		
010511001	折线型	图代号，单件体积，安装高度，混凝土强度等级，砂浆（细石混凝土）强度等级、配合比	预制混凝土屋架（编码：010511）
010511002	组合		
010511003	薄腹		
010511004	门式钢架		
010511005	天窗架		
010512001	平板	图代号，单件体积，安装高度，混凝土强度等级，砂浆（细石混凝土）强度等级、配合比	预制混凝土板（编码：010512）
010512002	空心板		
010512003	槽形板		
010512004	网架板		
010512005	折线板		
010512006	带肋板		
010512007	大型板		
010512008	沟盖板、井盖板、井圈	单件体积，安装高度，混凝土强度等级，砂浆强度等级、配合比	
010513001	楼梯	楼梯类型，单件体积，混凝土强度等级，砂浆（细石混凝土）强度等级	预制混凝土楼梯（编码：010513）
010514001	垃圾道、通风道、烟道	单件体积，混凝土强度等级，砂浆强度等级	其他预制构件（编码：010514）
010514002	其他构件	单件体积，构件的类型，混凝土强度等级，砂浆强度等级	

续表 2.6.1

项目编码	项目名称	项目特征	备　注
010515001	现浇构件钢筋	钢筋种类、规格	钢筋工程（编码：010515）
010515002	预制构件钢筋		
010515003	钢筋网片		
010515004	钢筋笼		
010515005	先张法预应力钢筋	钢筋种类、规格，锚具种类	
010515006	后张法预应力钢筋	钢筋种类、规格，钢丝种类、规格，钢绞线种类、规格，锚具种类，砂浆强度等级	
010515007	预应力钢丝		
010515008	预应力钢绞线		
010515009	支撑钢筋（铁马）	钢筋种类，规格	
010515010	声测管	材质，规格型号	
010516001	螺栓	螺栓种类，规格	螺栓、铁件（编码：010516）
010516002	预埋铁件	钢材种类，规格，铁件尺寸	
010516003	机械连接	连接方式，螺纹套筒种类，规格	

2.6.2　工程量清单编制规定

1）混凝土垫层包括在现浇混凝土基础项目内。

2）有肋带形基础、无肋带形基础应分别编码（第五级编码）列项，并注明肋高。有肋带形混凝土基础，其肋高与肋宽之比在 4∶1 以内的，按有肋带形基础计算；超过 4∶1 时，肋以墙计算，下部以无肋带形基础计算（见图 2.6.1）。

3）箱式满堂基础（见图 2.6.2）可按满堂基础、柱、梁、墙、板分别编码列项。

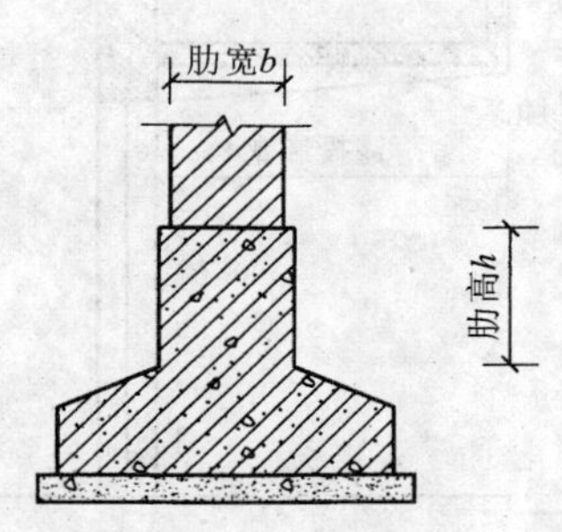

图 2.6.1　有肋带形基础示意图
（当 $h/b>4$ 时，肋按墙算）

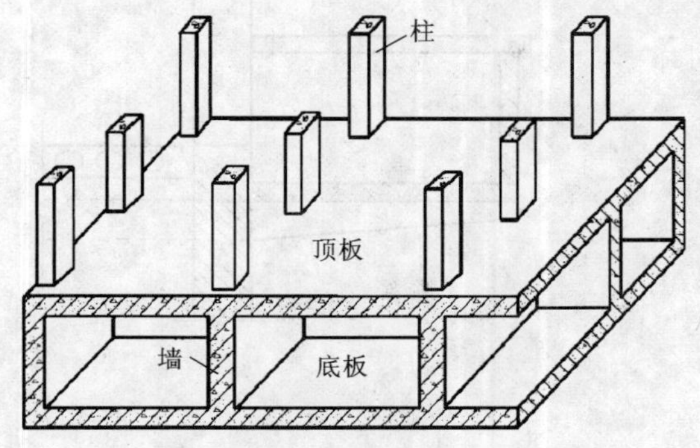

图 2.6.2　箱式满堂基础示意图

4）框架式设备基础，可按设备基础、柱、梁、墙、板分别编码列项。

5）毛石混凝土基础，项目特征应描述毛石所占比例。

6）本节所提到的混凝土种类：指清水混凝土、彩色混凝土等，如在同一地区既使用预拌（商品）混凝土，又允许现场搅拌混凝土时，也应注明。

7）现浇挑檐、天沟板、雨篷、阳台与板（包括屋面板、楼板）连接时，以外墙外边线为分界线；与圈梁（包括其他梁）连接时，以梁外边线为分界线。外边线以外为挑檐、天沟、雨篷或阳台（见图2.6.3）。

8）不带肋的预制遮阳板、雨篷板、挑檐板、栏板等，应按平板项目编码列项。

9）预制F形板、双T形板、单肋板和带反挑檐的雨篷板、挑檐板、遮阳板等，应按带肋板项目编码列项。

10）预制大型墙板、大型楼板、大型屋面板等，应按大型板项目编码列项。

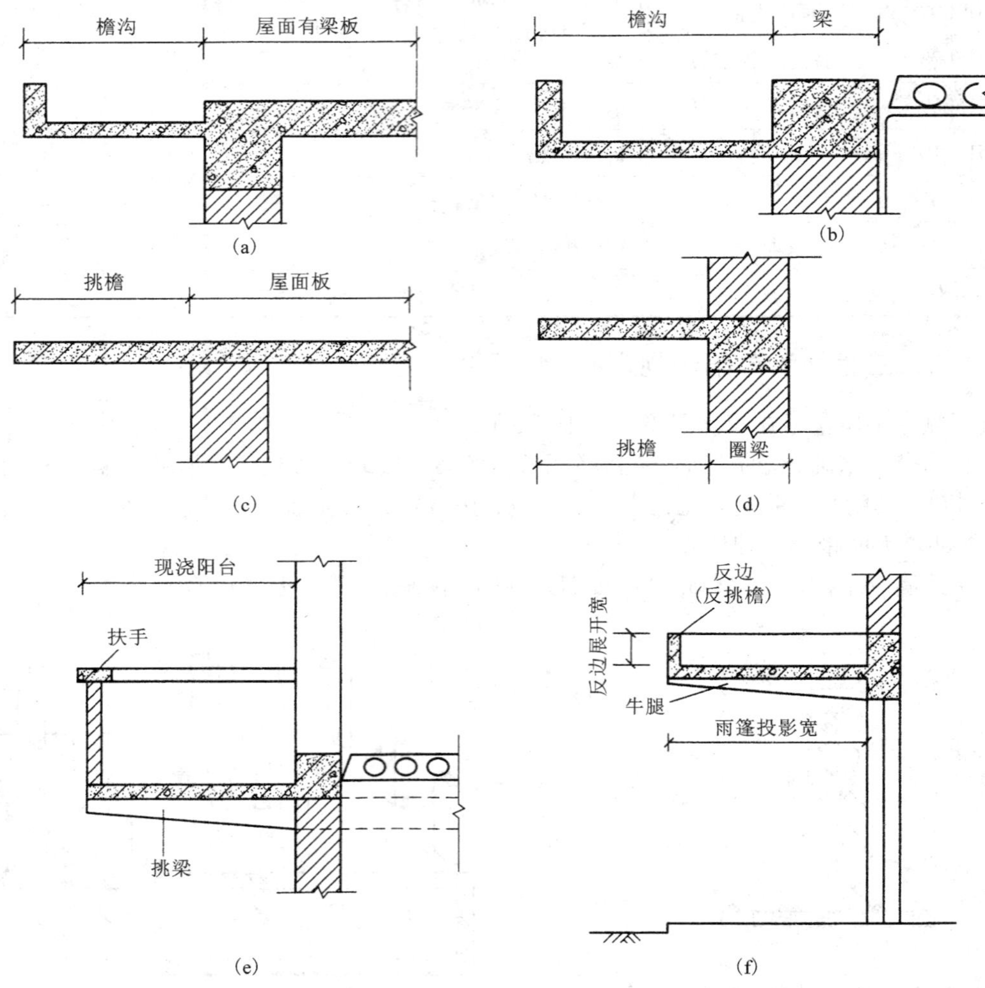

图2.6.3　现浇挑檐、天沟板、雨篷、阳台与板、梁划分示意图

（a）屋面檐沟；（b）屋面檐沟；（c）屋面挑檐；（d）挑檐；（e）有现浇挑梁的现浇阳台；（f）带反边雨篷

11）预制钢筋混凝土小型池槽、压顶、扶手、垫块、隔热板、花格等，应按其他构件项目编码列项。

12）预制混凝土构件或预制钢筋混凝土构件，如施工图设计标注做法见标准图集时，项目特征注明标准图集的编码、页号及节点大样即可。

13）现浇或预制混凝土和钢筋混凝土构件，不扣除构件内钢筋、螺栓、预埋铁件、张拉孔道所占体积，但应扣除劲性骨架的型钢所占体积。

2.6.3　清单工程量计算规则及应用案例

1. 现浇混凝土基础

现浇混凝土基础分垫层、带形基础、独立基础、满堂基础、桩承台基础、设备基础。其中垫层项目适用于各种基础下的混凝土垫层；带形基础项目适用于有梁式、无梁式及浇筑在一字排桩上面的带形基础；独立基础项目适用于块体柱基、杯基、无筋倒圆台基础、壳体基础、电梯井基础等；满堂基础项目适用于箱式基础、筏式基础等；桩承台基础项目适用于浇筑在群桩上的承台；设备基础项目适用于设备的块体基础、框架式基础等。现浇混凝土基础清单工程量计算规则见表2.6.2。

表2.6.2　现浇混凝土基础清单工程量计算规则

现浇混凝土基础	计算规则	计量单位	工程内容
垫层（清单编码：010501001×××）	按设计图示尺寸以体积计算。不扣除伸入承台基础的桩头所占体积	m^3	1. 模板及支撑制作、安装、拆除、堆放、运输及清理模内杂物、刷隔离剂等 2. 混凝土制作、运输、浇筑、振捣、养护
带形基础（清单编码：010501002×××）			
独立基础（清单编码：010501003×××）			
满堂基础（清单编码：010501004×××）			
桩承台基础（清单编码：010501005×××）			
设备基础（清单编码：010501006×××）			

【知识链接】

（1）现浇混凝土基础的相关构造

现浇混凝土基础的相关构造见图2.6.4至图2.6.8。

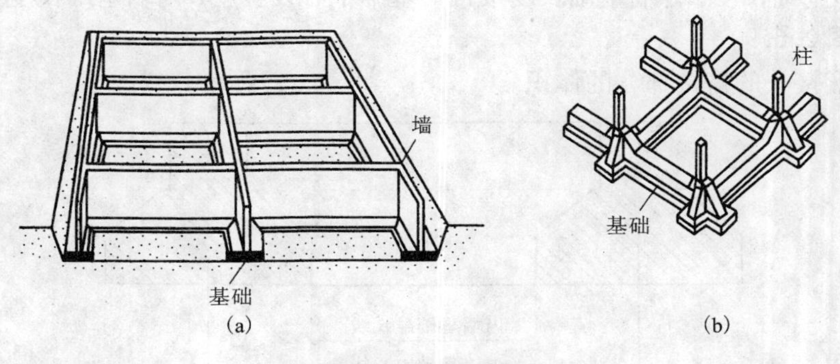

图2.6.4　带形基础

（a）墙下带形基础；（b）柱下带形基础

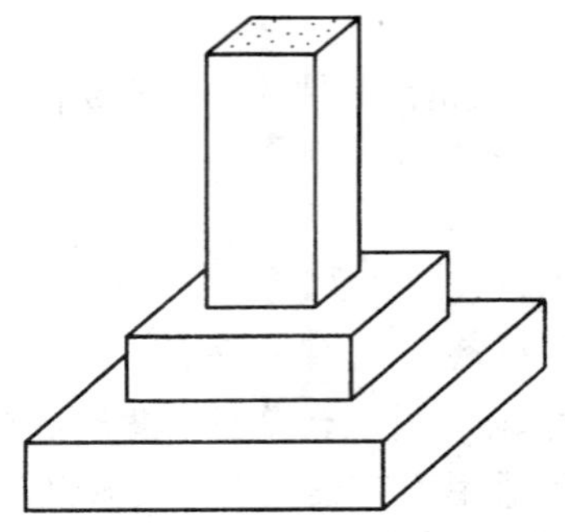

图 2.6.5　钢筋混凝土独立基础

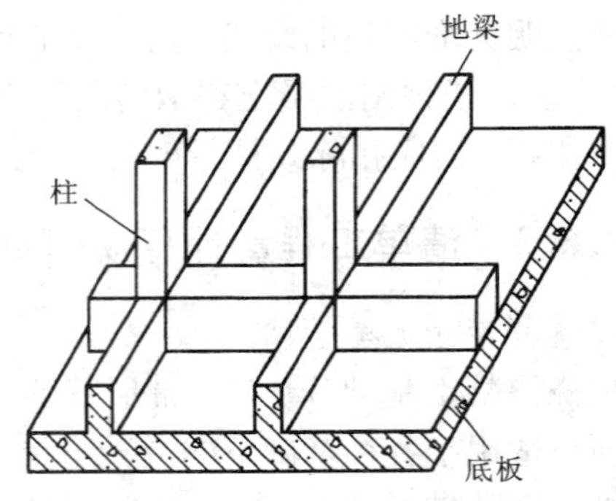

图 2.6.6　梁板式满堂基础示意图

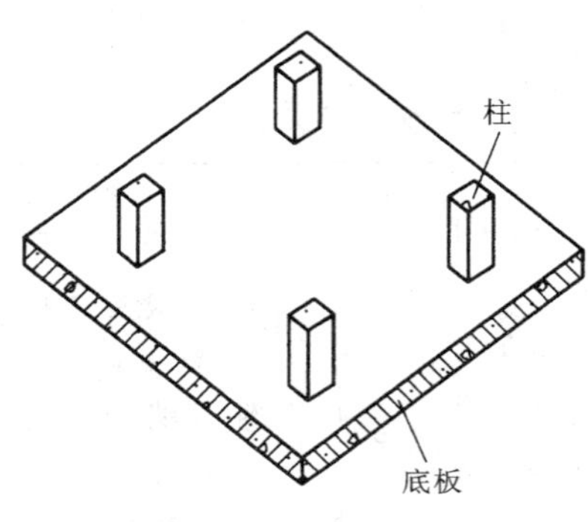

图 2.6.7　板式(筏形)满堂基础示意图

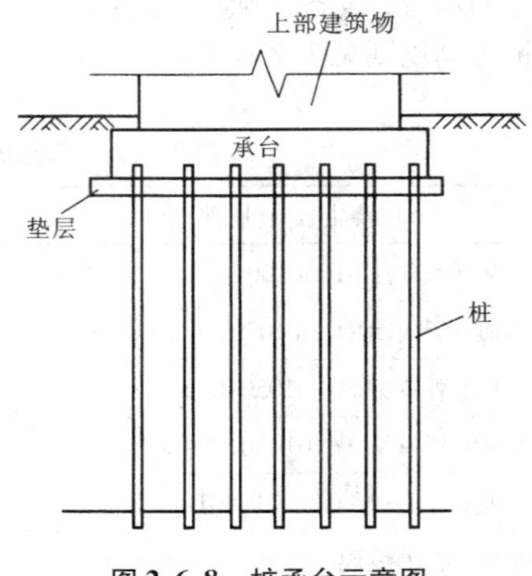

图 2.6.8　桩承台示意图

(2)现浇钢筋混凝土

带形基础工程量计算公式：$V = F \times L + V_T$

式中，V—带形基础工程体积，m^3；

F—带形基础断面面积，m^2；

L—带形基础长度，外墙基础长度按带形基础中心线长度，内墙基础长度按带形基础净长线长度(见图 2.6.9)

V_T—T 形接头的搭接部分的体积。

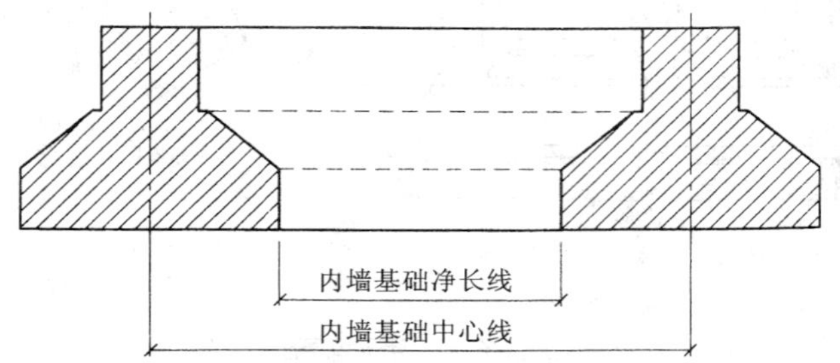

图 2.6.9　内墙带形基础净长线示意图

梯形断面带形基础每个T形接头(见图2.6.10)的体积可以按下式计算：

$V_T = b \times H \times L_T + (2b+B)/6 \times H_1 \times L_T$(式中，$b$、$H$、$H_1$、$B$、$L_T$ 见图2.6.10)。

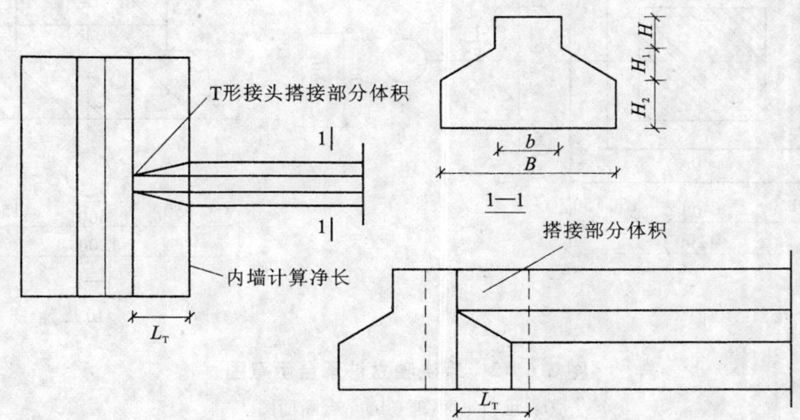

图2.6.10 梯形断面带形基础(T形接头)示意图

【应用案例2.6.1】 某现浇钢筋混凝土带形基础，如图2.6.11所示。C25商品混凝土，运距3 km，试计算现浇钢筋混凝土带形基础混凝土清单工程量。

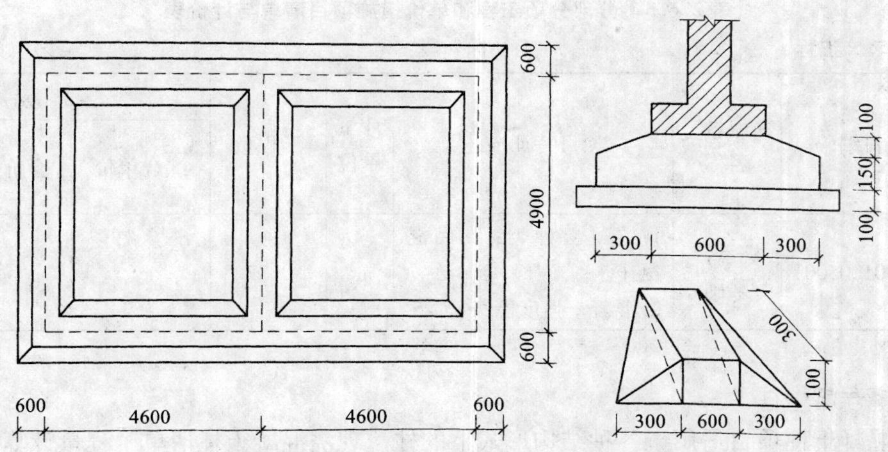

图2.6.11 某现浇钢筋混凝土带形基础示意图

【解】 现浇钢筋混凝土(C25)条形基础混凝土清单工程量：

$V = F \times L + V_T$

$F \times L = \{1.20 \times 0.15 + (0.6+1.2)/2 \times 0.1\} \times [(9.20+4.90) \times 2 + (4.90-1.20)] =$ 8.613 m^3

$V_T = b \times H \times L_T + (2b+B)/6 \times H_1 \times L_T = (2 \times 0.6 + 1.2)/6 \times 0.1 \times 0.3 = 0.012\ m^3$

$V = F \times L + V_T = 8.613 + 0.012 \times 2$ 个 $= 8.64\ m^3$

【应用案例2.6.2】 编制××工程如图2.6.12所示现浇独立桩承台的混凝土C25工程

量清单(已知混凝土采用商品混凝土，由施工单位自行采购)。

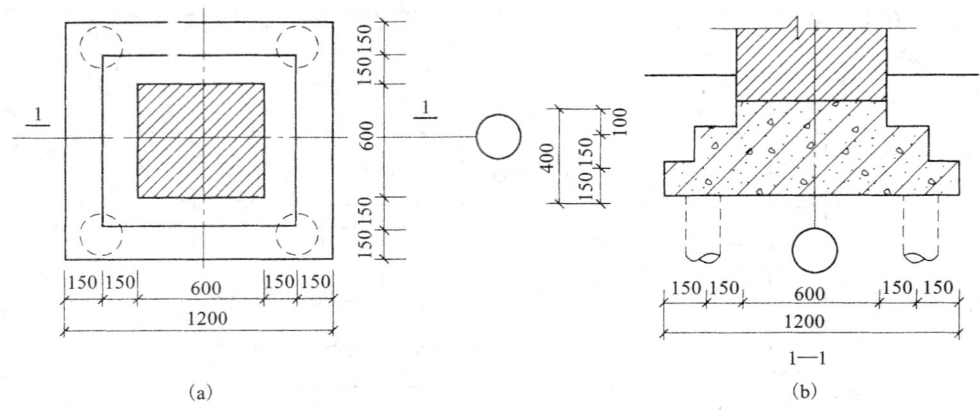

图 2.6.12　现浇独立桩承台示意图

(a)承台平面图；(b)承台断面图

【解】　现浇独立桩承台混凝土工程量(不扣除桩头)计算。

工程量 $=1.2\times1.2\times0.15+0.9\times0.9\times0.15+0.6\times0.6\times0.1=0.37\ m^3$

桩承台混凝土工程量清单见表 2.6.3。

表 2.6.3　分部分项工程和单价措施项目清单与计价表

工程名称：××工程　　　　标　段：　　　　第　页　共　页

序号	项目编码	项目名称	项目特征描述	计量单位	工程量	金额(元)		
						综合单价	合价	其中 暂估价
1	010501005001	桩承台基础	1. 混凝土种类：商品混凝土 2. 混凝土强度等级：C25	m^3	0.37			

2. 现浇混凝土柱

现浇混凝土柱项目适用于各种结构形式下的柱。现浇混凝土柱清单工程量计算规则见表 2.6.4。

表 2.6.4　现浇混凝土柱清单工程量计算规则

现浇混凝土柱	计算规则	计量单位	工程内容
矩形柱(清单编码：010502001×××)	按设计图示尺寸以体积计算	m^3	1. 模板及支架(撑)制作、安装、拆除、堆放、运输及清理模内杂物、刷隔离剂等 2. 混凝土制作、运输、浇筑、振捣、养护
构造柱(清单编码：010502002×××)			
异形柱(清单编码：010502003×××)			

柱高按下列规定确定：

1)有梁板的柱高，应自柱基上表面(或楼板上表面)至上一层楼板上表面之间的高度计算(见图2.6.13)。

2)无梁板的柱高，应自柱基上表面(或楼板上表面)至柱帽下表面之间的高度计算(见图2.6.14)。

3)框架柱的柱高，应自柱基上表面至柱顶高度计算（见图2.6.15)。

4)构造柱按全高计算，嵌接墙体部分(马牙槎)并入柱身体积（见图2.6.16)。

5)依附柱上的牛腿和升板的柱帽，并入柱身体积计算。

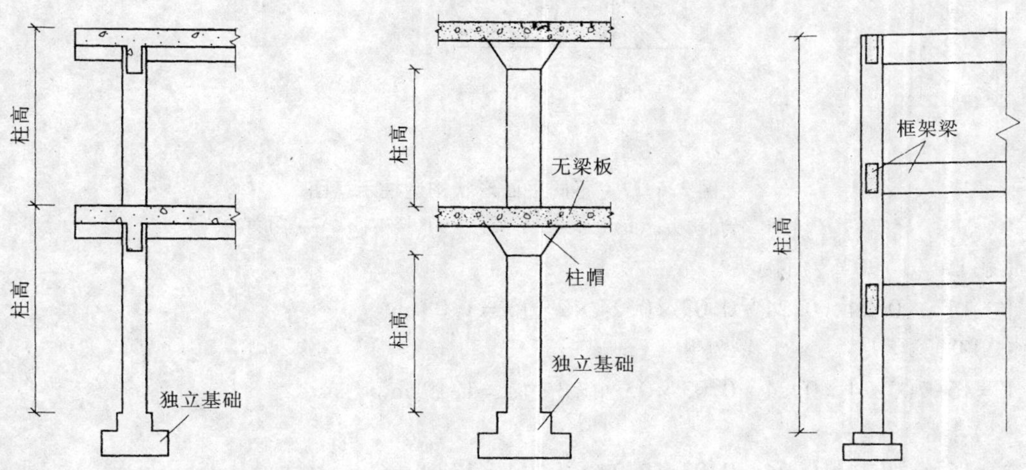

图2.6.13　有梁板柱高示意图　　图2.6.14　无梁板柱高示意图　　图2.6.15　框架柱高示意图

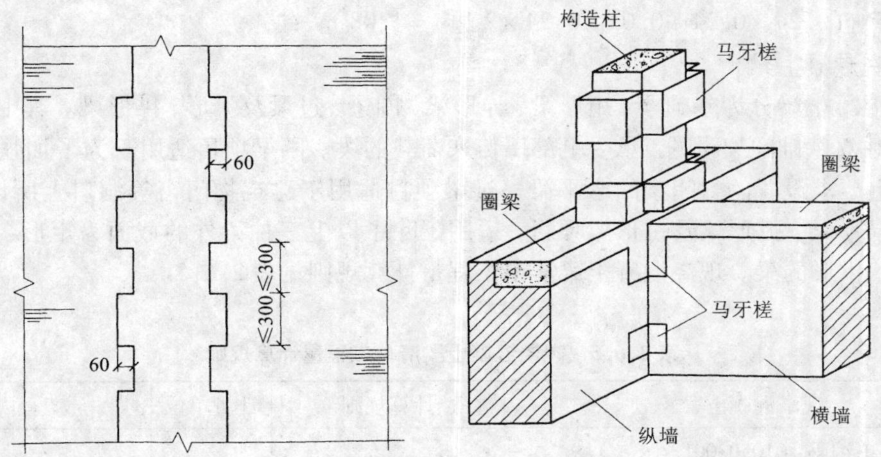

图2.6.16　构造柱及与砖墙嵌接部分体积(马牙槎)示意图

【课堂活动】

讨论构造柱及其所在墙体施工的先后顺序及施工方法。

【应用案例2.6.3】　图2.6.17为某房屋构造柱的设置示意图。墙厚240 mm，构造柱的截面尺寸为240 mm×240 mm，柱高均为15 m，按下列顺序计算构造柱混凝土体积清单工程量：

1)90°转角接头；2)T 形接头；3)十字形接头；4)一字形接头。

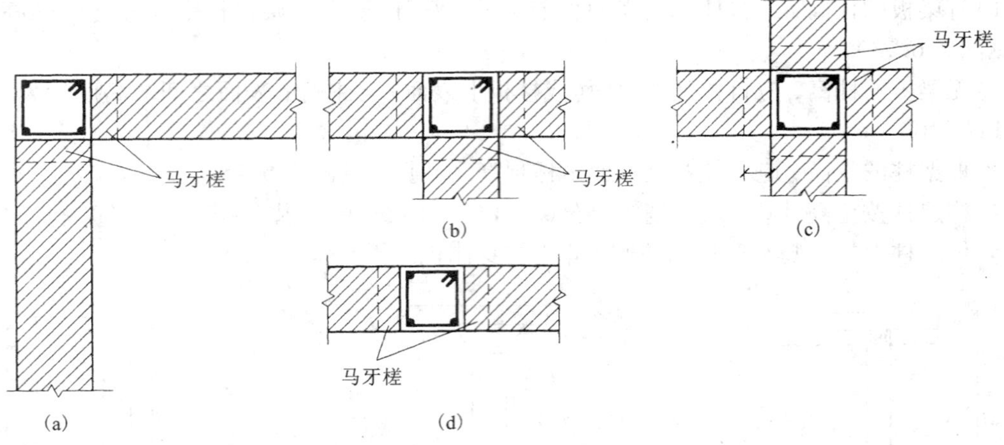

图 2.6.17　不同平面形状构造柱示意图

(a)90°转角接头；(b)T 形接头；(c)十字形接头；(d)一字形接头

【解】　(1)90°转角接头

$V = 15 \times (0.24 \times 0.24 + 0.03 \times 0.24 \times 2$ 边$) = 1.08\ m^3$

(2)T 形接头

$V = 15 \times (0.24 \times 0.24 + 0.03 \times 0.24 \times 3$ 边$) = 1.19\ m^3$

(3)十字形接头

$V = 15 \times (0.24 \times 0.24 + 0.03 \times 0.24 \times 4$ 边$) = 1.30\ m^3$

(4)一字形接头

$V = 15 \times (0.24 \times 0.24 + 0.03 \times 0.24 \times 2$ 边$) = 1.08\ m^3$

3. 现浇混凝土梁

现浇混凝土梁分为基础梁、矩形梁、异形梁、圈梁、过梁及弧形、拱形梁。其中基础梁项目适用于独立基础间架设的、承受上部墙传来荷载的梁。圈梁项目适用于为了加强结构整体性，构造上要求设置的封闭型的水平梁。过梁项目适用于建筑物门窗等洞口上所设置的梁。矩形梁、异形梁、弧形梁及拱形梁项目，适用于除了以上三种梁外的截面为矩形、异形及形状为弧形、拱形的梁。现浇混凝土梁清单工程量计算规则见表 2.6.5。

表 2.6.5　现浇混凝土梁清单工程量计算规则

现浇混凝土梁	计算规则	计量单位	工程内容
基础梁(清单编码：010503001×××)	按设计图示尺寸以体积计算。伸入墙内的梁头、梁垫并入梁体积内(见图 2.6.18)	m^3	1. 模板及支架(撑)制作、安装、拆除、堆放、运输及清理模内杂物、刷隔离剂等 2. 混凝土制作、运输、浇筑、振捣、养护
矩形梁(清单编码：010503002×××)			
异形梁(清单编码：010503003×××)			
圈梁(清单编码：010503004×××)			
过梁(清单编码：010503005×××)			
弧形、拱形梁(清单编码：010503006×××)			

【知识链接】

梁长计算相关规定如下：

1）梁与柱连接时，梁长算至柱侧面，如图2.6.19(b)所示；

2）主梁与次梁连接时，次梁长算至主梁侧面。如图2.6.19(c)所示。

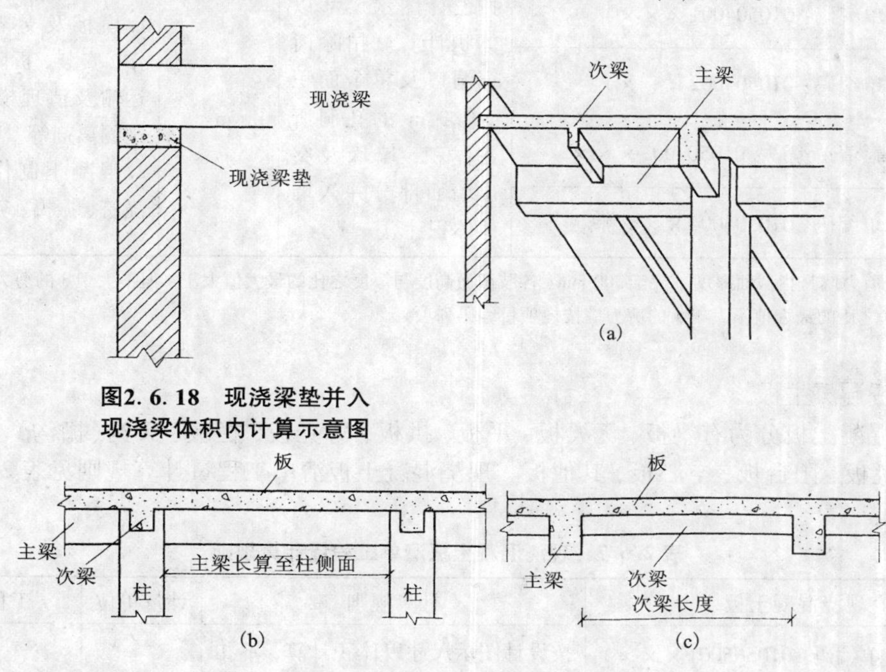

图2.6.18　现浇梁垫并入现浇梁体积内计算示意图

图2.6.19　梁长计算示意图

(a)主、次梁；(b)主梁计算长度；(c)次梁计算长度

【课堂活动】

分组讨论并回答构造柱与圈梁(见图2.6.20)相交时，接头工程量如何处理。

图2.6.20　圈梁与构造柱相交示意图

4.现浇混凝土墙

现浇混凝土墙分为直形墙、弧形墙、短肢剪力墙、挡土墙。现浇混凝土墙项目除了适用

墙项目外，也适用于电梯井。现浇混凝土墙清单工程量计算规则见表2.6.6。

表2.6.6 现浇混凝土墙清单工程量计算规则

现浇混凝土墙	计算规则	计量单位	工程内容
直形墙（清单编码：010504001×××）	按设计图示尺寸以体积计算。扣除门窗洞口及单个面积 >0.3 m^2 的孔洞所占体积，墙垛及突出墙面部分并入墙体体积计算	m^3	1. 模板及支架（撑）制作、安装、拆除、堆放、运输及清理模内杂物、刷隔离剂等 2. 混凝土制作、运输、浇筑、振捣、养护
弧形墙（清单编码：010504002×××）			
短肢剪力墙（清单编码：010504003×××）			
挡土墙（清单编码：010504004×××）			

注：短肢剪力墙是指截面厚度不大于300 mm、各肢截面高度与厚度之比的最大值大于4但不大于8的剪力墙；各肢截面高度与厚度之比的最大值不大于4的剪力墙按柱项目编码列项。

5. 现浇混凝土板

现浇混凝土板分为有梁板、无梁板、平板、拱板、薄壳板、栏板、天沟（檐沟）、挑檐板、雨篷、悬挑板、阳台板、空心板、其他板。现浇混凝土板清单工程量计算规则见表2.6.7。

表2.6.7 现浇混凝土板清单工程量计算规则

现浇混凝土板	计算规则	计量单位	工程内容
有梁板（清单编码：010505001×××）	按设计图示尺寸以体积计算，不扣除单个面积≤0.3 m^2 的柱、垛以及孔洞所占体积。压形钢板混凝土楼板扣除构件内压形钢板所占体积。有梁板（包括主、次梁与板）按梁、板体积之和计算，无梁板按板和柱帽体积之和计算，各类板伸入墙内的板头并入板体积计算，薄壳板的肋、基梁并入薄壳体积内计算	m^3	1. 模板及支架（撑）制作、安装、拆除、堆放、运输及清理模内杂物、刷隔离剂等 2. 混凝土制作、运输、浇筑、振捣、养护
无梁板（清单编码：010505002×××）			
平板（清单编码：010505003×××）			
拱板（清单编码：010505004×××）			
薄壳板（清单编码：010505005×××）			
栏板（清单编码：010505006×××）			
天沟（檐沟）、挑檐板（清单编码：010505007×××）	按设计图示尺寸以体积计算		
雨篷、悬挑板、阳台板（清单编码：010505008×××）	按设计图示尺寸以墙外部分体积计算。包括伸出墙外的牛腿和雨篷反挑檐的体积		
空心板（清单编码：010505009×××）	按设计图示尺寸以体积计算。空心板（GBF高强薄壁蜂巢芯板等）应扣除空心部分体积		
其他板（清单编码：010505010×××）	按设计图示尺寸以体积计算		

【应用案例 2.6.4】　某学校资料室结构如图 2.6.21 所示，现浇混凝土框架结构，板厚 100 mm，二层层高 4.2 m；柱梁板混凝土强度等级均为 C25，试编制资料室二层柱梁板混凝土工程量清单(已知混凝土采用商品混凝土，由施工单位自行采购)。

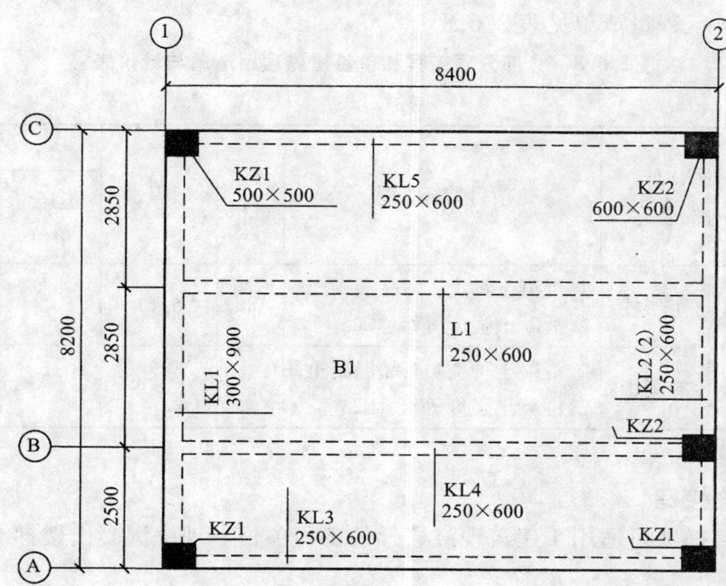

图 2.6.21　8.400 m 梁柱板结构施工图

【解】

(1)计算柱混凝土体积清单工程量

$V_{KZ1}=0.5\times0.5\times4.2\times3=3.15\ m^3$

$V_{KZ2}=0.6\times0.6\times4.2\times2=3.02\ m^3$

所以 $V=V_{KZ1}+V_{KZ2}=3.15+3.02=6.17\ m^3$

(2)计算有梁板混凝土体积清单工程量

$V_{KL1}=0.3\times(0.9-0.1)\times(8.2-0.5\times2)=1.73\ m^3$

$V_{KL2}=0.25\times(0.6-0.1)\times(8.2-0.6\times2-0.5)=0.81\ m^3$

$V_{KL3}=0.25\times(0.6-0.1)\times(8.4-0.5\times2)=0.93\ m^3$

$V_{KL4}=0.25\times(0.6-0.1)\times(8.4-0.3-0.6)=0.94\ m^3$

$V_{KL5}=0.25\times(0.6-0.1)\times(8.4-0.5-0.6)=0.91\ m^3$

$V_{L1}=0.25\times(0.6-0.1)\times(8.4-0.3-0.25)=0.98\ m^3$

$V_{B1}=8.4\times8.2\times0.1-0.5\times0.5\times0.1\times3-0.6\times0.6\times0.1\times2=6.74\ m^3$

注意：有梁板混凝土清单工程量不扣除单个面积≤0.3 m^2 的柱、垛以及孔洞所占体积，其中单个面积≤0.3 m^2 的柱有：

$S_{KZ1(①\times Ⓐ)}=(0.5-0.3)\times(0.5-0.25)=0.05\ m^2$

$S_{KZ1(①\times Ⓒ)}=(0.5-0.3)\times(0.5-0.25)=0.05\ m^2$；

$S_{KZ1(②\times Ⓐ)}=(0.5-0.25)\times(0.5-0.25)=0.06\ m^2$

$S_{KZ2(②\times Ⓑ)}=(0.6-0.25)\times(0.6-0.25)\div2\times2$ 侧 $=0.06\times2$ 侧 $=0.12\ m^2$

$S_{KZ2(②\times©)}=(0.6-0.25)\times(0.6-0.25)=0.12\ m^2$

$V_B=6.74+(0.05\times2+0.06+0.12+0.12)\times0.1=6.78\ m^3$

所以 $V=1.73+0.81+0.93+0.94+0.91+0.98+6.78=13.08\ m^3$

柱梁板混凝土工程量清单见表2.6.8。

表2.6.8 分部分项工程和单价措施项目清单与计价表

工程名称：某学校资料室　　　　标　段：　　　　第　页　共　页

序号	项目编码	项目名称	项目特征描述	计量单位	工程量	金额(元)		
						综合单价	合价	其中 暂估价
1	010502001001	矩形柱	1. 混凝土种类：商品混凝土 2. 混凝土强度等级：C25	m^3	6.17			
2	010505001001	有梁板	1. 混凝土种类：商品混凝土 2. 混凝土强度等级：C25	m^3	13.08			

6. 现浇混凝土楼梯

现浇混凝土楼梯项目适用于建筑现浇楼梯的工程项目。现浇混凝土楼梯清单工程量计算规则见表2.6.9。

表2.6.9 现浇混凝土楼梯清单工程量计算规则

现浇混凝土楼梯	计算规则	计量单位	工程内容
直形楼梯（清单编码：010506001×××）	1. 以平方米计量，按设计图示尺寸以水平投影面积计算。不扣除宽度≤500 mm的楼梯井，伸入墙内部分不计算（如图2.6.22所示） 2. 以立方米计量，按设计图示尺寸以体积计算	1. m^2 2. m^3	1. 模板及支架（撑）制作、安装、拆除、堆放、运输及清理模内杂物、刷隔离剂等 2. 混凝土制作、运输、浇筑、振捣、养护
弧形楼梯（清单编码：010506002×××）			

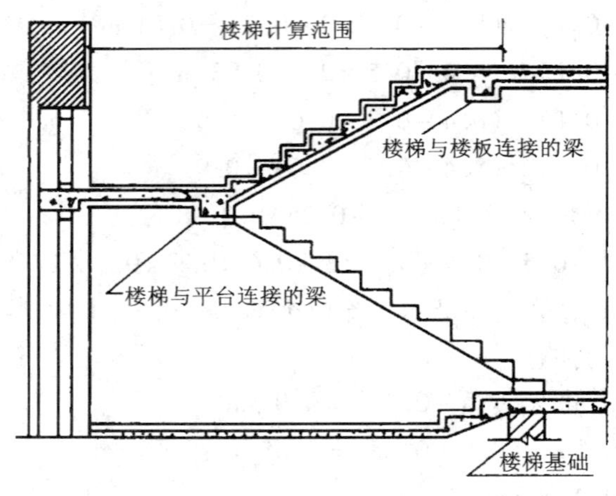

图2.6.22 楼梯剖面示意图

【小贴士】

1. 整体楼梯[包括弧形楼梯(见图 2.6.23)和直形楼梯(见图 2.6.24)]水平投影面积包括休息平台、平台梁、斜梁和楼梯的连接梁。当整体楼梯与现浇楼板无梯梁连接时，以楼梯的最后一个踏步边缘加 300 mm 为界。

2. 对于现浇混凝土楼梯计量单位(m^2/m^3)的选取，各个省的选取是不同的，《广东省建筑、装饰工程工程量清单计价指引(2013)》(P53)选取"m^3"。

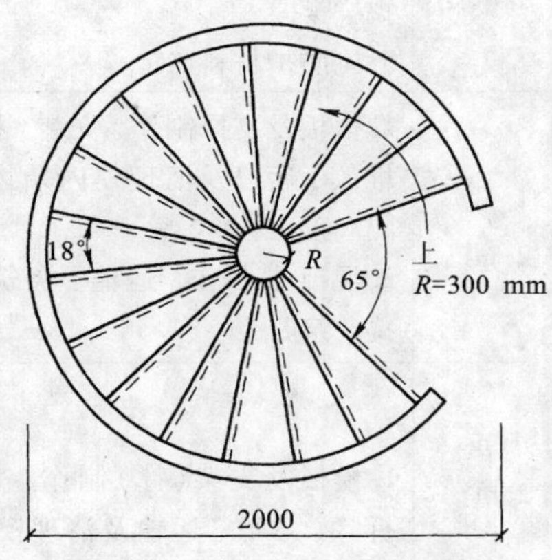

图 2.6.23　弧形楼梯示意图

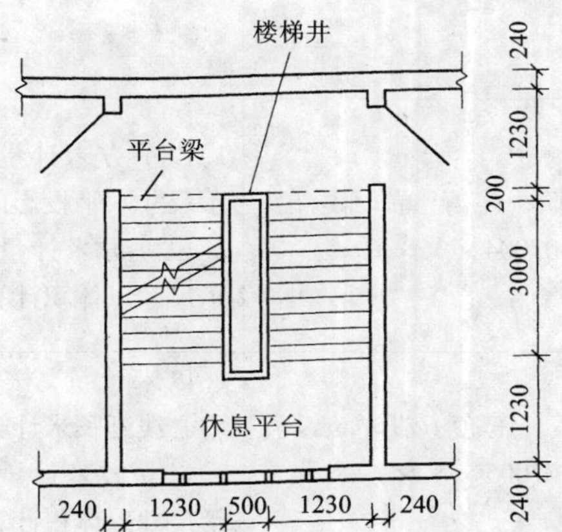

图 2.6.24　直形楼梯示意图

【应用案例 2.6.5】　××工程现浇钢筋混凝土楼梯(见图 2.6.24)包括休息平台至平台梁，试计算该楼梯混凝土清单工程量(建筑物 4 层，共 3 层楼梯)(计量单位要求按 m^2 计取)。

【解】　$S=(1.23+0.50+1.23)\times(1.23+3.00+0.20)\times3=2.96\times4.43\times3=39.34\ m^2$

7. 现浇混凝土其他构件

现浇混凝土其他构件分为散水、坡道，室外地坪，电缆沟、地沟，台阶，扶手、压顶，化粪池、检查井，其他构件。现浇混凝土其他构件清单工程量计算规则见表 2.6.10。

表 2.6.10　现浇混凝土其他构件清单工程量计算规则

现浇混凝土其他构件	计算规则	计量单位	工程内容
散水、坡道(清单编码：010507001×××)	按设计图示尺寸以水平投影面积计算。不扣除单个 ≤0.3 m^2 的孔洞所占面积	m^2	1. 地基夯实 2. 铺设垫层 3. 模板及支撑制作、安装、拆除、堆放、运输及清理模内杂物、刷隔离剂等 4. 混凝土制作、运输、浇筑、振捣、养护 5. 变形缝填塞
室外地坪(清单编码：010507002×××)			

续表 2.6.10

<table>
<tr><th>现浇混凝土其他构件</th><th>计算规则</th><th>计量单位</th><th>工程内容</th></tr>
<tr><td>电缆沟、地沟(清单编码:010507003×××)</td><td>按设计图示以中心线长度计算</td><td>m</td><td>1. 挖填、运土石方
2. 铺设垫层
3. 模板及支撑制作、安装、拆除、堆放、运输及清理模内杂物、刷隔离剂等
4. 混凝土制作、运输、浇筑、振捣、养护
5. 刷防护材料</td></tr>
<tr><td>台阶(清单编码:010507004×××)</td><td>1. 以平方米计量，按设计图示尺寸水平投影面积计算
2. 以立方米计量，按设计图示尺寸以体积计算</td><td>1. m^2
2. m^3</td><td>1. 模板及支撑制作、安装、拆除、堆放、运输及清理模内杂物、刷隔离剂等
2. 混凝土制作、运输、浇筑、振捣、养护</td></tr>
<tr><td>扶手、压顶(清单编码:010507005×××)</td><td>1. 以米计量，按设计图示的中心线延长米计算
2. 以立方米计量，按设计图示尺寸以体积计算</td><td>1. m
2. m^3</td><td rowspan="3">1. 模板及支架(撑)制作、安装、拆除、堆放、运输及清理模内杂物、刷隔离剂等
2. 混凝土制作、运输、浇筑、振捣、养护</td></tr>
<tr><td>化粪池、检查井(清单编码:010507006×××)</td><td rowspan="2">1. 按设计图示尺寸以体积计算
2. 以座计算，按设计图示数量计算</td><td>1. m^3
2. 座</td></tr>
<tr><td>其他构件(清单编码:010507007×××)</td><td>m^3</td></tr>
</table>

注:①现浇混凝土小型池槽、垫块、门框等，应按本表其他构件项目编码列项。

②架空式混凝土台阶，按现浇楼梯计算。

8. 后浇带

后浇带项目适用于基础(满堂式)、梁、墙、板的后浇带(见图 2.6.25)。后浇带清单工程量计算规则见表 2.6.11。

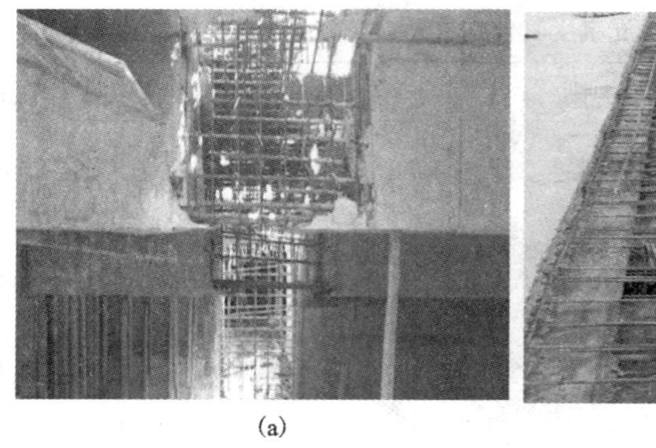

(a)

(b)

图 2.6.25　后浇带

(a)梁、墙－后浇带示意图;(b)板－后浇带示意图

表 2.6.11　后浇带清单工程量计算规则

后浇带	计算规则	计量单位	工程内容
后浇带(清单编码: 010508001×××)	按设计图示尺寸以体积计算	m^3	1. 模板及支架(撑)制作、安装、拆除、堆放、运输及清理模内杂物、刷隔离剂等 2. 混凝土制作、运输、浇筑、振捣、养护及混凝土交接面、钢筋等的清理

9. 预制混凝土柱

预制混凝土柱清单工程量计算规则见表 2.6.12。

表 2.6.12　预制混凝土柱清单工程量计算规则

预制混凝土柱	计算规则	计量单位	工程内容
矩形柱(清单编码: 010509001×××)	1. 以立方米计量，按设计图示尺寸以体积计算 2. 以根计量，按设计图示尺寸以数量计算	1. m^3 2. 根	1. 模板制作、安装、拆除、堆放、运输及清理模内杂物、刷隔离剂等 2. 混凝土制作、运输、浇筑、振捣、养护 3. 构件运输、安装 4. 砂浆制作、运输 5. 接头灌缝、养护
异形柱(清单编码: 010509002×××)			

注：以根计算，必须描述单件体积。

10. 预制混凝土梁

预制混凝土梁清单工程量计算规则见表 2.6.13。

表 2.6.13　预制混凝土梁清单工程量计算规则

预制混凝土梁	计算规则	计量单位	工程内容
矩形梁(清单编码：010510001×××)	1. 以立方米计量，按设计图示尺寸以体积计算 2. 以根计量，按设计图示尺寸以数量计算	1. m^3 2. 根	1. 模板制作、安装、拆除、堆放、运输及清理模内杂物、刷隔离剂等 2. 混凝土制作、运输、浇筑、振捣、养护 3. 构件运输、安装 4. 砂浆制作、运输 5. 接头灌缝、养护
异形梁(清单编码：010510002×××)			
过梁(清单编码：010510003×××)			
拱形梁(清单编码：010510004×××)			
鱼腹式吊车梁(清单编码：010510005×××)			
其他梁(清单编码：010510006×××)			

注：以根计算，必须描述单件体积。

11. 预制混凝土屋架

预制混凝土屋架清单工程量计算规则见表 2.6.14。

表 2.6.14　预制混凝土屋架清单工程量计算规则

预制混凝土屋架	计算规则	计量单位	工程内容
折线形(清单编码：010511001×××)	1. 以立方米计量，按设计图示尺寸以体积计算 2. 以榀计量，按设计图示尺寸以数量计算	1. m^3 2 榀	1. 模板制作、安装、拆除、堆放、运输及清理模内杂物、刷隔离剂等 2. 混凝土制作、运输、浇筑、振捣、养护 3. 构件运输、安装 4. 砂浆制作、运输 5. 接头灌缝、养护
组合(清单编码：010511002×××)			
薄腹(清单编码：010511003×××)			
门式刚架(清单编码：010511004×××)			
天窗架(清单编码：010511005×××)			

注：①以榀计算，必须描述单件体积。②三角形屋架按本表中折线形屋架项目编码列项。

12. 预制混凝土板

预制混凝土板清单工程量计算规则见表 2.6.15。

表 2.6.15　预制混凝土板清单工程量计算规则

<table>
<tr><th>预制混凝土板</th><th>计算规则</th><th>计量单位</th><th>工程内容</th></tr>
<tr><td>平板(清单编码：010512001×××)</td><td rowspan="7">1. 以立方米计量，按设计图示尺寸以体积计算。不扣除单个面积≤300 mm×300 mm 的孔洞所占体积，扣除空心板空洞体积
2. 以块计量，按设计图示尺寸以数量计算</td><td rowspan="7">1. m^3
2. 块</td><td rowspan="8">1. 模板制作、安装、拆除、堆放、运输及清理模内杂物、刷隔离剂等
2. 混凝土制作、运输、浇筑、振捣、养护
3. 构件运输、安装
4. 砂浆制作、运输
5. 接头灌缝、养护</td></tr>
<tr><td>空心板(清单编码：010512002×××)</td></tr>
<tr><td>槽形板(清单编码：010512003×××)</td></tr>
<tr><td>网架板(清单编码：010512004×××)</td></tr>
<tr><td>折线板(清单编码：010512005×××)</td></tr>
<tr><td>带肋板(清单编码：010512006×××)</td></tr>
<tr><td>大型板(清单编码：010512007×××)</td></tr>
<tr><td>沟盖板、井盖板、井圈（清单编码：010512008×××）</td><td>1. 以立方米计量，按设计图示尺寸以体积计算
2. 以块计量，按设计图示尺寸以数量计算</td><td>1. m^3
2. 块(套)</td></tr>
</table>

注：以块、套计量，必须描述单件体积。

13. 预制混凝土楼梯

预制混凝土楼梯清单工程量计算规则见表 2.6.16。

表 2.6.16　预制混凝土楼梯清单工程量计算规则

预制混凝土楼梯	计算规则	计量单位	工程内容
楼梯（清单编码：010513001×××）	1. 以立方米计量，按设计图示尺寸以体积计算。扣除空心踏步板空洞体积 2. 以段计量，按设计图示尺寸以数量计算	1. m^3 2. 段	1. 模板制作、安装、拆除、堆放、运输及清理模内杂物、刷隔离剂等 2. 混凝土制作、运输、浇筑、振捣、养护 3. 构件运输、安装 4. 砂浆制作、运输 5. 接头灌缝、养护

注：以块计量，必须描述单件体积。

14. 其他预制构件

其他预制构件清单工程量计算规则见表 2.6.17。

表 2.6.17　其他预制构件清单工程量计算规则

<table>
<tr><th>其他预制构件</th><th>计算规则</th><th>计量单位</th><th>工程内容</th></tr>
<tr><td>垃圾道、通风道、烟道（清单编码：010514001×××）</td><td rowspan="2">1. 以立方米计量，按设计图示尺寸以体积计算。不扣除单个面积≤300 mm×300 mm 的孔洞所占体积，扣除烟道、垃圾道、通风道的孔洞所占体积
2. 以平方米计量，按设计图示尺寸以面积计算。不扣除单个面积≤300 mm×300 mm 的孔洞所占面积
3. 以根计量，按设计图示尺寸以数量计算</td><td rowspan="2">1. m^3
2. m^2
3. 根（块、套）</td><td rowspan="2">1. 模板制作、安装、拆除、堆放、运输及清理模内杂物、刷隔离剂等
2. 混凝土制作、运输、浇筑、振捣、养护
3. 构件运输、安装
4. 砂浆制作、运输
5. 接头灌缝、养护</td></tr>
<tr><td>其他构件（清单编码：010514002×××）</td></tr>
</table>

注：以块、根计量，必须描述单件体积。

15. 钢筋工程

钢筋工程清单工程量计算规则见表2.6.18。

表2.6.18　钢筋工程清单工程量计算规则

钢筋工程	计算规则	计量单位	工程内容
现浇构件钢筋(清单编码:010515001×××)	按设计图示钢筋(网)长度(面积)乘单位理论质量计算	t	1. 钢筋制作、运输 2. 钢筋安装 3. 焊接(绑扎)
预制构件钢筋(清单编码:010515002×××)			
钢筋网片(清单编码:010515003×××)			1. 钢筋网制作、运输 2. 钢筋网安装 3. 焊接(绑扎)
钢筋笼(清单编码:010515004×××)			1. 钢筋笼制作、运输 2. 钢筋笼安装 3. 焊接(绑扎)
先张法预应力钢筋(清单编码:0105150005×××)	按设计图示钢筋长度乘单位理论质量计算		1. 钢筋制作、运输 2. 钢筋张拉
后张法预应力钢筋(清单编码:010515006×××)	按设计图示钢筋(丝束、绞线)长度乘单位理论质量计算		1. 钢筋、钢丝、钢绞线制作、运输 2. 钢筋、钢丝、钢绞线安装 3. 预埋管孔道铺设 4. 锚具安装 5. 砂浆制作、运输 6. 孔道压浆、养护
预应力钢丝(清单编码:010515007×××)			
预应力钢绞线(清单编码:010515008×××)			
支撑钢筋(铁马)(清单编码:010515009×××)	按钢筋长度乘单位理论质量计算		钢筋制作、焊接、安装
声测管(清单编码:010515010×××)	按设计图示尺寸以质量计算		1. 检测管截断、封头 2. 套管制作、焊接 3. 定位、固定

注:① 现浇构件中伸出构件的锚固钢筋应并入钢筋工程量内。除设计(包括规范规定)标明的搭接外,其他施工搭接不计算工程量,在综合单价中综合考虑。

② 现浇构件中固定位置的支撑钢筋、双层钢筋用的“铁马”在编制工程量清单时,如果设计未明确,其工程数量可为暂估量,结算时按现场签证数量计算。

③低合金钢筋两端均采用螺杆锚具时,钢筋长度按孔道长度减0.35 m计算,螺杆另行计算。

④ 低合金钢筋一端采用镦头插片、另一端采用螺杆锚具时,钢筋长度按孔道长度计算,螺杆另行计算。

⑤ 低合金钢筋一端采用镦头插片、另一端采用帮条锚具时,钢筋长度按孔道长度增加0.15 m计算;两端均采用帮条锚具时,钢筋长度按孔道长度增加0.3 m计算。

⑥ 低合金钢筋采用后张混凝土自锚时,钢筋长度按孔道长度增加0.35 m计算。

⑦ 低合金钢筋(钢铰线)采用JM、XM、QM型锚具,孔道长度≤20 m时,钢筋长度按孔道长度增加1 m计算;孔道长度>20 m时,钢筋(钢铰线)长度按孔道长度增加1.8 m计算。

⑧ 碳素钢丝采用锥形锚具,孔道长度≤20 m时,钢丝束长度按孔道长度增加1 m计算;孔道长>20 m时,钢丝束长度按孔道长度增加1.8 m计算。

⑨ 碳素钢丝束采用镦头锚具时,钢丝束长度按孔道长度增加0.35 m计算。

【知识链接】

1）钢筋计算原理如图 2.6.26。

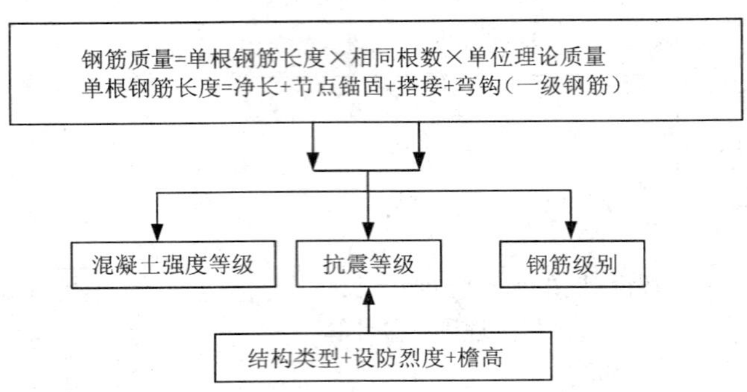

图 2.6.26　钢筋计算原理示意图

2）常用钢筋的理论质量见表 2.6.19。

表 2.6.19　钢筋的理论质量

公称直径（mm）	6	6.5	8	10	12	14	16	18	20	22	25	28	32
理论质量（kg/m）	0.222	0.260	0.395	0.617	0.888	1.208	1.578	1.997	2.466	2.984	3.853	4.833	6.313

3）混凝土保护层的最小厚度（mm）及混凝土结构的环境类别见表 2.6.20 和表 2.6.21。

4）现浇构件中固定位置的支撑钢筋、双层钢筋用的“铁马”、伸出构件的锚固钢筋（基本锚固长度见表 2.6.22、锚固长度见表 2.6.23）、受拉钢筋锚固长度修正系数见表 2.6.24、钢筋连接时的搭接长度（搭接长度及修正系数见表 2.6.25）、预制构件的吊钩等，应并入钢筋工程量内。

表 2.6.20　混凝土保护层的最小厚度　单位：mm

环 境 类 别	板、墙	梁、柱
一	15	20
二 a	20	25
二 b	25	35
三 a	30	40
三 b	40	50

表 2.6.21　混凝土结构的环境类别

环境类别	条　件
一	室内干燥环境；无侵蚀性静水浸没环境
二 a	室内潮湿环境，非严寒和非寒冷地区的露天环境； 非严寒和非寒冷地区与无侵蚀性的水或土壤直接接触的环境； 严寒和寒冷地区的冰冻线以下与无侵蚀性的水或土壤直接接触的环境
二 b	干湿交替环境，水位频繁变动环境，严寒和寒冷地区的露天环境； 严寒和寒冷地区的冰冻线以上与无侵蚀性的水或土壤直接接触的环境
三 a	严寒和寒冷地区冬季水位变动区环境，受除冰盐影响环境，海风环境
三 b	盐渍土环境，受除冰盐作用环境，海岸环境
四	海水环境
五	受人为或自然的侵蚀性物质影响的环境

注：① 表 2.6.20 中混凝土保护层厚度指最外层钢筋外边缘至混凝土表面的距离，适用于设计使用年限 50 年的混凝土结构。

② 构件中受力钢筋的保护层厚度不应小于钢筋的公称直径。

③ 设计使用年限为 100 年的混凝土结构，一类环境中，最外层钢筋的保护层厚度不应小于表中数值的 1.4 倍；二、三类环境中，应采取专门有效措施。

④ 混凝土强度等级不大于 C25 时，表中保护层厚度数值应增加 5。

⑤ 基础底面钢筋的保护层厚度，有混凝土垫层时应从垫层顶面算起，且不应小于 40 mm；无垫层时不应小于 70 mm。

表 2.6.22　受拉钢筋基本锚固长度 l_{ab}、l_{abE}

钢筋种类	抗震等级	混凝土强度等级								
		C20	C25	C30	C35	C40	C45	C50	C55	≥C60
HPB300	一、二级(l_{abE})	45d	39d	35d	32d	29d	28d	26d	25d	24d
	三级(l_{abE})	41d	36d	32d	29d	26d	25d	24d	23d	22d
	四级(l_{abE}) 非抗震(l_{ab})	39d	34d	30d	28d	25d	24d	23d	22d	21d
HRB335 HRBF335	一、二级(l_{abE})	44d	38d	33d	31d	29d	26d	25d	24d	24d
	三级(l_{abE})	40d	35d	31d	28d	26d	24d	23d	22d	22d
	四级(l_{abE}) 非抗震(l_{ab})	38d	33d	29d	27d	25d	23d	22d	21d	21d
HRB400 HRBF400 RRB400	一、二级(l_{abE})	—	46d	40d	37d	33d	32d	31d	30d	29d
	三级(l_{abE})	—	42d	37d	34d	30d	29d	28d	27d	26d
	四级(l_{abE}) 非抗震(l_{ab})	—	40d	35d	32d	29d	28d	27d	26d	25d
HRB500 HRBF500	一、二级(l_{abE})	—	55d	49d	45d	41d	39d	37d	36d	35d
	三级(l_{abE})	—	50d	45d	41d	38d	36d	34d	33d	32d
	四级(l_{abE}) 非抗震(l_{ab})	—	48d	43d	39d	36d	34d	32d	31d	30d

注：d 为锚固钢筋直径。

表 2.6.23 受拉钢筋锚固长度 l_a、抗震锚固长度 l_{aE}

非抗震	抗震	1. l_a 不应小于 200 2. 锚固长度修正系数ζ_a按表 2.6.24 取用，当多于一项时，可按连乘计算，但不应小于 0.6
$l_a=\zeta_a l_{ab}$	$l_{aE}=\zeta_{aE} l_a$	3. ζ_{aE}为抗震锚固长度修正系数，对一、二级抗震等级取 1.15，对三级抗震等级取 1.05，对四级抗震等级取 1.00

表 2.6.24 受拉钢筋锚固长度修正系数ζ_a

锚固条件		ζ_a	—
带肋钢筋的公称直径大于 25		1.10	
环氧树脂涂层带肋钢筋		1.25	
施工过程中易受扰动的钢筋		1.10	
锚固区保护层厚度	$3d$	0.80	注：中间时按内插值。d 为锚固钢筋直径
	$5d$	0.70	

注：① HPB300 级钢筋末端应做 180°弯钩，弯后平直长度不应小于 $3d$，但作受压钢筋时可不做弯钩。

② 当锚固钢筋的保护层厚度不大于 $5d$ 时，锚固钢筋长度范围内应设置横向构造钢筋，其直径不应小于 $d/4$（d 为锚固钢筋的最大直径）；对梁、柱等构件间距不应大于 $5d$，对板、墙等构件间距不应大于 $10d$，且均不应大于 100（d 为锚固钢筋的最小直径）。

③当普通受拉钢筋不满足表 2.6.24 锚固条件下，一般抗震锚固长度 l_{aE} 就取基本锚固长度 l_{abE}。

表 2.6.25 纵向受拉钢筋绑扎搭接长度及修正系数

纵向受拉钢筋绑扎搭接长度 l_l，l_{lE}				注：1. 当直径不同的钢筋搭接时，l_l、l_{lE}按直径较小的钢筋计算 2. 任何情况下不应小于 300 mm 3. 式中ζ_l为纵向受拉钢筋搭接长度修正系数。当纵向钢筋搭接接头百分率为表的中间值时，可按内插取值
抗 震	非抗震			
$l_{lE}=\zeta_l l_{aE}$	$l_l=\zeta_l l_a$			
纵向受拉钢筋搭接长度修正系数ζ_l				
纵向钢筋搭接接头面积百分率（%）	≤25	50	100	
ζ_l	1.2	1.4	1.6	

5）钢筋的单位为吨（t），每米理论质量（kg/m）$=0.006165\times d^2$（d 为钢筋的直径，mm）。

6）HPB300 级钢筋末端需要做 180°、135°、90°弯钩时，其圆弧弯曲直径 D 不应小于钢筋直径 d 的 2.5 倍，平直部分长度不宜小于钢筋直径的 3 倍（见图 2.6.27）。

135°弯钩每个长 $=4.9d$

180°弯钩每个长 $=6.25d$

90°弯钩每个长 $=3.5d$

7）封闭箍筋弯钩构造（见图 2.6.28）。

8）拉筋弯钩构造（见图 2.6.29）。

9）双肢箍筋长度的计算（按箍筋外皮线计算）（见图 2.6.30）。

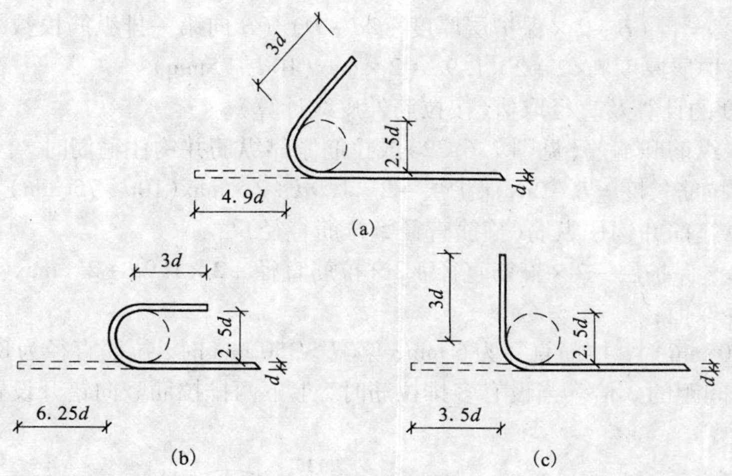

图 2.6.27　钢筋弯钩示意图

(a)135°斜弯钩；(b)180°半圆弯钩；(c)90°直弯钩

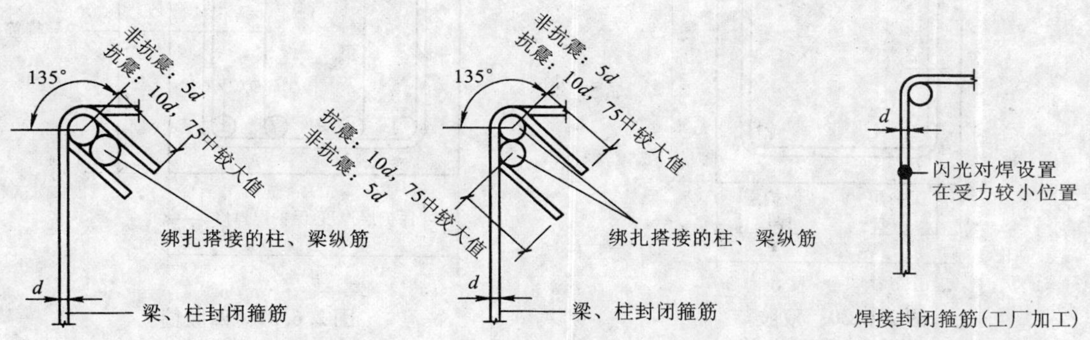

图 2.6.28　封闭箍筋弯钩构造示意图

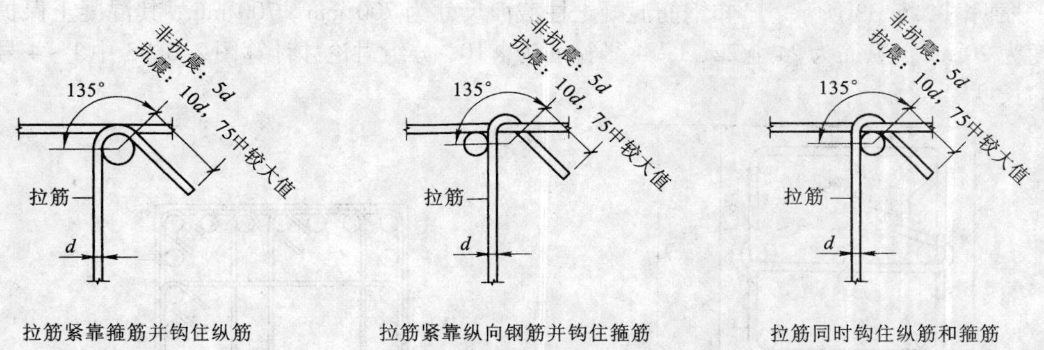

图 2.6.29　拉筋弯钩构造示意图

箍筋长度 $=(B+H)\times 2-8\times$ 保护层厚度 $+2\times 1.9d+2\times \max(10d,\ 75\ \text{mm})$

10）四肢箍长度的计算（按箍筋外皮线计算）（见图 2.6.31）。

1 号箍筋长度 $=(B+H)\times 2-8\times$ 保护层厚度 $+2\times 1.9d+2\times \max(10d,\ 75\text{mm})$

2 号箍筋长度 = {[(B − 2 × 保护层厚度 − 2d − D)/(B 向第一排纵筋根数 − 1)] + D + 2d} × 2 + (H − 2 × 保护层厚度) × 2 + 2 × 1.9d + 2 × max(10d, 75mm)

11）拉筋长度的计算及直径取值(按拉筋外皮线计算)。

① 同时钩住纵筋和箍筋(见图 2.6.32)或拉筋紧靠纵筋并钩住箍筋时

$$拉筋长度 = B - 2 \times 保护层 + 2 \times 1.9d + 2 \times \max(10d,\ 75\ \text{mm})$$

② 拉筋紧靠箍筋并钩住纵筋(箍筋直径≥拉筋直径)

$$拉筋长度 = B - 2 \times 保护层 - 2 \times 箍筋直径 + 2 \times 拉筋直径 + 2 \times 1.9d + 2 \times \max(10d,\ 75\ \text{mm})$$

③ 拉筋直径取值：

当梁宽≤350 mm 时，拉筋直径为 6 mm；梁宽 >350 mm 时，拉筋直径为 8 mm。拉筋间距为非加密区箍筋间距的 2 倍。当设有多排拉筋时，上下两排拉筋竖向错开设置。

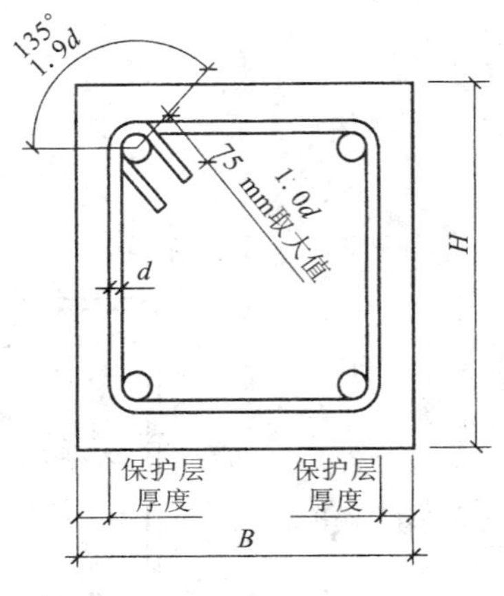

图 2.6.30　双肢箍

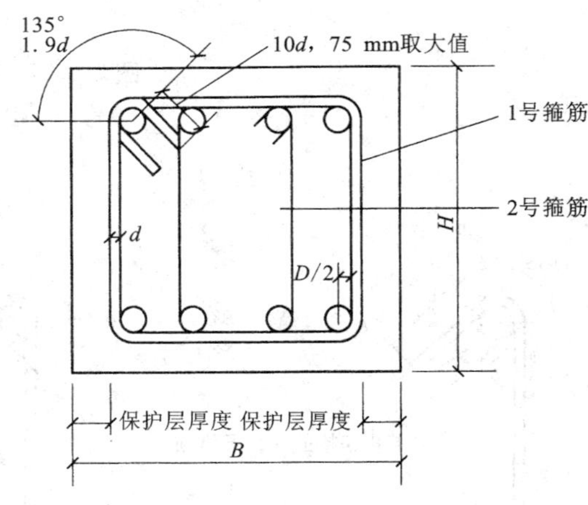

图 2.6.31　四肢箍

【课堂活动】

根据图 2.6.33 所示，已知钢筋混凝土柱截面尺寸为 700 mm × 700 mm，其混凝土保护层厚度为 20 mm，纵筋为 24 ⌀22，1～4 号箍筋为Φ10，分组讨论并计算图 2.6.33 中 1～4 号箍筋的长度。

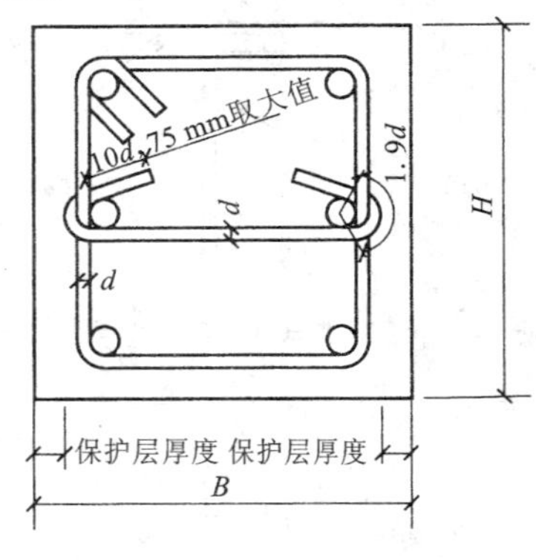

图 2.6.32　拉筋

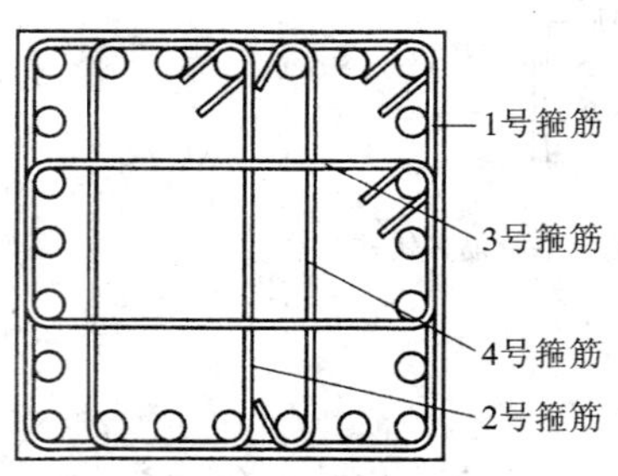

图 2.6.33　柱纵筋和箍筋示意图

12）吊筋长度的计算（见图2.6.34）。

吊筋夹角取值：

①梁高≤800 mm 取45°

吊筋长度＝次梁宽 $b+2\times50+2\times$（梁高 $-2\times$保护层厚度 $-2\times$箍筋直径）$/\sin 45°+2\times20d$

②梁高＞800 mm 取60°

吊筋长度＝次梁宽 $b+2\times50+2\times$（梁高 $-2\times$保护层厚度 $-2\times$箍筋直径）$/\sin 60°+2\times20d$

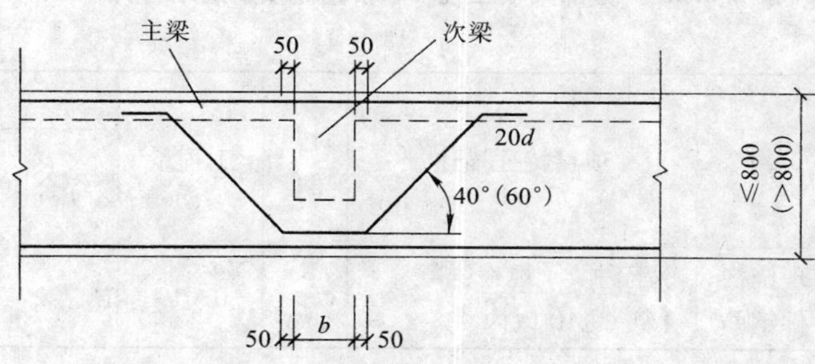

图2.6.34　吊筋长度计算示意图

【应用案例2.6.6】　如图2.6.35所示钢筋混凝土独立基础，已知：垫层采用C10素混凝土浇注，基础采用C25现浇商品混凝土浇注，基础钢筋保护层40 mm，独立基础四周第一道钢筋自距另一方向钢筋端部30 mm开始布置，试编制该基础钢筋的工程量清单。

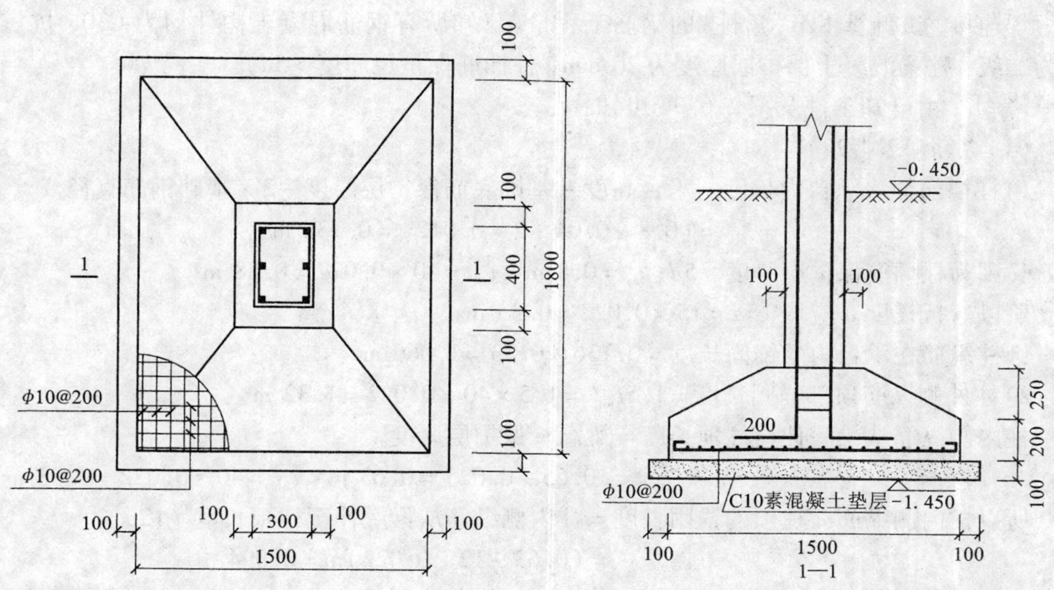

图2.6.35　钢筋混凝土独立基础示意图

【解】 $L_1 = 1.5 - 2 \times 0.04 + 2 \times 6.25 \times 0.01 = 1.545$ m

$n_1 = \{[1.8 - 2 \times (0.04 + 0.03)]/0.2\} + 1 = 10$ 根

$L_2 = 1.8 - 2 \times 0.04 + 2 \times 6.25 \times 0.01 = 1.845$ m

$n_2 = \{[1.5 - 2 \times (0.04 + 0.03)]/0.2\} + 1 = 8$ 根

$G = (L_1 \times n_1 + L_2 \times n_2) \times 0.617$ kg/m

$= (1.545 \times 10 + 1.845 \times 8)\text{m} \times 0.617\ \text{kg/m} = 18.64\ \text{kg} = 0.019(\text{t})$

独立基础钢筋工程量清单见表 2.6.26。

表 2.6.26　分部分项工程和单价措施项目清单与计价表

工程名称：　　　　　　　　　　　　标　段：　　　　　　　　　　　　第　页共　页

<table>
<tr><th rowspan="3">序号</th><th rowspan="3">项目编码</th><th rowspan="3">项目名称</th><th rowspan="3">项目特征描述</th><th rowspan="3">计量单位</th><th rowspan="3">工程量</th><th colspan="3">金额(元)</th></tr>
<tr><th rowspan="2">综合单价</th><th rowspan="2">合价</th><th>其中</th></tr>
<tr><th>暂估价</th></tr>
<tr><td>1</td><td>010515001001</td><td>现浇构件钢筋</td><td>钢筋种类、规格：Ⅰ级、ϕ10 以内</td><td>t</td><td>0.019</td><td></td><td></td><td></td></tr>
</table>

【应用案例 2.6.7】 ××工程为三层框架结构实训楼，采用柱下独立基础，底部双向配筋为⌀12@150，基础钢筋保护层为 40 mm。各层层高均为 3.6 m，楼面板及屋面板板厚均为 120 mm，屋顶板面标高为 10.800 m。与框架柱 KZ1(角柱)相连接的楼屋面框架梁，截面尺寸均为 300 mm×650 mm，框架柱 KZ1 的截面尺寸为 600 mm×600 mm，内配 12⌀22、箍筋Φ8@100/200。其 KZ1 构造形式如图 2.6.36 所示，按照施工方案，层与层之间柱纵筋采用电渣压力焊连接，试计算 KZ1(角柱)的钢筋工程量(已知所有钢筋混凝土构件均为 C30，抗震等级为二级，柱梁混凝土保护层厚度为 20 mm，柱插筋保护层厚度 >5d)。

【解】 由已知条件及图 2.6.36 可知：

(1)纵筋(12⌀22)

1)柱插筋伸入承台内长度 = 承台高度 - 基础底筋保护层厚度 - 2×基础钢筋直径

$= (0.8 - 0.04 - 2 \times 0.012) = 0.736$ m

又因为柱插筋保护层厚度 >5d；$h_j = 0.8\ \text{m} < l_{aE} = 40 \times 0.022 = 0.88$ m

所以弯折长度 a 应取 $15d = 15 \times 0.022 = 0.33$ m

则柱纵筋在承台内的锚固长度 $= 0.736 + 0.33 = 1.066$ m

2)柱外侧纵筋顶部锚固长度 $= 1.5 l_{abE} = 1.5 \times 40 \times 0.022 = 1.32$ m

柱内侧纵筋从梁底伸至柱顶长度 = 梁高 - 保护层厚度

$= (0.65 - 0.02) = 0.63\ \text{m} < l_{aE} = 40 \times 0.022 = 0.88$ m

所以柱内侧纵筋在柱顶的锚固长度 = 柱内侧纵筋从梁底伸至柱顶长度 + 12d

$= (0.63 + 12 \times 0.022)\text{m} = 0.894$ m

3)每根柱纵筋长度 = 基础顶面至屋面框架梁底的距离 + 柱顶锚固长度 + 基础内锚固长度

①柱外侧纵筋长度 = 柱外侧每根纵筋长度 × 根数

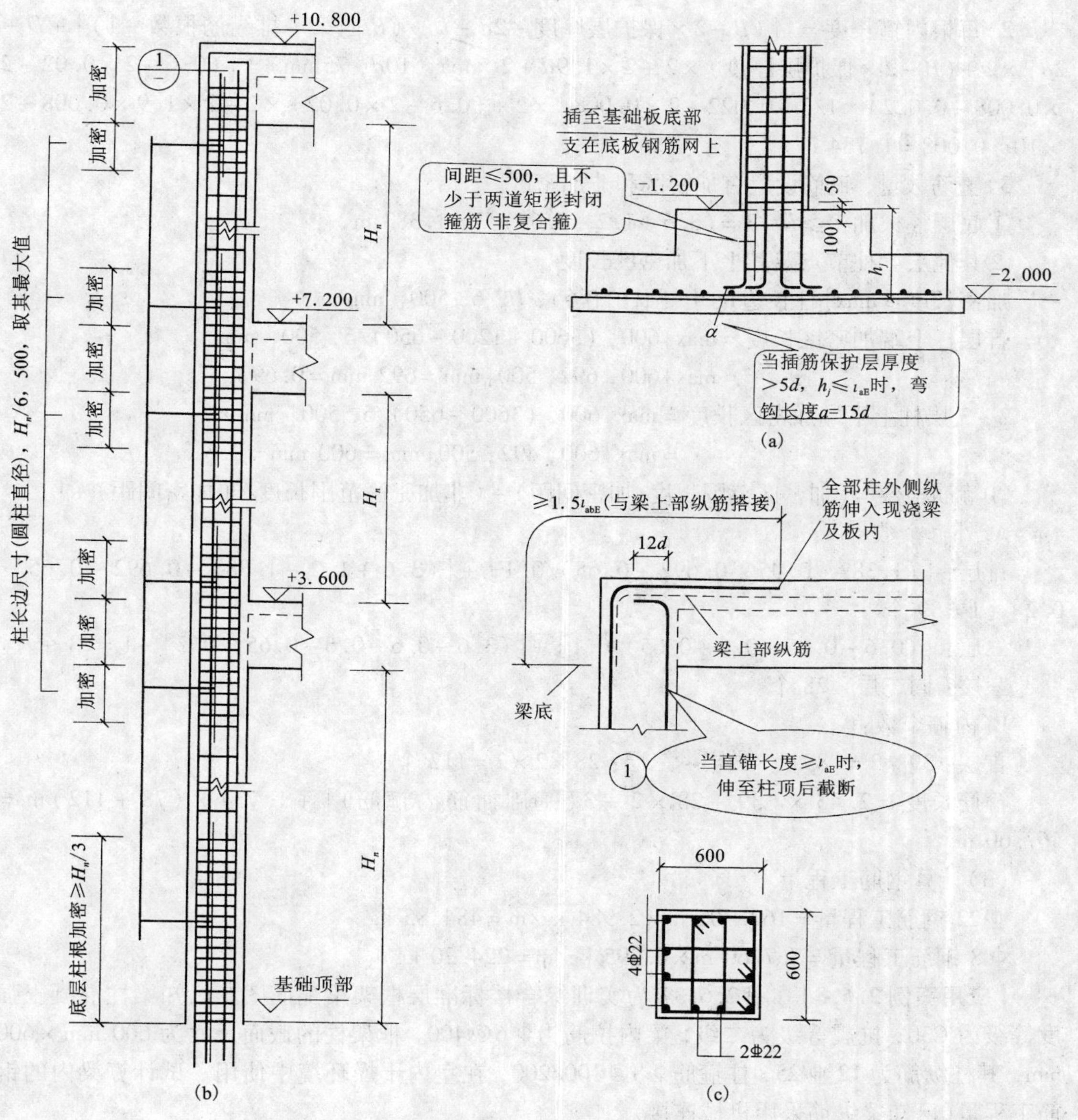

图 2.6.36　柱钢筋锚固、箍筋设置示意图

(a)柱插筋在基础中锚固构造；(b)抗震 KZ1 箍筋加密区范围；(c)箍筋示意图

$=[(10.8+1.2-0.65)+1.066+1.32]$ m/根 ×7 根 =96.152 m

②柱内侧纵筋长度 = 柱内侧每根纵筋长度 × 根数

$=[(10.8+1.2-0.65)+1.066+0.894]$ m/根 ×5 根 =66.55 m

所以柱纵筋总长度 =(96.152 +66.55)m =162.702 m

(2)箍筋(ϕ 8@100/200)

1)每根外箍长度 =$(B+H)$ ×2 −8 × 保护层厚度 +2 ×1.9d +2 ×max$(10d$, 75 mm)

$=(0.6+0.6)\times2-8\times0.02+2\times1.9\times0.008+2\times10\times0.008=2.43$ m

2）每根内箍长度 = {[（B − 2 × 保护层厚度 − $2d$ − D）/（B 向第一排纵筋根数 − 1）] + D + $2d$} × 2 + （H − 2 × 保护层厚度）× 2 + 2 × 1.9d + 2 × max（10d，75mm） = [（0.6 − 2 × 0.02 − 2 × 0.008 − 0.022）× 1/3 + 0.022 + 2 × 0.008] × 2 + （0.6 − 2 × 0.02）× 2 + 2 × 1.9 × 0.008 + 2 × 10 × 0.008 = 1.734 m

3）箍筋数量，箍筋设置有加密区和非加密区。

①底层柱根加密≥H_n/3 = （3.6 + 1.2 − 0.65）/3 = 1.383 m

②其他层梁柱节点及其上下加密区长度

加密长度≥max{柱长边尺寸（圆柱直径），H_n/6，500} mm

首层柱上端加密区长度 = max{600，（3600 + 1200 − 650）/6，500} mm

= max{600，692，500} mm = 692 mm = 0.692 m

2 ~ 3 层柱上下端加密区长度 = max{600，（3600 − 650）/6，500} mm

= max{600，492，500} mm = 600 mm = 0.6 m

③箍筋根数 = （加密区范围长度/加密间距）+（非加密区范围长度/非加密间距）+ 1

A. 外箍个数：

首层：[（1.383 − 0.05 + 0.692 + 0.65）/0.1] + [（3.6 + 1.2 − 1.383 − 0.692 − 0.65）/0.2] + 1 = 39 个

二层：[（0.6 − 0.05 + 0.6 + 0.65）/0.1] + [（3.6 − 0.6 − 0.6 − 0.65）/0.2] + 1 = 28 个

三层：同二层　28 个。

B. 内箍个数：

首层：39 × 2 = 78 个　二层 ~ 三层：28 × 2 × 2 = 112 个

箍筋长度 = 2.43 × [39 + 28 × 2 + 3（基础插筋内箍筋）] + 1.734 × （78 + 112）m = 567.60 m

（3）计算钢筋工程量

⌀22 钢筋工程量 = 162.702 m × 2.984 kg/m = 484.85 kg

Φ8 钢筋工程量 = 567.60 m × 0.395 kg/m = 224.20 kg

【应用案例 2.6.8】 图 2.6.37 为实训综合楼标准层框架梁配筋图。已知梁柱混凝土强度等级为 C30，抗震等级为二级，梁内拉筋为Φ6@400，框架柱的截面尺寸为 600 mm × 600 mm，其柱纵筋为 12 ⌀25，柱箍筋Φ8@100/200，在室内干燥环境中使用。试计算梁内的钢筋工程量（已知梁纵筋采用机械连接）。

【解】

（1）分析

图 2.6.37 是梁配筋的平法施工图的表示方法，其含义如下。

1）KL2（2）300 × 800，表示第 2 号框架梁，共设置 2 跨，梁宽 300 mm，梁高 800 mm。

箍筋Φ8@100/200，表示箍筋为 HPB300 钢筋，直径为 8 mm，加密区间距为 100 mm，非加密区间距为 200 mm，均为双肢箍。

2 ⌀22，表示梁上部通长筋为 2 根⌀22。

G6 ⌀12，表示梁的两个侧面共设置 6 ⌀12 的纵向构造钢筋（即腰筋），每侧各配置3 ⌀12。

2）① 轴支座处 4 ⌀22，表示①轴支座上部纵筋共 4 根，其中 2 根为通长筋，2 根为负弯

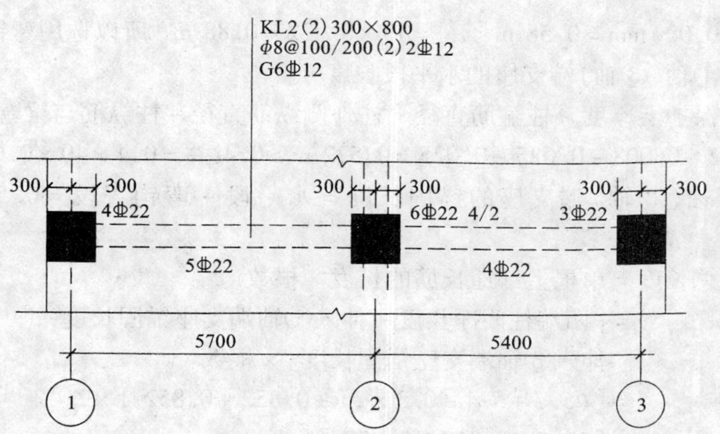

图 2.6.37　框架梁配筋图

矩钢筋。

② 轴支座处 6 ⌀ 22 4/2，表示②轴支座上部共有 2 排纵筋，上一排纵筋为 4 ⌀ 22(其中 2 根为通长筋，2 根为负弯矩钢筋)，下一排 2 ⌀ 22 为负弯矩钢筋。

③ 轴支座处 3 ⌀ 22，表示③轴支座上部纵筋共 3 根，其中 2 根为通长筋，1 根为负弯矩钢筋。

3)梁的第一跨下部纵筋(即底筋)注写为 5 ⌀ 22，则表示梁底纵筋为 5 ⌀ 22。

梁的第 2 跨下部纵筋(即底筋)注写为 4 ⌀ 22，则表示梁底纵筋为 4 ⌀ 22。

4)以上各钢筋的配置情况如图 2.6.38 所示。

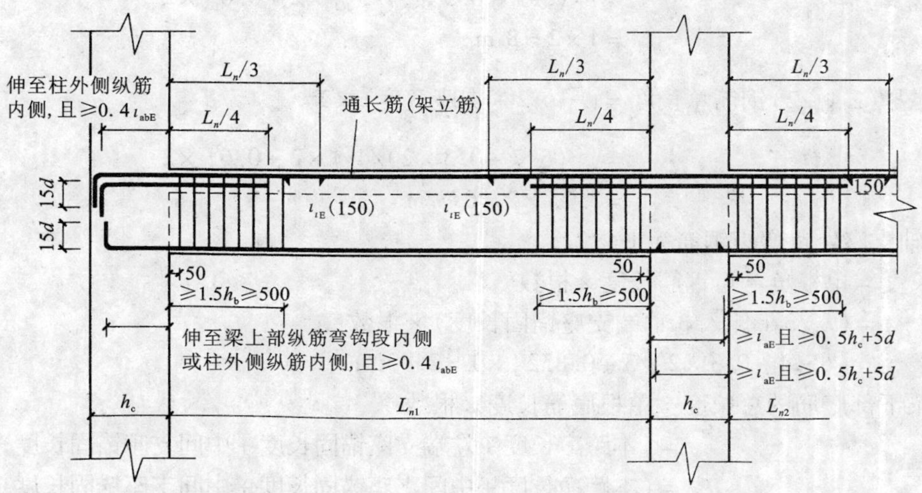

图 2.6.38　二级抗震楼层框架梁配筋示意图

L_n—相邻两跨的最大值；h_b—梁的高度

(2)计算钢筋长度

由图 2.6.37 和图 2.6.38 可知：

1)上部通长筋为 2 ⌀ 22。

因为(0.6 - 0.02) mm = 0.58 m < l_{aE} = 40 × 0.022 = 0.88 m，所以选用弯锚。

通长筋伸进①轴(③轴)端支座的水平段长度

= 柱宽 - 柱保护层厚度 - 柱箍筋直径 - 柱外侧纵筋直径 - 柱纵筋与梁弯钩直段的距离

= 0.6 - 0.02 - 0.008 - 0.025 - 0.025 = 0.522 m > 0.4l_{abE} = 0.4 × 40 × 0.022 = 0.352 m

所以伸入①轴(③轴)端支座的锚固长度 = 水平段 + 弯钩直段 = 0.522 + 15 × 0.022 = 0.852 m

上部通长筋总长度 = 单根上部通长筋的长度 × 根数

= [两端柱间净长度 + 伸入①轴端支座锚固长度 + 伸入③轴端支座锚固长度] × 根数

= [(5.7 + 5.4 - 0.3 × 2) + 0.852 + 0.852] × 2

= [10.5 + 0.852 + 0.852] × 2

= 24.408 m

2)① 轴支座处负弯矩钢筋为 2 ⌀ 22。

总长度 = 单根负弯矩钢筋长度 × 根数

= (L_n/3 + 伸入①轴端支座锚固长度) × 根数

= [(5.7 - 0.3 × 2)/3 + 0.852)] × 2

= (1.7 + 0.852) × 2 = 5.104 m

② 轴支座处负弯矩钢筋总长度 = 单根负弯矩钢筋长度 × 根数。

第 1 排(2 ⌀ 22)钢筋总长度 = ($\frac{L_n}{3}$ × 2 + 支座宽度) × 2

= {[(5.7 - 0.3 × 2)/3] × 2 + 0.6} × 2

= 4 × 2 = 8 m

第二排(2 ⌀ 22)钢筋总长度 = ($\frac{L_n}{4}$ × 2 + 支座宽度) × 2

= {[(5.7 - 0.3 × 2)/4] × 2 + 0.6} × 2

= 3.15 × 2 = 6.3 m

③ 轴支座处负弯矩钢筋为 1 ⌀ 22。

总长度 = 单根负弯矩钢筋长度 × 根数

= (L_n/3 + 伸入③轴端支座锚固长度) × 根数

= [(5.4 - 0.3 × 2)/3 + 0.852] × 1 = 2.452 m

3)梁下部底筋的总长度 = 单根底筋长度 × 根数

= (本跨净长度 + 左端支座锚固长度 + 中间支座锚固长度) × 根数

或 = (本跨净长度 + 中间支座锚固长度 + 中间支座锚固长度) × 根数

或 = (本跨净长度 + 中间支座锚固长度 + 右端支座锚固长度) × 根数

①第 1 跨底筋(5 ⌀ 22)。

总长度 = [(5.7 - 0.3 × 2) + 0.852 + max(0.5 × 0.6 + 5 × 0.022, 40 × 0.022)] × 5

= (5.1 + 0.852 + 0.88) × 5 = 34.16 m

②第 2 跨底筋(4 ⌀ 22)。

总长度 = [(5.4 - 0.3 × 2) + max(0.5 × 0.6 + 5 × 0.022, 40 × 0.022) + 0.825] × 4

$=(4.8+0.88+0.825)\times4=26.02$ m

4）箍筋Φ8。

① 每根箍筋的长度 $=(B+H)\times2-8\times$保护层厚度 $+2\times1.9d+2\times\max(10d,\ 75\text{mm})$

$=(0.3+0.8)\times2-8\times0.02+2\times1.9\times0.008+2\times10\times0.008$

$=2.23$ m

② 箍筋总个数 = 第1跨箍筋个数 + 第2跨箍筋个数

根据图2.6.38可知，框架梁中箍筋配置有加密区和非加密区，加密区长度 $\geqslant\max(1.5h_b,\ 500)=\max(1.5\times0.8,\ 0.5)=\max(1.2,\ 0.5)=1.2$ m

第1跨箍筋个数 $=[(1.2-0.05)/0.1]\times2+[(5.7-0.3\times2-1.2\times2)/0.2]+1=$ 38个

第2跨箍筋个数 $=[(1.2-0.05)/0.1]\times2+[(5.4-0.3\times2-1.2\times2)/0.2]+1=36$ 个

箍筋（Φ8）总长度 = 单根箍筋长度 × 箍筋总个数

$=2.23$ m/个 $\times(38+36)$ 个 $=165.02$ m

5）腰筋（6 ⌀12）及拉筋Φ6。

① 腰筋（6 ⌀12）总长度 = 单根腰筋长度 × 根数

=（①③支座间净长 + 两端锚固长度）× 根数

$=\{(5.7+5.4-0.3\times2)+2\times15\times0.012\}\times6$

$=10.86$ m/根 $\times6$ 根 $=65.16$ m

② 拉筋（Φ6）（采用拉筋紧靠箍筋并钩住纵筋）

总长度 = 单根拉筋长度 × 根数

$=[B-2\times$保护层厚度 $-2\times$箍筋直径 $+2\times$拉筋直径 $+$
$2\times1.9d+2\times\max(10d,\ 75\text{mm})]\times$根数

$=[0.3-2\times0.02-2\times0.008+2\times0.006+2\times1.9\times0.006+2\times0.075]\times$
$\{[(5.7-0.3\times2)/0.4]+1+[(5.4-0.3\times2)/0.4]+1\}\times3$ 排

$=0.429$ m/根 $\times(14+13)$ 根/排 $\times3$ 排 $=34.749$ m

6）计算钢筋工程量。

⌀22 钢筋工程量 $=(24.408+5.104+8+6.3+2.452+34.16+26.02)\text{m}\times2.984$ kg/m
$=317.63$ kg

⌀12 钢筋工程量 $=65.16\ \text{m}\times0.888$ kg/m $=57.86$ kg

Φ8 钢筋工程量 $=165.02\ \text{m}\times0.395$ kg/m $=65.18$ kg

Φ6 钢筋工程量 $=34.749\ \text{m}\times0.222$ kg/m $=7.71$ kg

【应用案例2.6.9】 如图2.6.39所示为实训楼标准层的结构平面图。已知框架梁的截面尺寸为250 mm×600 mm，梁板的混凝土强度等级为C30，板厚为120 mm，在室内干燥环境中使用。试计算板内钢筋清单工程量（板中未注明分布钢筋按Φ6@200布置）。

【解】

1）X 方向Φ10@200。

钢筋总长度 = 单根钢筋长度 × 根数

$=[$梁侧至梁侧净长 $L_n+2\times\max(5d,\ B/2)+2\times6.25d]\times$根数

$=[(3.6+3.6-0.125\times2)+2\times\max(5\times0.01,\ 0.25/2)+2\times6.25\times0.01]\times$

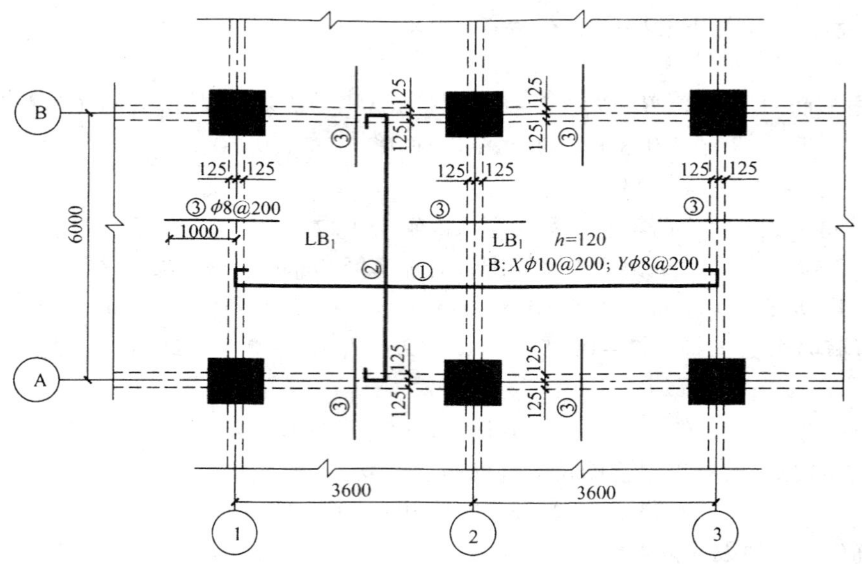

图 2.6.39 标准层结构平面图

[(6 − 0.125 × 2 − 0.05 × 2)/0.2 + 1]

= 7.325 m/根 × 30 根 = 219.75 m

2) Y 方向Φ 8@200。

钢筋总长度 = 单根钢筋长度 × 根数

= [梁侧至梁侧净长 L_n + 2 × max(5d, B/2) + 2 × 6.25d] × 根数

= [(6 − 0.125 × 2) + 2 × max(5 × 0.008, 0.25/2) + 2 × 6.25 × 0.008] ×

{[(3.6 − 0.125 × 2 − 0.05 × 2)/0.2 + 1] × 2 跨}

= 6.1 m/根 × (18 × 2)根 = 219.60 m

3) 支座负弯矩(Φ 8@200)。

钢筋总长度 = 单根钢筋长度 × 根数

= (直长度 + 两个弯钩长度) × 根数

单根长度 = 1 × 2 + (0.12 − 0.015 × 2) × 2 = 2.18 m

根数 = [(6 − 0.125 × 2 − 0.05 × 2)/0.2 + 1] × 3 +

[(3.6 − 0.125 × 2 − 0.05 × 2)/0.2 + 1] × 2 × 2

= 30 × 3 + 18 × 2 × 2 = 162 根

钢筋总长度 = 2.18 m/根 × 162 根 = 353.16 m

4) 支座负弯矩钢筋下分布钢筋(Φ 6@200)。

(6 − 1 × 2 + 0.15 × 2) × [(1 − 0.125 − 0.05)/0.2 + 1] × 2 × 3 + (3.6 − 1 × 2 + 0.15 × 2) × [(1 − 0.125 − 0.05)/0.2 + 1] × 2 × 4 = (4.3 × 6 × 2 × 3 + 1.9 × 6 × 2 × 4) m = 246 m

5) 钢筋汇总。

(1) Φ 10@200：219.75 m × 0.617 kg/m = 135.59 kg

(2) Φ 8@200：(219.60 + 353.16) × 0.395 kg/m = 226.24 kg

(3) Φ 6@200：246 m × 0.222 kg/m = 54.61 kg

16. 螺栓、铁件

螺栓、铁件清单工程量计算规则见表2.6.27。

表2.6.27　螺栓、铁件清单工程量计算规则

螺栓、铁件	计算规则	计量单位	工程内容
螺栓(清单编码：010516001×××)	按设计图示尺寸以质量计算	t	1. 螺栓、铁件制作、运输 2. 螺栓、铁件安装
预埋铁件(清单编码：010516002×××)			
机械连接(清单编码：010516003×××)	按数量计算	个	1. 钢筋套丝 2. 套筒连接

注：编制工程量清单时，如果设计未明确，其工程数量可为暂估量，实际工程量按现场签证数量计算。

【能力训练2.6.1】 计算混凝土及钢筋混凝土工程工程量。

【原始资料】 学生创业训练综合楼建筑施工图、结构施工图(见附录)。

任务7　金属结构工程清单工程量计算

2.7.1　工程量清单项目设置

金属结构工程工程量清单项目按照《房屋建筑与装饰工程工程量计算规范》(GB 50854—2013)附录F列项，共分7节31个子项，包括钢网架，钢屋架、钢托架、钢桁架、刚架桥，钢柱，钢梁，钢板楼板、墙板，钢构件及金属制品。金属结构工程工程量清单项目设置见表2.7.1。

表2.7.1　金属结构工程工程量清单项目设置

项目编码	项目名称	项目特征	备　注
010601001	钢网架	钢材品种、规格，网架节点形式、连接方式，网架跨度、安装高度，探伤要求，防火要求	钢网架 (编码：010601)
010602001	钢屋架	钢材品种、规格，单榀质量，屋架跨度、安装高度，螺栓种类，探伤要求，防火要求	钢屋架、钢托架、钢桁架、钢架桥 (编码：010602)
010602002	钢托架	钢材品种、规格，单榀质量，安装高度，螺栓种类，探伤要求，防火要求	
010602003	钢桁架		
010602004	钢架桥	桥类型，钢材品种、规格，单榀质量，安装高度，螺栓种类，探伤要求	
010603001	实腹钢柱	柱类型，钢材品种、规格，单根柱质量，螺栓种类，探伤要求，防火要求	钢柱 (编码：010603)
010603002	空腹钢柱		
010603003	钢管柱	钢材品种、规格，单根柱质量，螺栓种类，探伤要求，防火要求	

续表 2.7.1

项目编码	项目名称	项目特征	备注
010604001	钢梁	梁类型，钢材品种、规格，单根质量，螺栓种类，安装高度，探伤要求，防火要求	钢梁（编码：010604）
010604002	钢吊车梁	钢材品种、规格，单根质量，螺栓种类，安装高度，探伤要求，防火要求	
010605001	钢板楼板	钢材品种、规格，钢板厚度，螺栓种类，防火要求	钢板楼板、墙板（编码：010605）
010605002	钢板墙板	钢材品种、规格，钢板厚度、复合板厚度，螺栓种类，复合板夹芯材料种类、层数、型号、规格，防火要求	
010606001	钢支撑、钢拉条	钢材品种、规格，构件类型，安装高度，螺栓种类，探伤要求，防火要求	钢构件（编码：010606）
010606002	钢檩条	钢材品种、规格，构件类型，单根重量，安装高度，螺栓种类，探伤要求，防火要求	
010606003	钢天窗架	钢材品种、规格，单榀质量，安装高度，螺栓种类，探伤要求，防火要求	
010606004	钢挡风架	钢材品种、规格，单榀质量，螺栓种类，探伤要求，防火要求	
010606005	钢墙架		
010606006	钢平台	钢材品种、规格，螺栓种类，防火要求	
010606007	钢走道		
010606008	钢梯	钢材品种、规格，钢梯形式，螺栓种类，防火要求	
010606009	钢护栏	钢材品种、规格，防火要求	
010606010	钢漏斗	钢材品种、规格，漏斗、天沟形式，安装高度，探伤要求	
010606011	钢板天沟		
010606012	钢支架	钢材品种、规格，安装高度，防火要求	
010606013	零星钢构件	构件名称，钢材品种、规格	
010607001	成品空调金属百叶护栏	材料品种、规格，边框材质	金属制品（编码：010607）
010607002	成品栅栏	材料品种、规格，边框及立柱型钢品种、规格	
010607003	成品雨篷	材料品种、规格，雨篷宽度，晾衣架品种、规格	
010607004	金属网栏	材料品种、规格，边框及立柱型钢品种、规格	
010607005	砌块墙钢丝网加固	材料品种、规格，加固方式	
010607006	后浇带金属网		

2.7.2　工程量清单编制规定

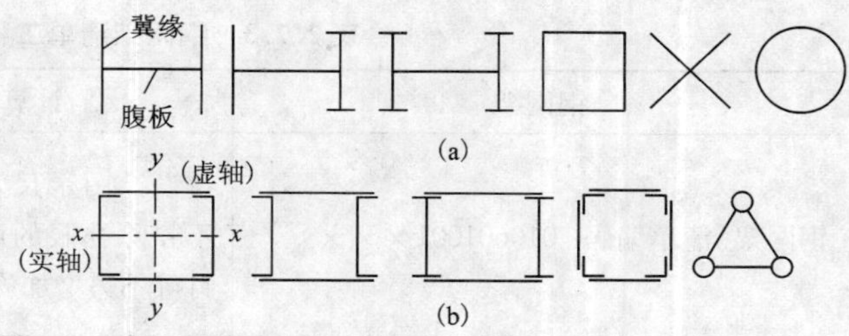

图 2.7.1　钢柱截面形式

(a)实腹钢柱；(b)空腹钢柱

1)实腹钢柱类型指十字、T、L、H形等[见图2.7.1(a)]；空腹钢柱类型指箱型、格构式等[见图2.7.1(b)]。

2)梁类型指H、L、T形、箱型、格构式等。

3)型钢混凝土柱、梁浇筑钢筋混凝土和钢板楼板上浇筑钢筋混凝土，其混凝土和钢筋应按《房屋建筑与装饰工程工程量计算规范》(GB 50854—2013)附录E混凝土及钢筋混凝土工程中相关项目编码列项。

4)压型钢楼板按钢板楼板项目编码列项。

5)钢墙架项目包括墙架柱、墙架梁和连接杆件。

6)钢支撑、钢拉条类型指单式、复式；钢檩条类型指型钢式、格构式；钢漏斗形式指方形、圆形；天沟形式指矩形沟或半圆形沟。

7)加工铁件等小型构件，按零星钢构件项目编码列项。

8)抹灰钢丝网加固按砌块墙钢丝网加固项目编码列项。

9)金属构件的切边，不规则及多边形钢板发生的损耗在综合单价中考虑。

10)防火要求指耐火极限。

11)各种金属构件理论质量计算公式见表2.7.2。

表 2.7.2　钢材理论质量计算公式

材料名称	理论质量 W/(kg/m)	备　注
扁钢、钢板、钢带	W＝0.00785×宽×厚	1. 角钢、工字钢和槽钢的准确计算公式很复杂，表列简式用于计算近似值 2. f 值：一般型号及带 a 的为3.34，带 b 的为2.65，带 e 的为2.26 3. e 值：一般型号及带 a 的为3.26，带 b 的为2.44，带 e 的为2.24 4. 各长度的单位均为mm
方　钢	W＝0.00785×边长^2	
圆钢、线材、钢丝	W＝0.006165×直径^2	
六角钢	W＝0.0068×对边距离^2	
八角钢	W＝0.0065×对边距离^2	
钢　管	W＝0.02466×壁厚×(外径－壁厚)	
等边角钢	W＝0.00795×边厚×(2×边宽－边厚)	
不等边角钢	W＝0.00795×边厚×(长边宽＋短边宽－边厚)	
工字钢	W＝0.00785×腰厚×[高＋f(腿宽－腰厚)]	
槽　钢	W＝0.00785×腰厚×[高＋e(腿宽－腰厚)]	

2.7.3　清单工程量计算规则及应用案例

1. 钢网架

钢网架清单工程量计算规则见表2.7.3。

表 2.7.3　钢网架清单工程量计算规则

钢网架	计算规则	计量单位	工程内容
钢网架（清单编码：010601001×××）	按设计图示尺寸以质量计算。不扣除孔眼的质量，焊条、铆钉等不另增加质量	t	1. 拼装 2. 安装 3. 探伤 4. 补刷油漆

2. 钢屋架、钢托架、钢桁架、钢架桥

钢屋架项目适用于一般钢屋架和轻钢屋架及冷弯薄壁型钢屋架。钢屋架、钢托架、钢桁架、钢架桥清单工程量计算规则见表 2.7.4。

表 2.7.4　钢屋架、钢托架、钢桁架、钢架桥清单工程量计算规则

钢屋架、钢托架、钢桁架、钢架桥	计算规则	计量单位	工程内容
钢屋架（清单编码：010602001×××）	1. 以榀计量，按设计图示数量计算 2. 以吨计量，按设计图示尺寸以质量计算。不扣除孔眼的质量，焊条、铆钉、螺栓等不另增加质量	1. 榀 2. t	1. 拼装 2. 安装 3. 探伤 4. 补刷油漆
钢托架（清单编码：010602002×××）	按设计图示尺寸以质量计算。不扣除孔眼的质量，焊条、铆钉、螺栓等不另增加质量	t	
钢桁架（清单编码：010602003×××）			
钢架桥（清单编码：010602004×××）			

注：以榀计量，按标准图设计的应注明标准图代号，按非标准图设计的项目特征必须描述单榀屋架的质量。

【应用案例 2.7.1】　某建材仓库工程钢屋架如图 2.7.2 所示，试编制钢屋架工程量清单。已知：钢屋架安装高度 10 m，超声波探伤，耐火极限二级，数量 5 榀。

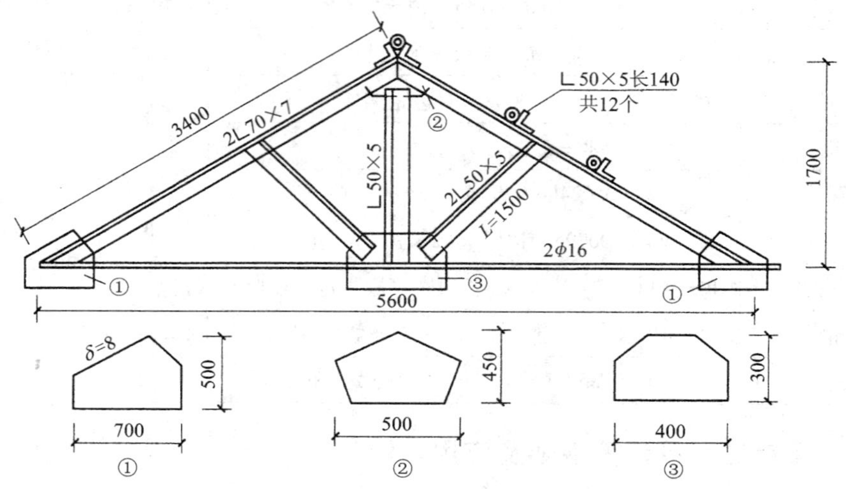

图 2.7.2　钢屋架示意图

① 角钢∟70×7，单位理论质量为7.398 kg/m²；

② 角钢∟50×5，单位理论质量为3.77 kg/m²；

③ 钢板—8，单位理论质量为62.80 kg/m²。

（附注：图2.7.2中①节点钢板0.26 m²/块，②节点钢板0.16 m²/块，③节点钢板0.09 m²/块）

【解】 钢屋架清单工程量：

计算公式：　杆件质量=杆件设计图示长度×单位理论质量

上弦质量=3.40×2×2×7.398=100.61 kg

下弦质量=5.60×2×1.578=17.67 kg

立杆质量=1.70×3.77=6.41 kg

斜撑质量=1.50×2×2×3.77=22.62 kg

①号节点钢板质量=0.26×2×62.80=32.66 kg

②号节点钢板质量=0.16×62.80=10.05 kg

③号节点钢板质量=0.09×62.80=5.65 kg

檩托质量=0.14×12×3.77=6.33 kg

单榀钢屋架工程量=100.61+17.67+6.41+22.62+32.66+10.05+5.65+6.33
=202 kg=0.202 t

钢屋架工程量=0.202 t/榀×5榀=1.010 t

钢屋架工程量清单见表2.7.5。

表2.7.5　分部分项工程和单价措施项目清单与计价表

工程名称：某建材仓库工程　　　　标　段：　　　　第　页　共　页

序号	项目编码	项目名称	项目特征描述	计量单位	工程量	金额（元）		
						综合单价	合价	其中 暂估价
1	010602001001	钢屋架	1. 钢材品种、规格：角钢∟70×7、角钢∟50×5、钢板—8、钢筋2 ϕ 16 2. 单榀质量：0.202 t 3. 屋架跨度、安装高度：5.6 m、10 m 4. 探伤要求：超声波探伤 5. 防火要求：耐火极限二级	t	1.010			

3. 钢柱

钢柱包含实腹钢柱、空腹钢柱、钢管柱3个清单子项。实腹钢柱项目适用于实腹钢柱和实腹式型钢混凝土柱；空腹钢柱项目适用于空腹钢柱和空腹式型钢混凝土柱；钢管柱项目适用于钢管柱和钢管混凝土柱。钢柱清单工程量计算规则见表 2.7.6。

表 2.7.6　钢柱清单工程量计算规则

钢柱	计算规则	计量单位	工程内容
实腹钢柱（清单编码：010603001×××）	按设计图示尺寸以质量计算。不扣除孔眼的质量，焊条、铆钉、螺栓等不另增加质量，依附在钢柱上的牛腿及悬臂梁等并入钢柱工程量内	t	1. 拼装 2. 安装 3. 探伤 4. 补刷油漆
空腹钢柱（清单编码：010603002×××）			
钢管柱（清单编码：010603003×××）	按设计图示尺寸以质量计算。不扣除孔眼的质量，焊条、铆钉、螺栓等不另增加质量，钢管柱上的节点板、加强环、内衬管、牛腿等并入钢管柱工程量内		

【应用案例 2.7.2】　某工程钢柱如图 2.7.3 所示，共 20 根，计算钢柱的清单工程量。已知：① 普通槽钢[32b，单位长度理论质量为 43.25 kg/m；② 角钢∟100×8，单位理论质量为 12.276 kg/m；③ 角钢∟140×10，单位理论质量为 21.488 kg/m；④ 底座钢板—12，单位理论质量为 94.20 kg/m²。

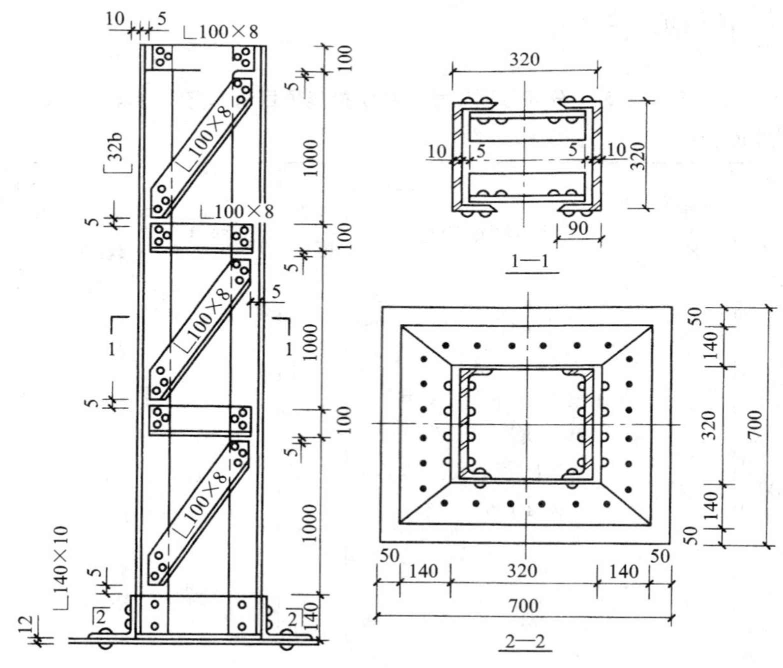

图 2.7.3　钢柱结构图

【解】　钢柱制作清单工程量：

计算公式：杆件质量 = 杆件设计图示长度 × 单位理论质量

1）该柱主体钢材采用 2 根[32b，柱高为 0.14 + (1 + 0.1) × 3 = 3.44 m

槽钢质量 = 43.25 kg/m × 3.44 m × 2 根 = 297.56 kg

2)水平杆角钢∟100 × 8 为 6 根，长度为 0.32 − 0.015 × 2 = 0.29 m

水平杆角钢质量 = 12.276 kg/m × 0.29 m × 6 根 = 21.36 kg

3)斜杆角钢∟100 × 8 为 6 根，长度为 $\sqrt{(1-0.005\times2)^2+(0.32-0.015\times2)^2}=1.032$ m

斜杆角钢质量 = 12.276 kg/m × 1.032 m × 6 根 = 76.013 kg

4)底座角钢∟140 × 10 为 4 根，长度为 0.32 m

21.488 kg/m × 0.32 m × 4 根 = 27.505 kg

5)底座钢板—12，

底座钢板质量 = 94.20 kg/m^2 × 0.7 m × 0.7 m = 46.158 kg

1 根钢柱的工程量 = 297.56 + 21.36 + 76.013 + 27.505 + 46.158 = 468.596 kg

20 根钢柱的清单工程量：468.596 kg/根 × 20 根 = 9371.92 kg = 9.372 t

4. 钢梁

钢梁包含钢梁和钢吊车梁项目。钢梁项目适用于钢梁和实腹式型钢混凝土梁、空腹式型钢混凝土梁；钢吊车梁项目适用于钢吊车梁及吊车梁的制动梁、制动板、制动桁架及车挡。钢梁清单工程量计算规则见表 2.7.7。

表 2.7.7　钢梁清单工程量计算规则

钢梁	计算规则	计量单位	工程内容
钢梁(清单编码：010604001 × × ×)	按设计图示尺寸以质量计算。不扣除孔眼的质量，焊条、铆钉、螺栓等不另增加质量，制动梁、制动板、制动桁架、车挡并入钢吊车梁工程量内	t	1. 拼装 2. 安装 3. 探伤 4. 补刷油漆
钢吊车梁(清单编码：010604002 × × ×)			

5. 钢板楼板、墙板

钢板楼板、墙板清单工程量计算规则见表 2.7.8。

表 2.7.8　钢板楼板、墙板清单工程量计算规则

钢板楼板、墙板	计算规则	计量单位	工程内容
钢板楼板(清单编码：010605001 × × ×)	按设计图示尺寸以铺设水平投影面积计算。不扣除单个面积≤0.3 m^{2}柱、垛及孔洞所占面积	m^2	1. 拼装 2. 安装 3. 探伤 4. 补刷油漆
钢板墙板(清单编码：010605002 × × ×)	按设计图示尺寸以铺挂展开面积计算。不扣除单个面积≤0.3 m^2 的梁、孔洞所占面积，包角、包边、窗台泛水等不另增加面积		

6. 钢构件

钢构件清单工程量计算规则见表 2.7.9。

表 2.7.9　钢构件清单工程量计算规则

钢构件	计算规则	计量单位	工程内容
钢支撑、钢拉条(清单编码：010606001 × × ×)	按设计图示尺寸以质量计算。不扣除孔眼的质量，焊条、铆钉、螺栓等不另增加质量	t	1. 拼装 2. 安装 3. 探伤 4. 补刷油漆
钢檩条(清单编码：010606002 × × ×)			
钢天窗架(清单编码：010606003 × × ×)			
钢挡风架(清单编码：010606004 × × ×)			
钢墙架(清单编码：010606005 × × ×)			
钢平台(清单编码：010606006 × × ×)			
钢走道(清单编码：010606007 × × ×)			
钢梯(清单编码：010606008 × × ×)			
钢护栏(清单编码：010606009 × × ×)			
钢漏斗(清单编码：010606010 × × ×)	按设计图示尺寸以质量计算，不扣除孔眼的质量，焊条、铆钉、螺栓等不另增加质量，依附漏斗或天沟的型钢并入漏斗或天沟工程量内		
钢板天沟(清单编码：010606011 × × ×)			
钢支架(清单编码：010606012 × × ×)	按设计图示尺寸以质量计算，不扣除孔眼的质量，焊条、铆钉、螺栓等不另增加质量		
零星钢构件(清单编码：010606013 × × ×)			

7. 金属网

金属网清单工程量计算规则见表 2.7.10。

表 2.7.10　金属网清单工程量计算规则

金属网	计算规则	计量单位	工程内容
成品空调金属百叶护栏(清单编码：010607001 × × ×)	按设计图示尺寸以框外围展开面积计算	m^2	1. 安装 2. 校正 3. 预埋铁件及安螺栓
成品栅栏(清单编码：010607002 × × ×)			1. 安装 2. 校正 3. 预埋铁件 4. 安螺栓及金属立柱

续表 2.7.10

金属网	计算规则	计量单位	工程内容
成品雨篷（清单编码：010607003×××）	1. 以米计量，按设计图示接触边以米计算 2. 以平方米计量，按设计图示尺寸以展开面积计算	1. m 2. m^2	1. 安装 2. 校正 3. 预埋铁件及安螺栓
金属网栏（清单编码：010607004×××）	按设计图示尺寸以框外围展开面积计算	m^2	1. 安装 2. 校正 3. 安螺栓及金属立柱
砌块墙钢丝网加固（清单编码：010607005×××）	按设计图示尺寸以面积计算		1. 铺贴 2. 铆固
后浇带金属网（清单编码：010607006×××）			

【应用案例 2.7.3】 某钢直梯如图 2.7.4 所示，φ 28 光面钢筋单位长度理论质量为 4.833 kg/m，计算钢直梯清单工程量。

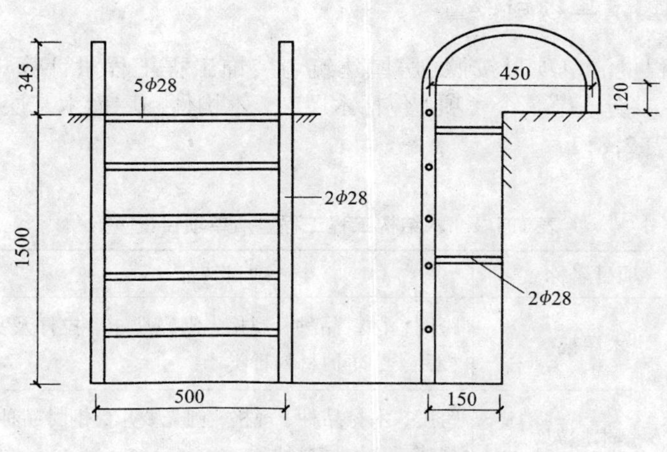

图 2.7.4　钢直梯示意图

【解】 钢直梯清单工程量计算公式：

杆件质量 = 杆件设计图示长度 × 单位长度理论质量

钢直梯工程量 = $[(1.50+0.12\times2+\pi\times0.45/2)\times2+(0.50+0.028)\times5+(0.15-0.014)\times4]\times4.833=39.036\ \text{kg}=0.039\ \text{t}$

【研讨与练习】

试计算钢屋架间水平支撑的制作清单工程量，如图 2.7.5 所示。

①角钢∟75×6，单位理论质量为 6.905 kg/m；

②钢板—6，单位理论质量为 47.10 kg/m^2；

③钢板—8，单位理论质量为 62.80 kg/m^2。

（附注：图 2.7.5 中①节点钢板 0.0498m^2/块，②节点钢板 0.057 m^2/块）

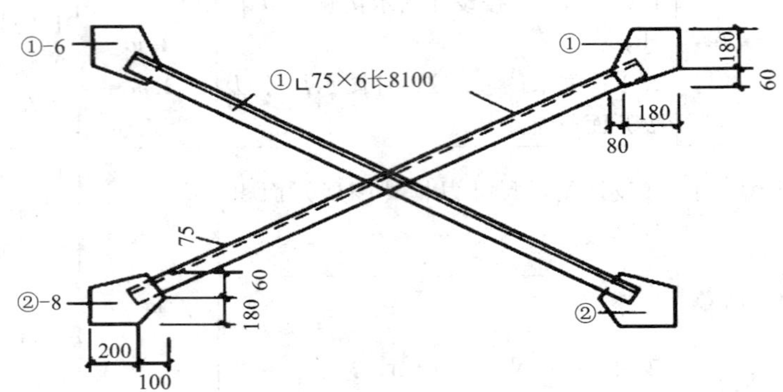

图 2.7.5 钢屋架水平支撑示意图

任务 8 木结构工程清单工程量计算

2.8.1 工程量清单项目设置

木结构工程工程量清单项目按照《房屋建筑与装饰工程工程量计算规范》(GB 50854—2013)附录 G 列项，共分 3 节 8 个子项，包括木屋架、木构件和屋面木基层。木结构工程工程量清单项目设置见表 2.8.1。

表 2.8.1 木结构工程工程量清单项目设置

项目编码	项目名称	项目特征	备 注
010701001	木屋架	跨度，材料品种、规格，刨光要求，拉杆及夹板种类，防护材料种类	木屋架（编码：010701）
010701002	钢木屋架	跨度，木材品种、规格，刨光要求，钢材品种、规格，防护材料种类	
010702001	木柱	构件规格尺寸，木材种类，刨光要求，防护材料种类	木构件（编码：010702）
010702002	木梁		
010702003	木檩		
010702004	木楼梯	楼梯形式，木材种类，刨光要求，防护材料种类	
010702005	其他木构件	构件名称，构件规格尺寸，木材种类，刨光要求，防护材料种类	
010703001	屋面木基层	椽子断面尺寸及椽距，望板材料种类、厚度，防护材料种类	屋面木基层（编码：010703）

2.8.2　工程量清单编制规定

1）屋架的跨度应以上、下弦中心线两交点之间的距离计算。

2）带气楼的屋架和马尾、折角以及正交部分的半屋架（见图2.8.1），应按相关屋架项目编码列项。

3）以榀计量，按标准图设计的应注明标准图代号，按非标准图设计的项目特征必须按表2.8.2要求予以描述。

4）木楼梯的栏杆（栏板）、扶手，应按《房屋建筑与装饰工程工程量计算规范》（GB 50854—2013）附录Q中相关项目编码列项。

【知识链接】

其他相关木构件见图2.8.2至图2.8.5。

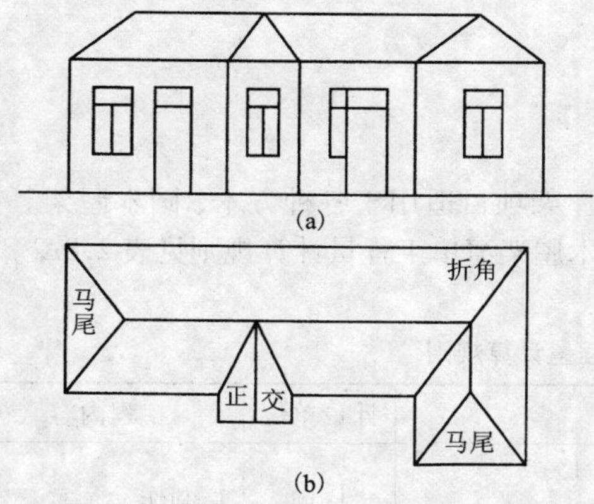

图2.8.1　屋架的马尾、折角和正交示意图

(a)立面图；(b)平面图

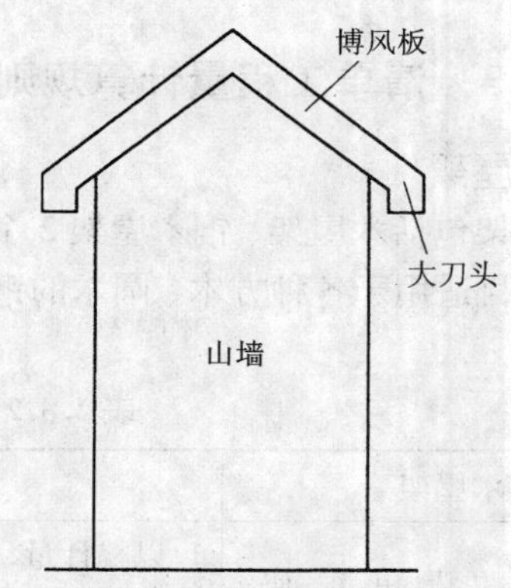

图2.8.2　博风板、大刀头示意图

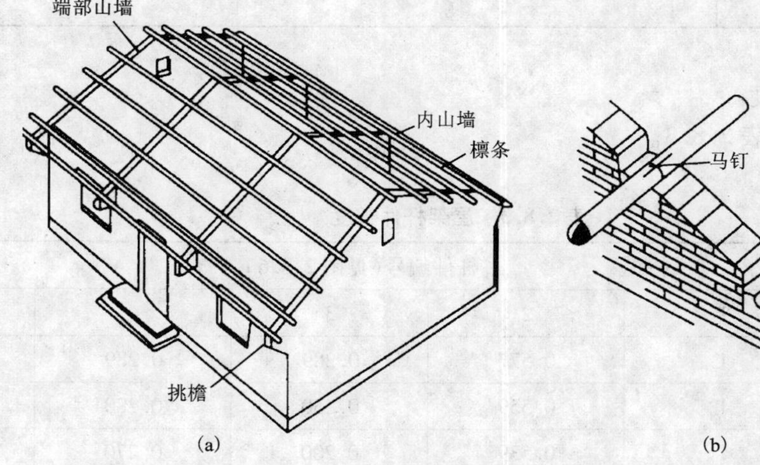

图2.8.3　连续檩条示意图

(a)山墙支檩条屋顶；(b)檩条在山墙上的搁置形式

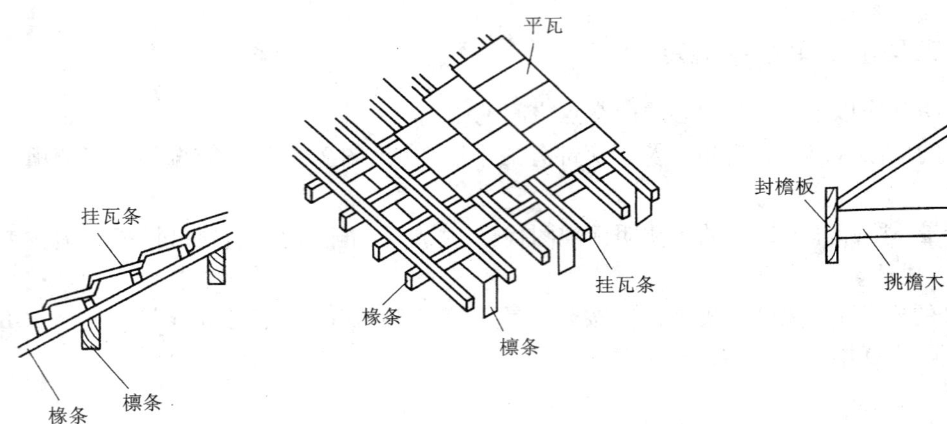

图 2.8.4　屋面木基层示意图　　　图 2.8.5　挑檐木、封檐板示意图

2.8.3　清单工程量计算规则及应用案例

1. 木屋架

木屋架包括木屋架、钢木屋架 2 个清单子项。木屋架项目适用于各种方木、圆木屋架。钢木屋架项目适用于各种方木、圆木的钢木组合屋架。木屋架清单工程量计算规则见表 2.8.2。

表 2.8.2　木屋架清单工程量计算规则

木屋架	计算规则	计量单位	工程内容
木屋架（清单编码：010701001×××）	1. 以榀计量，按设计图示数量计算 2. 以立方米计量，按设计图示的规格尺寸以体积计算	1. 榀 2. m^3	1. 制作 2. 运输 3. 安装 4. 刷防护材料
钢木屋架（清单编码：010701002×××）	以榀计量，按设计图示数量计算	榀	

(1) 屋架杆件长度

屋架杆件长度见表 2.8.3。

表 2.8.3　屋架杆件长度

坡　度	杆件编号(见图 2.8.6)				
	1	2	3	4	5
30°	1	0.577	0.289	0.289	0.144
1/2	1	0.559	0.250	0.280	0.125
1/2.5	1	0.539	0.200	0.270	0.100
1/3	1	0.527	0.167	0.264	0.083

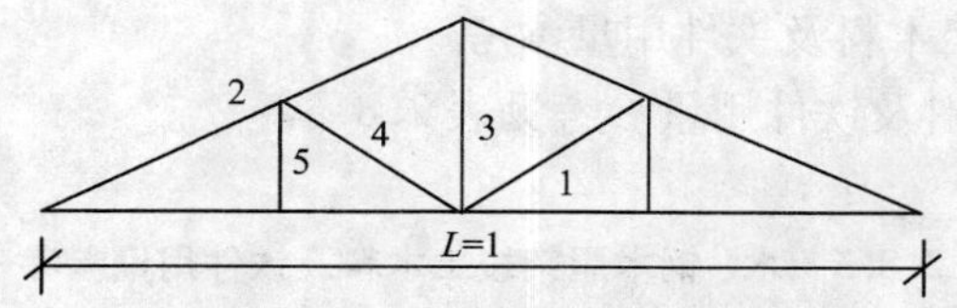

图 2.8.6　屋架杆件编号示意图

(2)檩木工程量计算常用公式

檩木工程量按竣工木料以体积(m^3)计算。简支檩长度按设计规定计算，如设计无规定者，按屋架或山墙中距增加200 mm计算，如两端出山，檩条长度算至博风板。连续檩条的长度按设计长度计算，其接头长度按全部连续檩木总体积的5%计算。檩木工程量的计算见表2.8.4。

表 2.8.4　檩木工程量计算

项　目	计算公式
方木檩条	$$V_L=\sum_{i=1}^{n}a_i\times b_i\times l_i$$ 式中，V_L—方木檩条的体积(m^3)； a_i、b_i—第i根檩木断面的双向尺寸(m)； l_i—第i根檩木的计算长度(m)； n—檩木的根数
圆木檩条	$$V_L=\sum_{i=1}^{n}V_i$$ 式中，V_i—单根圆檩木的体积(m^3)。 计算方法如下： 1)设计规定圆木小头直径时，可按小头直径、檩木长度，由下列公式计算。 ①杉原木材积计算公式，按下式计算： $$V=7.854\times10^{-5}\times[(0.026L+1)D^2+(0.37L+1)D+10(L-3)]\times L$$ 式中，V—杉原木材积(m^3)； L—杉原木材长(m)； D—杉原木小头直径(cm)。 ②原木材积计算公式(适用于除杉原木以外的所有树种)： $$V_i=L\times10^{-4}[(0.003895L+0.8982)D^2+(0.39L-1.219)D-(0.5796L+3.067)]$$ 式中，V_i—单根圆木(除杉原木)的材积(m^3)； L—圆木长度(m)； D—圆木小头直径(cm)。 2)设计规定大、小直径时，取平均断面面积乘以计算长度，即 $$V_i=(\pi/4)D^2\times L=7.854\times10^{-5}\times D^2\times L$$ 式中，V_i—单根原木材积(m^3)； L—圆木长度(m)； D—圆木平均直径(cm)。

(3)木、钢木屋架竣工木料及铁件用量参考

木、钢木屋架竣工木料及铁件用量参考见表2.8.5。

表2.8.5 木、钢木屋架竣工木料及铁件用量参考表

<table>
<tr><th colspan="3" rowspan="2">屋架类别</th><th rowspan="2">跨度/m</th><th colspan="3">每榀屋架主要材料量</th></tr>
<tr><th>竣工木料/m^3</th><th>铁件/kg</th><th>钢材/kg</th></tr>
<tr><td rowspan="14">普通人字屋架</td><td colspan="2" rowspan="4">圆木</td><td>6</td><td>0.38</td><td>13</td><td></td></tr>
<tr><td>8</td><td>0.59</td><td>20</td><td></td></tr>
<tr><td>11</td><td>0.77</td><td>40</td><td></td></tr>
<tr><td>14</td><td>1.08</td><td>58</td><td></td></tr>
<tr><td colspan="2" rowspan="4">方木</td><td>6</td><td>0.25</td><td>11</td><td></td></tr>
<tr><td>8</td><td>0.42</td><td>22</td><td></td></tr>
<tr><td>11</td><td>0.71</td><td>42</td><td></td></tr>
<tr><td>14</td><td>0.95</td><td>55</td><td></td></tr>
<tr><td rowspan="6">带天窗架</td><td rowspan="3">圆 木</td><td>7</td><td>0.65</td><td>26</td><td></td></tr>
<tr><td>9</td><td>0.85</td><td>45</td><td></td></tr>
<tr><td>12</td><td>1.35</td><td>60</td><td></td></tr>
<tr><td rowspan="3">方 木</td><td>7</td><td>0.61</td><td>26</td><td></td></tr>
<tr><td>9</td><td>0.82</td><td>45</td><td></td></tr>
<tr><td>12</td><td>1.23</td><td>60</td><td></td></tr>
<tr><td rowspan="8">钢木屋架</td><td colspan="2" rowspan="4">圆木</td><td>12</td><td>0.47</td><td>12</td><td>94</td></tr>
<tr><td>15</td><td>0.73</td><td>14</td><td>130</td></tr>
<tr><td>18</td><td>0.95</td><td>16</td><td>175</td></tr>
<tr><td>21</td><td>1.40</td><td>16</td><td>215</td></tr>
<tr><td colspan="2" rowspan="4">方木</td><td>12</td><td>0.42</td><td>14</td><td>92</td></tr>
<tr><td>15</td><td>0.67</td><td>14</td><td>125</td></tr>
<tr><td>18</td><td>0.87</td><td>16</td><td>165</td></tr>
<tr><td>21</td><td>1.10</td><td>16</td><td>210</td></tr>
</table>

【应用案例2.8.1】 如图2.8.7所示，××工程有6榀跨度为6 m杉圆木普通人字屋架，安装高度5 m，坡度为1/2，四节间，木屋架现场制作、不刨光，铁件刷防锈漆一遍。试编制该人字屋架工程量清单(要求计量单位按榀计取)。

【解】 木屋架清单工程量计算如下：

木屋架工程量 = 设计图示数量 = 6 榀

普通人字屋架工程量清单见表2.8.6。

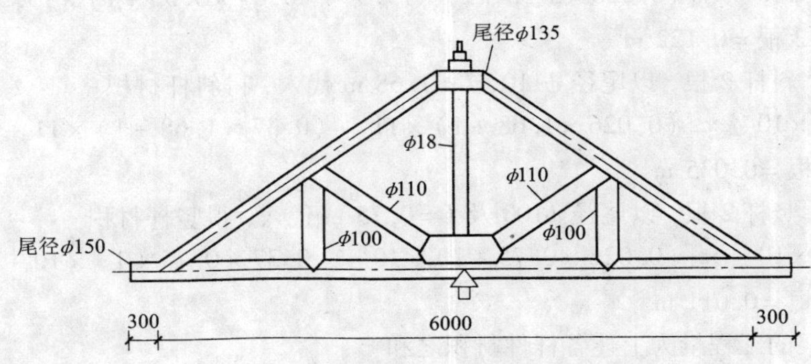

图 2.8.7　普通人字屋架示意图

表 2.8.6　分部分项工程和单价措施项目清单与计价表

工程名称：××工程　　　　标　段：　　　　第　页　共　页

序号	项目编码	项目名称	项目特征描述	计量单位	工程量	金额(元)		
						综合单价	合价	其中 暂估价
1	010701001001	木屋架	1. 跨度：6m 2. 材料品种、规格：杉圆木、规格详图 3. 刨光要求：不刨光 4. 拉杆种类：直径 18 mm 5. 防护材料种类：铁件刷防锈漆一遍	榀	6			

【知识链接】

如果是施工企业编制投标报价，应按当地建设主管部门规定方法计算工程量，如现按《广东省建筑与装饰工程综合定额(2010)》的规定计算工程量如下：

1)屋架杆件长度(m)＝屋架跨度(m)×长度系数(其中长度系数见表2.8.3)。

①杆件1　下弦杆　$6+0.3\times2=6.6$ m；

②杆件2　上弦杆2根　$6\times0.559\times2$ 根 $=3.35$ m×2 根；

③杆件4　斜杆2根　$6\times0.28\times2$ 根 $=1.68$ m×2 根；

④杆件5　竖杆2根　$6\times0.125\times2$ 根 $=0.75$ m×2 根。

2)计算材积：

① 杆件1，下弦杆，以尾径 $\phi150$，$L=6.6$ m 代入公式计算 V_1，则杆件1材积为

$$V_1=7.854\times10^{-5}\times[(0.026\times6.6+1)\times15^2+(0.37\times6.6+1)\times15+10\times(6.6-3)]\times6.6=0.182\ \mathrm{m}^3$$

② 杆件2，上弦杆2根，以尾径 $\phi135$，$L=3.35$ m 代入，则杆件2材积为

$V_2 = 7.854 \times 10^{-5} \times [(0.026 \times 3.35 + 1) \times 13.5^2 + (0.37 \times 3.35 + 1) \times 13.5 + 10 \times (3.35 - 3)] \times 3.35 \times 2$ 根 $= 0.122\ m^3$

③ 杆件 4，斜杆 2 根，以尾径 $\phi110$，$L = 1.68$ m 代入，得斜杆材积

$V_4 = 7.854 \times 10^{-5} \times [(0.026 \times 1.68 + 1) \times 11^2 + (0.37 \times 1.68 + 1) \times 11 + 10 \times (1.68 - 3)] \times 1.68 \times 2$ 根 $= 0.035\ m^3$

④ 杆件 5，竖杆 2 根，以尾径 $\phi100$ 及 $L = 0.75$ m 代入，得竖杆材积

$V_5 = 7.854 \times 10^{-5} \times [(0.026 \times 0.75 + 1) \times 10^2 + (0.37 \times 0.75 + 1) \times 10 + 10 \times (0.75 - 3)] \times 0.75 \times 2$ 根 $= 0.011\ m^3$

3）一榀屋架的工程量为上述各杆件材积之和

$V = V_1 + V_2 + V_4 + V_5 = 0.182 + 0.122 + 0.035 + 0.011 = 0.35\ m^3$

普通人字屋架工程量为：

① 竣工木料材积为 0.35 ×6 榀 =2.1 m^3。

② 依据木、钢木屋架竣工木料及铁件用量参考表 2.8.5，本例每榀屋架铁件用量 13 kg，则铁件总量为 13 kg/榀 ×6 榀 =78 kg。

2. 木构件

木构件清单工程量计算规则见表 2.8.7。

表 2.8.7　木构件清单工程量计算规则

木构件	计算规则	计量单位	工程内容
木柱（清单编码：010702001 × × ×）	按设计图示尺寸以体积计算	m^3	1. 制作 2. 运输 3. 安装 4. 刷防护材料
木梁（清单编码：010702002 × × ×）			
木檩（清单编码：010702003 × × ×）	1. 以立方米计量，按设计图示尺寸以体积计算 2. 以米计量，按设计图示尺寸以长度计算	1. m^3 2. m	
木楼梯（清单编码：010702004 × × ×）	按设计图示尺寸以水平投影面积计算。不扣除宽度≤300 mm 的楼梯井，伸入墙内部分不计算	m^2	
其他木构件（清单编码：010702005 × × ×）	1. 以立方米计量，按设计图示尺寸以体积计算 2. 以米计量，按设计图示尺寸以长度计算	1. m^3 2. m	

注：以米计量，项目特征必须描述构件规格尺寸。

3. 屋面木基层

屋面木基层清单工程量计算规则见表 2.8.8。

表 2.8.8　屋面木基层清单工程量计算规则

屋面木基层	计算规则	计量单位	工程内容
屋面木基层（清单编码：010703001×××）	按设计图示尺寸以斜面积计算，不扣除房上烟囱、风帽底座、风道、小气窗、斜沟等所占面积。小气窗的出檐部分不增加面积	m^2	1. 椽子制作、安装 2. 望板制作、安装 3. 顺水条和挂瓦条制作、安装 4. 刷防护材料

任务9　门窗工程清单工程量计算

2.9.1　工程量清单项目设置

门窗工程工程量清单项目按照《房屋建筑与装饰工程工程量计算规范》（GB 50854—2013）附录 H 列项，共分 10 节 55 个子项，包括木门，金属门，金属卷帘（闸）门，厂库房大门、特种门，其他门，木窗，金属窗，门窗套，窗台板（见图 2.9.1 和图 2.9.2）窗帘、窗帘盒、轨。门窗工程工程量清单项目设置见表 2.9.1 所示。

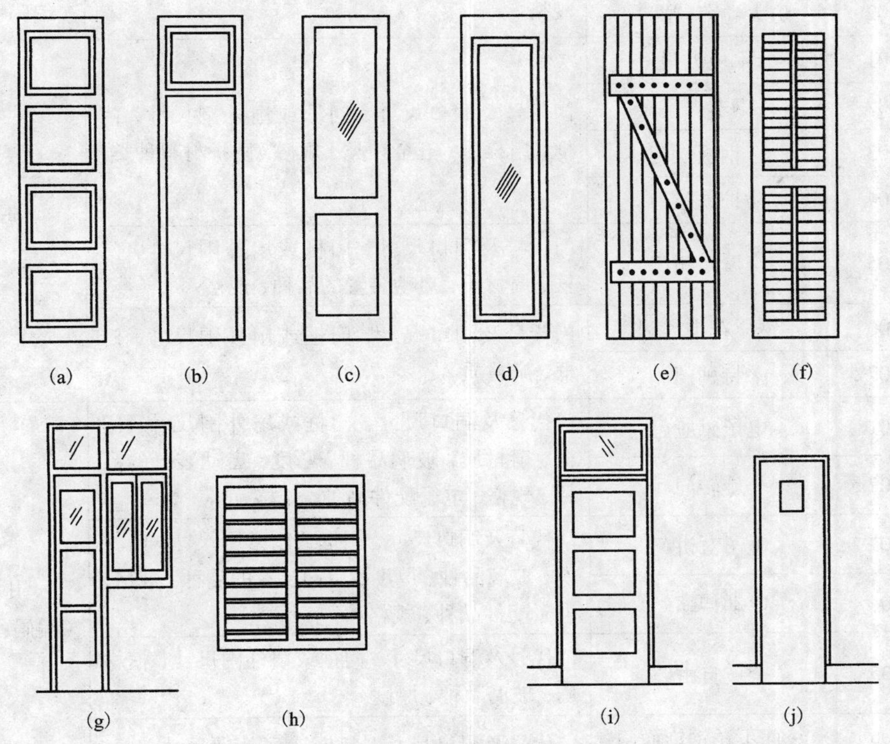

图 2.9.1　常见门窗类型

(a)镶板门；(b)夹板门；(c)半截玻璃门；(d)全玻璃门；(e)拼板门；(f)百叶门；(g)连窗门；(h)固定百叶窗；(i)带亮子镶板门；(j)带观察窗胶合板门

表 2.9.1　门窗工程工程量清单项目设置

项目编码	项目名称	项目特征	备　注
010801001	木质门	门代号及洞口尺寸，镶嵌玻璃品种、厚度	木门（编码：010801）
010801002	木质门带套		
010801003	木质连窗门		
010801004	木质防火门		
010801005	木门框	门代号及洞口尺寸，框截面尺寸，防护材料种类	
010801006	门锁安装	锁品种，锁规格	
010802001	金属(塑钢)门	门代号及洞口尺寸，门框或扇外围尺寸，门框、扇材质，玻璃品种、厚度	金属门（编码：010802）
010802002	彩板门	门代号及洞口尺寸，门框或扇外围尺寸	
010802003	钢质防火门	门代号及洞口尺寸，门框或扇外围尺寸，门框、扇材质	
010802004	防盗门		
010803001	金属卷帘(闸)门	门代号及洞口尺寸，门材质，启动装置品种、规格	金属卷帘(闸)门（编码：010803）
010803002	防火卷帘(闸)门		
010804001	木板大门	门代号及洞口尺寸，门框或扇外围尺寸，门框、扇材质，五金种类、规格，防护材料种类	厂库房大门、特种门（编码：010804）
010804002	钢木大门		
010804003	全钢板大门		
010804004	防护铁丝门		
010804005	金属格栅门	门代号及洞口尺寸，门框或扇外围尺寸，门框、扇材质，启动装置的品种、规格	
010804006	钢质花饰大门	门代号及洞口尺寸，门框或扇外围尺寸，门框、扇材质	
010804007	特种门		
010805001	电子感应门	门代号及洞口尺寸，门框或扇外围尺寸，门框、扇材质，玻璃品种、厚度，启动装置的品种、规格，电子配件品种、规格	其他门（编码：010805）
010805002	旋转门		
010805003	电子对讲门	门代号及洞口尺寸，门框或扇外围尺寸，门材质，玻璃品种、厚度，启动装置的品种、规格，电子配件品种、规格	
010805004	电动伸缩门		
010805005	全玻自由门	门代号及洞口尺寸，门框或扇外围尺寸，框材质，玻璃品种、厚度	
010805006	镜面不锈钢饰面门	门代号及洞口尺寸，门框或扇外围尺寸，框、扇材质，玻璃品种、厚度	
010805007	复合材料门		

续表 2.9.1

项目编码	项目名称	项目特征	备注
010806001	木质窗	窗代号及洞口尺寸，玻璃品种、厚度	木窗（编码：010806）
010806002	木飘（凸）窗		
010806003	木橱窗	窗代号，框截面及外围展开面积，玻璃品种、厚度，防护材料种类	
010806004	木纱窗	窗代号及框的外围尺寸，窗纱材料品种、规格	
010807001	金属（塑钢、断桥）窗	窗代号及洞口尺寸，框、扇材质，玻璃品种、厚度	金属窗（编码：010807）
010807002	金属防火窗		
010807003	金属百叶窗		
010807004	金属纱窗	窗代号及框的外围尺寸，框材质，窗纱材料品种、规格	
010807005	金属格栅窗	窗代号及洞口尺寸，框外围尺寸，框、扇材质	
010807006	金属（塑钢、断桥）橱窗	窗代号，框外围展开面积，框、扇材质，玻璃品种、厚度，防护材料种类	
010807007	金属（塑钢、断桥）飘（凸）窗	窗代号，框外围展开面积，框、扇材质，玻璃品种、厚度	
010807008	彩板窗	窗代号及洞口尺寸，框外围尺寸，框、扇材质，玻璃品种、厚度	
010807009	复合材料窗		
010808001	木门窗套	窗代号及洞口尺寸，门窗套展开宽度，基层材料种类，面层材料品种、规格，线条品种、规格，防护材料种类	门窗套（编码：010808）
010808002	木筒子板	筒子板宽度，基层材料种类，面层材料品种、规格，线条品种、规格，防护材料种类	
010808003	饰面夹板筒子板		
010808004	金属门窗套	窗代号及洞口尺寸，门窗套展开宽度，基层材料种类，面层材料品种、规格，防护材料种类	
010808005	石材门窗套	窗代号及洞口尺寸，门窗套展开宽度，黏结层厚度、砂浆配合比，面层材料品种、规格，线条品种、规格	
010808006	门窗木贴脸	门窗代号及洞口尺寸，贴脸板宽度，防护材料种类	
010808007	成品木门窗套	门窗代号及洞口尺寸，门窗套展开宽度，门窗套材料品种、规格	

续表 2.9.1

项目编码	项目名称	项目特征	备　注
010809001	木窗台板	基层材料种类，窗台面板材质、规格、颜色，防护材料种类	窗台板（编码：010809）
010809002	铝塑窗台板		
010809003	金属窗台板		
010809004	石材窗台板	黏结层厚度、砂浆配合比，窗台板材质、规格、颜色	
010810001	窗帘	窗帘材质，窗帘高度、宽度，窗帘层数，带幔要求	窗帘、窗帘盒、轨（编码：010810）
010810002	木窗帘盒	窗帘盒材质、规格，防护材料种类	
010810003	饰面夹板、塑料窗帘盒		
010810004	铝合金窗帘盒		
010810005	窗帘轨	窗帘轨材质、规格，轨的数量，防护材料种类	

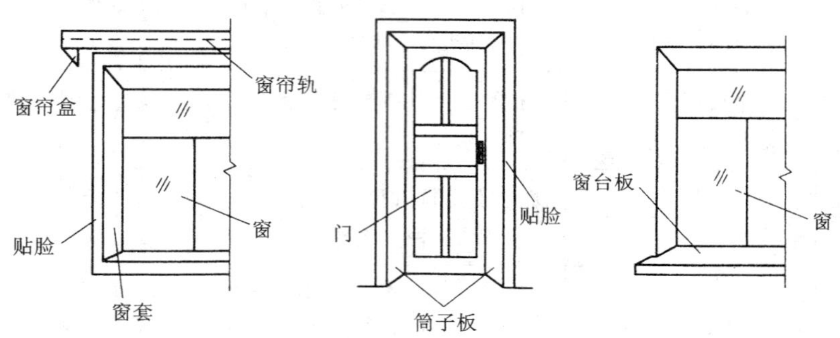

图 2.9.2　门窗套，窗帘盒、窗帘轨，窗台板示意图

2.9.2　工程量清单编制规定

1）木质门应区分镶板木门、企口木板门、实木装饰门、胶合板门、夹板装饰门、木纱门、全玻门（带木质扇框）、木质半玻门（带木质扇框）等项目，分别编码列项。

2）木门五金应包括：折页、插销、门碰珠、弓背拉手、搭机、木螺丝、弹簧折页（自动门）、管子拉手（自由门、地弹门）、地弹簧（地弹门）、角铁、门轧头（地弹门、自由门）等。

3）木质门带套计量按洞口尺寸以面积计算，不包括门套的面积，但门套应计算在综合单价中。

4）单独制作安装木门框按木门框项目编码列项。

5）金属门应区分金属平开门、金属推拉门、金属地弹门、全玻门（带金属扇框）、金属半玻门（带扇框）等项目，分别编码列项。

6）铝合金门五金包括：地弹簧、门锁、拉手、门插、门铰、螺丝等。

7）金属门五金包括 L 形执手插锁（双舌）、执手锁（单舌）、门轨头、地锁、防盗门机、门眼（猫眼）、门碰珠、电子锁（磁卡锁）、闭门器、装饰拉手等。

8）特种门应区分冷藏门、冷冻间门、保温门、变电室门、隔音门、防射线门、人防门、金库门等项目，分别编码列项。

9）木质窗应区分木百叶窗、木组合窗、木天窗、木固定窗、木装饰空花窗等项目，分别编码列项。

10）木窗五金应包括：折页、插销、风钩、木螺丝、滑轮滑轨（推拉窗）等（见图2.9.3）。

11）金属窗应区分金属组合窗、防盗窗等项目，分别编码列项。

12）金属窗五金包括：折页、螺丝、执手、卡锁、铰拉、风撑、滑轮、滑轨、拉把、拉手、角码、牛角制等。

13）木门窗套适用于单独门窗套的制作、安装。

14）窗帘若是双层，项目特征必须描述每层材质；窗帘以米计量，项目特征必须描述窗帘高度和宽。

【知识链接】

常见各种门五金配件见图2.9.3至图2.9.9。

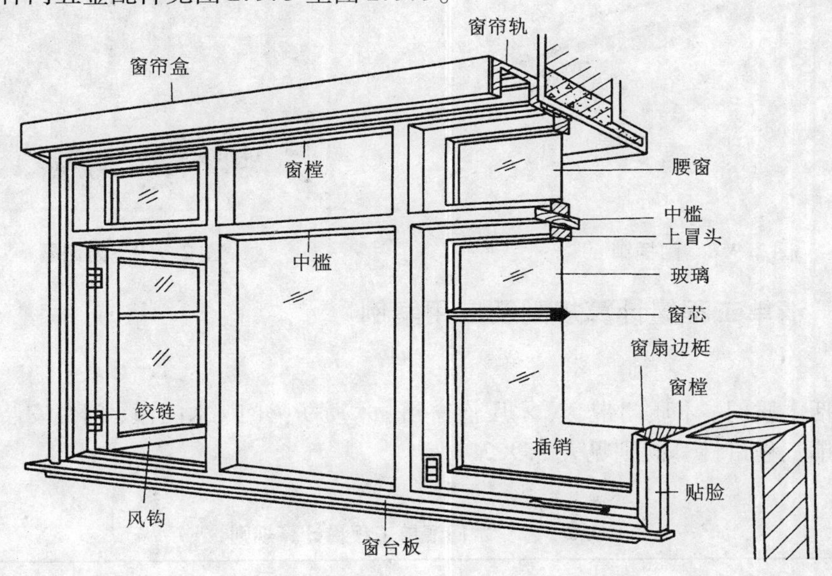

图2.9.3 木窗五金配件

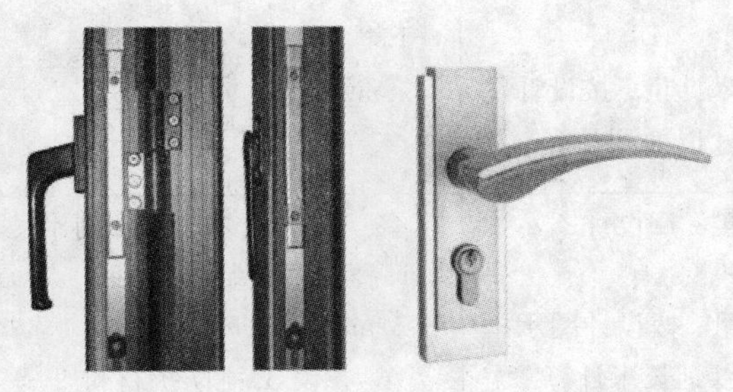

图2.9.4 单开执手锁

图2.9.5 双开执手锁

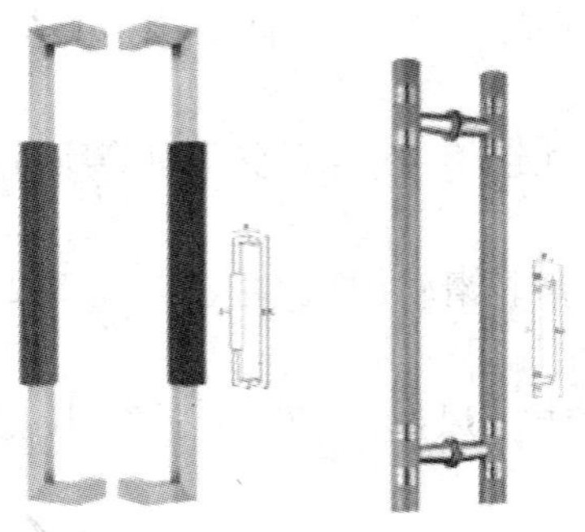

图 2.9.6　大门拉手

图 2.9.7　门磁吸

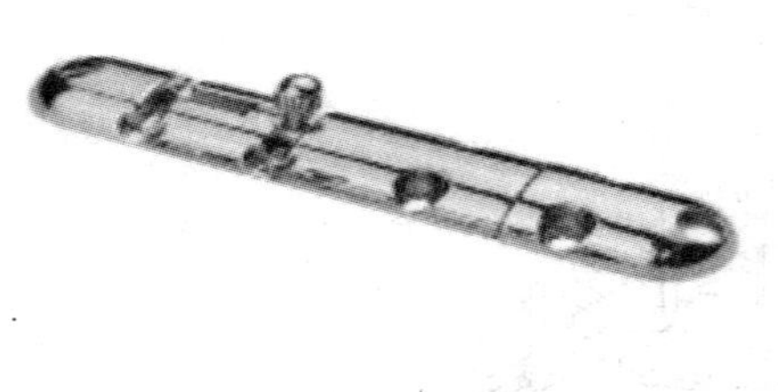

图 2.9.8　门插销

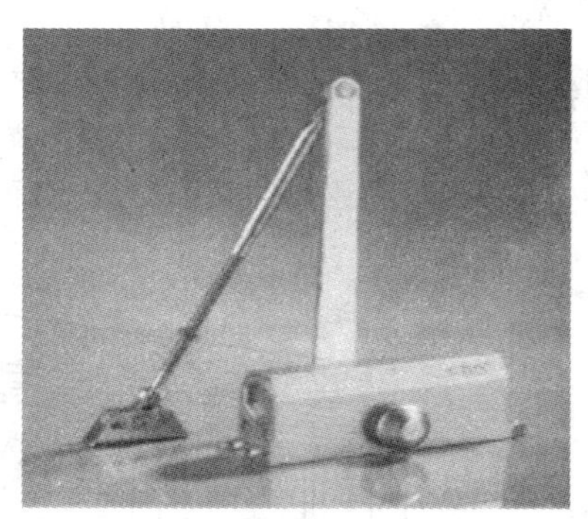

图 2.9.9　闭门器

2.9.3　清单工程量计算规则及应用案例

1. 木门

木门包括木质门、木质门带套、木质连窗门、木质防火门、木门框、门锁安装 6 个清单子项。木门清单工程量计算规则见表 2.9.2。

表 2.9.2　木门清单工程量计算规则

<table>
<tr><th>木门</th><th>计算规则</th><th>计量单位</th><th>工程内容</th></tr>
<tr><td>木质门(清单编码：010801001×××)</td><td rowspan="4">1. 以樘计量，按设计图示数量计算
2. 以平方米计量，按设计图示洞口尺寸以面积计算</td><td rowspan="4">1. 樘
2. m^2</td><td rowspan="4">1. 门安装
2. 玻璃安装
3. 五金安装</td></tr>
<tr><td>木质门带套(清单编码：010801002×××)</td></tr>
<tr><td>木质连窗门(清单编码：010801003×××)</td></tr>
<tr><td>木质防火门(清单编码：010801004×××)</td></tr>
<tr><td>木门框(清单编码：010801005×××)</td><td>1. 以樘计量，按设计图示数量计算
2. 以米计量，按设计图示框的中心线以延长米计算</td><td>1. 樘
2. m</td><td>1. 木门框制作、安装
2. 运输
3. 刷防护材料</td></tr>
<tr><td>门锁安装(清单编码：010801006×××)</td><td>按设计图示数量计算</td><td>个(套)</td><td>安装</td></tr>
</table>

注：以樘计量，项目特征必须描述洞口尺寸；以平方米计量，项目特征可不描述洞口尺寸。

【应用案例 2.9.1】 ××工程采用单扇带亮杉木带纱胶合板门共10樘，具体尺寸如图2.9.10所示。试编制胶合板门工程量清单。

【解】

1)计算胶合板门清单工程量：

胶合板门清单工程量 $=0.9\times2.4\times10=21.60\ m^2$

2)编制工程量清单：

该工程胶合板门工程量清单见表2.9.3。

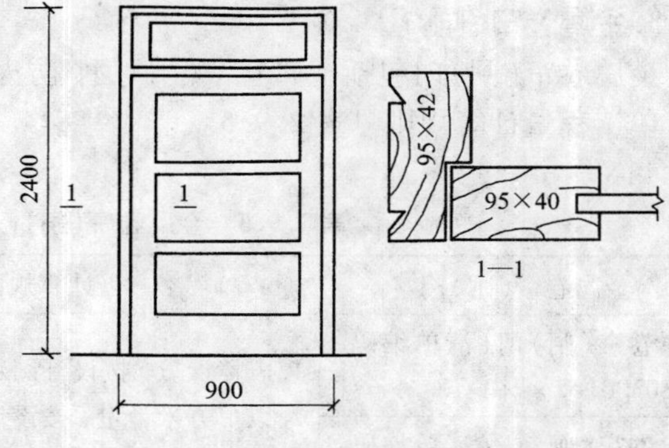

图 2.9.10 胶合板门

表 2.9.3 分部分项工程和单价措施项目清单与计价表

工程名称：××工程 标 段： 第 页 共 页

序号	项目编码	项目名称	项目特征描述	计量单位	工程量	金额(元)		
						综合单价	合价	其中 暂估价
1	010801001001	木质门	1.门代号及洞口尺寸：900 mm×2400 mm	m^2	21.60			

2.金属门

金属门包括金属(塑钢)门、彩板门、钢质防火门、防盗门4个清单子项。金属门清单工程量计算规则见表2.9.4。

表 2.9.4 金属门清单工程量计算规则

金属门	计算规则	计量单位	工程内容
金属(塑钢)门(清单编码：010802001×××)	1.以樘计量，按设计图示数量计算。 2.以平方米计量，按设计图示洞口尺寸以面积计算。	1.樘 2. m^2	1.门安装 2.五金安装 3.玻璃安装
彩板门(清单编码：010802002×××)			
钢质防火门(清单编码：010802003×××)			
防盗门(清单编码：010802004×××)			1.门安装 2.五金安装

注：①以樘计量，项目特征必须描述洞口尺寸，没有洞口尺寸必须描述门框或扇外围尺寸，以平方米计量，项目特征可不描述洞口尺寸及框、扇的外围尺寸。

②以平方米计量，无设计图示洞口尺寸，按门框、扇外围以面积计算。

3. 金属卷帘(闸)门

金属卷帘(闸)门包括金属卷帘(闸)门、防火卷帘(闸)门 2 个清单子项。金属卷帘(闸)门清单工程量计算规则见表 2.9.5。

表 2.9.5 金属卷帘(闸)门清单工程量计算规则

金属卷帘(闸)门	计算规则	计量单位	工程内容
金属卷帘(闸)门(清单编码:010803001×××)	1. 以樘计量,按设计图示数量计算 2. 以平方米计量,按设计图示洞口尺寸以面积计算	1. 樘 2. m^2	1. 门运输、安装 2. 启动装置、活动小门、五金安装
防火卷帘(闸)门(清单编码:010803002×××)			

注:以樘计量,项目特征必须描述洞口尺寸,以平方米计量,项目特征可不描述洞口尺寸。

【应用案例 2.9.2】 某商业街共有商铺 15 间,每间安装镀锌钢卷帘门 1 樘,采用电动装置 D-400,具体要求如图 2.9.11 所示,试编制金属卷帘门的工程量清单。

【解】 (1)计算工程量

金属卷帘门清单工程量 = 图示数量 = 15 樘

或金属卷帘门清单工程量 = 图示洞口尺寸面积 = 3.2 × 3.6 × 15 樘 = 172.80 m^2

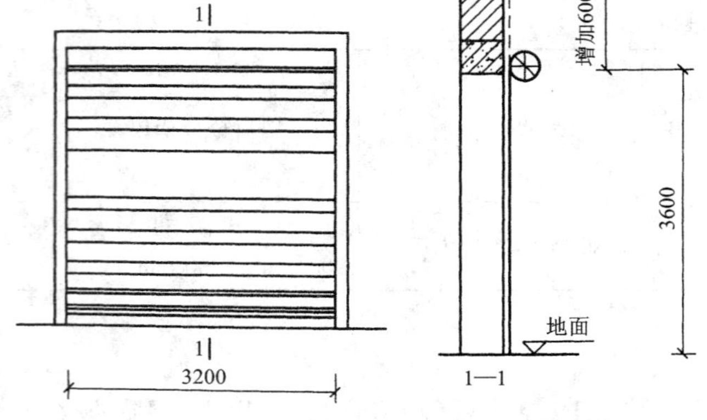

图 2.9.11 金属卷帘门示意图

(2)编制工程量清单

该金属卷帘门工程量清单见表 2.9.6。

表 2.9.6 分部分项工程和单价措施项目清单与计价表

工程名称:某商业街商铺 标 段: 第 页 共 页

序号	项目编码	项目名称	项目特征描述	计量单位	工程量	金额(元)		
						综合单价	合价	其中 暂估价
1	010803001001	金属卷帘(闸)门	1. 门代号及洞口尺寸:3200 mm×3600 mm 2. 门材质:钢质 3. 启动装置品种、规格:卷闸电动装置 D-400	m^2	172.80			

【课堂活动】

根据《广东省建筑与装饰工程综合定额(2010)》与《房屋建筑与装饰工程工程量计算规范》(GB 50854—2013)分组讨论并回答金属卷闸门定额工程量与清单工程量计算规则异同点?

4. 厂库房大门、特种门

厂库房大门、特种门包括木板大门、钢木大门、全钢板大门、防护铁丝门、金属格栅门、钢质花饰大门、特种门7个清单子项。厂库房大门、特种门清单工程量计算规则见表2.9.7。

表2.9.7　厂库房大门、特种门清单工程量计算规则

<table>
<tr><th>厂库房大门、特种门</th><th>计算规则</th><th>计量单位</th><th>工程内容</th></tr>
<tr><td>木板大门(清单编码:010804001×××)</td><td rowspan="3">1. 以樘计量,按设计图示数量计算
2. 以平方米计量,按设计图示洞口尺寸以面积计算</td><td rowspan="7">1. 樘
2. m^2</td><td rowspan="4">1. 门(骨架)制作、运输
2. 门、五金配件安装
3. 刷防护材料</td></tr>
<tr><td>钢木大门(清单编码:010804002×××)</td></tr>
<tr><td>全钢板大门(清单编码:010804003×××)</td></tr>
<tr><td>防护铁丝门(清单编码:010804004×××)</td><td>1. 以樘计量,按设计图示数量计算
2. 以平方米计量,按设计图示门框或扇以面积计算</td></tr>
<tr><td>金属格栅门(清单编码:010804005×××)</td><td>1. 以樘计量,按设计图示数量计算
2. 以平方米计量,按设计图示洞口尺寸以面积计算</td><td>1. 门安装
2. 启动装置、五金配件安装</td></tr>
<tr><td>钢质花饰大门(清单编码:010804006×××)</td><td>1. 以樘计量,按设计图示数量计算
2. 以平方米计量,按设计图示门框或扇以面积计算</td><td rowspan="2">1. 门安装
2. 五金配件安装</td></tr>
<tr><td>特种门(清单编码:010804007×××)</td><td>1. 以樘计量,按设计图示数量计算
2. 以平方米计量,按设计图示洞口尺寸以面积计算</td></tr>
</table>

注:①以樘计量,项目特征必须描述洞口尺寸,没有洞口尺寸必须描述门框或扇外围尺寸;以平方米计量,项目特征可不描述洞口尺寸及框、扇的外围尺寸。

②以平方米计量,无设计图示洞口尺寸,按门框、扇外围以面积计算。

5. 其他门

其他门包括电子感应门、旋转门、电子对讲门、电动伸缩门、全玻自由门、镜面不锈钢饰面门、复合材料门7个清单子项。其他门清单工程量计算规则见表2.9.8。

表 2.9.8　其他门清单工程量计算规则

其他门	计算规则	计量单位	工程内容
电子感应门(清单编码：010805001×××)	1. 以樘计量，按设计图示数量计算 2. 以平方米计量，按设计图示洞口尺寸以面积计算	1. 樘 2. m^2	1. 门安装 2. 启动装置、五金、电子配件安装
旋转门(清单编码：010805002×××)			
电子对讲门(清单编码：010805003×××)			
电动伸缩门(清单编码：010805004×××)			
全玻自由门(清单编码：010805005×××)			1. 门安装 2. 五金安装
镜面不锈钢饰面门(清单编码：010805006×××)			
复合材料门(清单编码：010805007×××)			

注：①以樘计量，项目特征必须描述洞口尺寸，没有洞口尺寸必须描述门框或扇外围尺寸，以平方米计量，项目特征可不描述洞口尺寸及框、扇的外围尺寸。

②以平方米计量，无设计图示洞口尺寸，按门框、扇外围以面积计算。

6. 木窗

木窗包括木质窗、木飘(凸)窗、木橱窗、木纱窗 4 个清单子项。木窗清单工程量计算规则见表 2.9.9。

表 2.9.9　木窗清单工程量计算规则

木　窗	计算规则	计量单位	工程内容
木质窗(清单编码：010806001×××)	1. 以樘计量，按设计图示数量计算 2. 以平方米计量，按设计图示洞口尺寸以面积计算	1. 樘 2. m^2	1. 窗安装 2. 五金、玻璃安装
木飘(凸)窗(清单编码：010806002×××)	1. 以樘计量，按设计图示数量计算 2. 以平方米计量，按设计图示尺寸以框外围展开面积计算		
木橱窗(清单编码：010806003×××)			1. 窗制作、运输、安装 2. 五金、玻璃安装 3. 刷防护材料
木纱窗(清单编码：010806004×××)	1. 以樘计量，按设计图示数量计算 2. 以平方米计量，按框的外围尺寸以面积计算		1. 窗安装 2. 五金安装

注：①以樘计量，项目特征必须描述洞口尺寸，没有洞口尺寸必须描述窗框外围尺寸；以平方米计量，项目特征可不描述洞口尺寸及框的外围尺寸。

②以平方米计量，无设计图示洞口尺寸，按窗框外围以面积计算。

③木橱窗、木飘(凸)窗以樘计量，项目特征必须描述框截面及外围展开面积。

7. 金属窗

金属窗包括金属(塑钢、断桥)窗、金属防火窗、金属百叶窗、金属纱窗、金属格栅窗、金属（塑钢、断桥）橱窗、金属（塑钢、断桥）飘（凸）窗、彩板窗、复合材料窗 9 个清单子项。金属窗清单工程量计算规则见表 2.9.10。

表 2.9.10　金属窗清单工程量计算规则

<table>
<tr><th>金属窗</th><th>计算规则</th><th>计量单位</th><th>工程内容</th></tr>
<tr><td>金属（塑钢、断桥）窗（清单编码：010807001×××）</td><td rowspan="3">1. 以樘计量，按设计图示数量计算
2. 以平方米计量，按设计图示洞口尺寸以面积计算</td><td rowspan="9">1. 樘
2. m^2</td><td rowspan="2">1. 窗安装
2. 五金、玻璃安装</td></tr>
<tr><td>金属防火窗（清单编码：010807002×××）</td></tr>
<tr><td>金属百叶窗（清单编码：010807003×××）</td><td rowspan="3">1. 窗安装
2. 五金安装</td></tr>
<tr><td>金属纱窗（清单编码：010807004×××）</td><td>1. 以樘计量，按设计图示数量计算
2. 以平方米计量，按框的外围尺寸以面积计算</td></tr>
<tr><td>金属格栅窗（清单编码：010807005×××）</td><td>1. 以樘计量，按设计图示数量计算
2. 以平方米计量，按设计图示洞口尺寸以面积计算</td></tr>
<tr><td>金属（塑钢、断桥）橱窗（清单编码：010807006×××）</td><td rowspan="2">1. 以樘计量，按设计图示数量计算
2. 以平方米计量，按设计图示尺寸以框外围展开面积计算</td><td>1. 窗制作、运输、安装
2. 五金、玻璃安装
3. 刷防护材料</td></tr>
<tr><td>金属（塑钢、断桥）飘（凸）窗（清单编码：010807007×××）</td><td rowspan="3">1. 窗安装
2. 五金、玻璃安装</td></tr>
<tr><td>彩板窗（清单编码：010807008×××）</td><td rowspan="2">1. 以樘计量，按设计图示数量计算
2. 以平方米计量，按设计图示洞口尺寸或框外围以面积计算</td></tr>
<tr><td>复合材料窗（清单编码：010807009×××）</td></tr>
</table>

注：①以樘计量，项目特征必须描述洞口尺寸，没有洞口尺寸必须描述窗框外围尺寸；以平方米计量，项目特征可不描述洞口尺寸及框的外围尺寸。

②以平方米计量，无设计图示洞口尺寸，按窗框外围以面积计算。

③金属橱窗、飘（凸）窗以樘计量，项目特征必须描述框外围展开面积。

8. 门窗套

门窗套包括木门窗套、木筒子板、饰面夹板筒子板、金属门窗套、石材门窗套、门窗木贴脸、成品木门窗套 7 个清单子项。门窗套清单工程量计算规则见表 2.9.11。

9. 窗台板

窗台板包括木窗台板、铝塑窗台板、金属窗台板、石材窗台板 4 个清单子项。窗台板清单工程量计算规则见表 2.9.12。

表 2.9.11　门窗套清单工程量计算规则

<table>
<tr><th>门窗套</th><th>计算规则</th><th>计量单位</th><th>工程内容</th></tr>
<tr><td>木门窗套（清单编码：010808001×××）</td><td rowspan="5">1. 以樘计量，按设计图示数量计算
2. 以平方米计量，按设计图示尺寸以展开面积计算
3. 以米计量，按设计图示中心以延长米计算</td><td rowspan="5">1. 樘
2. m^2
3. m</td><td rowspan="3">1. 清理基层
2. 立筋制作、安装
3. 基层板安装
4. 面层铺贴
5. 线条安装
6. 刷防护材料</td></tr>
<tr><td>木筒子板（清单编码：010808002×××）</td></tr>
<tr><td>饰面夹板筒子板（清单编码：010808003×××）</td></tr>
<tr><td>金属门窗套（清单编码：010808004×××）</td><td>1. 清理基层
2. 立筋制作、安装
3. 基层板安装
4. 面层铺贴
5. 刷防护材料</td></tr>
<tr><td>石材门窗套（清单编码：010808005×××）</td><td>1. 清理基层
2. 立筋制作、安装
3. 基层抹灰
4. 面层铺贴
5. 线条安装</td></tr>
<tr><td>门窗木贴脸（清单编码：010808006×××）</td><td>1. 以樘计量，按设计图示数量计算
2. 以米计量，按设计图示尺寸以延长米计算</td><td>1. 樘
2. m</td><td>安装</td></tr>
<tr><td>成品木门窗套（清单编码：010808007×××）</td><td>1. 以樘计量，按设计图示数量计算
2. 以平方米计量，按设计图示尺寸以展开面积计算
3. 以米计量，按设计图示中心以延长米计算</td><td>1. 樘
2. m^2
3. m</td><td>1. 清理基层
2. 立筋制作、安装
3. 板安装</td></tr>
</table>

注：①以樘计量，项目特征必须描述洞口尺寸、门窗套展开宽度。

②以平方米计量，项目特征可不描述洞口尺寸、门窗套展开宽度。

③以米计量，项目特征必须描述门窗套展开宽度、筒子板及贴脸宽度。

表 2.9.12　窗台板清单工程量计算规则

<table>
<tr><th>窗 台 板</th><th>计算规则</th><th>计量单位</th><th>工程内容</th></tr>
<tr><td>木窗台板(清单编码：010809001×××)</td><td rowspan="4">按设计图示尺寸以展开面积计算</td><td rowspan="4">m^2</td><td rowspan="3">1. 基层清理
2. 基层制作、安装
3. 窗台板制作、安装
4. 刷防护材料</td></tr>
<tr><td>铝塑窗台板(清单编码：010809002×××)</td></tr>
<tr><td>金属窗台板(清单编码：010809003×××)</td></tr>
<tr><td>石材窗台板(清单编码：010809004×××)</td><td>1. 基层清理
2. 抹找平层
3. 窗台板制作、安装</td></tr>
</table>

10. 窗帘、窗帘盒、轨

窗帘、窗帘盒、轨包括窗帘，木窗帘盒，饰面夹板、塑料窗帘盒，铝合金窗帘盒，窗帘轨5个清单子项。窗帘、窗帘盒、轨清单工程量计算规则见表 2.9.13。

表 2.9.13　窗帘、窗帘盒、轨清单工程量计算规则

窗帘、窗帘盒、轨	计算规则	计量单位	工程内容
窗帘（清单编码：010810001×××）	1. 以米计量，按设计图示尺寸以成活后长度计算 2. 以平方米计量，按图示尺寸以成活后展开面积计算	1. m 2. m^2	1. 制作、运输 2. 安装
木窗帘盒（清单编码：010810002×××）	按设计图示尺寸以长度计算	m	1. 制作、运输、安装 2. 刷防护材料
饰面夹板、塑料窗帘盒（清单编码：010810003×××）			
铝合金窗帘盒（清单编码：010810004×××）			
窗帘轨（清单编码：010810005×××）			

【应用案例 2.9.3】　××工程某户居室门窗布置如图 2.9.12 所示，分户门为成品钢质防盗门，室内门为成品实木门带套，⑥轴上 B 轴至 C 轴间为成品塑钢门带窗（无门套）；①轴上 C 轴至 E 轴间为塑钢门，框边安装成品门套，展开宽度为 350 mm；所有窗为成品塑钢窗，具体尺寸详见表 2.9.14。

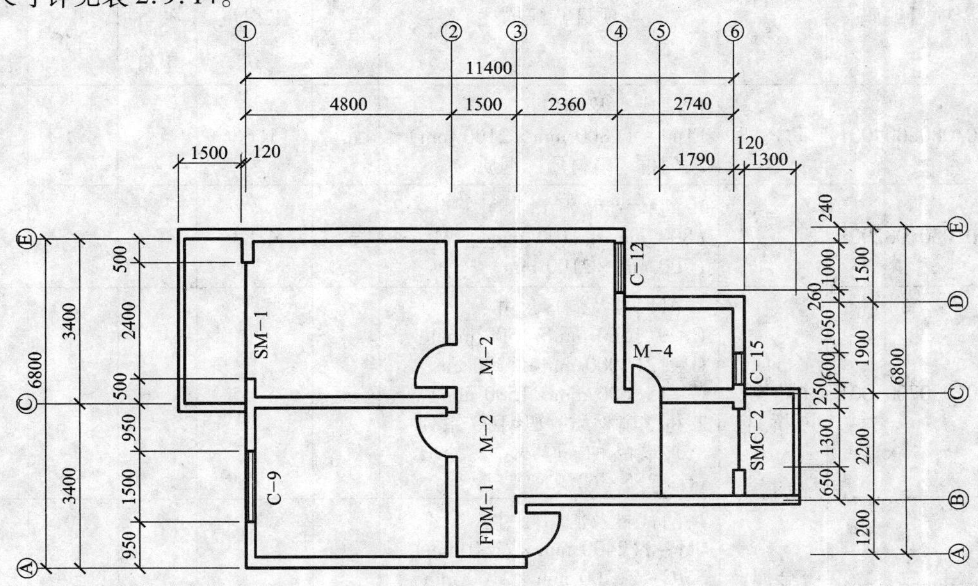

图 2.9.12　××工程某户居室门窗平面布置图

根据以上资料及现行国家标准《建设工程工程量清单计价规范》（GB 50500—2013）、《房屋建筑与装饰工程工程量计算规范》（GB 50854—2013），试编制该户居室的门窗、门窗套的分部分项工程量清单。

【解】　工程量计算过程如下：

（1）成品钢质防盗门工程量：$S=0.8\times2.1=1.68\ m^2$

（2）成品实木门带套工程量：$S=0.8\times2.1\times2+0.7\times2.1\times1=4.83\ m^2$

(3)成品平开塑钢窗工程量：$S=1.5\times1.5+1\times1.5+0.6\times1.5\times2=5.55\ m^2$

(4)成品塑钢门工程量：$S=0.7\times2.1+2.4\times2.1=6.51\ m^2$

(5)成品门套工程量：$n=1$ 樘

工程量清单见表2.9.15。

表2.9.14 某户居室门窗表

名称	代号	洞口尺寸(mm)	备注
成品钢质防盗门	FDM-1	800×2100	含锁、五金
成品实木门带套	M-2	800×2100	含锁、普通五金
	M-4	700×2100	
成品平开塑钢窗	C-9	1500×1500	夹胶玻璃(6+2.5+6)，型材为钢塑90系列，普通五金
	C-12	1000×1500	
	C-15	600×1500	
成品塑钢门带窗	SMC-2	门(700×2100)、窗(600×1500)	
成品塑钢门	SM-1	2400×2100	

表2.9.15 分部分项工程和单价措施项目清单与计价表

工程名称： 标 段： 第 页 共 页

序号	项目编码	项目名称	项目特征描述	计量单位	工程量	金额(元)		
						综合单价	合价	其中 暂估价
1	010802004001	防盗门	1. 门代号及洞口尺寸：FDM-1(800 mm×2100 mm) 2. 门框、扇材质：钢质	m^2	1.68			
2	010801002001	木质门带套	1. 门代号及洞口尺寸：M-2(800 mm×2100 mm)、M-4(700 mm×2100 mm)	m^2	4.83			
3	010807001001	金属(塑钢、断桥)窗	1. 窗代号及洞口尺寸： C-9(1500 mm×1500 mm) C-12(1000 mm×1500 mm) C-15(600 mm×1500 mm) 2. 框、扇材质：塑钢90系列 3. 玻璃品种、厚度：夹胶玻璃(6+2.5+6)	m^2	5.55			
4	010802001001	金属(塑钢)门	1. 门代号及洞口尺寸： SM-1(2400 mm×2100 mm) SMC-2(700 mm×2100 mm) 2. 门框、扇材质：塑钢90系列 3. 玻璃品种、厚度：夹胶玻璃(6+2.5+6)	m^2	6.51			
5	010808007001	成品木门窗套	1. 门代号及洞口尺寸： SM-1(2400 mm×2100 mm) 2. 门套展开宽度：350 mm 3. 门套材料品种、规格：成品实木门套	樘	1			

注：成品塑钢门带窗工程量按门、按窗分开计算工程量。

【能力训练 2.9.1】 计算门窗工程工程量。

【原始资料】 学生创业训练综合楼建筑施工图、结构施工图(见附录)。

任务10　屋面及防水工程清单工程量计算

2.10.1　工程量清单项目设置

屋面及防水工程工程量清单项目按照《房屋建筑与装饰工程工程量计算规范》(GB 50854—2013)附录J列项，共分4节21个子项，包括瓦、型材及其他屋面，屋面防水及其他，墙面防水、防潮，楼(地)面防水、防潮工程。屋面及防水工程工程量清单项目设置见表2.10.1所示。

表2.10.1　屋面及防水工程工程量清单项目设置

项目编码	项目名称	项目特征	备　注
010901001	瓦屋面	瓦品种、规格，黏结层砂浆的配合比	瓦、型材及其他屋面(编码：010901)
010901002	型材屋面	型材品种、规格，金属檩条材料品种、规格，接缝、嵌缝材料种类	
010901003	阳光板屋面	阳光板品种、规格，骨架材料品种、规格，接缝、嵌缝材料种类，油漆品种、刷漆遍数	
010901004	玻璃钢屋面	玻璃钢品种、规格，骨架材料品种、规格，玻璃钢固定方式，接缝、嵌缝材料种类，油漆品种、刷漆遍数	
010901005	膜结构屋面	膜布品种、规格，支柱(网架)钢材品种、规格，钢丝绳品种、规格，锚固基座做法，油漆品种、刷漆遍数	
010902001	屋面卷材防水	卷材品种、规格、厚度，防水层数，防水层做法	屋面防水及其他(编码：010902)
010902002	屋面涂膜防水	防水膜品种，涂膜厚度、遍数，增强材料种类	
010902003	屋面刚性层	刚性层厚度，混凝土种类，混凝土强度等级，嵌缝材料种类，钢筋规格、型号	
010902004	屋面排水管	排水管品种、规格，雨水斗、山墙出水口品种、规格，接缝、嵌缝材料种类，油漆品种、刷漆遍数	
010902005	屋面排(透)气管	排(透)气管品种、规格，接缝、嵌缝材料种类，油漆品种、刷漆遍数	
010902006	屋面(廊、阳台)泄(吐)水管	吐水管品种、规格，接缝、嵌缝材料种类，吐水管长度，油漆品种、刷漆遍数	
010902007	屋面天沟、檐沟	材料品种、规格，接缝、嵌缝材料种类	
010902008	屋面变形缝	嵌缝材料种类，止水带材料种类，盖缝材料，防护材料种类	

续表 2.10.1

项目编码	项目名称	项目特征	备　注
010903001	墙面卷材防水	卷材品种、规格、厚度，防水层数，防水层做法	墙面防水、防潮（编码：010903）
010903002	墙面涂膜防水	防水膜品种，涂膜厚度、遍数，增强材料种类	
010903003	墙面砂浆防水（防潮）	防水层做法，砂浆厚度、配合比，钢丝网规格	
010903004	墙面变形缝	嵌缝材料种类，止水带材料种类，盖缝材料，防护材料种类	
010904001	楼（地）面卷材防水	卷材品种、规格、厚度，防水层数，防水层做法，反边高度	楼（地）面防水、防潮（编码：010904）
010904002	楼（地）面涂膜防水	防水膜品种，涂膜厚度、遍数，增强材料种类，反边高度	
010904003	楼（地）面砂浆防水（防潮）	防水层做法，砂浆厚度、配合比，反边高度	
010904004	楼（地）面变形缝	嵌缝材料种类，止水带材料种类，盖缝材料，防护材料种类	

2.10.2　工程量清单编制规定

1）瓦屋面若是在木基层上铺瓦，项目特征不必描述黏结层砂浆的配合比，瓦屋面铺防水层，按表 2.10.4“屋面防水及其他”中相关项目编码列项。

2）型材屋面、阳光板屋面、玻璃钢屋面的柱、梁、屋架，按《房屋建筑与装饰工程工程量计算规范》（GB 50854—2013）附录 F 金属结构工程、附录 G 木结构工程中相关项目编码列项。

3）屋面刚性层无钢筋，其钢筋项目特征不必描述。

4）屋面找平层按《房屋建筑与装饰工程工程量计算规范》（GB 50854—2013）附录 L 楼地面装饰工程“平面砂浆找平层”项目编码列项。

5）屋面、墙面、楼（地）面防水搭接及附加层用量均不另行计算，均在综合单价中考虑。

6）屋面保温找坡层按《房屋建筑与装饰工程工程量计算规范》（GB 50854—2013）附录 K 保温、隔热、防腐工程“保温隔热屋面”项目编码列项。

7）墙面变形缝若做双面，工程量乘系数 2。

8）墙面找平层按《房屋建筑与装饰工程工程量计算规范》（GB 50854—2013）附录 M 墙、柱面装饰与隔断、幕墙工程“立面砂浆找平层”项目编码列项。

9）楼（地）面防水找平层按《房屋建筑与装饰工程工程量计算规范》（GB 50854—2013）附录 L 楼地面装饰工程“平面砂浆找平层”项目编码列项。

【知识链接】

屋面材料及相关节点构造如图 2.10.1 至图 2.10.14 所示。

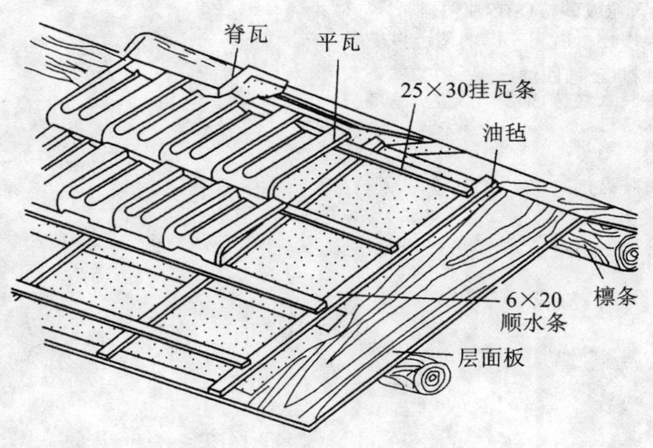

图 2.10.1　屋面板上挂瓦屋面

图 2.10.2　黏土瓦

图 2.10.3　水泥瓦

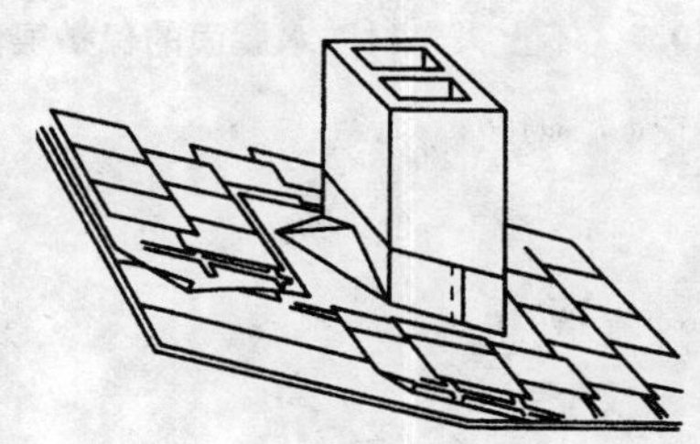

图 2.10.4　房上烟囱

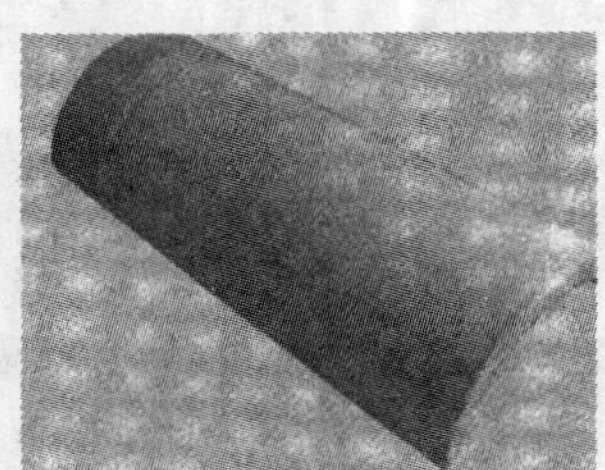

图 2.10.5　西班牙瓦

图 2.10.6　上人卷材防水屋面的保护层做法

图 2.10.7　不上人卷材防水屋面的保护层做法

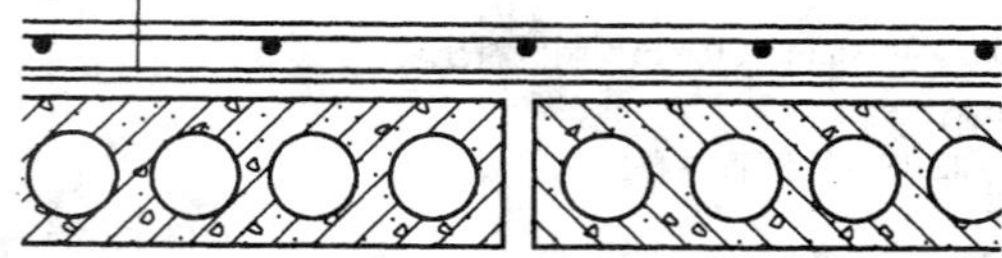

图 2.10.8　刚性防水屋面

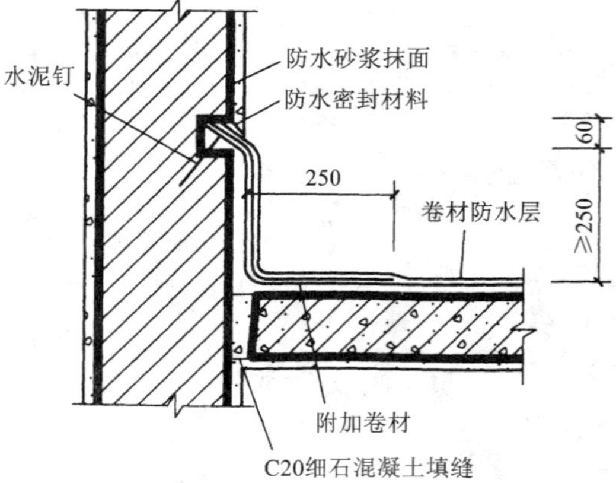

图 2.10.9　屋面女儿墙防水卷材弯起示意图

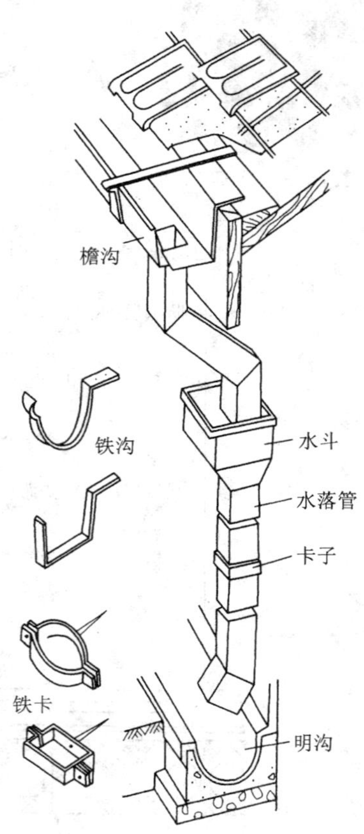

图 2.10.10　排水管示意图

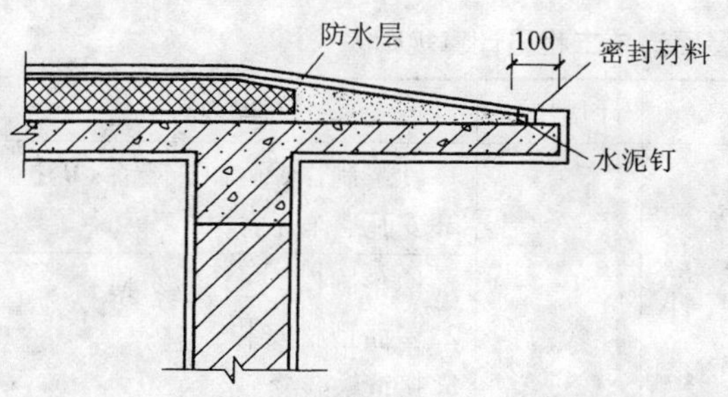

图 2.10.11　无组织排水挑檐口构造

图 2.10.12　膜结构

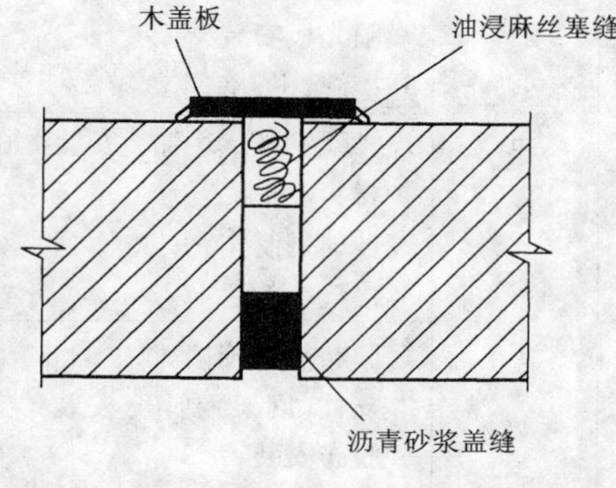

图 2.10.13　变形缝示意图

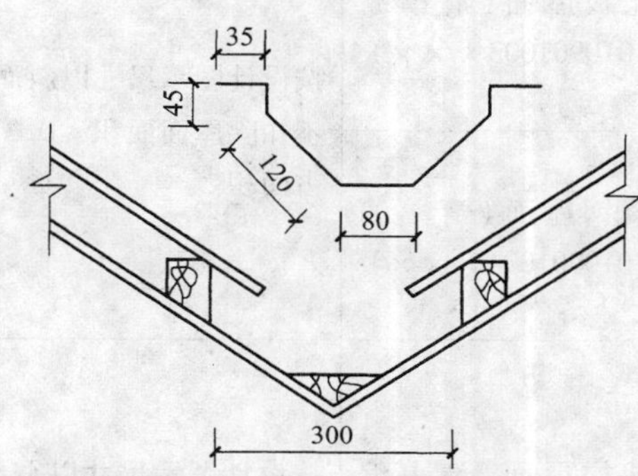

图 2.10.14　铁皮排水天沟示意图

2.10.3　清单工程量计算规则及应用案例

1. 瓦、型材及其他屋面

瓦屋面项目适用于用小青瓦、平瓦、筒瓦、石棉水泥瓦、玻璃钢波形瓦等材料做成的屋面。型材屋面项目适用于压型钢板、金属压型夹心板、阳光板、玻璃钢等屋面。瓦、型材及其他屋面清单工程量计算规则见表 2.10.2。

【知识链接】

1) 屋面坡度系数。屋面坡度有三种表示方法：

① 屋顶高度与跨度之比(简称高跨比)表示；

② 屋顶高度与半跨之比(简称坡度)表示；

③ 屋顶斜面与水平面的夹角(α)表示。

屋面坡度示意图如图 2.10.15 所示。

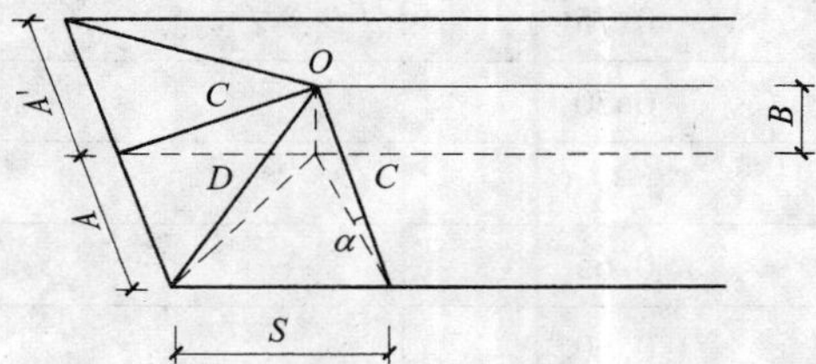

图 2.10.15　屋面坡度示意图

屋面坡度系数表(按等坡考虑)见表 2.10.3。

2) 当 $A=A'$，且 $S=0$ 时，为等两坡屋面；$A=A'=S$ 时，为等四坡屋面。

① 屋面斜铺面积 = 屋面水平投影面积 × 延尺系数 C；

② 等两坡屋面沿山墙泛水长度 $=A\times$ 延尺系数(C)；

③ 等四坡排水屋面斜脊长度 $=A\times$ 隅延尺系数(D)。

表 2.10.2　瓦、型材及其他屋面清单工程量计算规则

<table>
<tr><th>瓦、型材及其他屋面</th><th>计算规则</th><th>计量单位</th><th>工程内容</th></tr>
<tr><td>瓦屋面（清单编码：010901001×××）</td><td rowspan="2">按设计图示尺寸以斜面积计算
不扣除房上烟囱、风帽底座、风道、小气窗、斜沟等所占面积，小气窗的出檐部分不增加面积</td><td rowspan="5">m^2</td><td>1. 砂浆制作、运输、摊铺、养护
2. 安瓦、作瓦脊</td></tr>
<tr><td>型材屋面（清单编码：010901002×××）</td><td>1. 檩条制作、运输、安装
2. 屋面型材安装
3. 接缝、嵌缝</td></tr>
<tr><td>阳光板屋面（清单编码：010901003×××）</td><td rowspan="2">按设计图示尺寸以斜面积计算
不扣除屋面面积≤0.3 m^2 孔洞所占面积</td><td>1. 骨架制作、运输、安装，刷防护材料、油漆
2. 阳光板安装
3. 接缝、嵌缝</td></tr>
<tr><td>玻璃钢屋面（清单编码：010901004×××）</td><td>1. 骨架制作、运输、安装，刷防护材料、油漆
2. 玻璃钢制作、安装
3. 接缝、嵌缝</td></tr>
<tr><td>膜结构屋面（清单编码：010901005×××）</td><td>按设计图示尺寸以需要覆盖的水平投影面积计算</td><td>1. 膜布热压胶接
2. 支柱（网架）制作、安装
3. 膜布安装
4. 穿钢丝绳、锚头锚固
5. 锚固基座、挖土、回填
6. 刷防护材料，油漆</td></tr>
</table>

表 2.10.3　屋面坡度系数表

坡　度			延尺系数 C（$A=1$）	隅延尺系数 D（$A=1$）
以高度 B 表示（当 $A=1$ 时）	以高跨比表示 $B/2A$	以角度表示（α）		
1	1/2	45°	1.4142	1.7321
0.75		36°52′	1.2500	1.6008
0.70		35°	1.2207	1.5779
0.666	1/3	33°40′	1.2015	1.5620
0.65		33°01′	1.1926	1.5564
0.60		30°58′	1.1662	1.5362
0.577		30°	1.1547	1.5270
0.55		28°49′	1.1413	1.5170
0.50	1/4	26°34′	1.1180	1.5000
0.45		24°14′	1.0966	1.4839
0.40	1/5	21°48′	1.0770	1.4697

续表 2.10.3

坡度			延尺系数 C ($A=1$)	隅延尺系数 D ($A=1$)
以高度 B 表示 (当 $A=1$ 时)	以高跨比表示 $B/2A$	以角度表示(α)		
0.35		19°17′	1.0594	1.4569
0.30		16°42′	1.0440	1.4457
0.25		14°02′	1.0308	1.4362
0.20	1/10	11°19′	1.0198	1.4283
0.15		8°32′	1.0112	1.4221
0.125		7°8′	1.0078	1.4191
0.100	1/20	5°42′	1.0050	1.4177
0.083		4°45′	1.0035	1.4166
0.066	1/30	3°49′	1.0022	1.4157

【小贴士】

计算屋顶斜面积或斜长时一般可直接查表应用延尺系数 C 和隅延尺系数 D，当表中查不到时，可用如下方法分别计算：

1）当已知角度时，可用公式：$C=\dfrac{1}{\cos\alpha}$和 $D=\sqrt{1+C^2}\left(C=\dfrac{1}{\cos\alpha}\right)$

2）当角度未知，而知屋顶的高度或跨度时（半跨），可用公式：

$C=\sqrt{1+\tan^2\alpha}$和 $D=\sqrt{2+\tan^2\alpha}$（$\tan\alpha=\dfrac{\text{高}}{\text{半跨}}$）

【应用案例 2.10.1】　某一带屋面小气窗的等四坡小青瓦屋面，尺寸及坡度如图 2.10.16 所示，试计算瓦屋面清单工程量、正脊长度、斜脊长度。

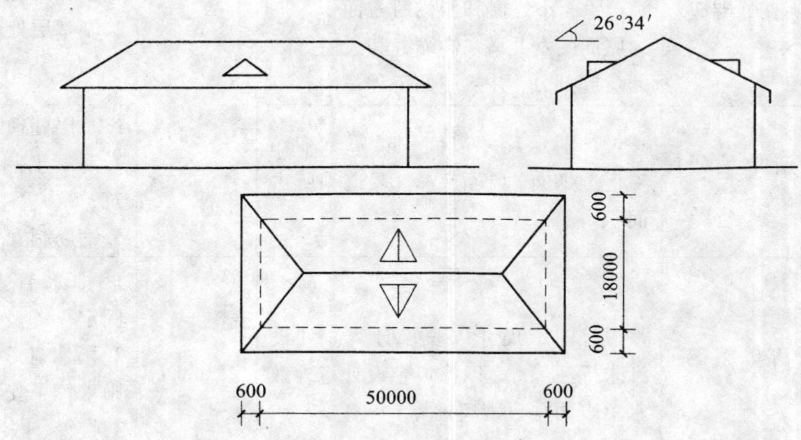

图 2.10.16　带有小气窗的小青瓦屋面

【解】 1)瓦屋面清单工程量：按设计图示尺寸以斜面积计算。不扣除房上烟囱、风帽底座、风道、小气窗、斜沟等所占面积，小气窗的出檐部分不增加面积。

由图可知屋面坡度角度 =26°34′，

查屋面坡度系数表2.10.3得延尺系数 $C=1.1180$，隅延尺系数 $D=1.5000$，则

屋面斜面积 =(50 +0.6 ×2) ×(18 +0.6 ×2) ×1.1180 =1099.04 m²

2)正脊长度。由题意等四坡可知，$S=A=A'$，则

正脊长度 =(50 +0.6 ×2) -(0.6 +18/2) ×2 =32 m

3)斜脊长度。

四坡屋面一条斜脊长度 $=A\times D=(0.6+18/2)\times 1.5000=14.40$ m

则斜脊总长为14.4 m/条 ×4 条 =57.60 m

2. 屋面防水及其他

屋面防水及其他包括屋面卷材防水，屋面涂膜防水，屋面刚性层，屋面排水管，屋面排(透)气管，屋面(廊、阳台)泄(吐)水管，屋面天沟、檐沟，屋面变形缝8个清单子项。其中屋面卷材防水项目适用于利用胶结材料粘贴卷材进行防水的屋面；屋面涂膜防水项目适用于厚质涂料、薄质涂料和有加增强材料或无加增强材料的涂膜防水屋面；屋面刚性防水项目适用于细石混凝土、补偿收缩混凝土、块体混凝土、预应力混凝土和钢纤维混凝土等刚性防水屋面；屋面排水管项目适用于各种排水管材(PVC管、玻璃钢管、铸铁管等)。屋面防水及其他清单工程量计算规则见表2.10.4。

表2.10.4 屋面防水及其他清单工程量计算规则

屋面防水及其他	计算规则	计量单位	工程内容
屋面卷材防水(清单编码：010902001 × × ×)	按设计图示尺寸以面积计算 1. 斜屋顶(不包括平屋顶找坡)按斜面积计算，平屋顶按水平投影面积计算 2. 不扣除房上烟囱、风帽底座、风道、屋面小气窗和斜沟所占面积 3. 屋面的女儿墙、伸缩缝和天窗等处的弯起部分，并入屋面工程量内	m²	1. 基层处理 2. 刷底油 3. 铺油毡卷材、接缝
屋面涂膜防水(清单编码：010902002 × × ×)			1. 基层处理 2. 刷基层处理剂 3. 铺布、喷涂防水层
屋面刚性层(清单编码：010902003 × × ×)	按设计图示尺寸以面积计算。不扣除房上烟囱、风帽底座、风道等所占面积		1. 基层处理 2. 混凝土制作、运输、铺筑、养护 3. 钢筋制安
屋面排水管(清单编码：010902004 × × ×)	按设计图示尺寸以长度计算。如设计未标注尺寸，以檐口至设计室外散水上表面垂直距离计算	m	1. 排水管及配件安装、固定 2. 雨水斗、山墙出水口、雨水箅子安装 3. 接缝、嵌缝 4. 刷漆

续表 2.10.4

屋面防水及其他	计算规则	计量单位	工程内容
屋面排（透）气管（清单编码：010902005×××）	按设计图示尺寸以长度计算	m	1. 排（透）气管及配件安装、固定 2. 铁件制作、安装 3. 接缝、嵌缝 4. 刷漆
屋面（廊、阳台）泄（吐）水管（清单编码：010902006×××）	按设计图示数量计算	根（个）	1. 水管及配件安装、固定 2. 接缝、嵌缝 3. 刷漆
屋面天沟、檐沟（清单编码：010902007×××）	按设计图示尺寸以展开面积计算	m^2	1. 天沟材料铺设 2. 天沟配件安装 3. 接缝、嵌缝 4. 刷防护材料
屋面变形缝（清单编码：010902008×××）	按设计图示尺寸以长度计算	m	1. 清缝 2. 填塞防水材料 3. 止水带安装 4. 盖缝制作、安装 5. 刷防护材料

【应用案例 2.10.2】　已知××工程女儿墙厚 240 mm，屋面卷材在女儿墙处卷起 250 mm，如图 2.10.17 所示，为两坡二毡三油卷材屋面，屋面构造层次为：

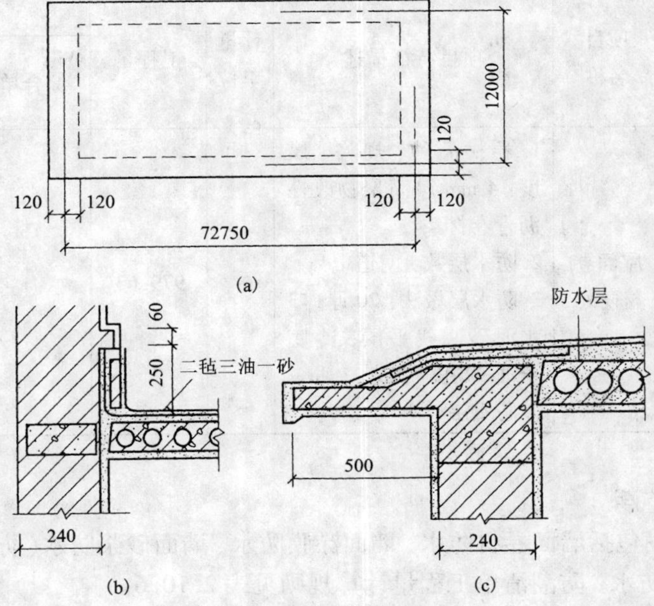

图 2.10.17　卷材防水屋面

（a）平面；（b）女儿墙；（c）挑檐

① 预制钢筋混凝土空心板；
② 20 厚 1∶3 水泥砂浆找平层；
③ 冷底子油一道；
④ 二毡三油一砂防水层(4 mm 厚高聚物改性沥青卷材)。

试计算：

1)当有女儿墙，屋面坡度为 3% 时，屋面卷材防水清单工程量；

2)无女儿墙有挑檐，编制屋面坡度为 3% 时的屋面卷材防水工程量清单。

【解】

1)当有女儿墙，屋面坡度为 3% 时，因坡度很小，按平屋面计算，则

$$\begin{aligned}屋面卷材防水清单工程量 &= (72.75-0.12\times2)\times(12-0.12\times2)\\ &\quad+[(72.75-0.12\times2)+(12-0.12\times2)]\times2\times0.25\\ &=852.72+42.14\\ &=894.86\ \text{m}^2\end{aligned}$$

2)无女儿墙有挑檐，屋面坡度为 3% 时，因坡度很小，也按平屋面计算工程量。

由图 2.10.17(a)(c)可知

$$\begin{aligned}屋面卷材防水清单工程量 &= (72.75+0.12\times2+0.5\times2)\times(12+0.12\times2+0.5\times2)\\ &=979.63\ \text{m}^2\end{aligned}$$

屋面卷材防水工程量清单见表 2.10.5。

表 2.10.5　分部分项工程和单价措施项目清单与计价表

工程名称：××工程　　　　标　段：　　　　第　页　共　页

序号	项目编码	项目名称	项目特征描述	计量单位	工程量	金额(元)		
						综合单价	合价	其中 暂估价
1	010902001001	屋面卷材防水	1. 卷材品种、规格、厚度：4 mm 厚高聚物改性沥青卷材 2. 防水层数：两道 3. 防水层做法：20 厚1∶3 水泥砂浆找平层；冷底子油一道；二毡三油一砂防水层	m^2	979.63			

3. 墙面防水、防潮

墙面防水、防潮包括墙面卷材防水、墙面涂膜防水、墙面砂浆防水(防潮)、墙面变形缝 4 个清单子项。墙面防水、防潮清单工程量计算规则见表 2.10.6。

表 2.10.6　墙面防水、防潮清单工程量计算规则

墙面防水、防潮	计算规则	计量单位	工程内容
墙面卷材防水（清单编码：010903001×××）	按设计图示尺寸以面积计算	m^2	1. 基层处理 2. 刷黏结剂 3. 铺防水卷材 4. 接缝、嵌缝
墙面涂膜防水（清单编码：010903002×××）			1. 基层处理 2. 刷基层处理剂 3. 铺布、喷涂防水层
墙面砂浆防水（防潮）（清单编码：010903003×××）			1. 基层处理 2. 挂钢丝网片 3. 设置分格缝 4. 砂浆制作、运输、摊铺、养护
墙面变形缝（清单编码：010903004×××）	按设计图示以长度计算	m	1. 清缝 2. 填塞防水材料 3. 止水带安装 4. 盖缝制作、安装 5. 刷防护材料

4. 楼(地)面防水、防潮

楼（地）面防水、防潮包括楼（地）面卷材防水、楼（地）面涂膜防水、楼（地）面砂浆防水（防潮）、楼（地）面变形缝 4 个清单子项。楼（地）面防水、防潮清单工程量计算规则见表 2.10.7。

表 2.10.7　楼（地）面防水、防潮清单工程量计算规则

楼（地）面防水、防潮	计算规则	计量单位	工程内容
楼（地）面卷材防水（清单编码：010904001×××）	按设计图示尺寸以面积计算： 1. 楼（地）面防水：按主墙间净空面积计算，扣除凸出地面的构筑物、设备基础等所占面积，不扣除间壁墙及单个面积≤0.3 m^2 柱、垛、烟囱和孔洞所占面积 2. 楼（地）面防水反边高度≤300 mm 算作地面防水，反边高度 >300 mm 按墙面防水计算	m^2	1. 基层处理 2. 刷黏结剂 3. 铺防水卷材 4. 接缝、嵌缝
楼（地）面涂膜防水（清单编码：010904002×××）			1. 基层处理 2. 刷基层处理剂 3. 铺布、喷涂防水层
楼（地）面砂浆防水（防潮）（清单编码：010904003×××）			1. 基层处理 2. 砂浆制作、运输、摊铺、养护
楼（地）面变形缝（清单编码：010904004×××）	按设计图示以长度计算	m	1. 清缝 2. 填塞防水材料 3. 止水带安装 4. 盖缝制作、安装 5. 刷防护材料

【应用案例 2.10.3】 试计算××工程如图 2.10.18 所示地面防潮层清单工程量，其防潮层做法如图 2.10.19 所示。

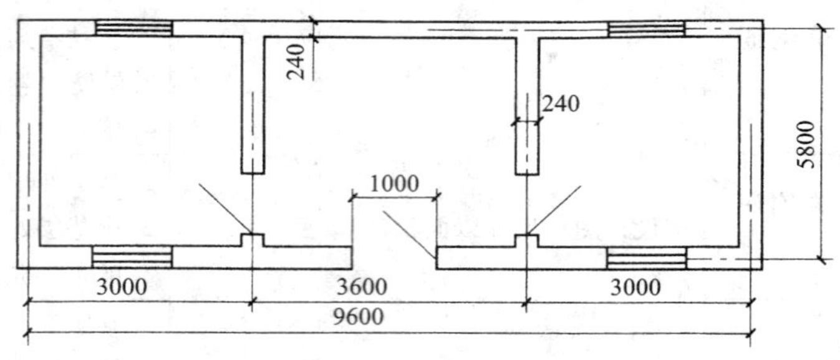

图 2.10.18 ××工程首层平面图

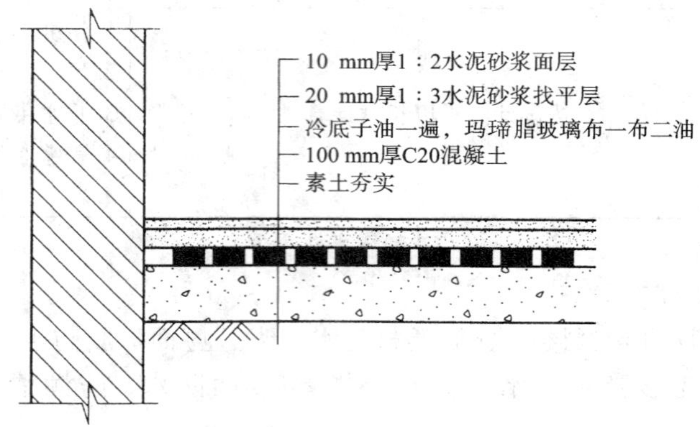

图 2.10.19 地面防潮层构造层次示意图

【解】 工程量按主墙间净空面积计算。

地面防潮层清单工程量 $=(9.6-0.24\times2-0.12\times2)\times(5.8-0.12\times2)=49.37\ \text{m}^2$

【能力训练 2.10.1】 计算屋面及防水工程工程量。

【原始资料】 学生创业训练综合楼建筑施工图、结构施工图(见附录)。

任务 11 保温、隔热、防腐工程清单工程量计算

2.11.1 工程量清单项目设置

保温、隔热、防腐工程工程量清单项目按照《房屋建筑与装饰工程工程量计算规范》(GB 50854—2013)附录 K 列项，共分 3 节 16 个子项，包括保温、隔热，防腐面层，其他防腐。保温、隔热、防腐工程工程量清单项目设置见表 2.11.1 所示。

表 2.11.1　保温、隔热、防腐工程工程量清单项目设置

项目编码	项目名称	项目特征	备　注
011001001	保温隔热屋面	保温隔热材料品种、规格、厚度，隔气层材料品种、厚度，黏结材料种类、做法，防护材料种类、做法	保温、隔热（编码：011001）
011001002	保温隔热天棚	保温隔热面层材料品种、规格、性能，保温隔热材料品种、规格及厚度，黏结材料种类及做法，防护材料种类及做法	
011001003	保温隔热墙面	保温隔热部位，保温隔热方式，踢脚线、勒脚线保温做法，龙骨材料品种、规格，保温隔热面层材料品种、规格、性能，保温隔热材料品种、规格及厚度，增强网及抗裂防水砂浆种类，黏结材料种类及做法，防护材料种类及做法	
011001004	保温柱、梁		
011001005	保温隔热楼地面	保温隔热部位，保温隔热材料品种、规格、厚度，隔气层材料品种、厚度，黏结材料种类、做法，防护材料种类、做法	
011001006	其他保温隔热	保温隔热部位，保温隔热方式，隔气层材料品种、厚度，保温隔热面层材料品种、规格、性能，保温隔热材料品种、规格及厚度，黏结材料种类及做法，增强网及抗裂防水砂浆种类，防护材料种类及做法	
011002001	防腐混凝土面层	防腐部位，面层厚度，混凝土种类，胶泥种类、配合比	防腐面层（编码：011002）
011002002	防腐砂浆面层	防腐部位，面层厚度，砂浆、胶泥种类、配合比	
011002003	防腐胶泥面层	防腐部位，面层厚度，胶泥种类、配合比	
011002004	玻璃钢防腐面层	防腐部位，玻璃钢种类，贴布材料的种类、层数，面层材料品种	
011002005	聚氯乙烯板面层	防腐部位，面层材料品种、厚度，黏结材料种类	
011002006	块料防腐面层	防腐部位，块料品种、规格，黏结材料种类，勾缝材料种类	
011002007	池、槽块料防腐面层	防腐池、槽名称、代号，块料品种、规格，黏结材料种类，勾缝材料种类	
011003001	隔离层	隔离层部位，隔离层材料品种，隔离层做法，黏结材料种类	其他防腐（编码：011003）
011003002	砌筑沥青浸渍砖	砌筑部位，浸渍砖规格，胶泥种类，浸渍砖砌法	
011003003	防腐涂料	涂刷部位，基层材料类型，刮腻子的种类、遍数，涂料品种、刷涂遍数	

2.11.2 工程量清单编制规定

1)保温隔热装饰面层，按《房屋建筑与装饰工程工程量计算规范》(GB 50854—2013)附录L、M、N、P、Q中相关项目编码列项；仅做找平层按《房屋建筑与装饰工程工程量计算规范》(GB 50854—2013)附录L楼地面装饰工程“平面砂浆找平层”或附录M墙、柱面装饰与隔断、幕墙工程“立面砂浆找平层”项目编码列项。

2)柱帽保温隔热应并入天棚保温隔热工程量内。

3)池槽保温隔热应按其他保温隔热项目编码列项。

4)保温隔热方式：指内保温、外保温、夹心保温。

5)保温柱、梁适用于不与墙、天棚相连的独立柱、梁。

6)防腐踢脚线，应按《房屋建筑与装饰工程工程量计算规范》(GB 50854—2013)附录L楼地面装饰工程“踢脚线”项目编码列项。

7)浸渍砖砌法指平砌、立砌。

2.11.3 清单工程量计算规则及应用案例

1.保温、隔热

保温、隔热包含保温隔热屋面，保温隔热天棚，保温隔热墙面，保温柱、梁，保温隔热楼地面，其他保温隔热6个清单子项。保温隔热屋面项目适用于各种保温隔热材料的屋面。保温隔热天棚项目适用于各种材料的下贴式或吊顶上搁置式的保温隔热天棚。保温隔热墙面项目适用于工业与民用建筑物外墙、内墙保温隔热工程。保温柱、梁项目适用于各种材料的柱保温、梁保温。保温隔热楼地面项目适用于各种材料(沥青贴软木、聚苯乙烯泡沫塑料板等)的楼地面隔热保温。保温、隔热清单工程量计算规则见表2.11.2。

【应用案例2.11.1】 ××工程保温平屋面尺寸如图2.11.1所示，墙体均为240 mm墙，做法如下：①现浇钢筋混凝土板上干铺150 mm厚加气混凝土块保温层；②20 mm厚1∶8水泥加气混凝土碎渣找2%坡；③1∶3水泥砂浆找平20 mm厚；④3 mm厚SBS改性沥青卷材满铺一层；⑤M5.0混合砂浆砌120 mm×120 mm砖三皮，双向中距500 mm；⑥点式支撑架空隔热板为C20预制混凝土板(490 mm×490 mm×30 mm)，隔热板缝宽10 mm，1∶2水泥砂浆填缝。计算加气混凝土块保温层和预制混凝土架空隔热板清单工程量。

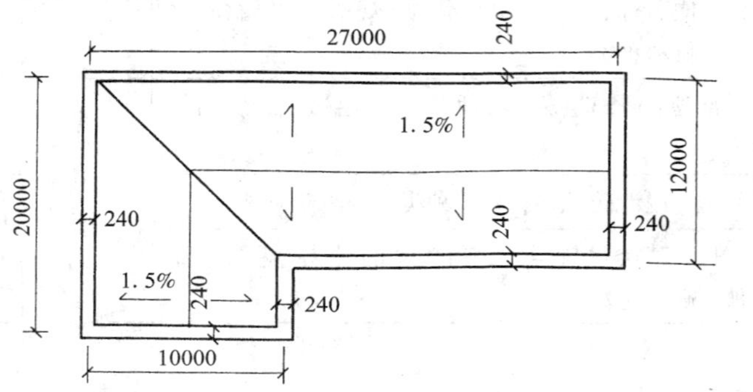

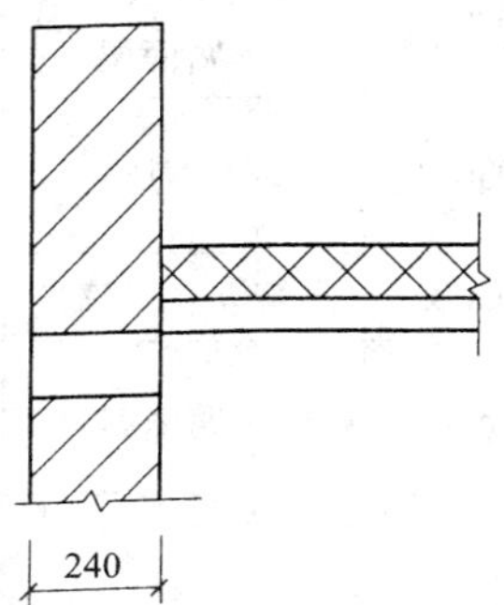

图2.11.1 保温隔热平面图

表 2.11.2 保温、隔热清单工程量计算规则

保温、隔热	计算规则	计量单位	工程内容
保温隔热屋面（清单编码：011001001×××）	按设计图示尺寸以面积计算。扣除面积＞0.3 m^2孔洞及占位面积	m^2	1. 基层清理 2. 刷黏结材料 3. 铺黏保温层 4. 铺、刷（喷）防护材料
保温隔热天棚（清单编码：011001002×××）	按设计图示尺寸以面积计算。扣除面积＞0.3 m^2上柱、垛、孔洞所占面积，与天棚相连的梁按展开面积，计算并入天棚工程量内		
保温隔热墙面（清单编码：011001003×××）	按设计图示尺寸以面积计算。扣除门窗洞口以及面积＞0.3 m^2梁、孔洞所占面积；门窗洞口侧壁以及与墙相连的柱，并入保温墙体工程量内		1. 基层清理 2. 刷界面剂 3. 安装龙骨 4. 填贴保温材料 5. 保温板安装 6. 粘贴面层 7. 铺设增强格网，抹抗裂、防水砂浆面层 8. 嵌缝 9. 铺、刷（喷）防护材料
保温柱、梁（清单编码：011001004×××）	按设计图示尺寸以面积计算： 1. 柱按设计图示柱断面保温层中心线展开长度乘保温层高度以面积计算，扣除面积＞0.3 m^2梁所占面积； 2. 梁按设计图示梁断面保温层中心线展开长度乘保温层长度以面积计算		
保温隔热楼地面（清单编码：011001005×××）	按设计图示尺寸以面积计算。扣除面积＞0.3 m^2柱、垛、孔洞等所占面积。门洞、空圈、暖气包槽、壁龛的开口部分不增加面积		1. 基层清理 2. 刷黏结材料 3. 铺粘保温层 4. 铺、刷（喷）防护材料
其他保温隔热（清单编码：011001006×××）	按设计图示尺寸以展开面积计算。扣除面积＞0.3 m^2孔洞及占位面积		1. 基层清理 2. 刷界面剂 3. 安装龙骨 4. 填贴保温材料 5. 保温板安装 6. 粘贴面层 7. 铺设增强格网，抹抗裂、防水砂浆面层 8. 嵌缝 9. 铺、刷（喷）防护材料

【解】

1）干铺 150 mm 厚加气混凝土块工程量：

加气混凝土块工程量＝保温层设计长度×设计宽度

$=(27-0.12\times2)\times(12-0.12\times2)+(10-0.12\times2)\times(20-12)$

$=392.78\ m^2$

2）预制架空隔热板工程量：

预制架空隔热板工程量＝铺设架空隔热板面积÷单块板（含板缝）面积×单块板体积

$$=392.78\div(0.5\times0.5)\times0.49\times0.49\times0.03=11.32\ m^3$$

2. 防腐面层

防腐面层包括防腐混凝土面层，防腐砂浆面层，防腐胶泥面层，玻璃钢防腐面层，聚氯乙烯板面层，块料防腐面层，池、槽块料防腐面层7个清单子项。防腐面层清单工程量计算规则见表2.11.3。

表2.11.3　防腐面层清单工程量计算规则

防腐面层	计算规则	计量单位	工程内容
防腐混凝土面层（清单编码：011002001×××）	按设计图示尺寸以面积计算： 1. 平面防腐：扣除凸出地面的构筑物、设备基础等以及面积＞0.3 m^2孔洞、柱、垛等所占面积，门洞、空圈、暖气包槽、壁龛的开口部分不增加面积 2. 立面防腐：扣除门、窗、洞口以及面积＞0.3 m^2孔洞、梁所占面积，门、窗、洞口侧壁、垛突出部分按展开面积并入墙面积内	m^2	1. 基层清理 2. 基层刷稀胶泥 3. 混凝土制作、运输、摊铺、养护
防腐砂浆面层（清单编码：011002002×××）			1. 基层清理 2. 基层刷稀胶泥 3. 砂浆制作、运输、摊铺、养护
防腐胶泥面层（清单编码：011002003×××）			1. 基层清理 2. 胶泥调制、摊铺
玻璃钢防腐面层（清单编码：011002004×××）			1. 基层清理 2. 刷底漆、刮腻子 3. 胶浆配制、涂刷 4. 粘布、涂刷面层
聚氯乙烯板面层（清单编码：011002005×××）			1. 基层清理 2. 配料、涂胶 3. 聚氯乙烯板铺设
块料防腐面层（清单编码：011002006×××）			1. 基层清理 2. 铺贴块料 3. 胶泥调制、勾缝
池、槽块料防腐面层（清单编码：011002007×××）	按设计图示尺寸以展开面积计算		1. 基层清理 2. 铺贴块料 3. 胶泥调制、勾缝

3. 其他防腐

其他防腐包括隔离层、砌筑沥青浸渍砖、防腐涂料3个清单子项。隔离层项目适用于楼地面的沥青类、树脂玻璃钢类防腐工程隔离层。砌筑沥青浸渍砖项目适用于浸渍标准砖。防腐涂料项目适用于建筑物、构筑物以及钢结构的防腐。其他防腐清单工程量计算规则见表2.11.4。

表 2.11.4　其他防腐清单工程量计算规则

其他防腐	计算规则	计量单位	工程内容
隔离层（清单编码：011003001×××）	按设计图示尺寸以面积计算： 1. 平面防腐：扣除凸出地面的构筑物、设备基础等以及面积 >0.3 m^2 孔洞、柱、垛等所占面积，门洞、空圈、暖气包槽、壁龛的开口部分不增加面积 2. 立面防腐：扣除门、窗、洞口以及面积 >0.3 m^2 孔洞、梁所占面积，门、窗、洞口侧壁、垛突出部分按展开面积并入墙面积内	m^2	1. 基层清理、刷油 2. 煮沥青 3. 胶泥调制 4. 隔离层铺设
砌筑沥青浸渍砖（清单编码：011003002×××）	按设计图示尺寸以体积计算	m^3	1 基层清理 2. 胶泥调制 3. 浸渍砖铺砌
防腐涂料（清单编码：011003003×××）	按设计图示尺寸以面积计算： 1. 平面防腐：扣除凸出地面的构筑物、设备基础等以及面积 >0.3 m^2 孔洞、柱、垛等所占面积，门洞、空圈、暖气包槽、壁龛的开口部分不增加面积 2. 立面防腐：扣除门、窗、洞口以及面积 >0.3 m^2 孔洞、梁所占面积，门、窗、洞口侧壁、垛突出部分按展开面积并入墙面积内	m^2	1. 基层清理 2. 刮腻子 3. 刷涂料

【应用案例 2.11.2】　如图 2.11.2 所示，××工程地面面层为 1∶0.17∶1.1∶1∶2.6 水玻璃耐酸砂浆 30 mm 厚，踢脚线为 1∶0.17∶1.1∶1∶2.6 水玻璃耐酸砂浆高 200 mm，厚 20 mm，试编制水玻璃耐酸砂浆工程量清单（已知门侧的踢脚线宽为 0.12 m）。

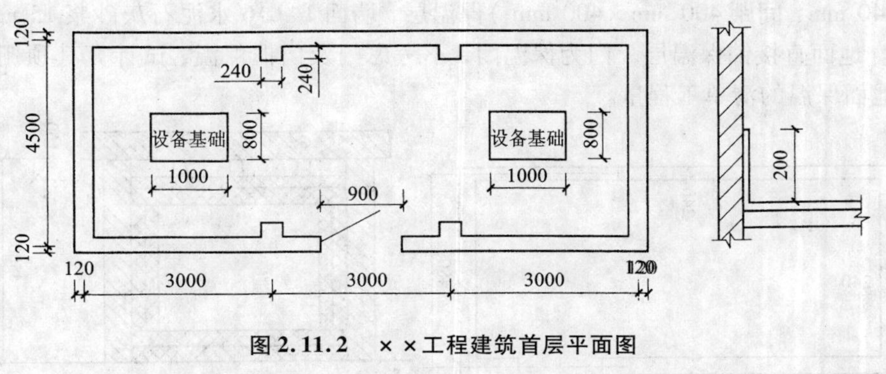

图 2.11.2　××工程建筑首层平面图

【解】　水玻璃耐酸砂浆清单工程量计算如下。

1）地面工程量（30 mm 厚）：

地面工程量＝设计图示净长×净宽－应扣除凸出地面的构筑物、设备基础等所占面积

$=(3\times3-0.12\times2)\times(4.5-0.12\times2)-0.8\times1\times2=35.72\ m^2$

2)踢脚线工程量(20 厚):

踢脚线工程量 = (踢脚线净长 + 门、垛侧面宽度 - 门宽) × 净高

$= [(3\times3-0.12\times2+0.24\times4+4.5-0.12\times2)\times2+(1+0.8)\times2\times2+0.12\times2-0.9]\times0.2=6.90\ m^2$

玻璃耐酸砂浆工程量清单见表 2.11.5。

表 2.11.5　分部分项工程和单价措施项目清单与计价表

工程名称:××工程　　　　标　段:　　　　第　页　共　页

序号	项目编码	项目名称	项目特征描述	计量单位	工程量	金额(元)		
						综合单价	合价	其中 暂估价
1	011002002001	防腐砂浆面层	1. 防腐部位:地面 2. 面层厚度:30 mm 3. 砂浆、胶泥种类、配合比:1∶0.17∶1.1∶1∶2.6 水玻璃耐酸砂浆	m^2	35.72			
2	011002002002	防腐砂浆面层	1. 防腐部位:踢脚线 2. 面层厚度:20 mm 3. 砂浆、胶泥种类、配合比:1∶0.17∶1.1∶1∶2.6 水玻璃耐酸砂浆	m^2	6.90			

【研讨与练习】

图 2.11.3 所示为冷库,设计采用沥青贴软木保温层,厚 0.1 m。顶棚做带木龙骨(40 mm×40 mm,间距 400 mm×400 mm)保温层,墙面 1∶1∶6 水泥石灰砂浆 15 mm 打底附墙贴软木。地面直接铺保温层。门为保温门,不考虑门及门框保温,试计算其顶棚保温、墙面保温、地面保温的清单工程量。

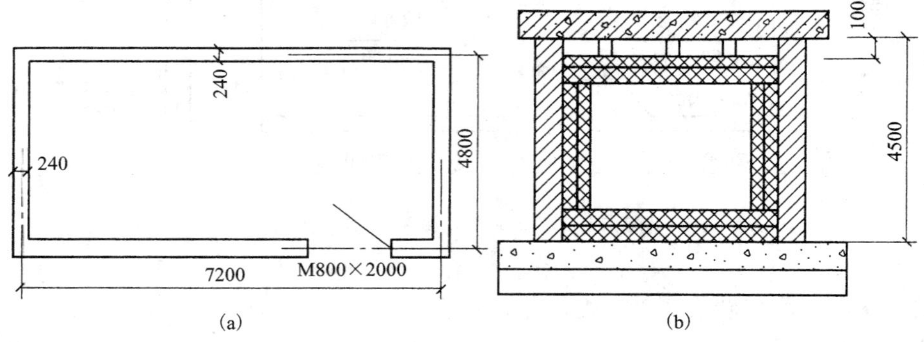

图 2.11.3　冷库保温隔热示意图

(a)平面图;(b)剖面图

任务12 楼地面装饰工程清单工程量计算

2.12.1 工程量清单项目设置

楼地面装饰工程工程量清单项目按照《房屋建筑与装饰工程工程量计算规范》(GB 50854—2013)附录L列项，共分8节43个子项，包括整体面层及找平层、块料面层、橡塑面层、其他材料面层、踢脚线、楼梯面层、台阶装饰、零星装饰。楼地面装饰工程工程量清单项目设置见表2.12.1所示。

表2.12.1 楼地面装饰工程工程量清单项目设置

项目编码	项目名称	项目特征	备 注
011101001	水泥砂浆楼地面	找平层厚度、砂浆配合比，素水泥浆遍数，面层厚度、砂浆配合比，面层做法要求	整体面层及找平层（编码：011101）
011101002	现浇水磨石楼地面	找平层厚度、砂浆配合比，面层厚度、水泥石子浆配合比，嵌条材料种类、规格，石子种类、规格、颜色，颜料种类、颜色，图案要求，磨光、酸洗、打蜡要求	
011101003	细石混凝土楼地面	找平层厚度、砂浆配合比，面层厚度、混凝土强度等级	
011101004	菱苦土楼地面	找平层厚度、砂浆配合比，面层厚度，打蜡要求	
011101005	自流坪楼地面	找平层砂浆配合比、厚度，界面剂材料种类，中层漆材料种类、厚度，面漆材料种类、厚度，面层材料种类	
011101006	平面砂浆找平层	找平层厚度、砂浆配合比	
011102001	石材楼地面	找平层厚度、砂浆配合比，结合层厚度、砂浆配合比，面层材料品种、规格、颜色，嵌缝材料种类，防护层材料种类，酸洗、打蜡要求	块料面层（编码：011102）
011102002	碎石材楼地面		
011102003	块料楼地面		
011103001	橡胶板楼地面	黏结层厚度、材料种类，面层材料品种、规格、颜色，压线条种类	橡塑面层（编码：011103）
011103002	橡胶板卷材楼地面		
011103003	塑料板楼地面		
011103004	塑料卷材楼地面		

续表 2.12.1

项目编码	项目名称	项目特征	备　注
011104001	地毯楼地面	面层材料品种、规格、颜色，防护材料种类，黏结材料种类，压线条种类	其他材料面层（编码：011104）
011104002	竹、木(复合)地板	龙骨材料种类、规格、铺设间距，基层材料种类、规格，面层材料品种、规格、颜色，防护材料种类	
011104003	金属复合地板		
011104004	防静电活动地板	支架高度、材料种类，面层材料品种、规格、颜色，防护材料种类	
011105001	水泥砂浆踢脚线	踢脚线高度，底层厚度、砂浆配合比，面层厚度、砂浆配合比	踢脚线（编码：011105）
011105002	石材踢脚线	踢脚线高度，黏结层厚度、材料种类，面层材料品种、规格、颜色，防护材料种类	
011105003	块料踢脚线		
011105004	塑料板踢脚线	踢脚线高度，黏结层厚度、材料种类，面层材料种类、规格、颜色	
011105005	木质踢脚线	踢脚线高度，基层材料种类、规格，面层材料品种、规格、颜色	
011105006	金属踢脚线		
011105007	防静电踢脚线		
011106001	石材楼梯面层	找平层厚度、砂浆配合比，黏结层厚度、材料种类，面层材料品种、规格、颜色，防滑条材料种类、规格，勾缝材料种类，防护材料种类，酸洗、打蜡要求	楼梯面层（编码：011106）
011106002	块料楼梯面层		
011106003	碎拼块料面层		
011106004	水泥砂浆楼梯面层	找平层厚度、砂浆配合比，面层厚度、砂浆配合比，防滑条材料种类、规格	
011106005	现浇水磨石楼梯面层	找平层厚度、砂浆配合比，面层厚度、水泥石子浆配合比，防滑条材料种类、规格，石子种类、规格、颜色，颜料种类、颜色，磨光、酸洗、打蜡要求	
011106006	地毯楼梯面层	基层种类，面层材料品种、规格、颜色，防护材料种类，黏结材料种类，固定配件材料种类、规格	
011106007	木板楼梯面层	基层材料种类、规格，面层材料品种、规格、颜色，黏结材料种类，防护材料种类	
011106008	橡胶板楼梯面层	黏结层厚度、材料种类，面层材料品种、规格、颜色，压线条种类	
011106009	塑料板楼梯面层		

续表 2.12.1

项目编码	项目名称	项目特征	备　注
011107001	石材台阶面	找平层厚度、砂浆配合比，黏结材料种类，面层材料品种、规格、颜色，勾缝材料种类，防滑条材料种类、规格，防护材料种类	台阶装饰（编码：011107）
011107002	块料台阶面		
011107003	拼碎块料台阶面		
011107004	水泥砂浆台阶面	找平层厚度、砂浆配合比，面层厚度、砂浆配合比，防滑条材料种类	
011107005	现浇水磨石台阶面	找平层厚度、砂浆配合比，面层厚度、水泥石子浆配合比，防滑条材料种类、规格，石子种类、规格、颜色，颜料种类、颜色，磨光、酸洗、打蜡要求	
011107006	剁假石台阶面	找平层厚度、砂浆配合比，面层厚度、砂浆配合比，剁假石要求	
011108001	石材零星项目	工程部位，找平层厚度、砂浆配合比，贴结合层厚度、材料种类，面层材料品种、规格、颜色，勾缝材料种类，防护材料种类，酸洗、打蜡要求	零星装饰项目（编码：011108）
011108002	碎拼石材零星项目		
011108003	块料零星项目		
011108004	水泥砂浆零星项目	工程部位，找平层厚度、砂浆配合比，面层厚度、砂浆厚度	

2.12.2　工程量清单编制规定

1）水泥砂浆面层处理是拉毛还是提浆压光应在面层做法要求中描述。

2）平面砂浆找平层只适用于仅做找平层的平面抹灰。

3）间壁墙指墙厚≤120 mm 的墙。

4）楼地面混凝土垫层另按《房屋建筑与装饰工程工程量计算规范》（GB 50854—2013）附录 E.1 垫层项目编码列项，除混凝土外的其他材料按《房屋建筑与装饰工程工程量计算规范》（GB 50854—2013）附录 D.4 垫层项目编码列项。

5）在描述碎石材项目的面层材料特征时可不用描述规格、颜色。

6）石材、块料与黏结材料的结合面刷防渗材料的种类在防护层材料种类中描述。

7）磨边是指施工现场磨边。

8）楼梯、台阶牵边和侧面镶贴块料面层，不大于0.5 m^2 的少量分散的楼地面镶贴块料面层，应按零星装饰项目编码。

【知识链接】

楼地面相关构造见图 2.12.1 至图 2.12.3。

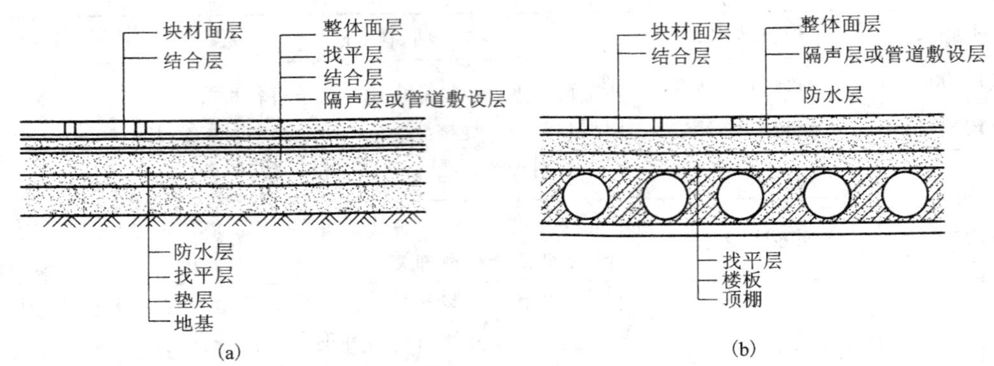

图 2.12.1　楼地面构造层次示意图

(a)地面各构造层次；(b)楼面各构造层次

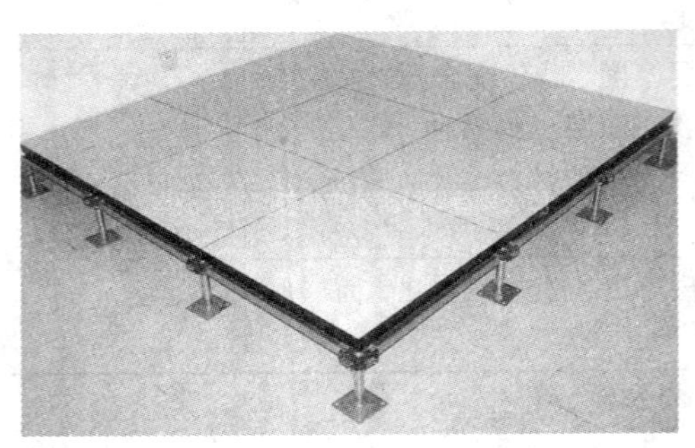

图 2.12.2　防静电活动地板示意图

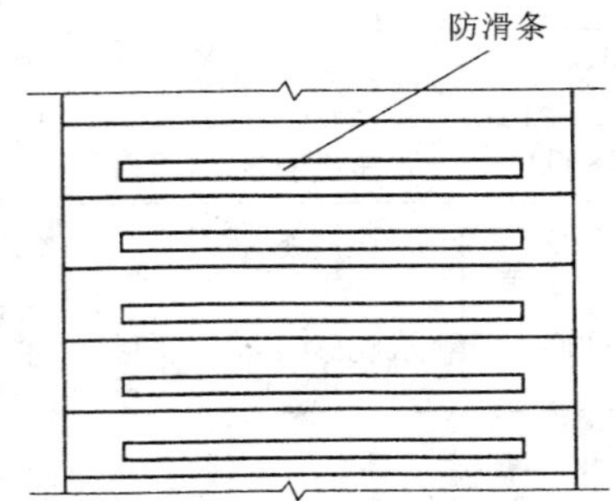

图 2.12.3　防滑条示意图

2.12.3　清单工程量计算规则及应用案例

1. 整体面层及找平层

整体面层及找平层项目包括水泥砂浆楼地面、现浇水磨石楼地面、细石混凝土地面、菱苦土楼地面、自流坪楼地面、平面砂浆找平层 6 个清单子项。整体面层及找平层清单工程量计算规则见表 2.12.2。

【应用案例 2.12.1】　××工程建筑平面图如图 2.12.4 所示，其地面有关工程做法如下：① 20 mm 厚 1∶2 水泥砂浆压实抹光(面层)；② 刷素水泥浆结合层一道；③ 40 mm 厚 C20 细石混凝土随打随抹平；④ 4 mm 高聚物改性沥青卷材防水层一道；⑤ 150 mm 厚 3∶7 灰土垫层；⑥ 素土夯实。试编制水泥砂浆地面工程量清单(已知 M1 为 1000×2400；M2 为 900×2100；C1 为 1500×1500)。

【解】　1)计算水泥砂浆地面工程量：

$S=(5.8-0.12\times2)\times(9.6-0.12\times2-0.24\times2)=49.37\ \text{m}^2$

2)编制工程量清单：

水泥砂浆地面工程量清单见表 2.12.3。

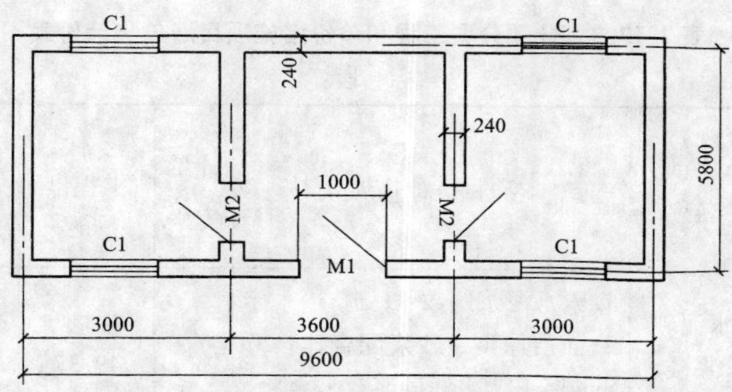

图 2.12.4　××工程建筑平面图

表 2.12.2　整体面层及找平层清单工程量计算规则

<table>
<tr><th>整体面层及找平层</th><th>计算规则</th><th>计量单位</th><th>工程内容</th></tr>
<tr><td>水泥砂浆楼地面(清单编码:011101001×××)</td><td rowspan="5">按设计图示尺寸以面积计算。扣除凸出地面构筑物、设备基础、室内铁道、地沟等所占面积,不扣除间壁墙及≤0.3 m^2 的柱、垛、附墙烟囱及孔洞所占面积。门洞、空圈、暖气包槽、壁龛的开口部分不增加面积</td><td rowspan="6">m^2</td><td>1. 基层清理
2. 抹找平层
3. 抹面层
4. 材料运输</td></tr>
<tr><td>现浇水磨石楼地面(清单编码:011101002×××)</td><td>1. 基层清理
2. 抹找平层
3. 面层铺设
4. 嵌缝条安装
5. 磨光、酸洗、打蜡
6. 材料运输</td></tr>
<tr><td>细石混凝土楼地面(清单编码:011101003×××)</td><td>1. 基层清理
2. 抹找平层
3. 面层铺设
4. 材料运输</td></tr>
<tr><td>菱苦土楼地面(清单编码:011101004×××)</td><td>1. 基层清理
2. 抹找平层
3. 面层铺设
4. 打蜡
5. 材料运输</td></tr>
<tr><td>自流坪楼地面(清单编码:011101005×××)</td><td>1. 基层处理
2. 抹找平层
3. 涂界面剂
4. 涂刷中层漆
5. 打磨、吸尘
6. 镘自流平面漆(浆)
7. 拌合自流平浆料
8. 铺面层</td></tr>
<tr><td>平面砂浆找平层(清单编码:011101006×××)</td><td>按设计图示尺寸以面积计算</td><td>1. 基层清理
2. 抹找平层
3. 材料运输</td></tr>
</table>

表 2.12.3　分部分项工程和单价措施项目清单与计价表

工程名称：××工程　　　　　　　　　　标　段：　　　　　　　　　　　　第　页　共　页

<table>
<tr><th rowspan="3">序号</th><th rowspan="3">项目编码</th><th rowspan="3">项目名称</th><th rowspan="3">项目特征描述</th><th rowspan="3">计量单位</th><th rowspan="3">工程量</th><th colspan="3">金额(元)</th></tr>
<tr><th rowspan="2">综合单价</th><th rowspan="2">合价</th><th>其中</th></tr>
<tr><th>暂估价</th></tr>
<tr><td>1</td><td>011101001001</td><td>水泥砂浆楼地面</td><td>1. 素水泥浆遍数：一道
2. 面层厚度、砂浆配合比：20 mm 厚 1∶2 水泥砂浆
3. 面层做法要求：提浆压光</td><td>m^2</td><td>49.37</td><td></td><td></td><td></td></tr>
</table>

2. 块料面层

块料面层项目包括石材楼地面、碎石材楼地面、块料楼地面 3 个清单子项，适用于楼面、地面所做的块料面层工程。块料面层清单工程量计算规则见表 2.12.4。

表 2.12.4　块料面层清单工程量计算规则

<table>
<tr><th>块料面层</th><th>计算规则</th><th>计量单位</th><th>工程内容</th></tr>
<tr><td>石材楼地面（清单编码：011102001×××）</td><td rowspan="3">按设计图示尺寸以面积计算。门洞、空圈、暖气包槽、壁龛的开口部分并入相应的工程量内</td><td rowspan="3">m^2</td><td rowspan="3">1. 基层清理
2. 抹找平层
3. 面层铺设、磨边
4. 嵌缝
5. 刷防护材料
6. 酸洗、打蜡
7. 材料运输</td></tr>
<tr><td>碎石材楼地面（清单编码：011102002×××）</td></tr>
<tr><td>块料楼地面（清单编码：011102003×××）</td></tr>
</table>

【应用案例 2.12.2】　××工程建筑平面图如图 2.12.4 所示，其楼面有关工程做法如下：①600×600 抛光砖浅色面层，白水泥浆擦缝；②抹素水泥浆结合层一道；③20 mm 厚 1∶3 水泥砂浆找平层；④现浇钢筋混凝土楼板。试编制块料楼面工程量清单（已知 M1 为 1000×2400；M2 为 900×2100；C1 为 1500×1500）。

【解】　1) 计算抛光砖楼面工程量：

$S=(5.8-0.12\times2)\times(9.6-0.12\times2-0.24\times2)+(1+0.9\times2)\times0.24=50.04\ m^2$

2) 编制工程量清单：

块料面层楼面工程量清单见表 2.12.5。

3. 橡塑面层

橡塑面层项目包括橡胶板楼地面、橡胶板卷材楼地面、塑料板楼地面、塑料卷材楼地面 4 个清单子项，适用于楼面、地面所做的橡塑面层工程。橡塑面层清单工程量计算规则见表 2.12.6。

4. 其他材料面层

其他材料面层项目包括地毯楼地面，竹、木（复合）地板，金属复合地板，防静电活动地板 4 个清单子项。其他材料面层清单工程量计算规则见表 2.12.7。

表 2.12.5 分部分项工程和单价措施项目清单与计价表

工程名称：××工程　　标　段：　　第　页　共　页

序号	项目编码	项目名称	项目特征描述	计量单位	工程量	金额(元)		
						综合单价	合价	其中 暂估价
1	011102003001	块料楼地面	1. 找平层厚度、砂浆配合比：20 mm 厚 1∶3 水泥砂浆 2. 面层材料品种、规格、颜色：600×600 抛光砖浅色 3. 嵌缝材料种类：白水泥	m^2	50.04			

表 2.12.6 橡塑面层清单工程量计算规则

橡塑面层	计算规则	计量单位	工程内容
橡胶板楼地面(清单编码：011103001×××)	按设计图示尺寸以面积计算。门洞、空圈、暖气包槽、壁龛的开口部分并入相应的工程量内	m^2	1. 基层清理 2. 面层铺贴 3. 压缝条装钉 4. 材料运输
橡胶板卷材楼地面(清单编码：011103002×××)			
塑料板楼地面(清单编码：011103003×××)			
塑料卷材楼地面(清单编码：011103004×××)			

表 2.12.7 其他材料面层清单工程量计算规则

其他材料面层	计算规则	计量单位	工程内容
地毯楼地面(清单编码：011104001×××)	按设计图示尺寸以面积计算。门洞、空圈、暖气包槽、壁龛的开口部分并入相应的工程量内	m^2	1. 基层清理 2. 铺贴面层 3. 刷防护材料 4. 装钉压条 5. 材料运输
竹、木(复合)地板(清单编码：011104002×××)			1. 基层清理 2. 龙骨铺设 3. 基层铺设 4. 面层铺贴 5. 刷防护材料 6. 材料运输
金属复合地板(清单编码：011104003×××)			
防静电活动地板(清单编码：011104004×××)			1. 基层清理 2. 固定支架安装 3. 活动面层安装 4. 刷防护材料 5. 材料运输

【小贴士】

整体面层及找平层清单工程量门洞开口部分不增加面积，块料面层、橡塑面层及其他材料面层清单工程量门洞开口部分要增加面积。

5. 踢脚线

踢脚线项目包括水泥砂浆踢脚线、石材踢脚线、块料踢脚线、塑料板踢脚线、木质踢脚线、金属踢脚线、防静电踢脚线 7 个清单项目。踢脚线清单工程量计算规则见表 2.12.8。

表 2.12.8　踢脚线清单工程量计算规则

<table>
<tr><th>踢脚线</th><th>计算规则</th><th>计量单位</th><th>工程内容</th></tr>
<tr><td>水泥砂浆踢脚线（清单编码：011105001×××）</td><td rowspan="7">1. 以平方米计量，按设计图示长度乘高度以面积计算
2. 以米计量，按延长米计算</td><td rowspan="7">1. m^2
2. m</td><td>1. 基层清理
2. 底层和面层抹灰
3. 材料运输</td></tr>
<tr><td>石材踢脚线（清单编码：011105002×××）</td><td rowspan="2">1. 基层清理
2. 底层抹灰
3. 面层铺贴、磨边
4. 擦缝
5. 磨光、酸洗、打蜡
6. 刷防护材料
7. 材料运输</td></tr>
<tr><td>块料踢脚线（清单编码：011105003×××）</td></tr>
<tr><td>塑料板踢脚线（清单编码：011105004×××）</td><td rowspan="4">1. 基层清理
2. 基层铺贴
3. 面层铺贴
4. 材料运输</td></tr>
<tr><td>木质踢脚线（清单编码：011105005×××）</td></tr>
<tr><td>金属踢脚线（清单编码：011105006×××）</td></tr>
<tr><td>防静电踢脚线（清单编码：011105007×××）</td></tr>
</table>

【应用案例 2.12.3】　××工程建筑平面图如图 2.12.4 所示，室内为水泥砂浆地面，踢脚线做法为 1∶2 水泥砂浆踢脚线，厚度 20 mm，高度 150 mm。试编制水泥砂浆踢脚线工程量清单（已知 M1 为 1000×2400；M2 为 900×2100；C1 为 1500×1500）（假设门侧不考虑镶贴踢脚线）。

【解】　1）计算水泥砂浆踢脚线工程量：

$L=(5.8-0.12\times2)\times6+(9.6-0.12\times2-0.24\times2)\times2-(1+0.9\times2\times2)$（门宽）

$=46.52$ m

$S=46.52\times0.15=6.98\ m^2$

2）编制工程量清单：

水泥砂浆踢脚线工程量清单见表 2.12.9。

表 2.12.9　分部分项工程和单价措施项目清单与计价表

工程名称：××工程　　　　　　　　　　　　　标　段：　　　　　　　　　　　　　　第　页　共　页

序号	项目编码	项目名称	项目特征描述	计量单位	工程量	金额(元)		
						综合单价	合价	其中
								暂估价
1	011105001001	水泥砂浆踢脚线	1. 踢脚线高度：150mm 2. 面层厚度、砂浆配合比：20 厚 1∶2 水泥砂浆	m^2	6.98			

6. 楼梯面层

楼梯面层项目包括石材楼梯面层、块料楼梯面层、碎拼块料面层、水泥砂浆楼梯面层、现浇水磨石楼梯面层、地毯楼梯面层、木板楼梯面层、橡胶板楼梯面层、塑料板楼梯面层 9 个清单子项。楼梯面层清单工程量计算规则见表 2.12.10。

表 2.12.10　楼梯面层清单工程量计算规则

楼梯面层	计算规则	计量单位	工程内容
石材楼梯面层（清单编码：011106001×××）	按设计图示尺寸以楼梯(包括踏步、休息平台及≤500 mm 的楼梯井)水平投影面积计算。楼梯与楼地面相连时，算至梯口梁内侧边沿；无梯口梁者，算至最上一层踏步边沿加 300 mm	m^2	1. 基层清理 2. 抹找平层 3. 面层铺贴、磨边 4. 贴嵌防滑条 5. 勾缝 6. 刷防护材料 7. 酸洗、打蜡 8. 材料运输
块料楼梯面层（清单编码：011106002×××）			
碎拼块料面层（清单编码：011106003×××）			
水泥砂浆楼梯面层（清单编码：011106004×××）			1. 基层清理 2. 抹找平层 3. 抹面层 4. 抹防滑条 5. 材料运输
现浇水磨石楼梯面层（清单编码：011106005×××）			1. 基层清理 2. 抹找平层 3. 抹面层 4. 贴嵌防滑条 5. 磨光、酸洗、打蜡 6. 材料运输
地毯楼梯面层（清单编码：011106006×××）			1. 基层清理 2. 铺贴面层 3. 固定配件安装 4. 刷防护材料 5. 材料运输

续表 2.12.10

楼梯面层	计算规则	计量单位	工程内容
木板楼梯面层（清单编码：011106007×××）	按设计图示尺寸以楼梯（包括踏步、休息平台及≤500 mm 的楼梯井）水平投影面积计算。楼梯与楼地面相连时，算至梯口梁内侧边沿；无梯口梁者，算至最上一层踏步边沿加 300 mm	m^2	1. 基层清理 2. 基层铺贴 3. 面层铺贴 4. 刷防护材料 5. 材料运输
橡胶板楼梯面层（清单编码：011106008×××）			1. 基层清理 2. 面层铺贴 3. 压缝条装钉 4. 材料运输
塑料板楼梯面层（清单编码：011106009×××）			

【应用案例 2.12.4】 图 2.12.5 为建筑楼梯设计图，设计为 20 mm 厚 1∶2 水泥砂浆楼梯面层，试编制水泥砂浆楼梯面层工程量清单（不包括楼梯踢脚线、底面、侧面抹灰）。

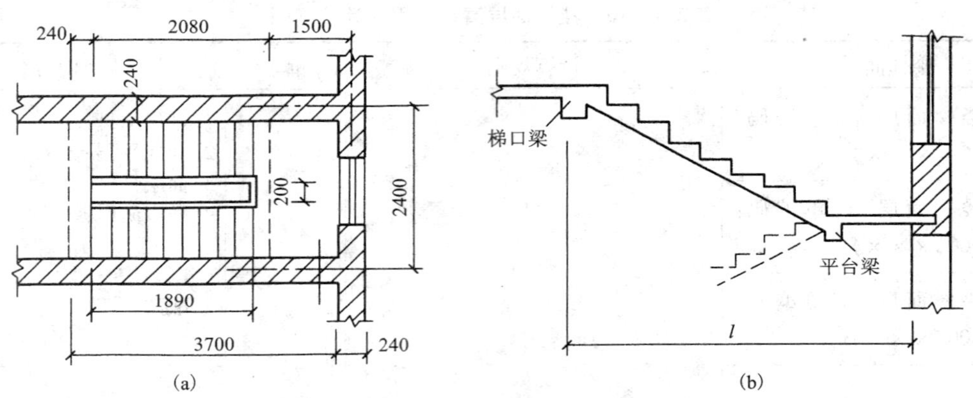

图 2.12.5 水泥砂浆楼梯面层

（a）平面；（b）剖面

【解】 1）计算水泥砂浆楼梯面工程量：

$S=(2.4-0.12\times 2)\times 3.7=7.99\ m^2$

2）编制工程量清单：

水泥砂浆楼梯面工程量清单见表 2.12.11。

表 2.12.11 分部分项工程和单价措施项目清单与计价表

工程名称：××× 标 段： 第 页 共 页

序号	项目编码	项目名称	项目特征描述	计量单位	工程量	金额（元）		
						综合单价	合价	其中
								暂估价
1	011106004001	水泥砂浆楼梯面层	面层厚度、砂浆配合比：20 mm 厚 1∶2 水泥砂浆	m^2	7.99			

7. 台阶装饰

台阶装饰项目包括石材台阶面、块料台阶面、拼碎块料台阶面、水泥砂浆台阶面、现浇水磨石台阶面、剁假石台阶面 6 个清单项目。台阶装饰清单工程量计算规则见表 2.12.12。

表 2.12.12　台阶装饰清单工程量计算规则

台阶装饰	计算规则	计量单位	工程内容
石材台阶面（清单编码：011107001×××）	按设计图示尺寸以台阶（包括最上层踏步边沿加 300 mm）水平投影面积计算	m^2	1. 基层清理 2. 抹找平层 3. 面层铺贴 4. 贴嵌防滑条 5. 勾缝 6. 刷防护材料 7. 材料运输
块料台阶面（清单编码：011107002×××）			
拼碎块料台阶面（清单编码：011107003×××）			
水泥砂浆台阶面（清单编码：011107004×××）			1. 基层清理 2. 抹找平层 3. 抹面层 4. 抹防滑条 5. 材料运输
现浇水磨石台阶面（清单编码：011107005×××）			1. 清理基层 2. 抹找平层 3. 抹面层 4. 贴嵌防滑条 5. 打磨、酸洗、打蜡 6. 材料运输
剁假石台阶面（清单编码：011107006×××）			1. 清理基层 2. 抹找平层 3. 抹面层 4. 剁假石 5. 材料运输

8. 零星装饰项目

零星装饰项目包括石材零星项目、碎拼石材零星项目、块料零星项目、水泥砂浆零星项目 4 个清单子项。零星装饰项目清单工程量计算规则见表 2.12.13。

表 2.12.13　零星装饰项目清单工程量计算规则

零星装饰项目	计算规则	计量单位	工程内容
石材零星项目（清单编码：011108001×××）	按设计图示尺寸以面积计算	m^2	1. 清理基层 2. 抹找平层 3. 面层铺贴、磨边 4. 勾缝 5. 刷防护材料 6. 酸洗、打蜡 7. 材料运输
碎拼石材零星项目（清单编码：011108002×××）			
块料零星项目（清单编码：011108003×××）			
水泥砂浆零星项目（清单编码：011108004×××）			1. 清理基层 2. 抹找平层 3. 抹面层 4. 材料运输

【应用案例 2.12.5】　根据图 2.12.6 尺寸计算花岗岩台阶面层清单工程量。

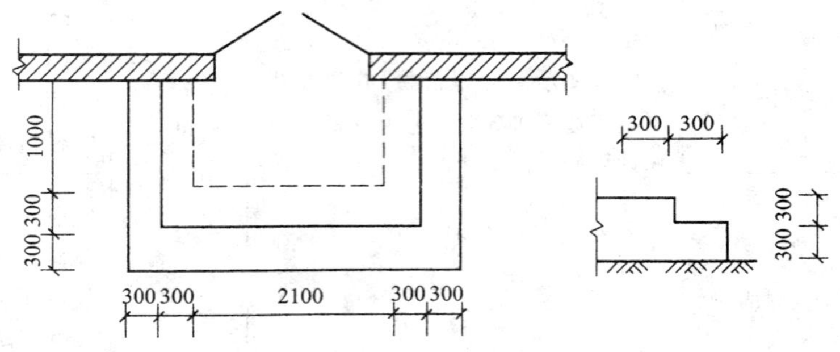

图 2.12.6　花岗岩台阶面层示意图

【解】　花岗岩台阶面层清单工程量：

$(0.3\times4+2.1)\times(0.3+0.3)+1\times(0.3+0.3)\times2=3.18\ m^2$

【能力训练 2.12.1】　计算楼地面工程工程量。

【原始资料】　学生创业训练综合楼建筑施工图、结构施工图（见附录）。

任务 13　墙、柱面装饰与隔断、幕墙工程清单工程量计算

2.13.1　工程量清单项目设置

墙、柱面装饰与隔断、幕墙工程工程量清单项目按照《房屋建筑与装饰工程工程量计算规范》（GB 50854—2013）附录 M 列项，共分 10 节 35 个子项，包括墙面抹灰、柱（梁）面抹灰、零星抹灰、墙面块料面层、柱（梁）面镶贴块料、镶贴零星块料、墙饰面、柱（梁）饰面、幕墙工程、隔断。墙、柱面装饰与隔断、幕墙工程工程量清单项目设置如表 2.13.1 所示。

表 2.13.1　墙、柱面装饰与隔断、幕墙工程工程量清单项目设置

项目编码	项目名称	项目特征	备　注
011201001	墙面一般抹灰	墙体类型，底层厚度、砂浆配合比，面层厚度、砂浆配合比，装饰面材料种类，分格缝宽度、材料种类	墙面抹灰（编码：011201）
011201002	墙面装饰抹灰		
011201003	墙面勾缝	勾缝类型，勾缝材料种类	
011201004	立面砂浆找平层	基层类型，找平层砂浆厚度、配合比	
011202001	柱、梁面一般抹灰	柱（梁）体类型，底层厚度、砂浆配合比，面层厚度、砂浆配合比，装饰面材料种类，分格缝宽度、材料种类	柱（梁）面抹灰（编码：011202）
011202002	柱、梁面装饰抹灰		
011202003	柱、梁面砂浆找平	柱（梁）体类型，找平的砂浆厚度、配合比	
011202004	柱面勾缝	勾缝类型，勾缝材料种类	
011203001	零星项目一般抹灰	基层类型、部位，底层厚度、砂浆配合比，面层厚度、砂浆配合比，装饰面材料种类，分格缝宽度、材料种类	零星抹灰（编码：011203）
011203002	零星项目装饰抹灰		
011203003	零星项目砂浆找平	基层类型、部位，找平的砂浆厚度、配合比	
011204001	石材墙面	墙体类型，安装方式，面层材料品种、规格、颜色，缝宽、嵌缝材料种类，防护材料种类，磨光、酸洗、打蜡要求	墙面块料面层（编码：011204）
011204002	碎拼石材墙面		
011204003	块料墙面		
011204004	干挂石材钢骨架	骨架种类、规格，防锈漆品种、遍数	
011205001	石材柱面	柱截面类型、尺寸，安装方式，面层材料品种、规格、颜色，缝宽、嵌缝材料种类，防护材料种类，磨光、酸洗、打蜡要求	柱（梁）面镶贴块料（编码：011205）
011205002	块料柱面		
011205003	拼碎块柱面		
011205004	石材梁面	安装方式，面层材料品种、规格、颜色，缝宽、嵌缝材料种类，防护材料种类，磨光、酸洗、打蜡要求	
011205005	块料梁面		
011206001	石材零星项目	基层类型、部位，安装方式，面层材料品种、规格、颜色，缝宽、嵌缝材料种类，防护材料种类，磨光、酸洗、打蜡要求	镶贴零星块料（编码：011206）
011206002	块料零星项目		
011206003	拼碎块零星项目		
011207001	墙面装饰板	龙骨材料种类、规格、中距，隔离层材料种类、规格，基层材料种类、规格，面层材料品种、规格、颜色，压条材料种类、规格	墙饰面（编码：011207）
011207002	墙面装饰浮雕	基层类型，浮雕材料种类，浮雕样式	
011208001	柱（梁）面装饰	龙骨材料种类、规格、中距，隔离层材料种类，基层材料种类、规格，面层材料品种、规格、颜色，压条材料种类、规格	柱（梁）饰面（编码：011208）
011208002	成品装饰柱	柱截面、高度尺寸，柱材质	

续表 2.13.1

项目编码	项目名称	项目特征	备　注
011209001	带骨架幕墙	骨架材料种类、规格、中距，面层材料品种、规格、颜色，面层固定方式，隔离带、框边封闭材料品种、规格，嵌缝、塞口材料种类	幕墙工程（编码：011209）
011209002	全玻(无框玻璃)幕墙	玻璃品种、规格、颜色，黏结塞口材料种类，固定方式	
011210001	木隔断	骨架、边框材料种类、规格，隔板材料品种、规格、颜色，嵌缝、塞口材料品种，压条材料种类	隔断（编码：011210）
011210002	金属隔断	骨架、边框材料种类、规格，隔板材料品种、规格、颜色，嵌缝、塞口材料品种	
011210003	玻璃隔断	边框材料种类、规格，玻璃品种、规格、颜色，嵌缝、塞口材料品种	
011210004	塑料隔断	边框材料种类、规格，隔板材料品种、规格、颜色，嵌缝、塞口材料品种	
011210005	成品隔断	隔断材料品种、规格、颜色，配件品种、规格	
011210006	其他隔断	骨架、边框材料种类、规格，隔板材料品种、规格、颜色，嵌缝、塞口材料品种	

2.13.2　工程量清单编制规定

1)立面砂浆找平项目适用于仅做找平层的立面抹灰。

2)墙面抹石灰砂浆、水泥砂浆、混合砂浆、聚合物水泥砂浆、麻刀石灰浆、石膏灰浆等按表2.13.2中墙面一般抹灰列项；墙面水砂石、斩假石、干粘石、假面砖等按表2.13.2中墙面装饰抹灰列项。

3)飘窗凸出外墙面增加的抹灰并入外墙工程量内。

4)有吊顶天棚的内墙面抹灰，抹至吊顶以上部分在综合单价中考虑。

5)砂浆找平项目适用于仅做找平层的柱(梁)面抹灰。

6)柱(梁)面抹石灰砂浆、水泥砂浆、混合砂浆、聚合物水泥砂浆、麻刀石灰浆、石膏灰浆等按表2.13.4中柱(梁)面一般抹灰编码列项；柱(梁)面水砂石、斩假石、干粘石、假面砖等按表2.13.4中柱(梁)面装饰抹灰项目编码列项。

7)零星项目抹石灰砂浆、水泥砂浆、混合砂浆、聚合物水泥砂浆、麻刀石灰浆、石膏灰浆等按表2.13.5中零星项目一般抹灰编码列项；水砂石、斩假石、干粘石、假面砖等按表2.13.5中零星项目装饰抹灰编码列项。

8)墙、柱(梁)面≤0.5 m^2 的少量分散的抹灰按表2.13.5中零星抹灰项目编码列项。

9)在描述碎块项目的面层材料特征时可不用描述规格、颜色。

10)石材、块料与黏结材料的结合面刷防渗材料的种类在防护层材料种类中描述。

11)安装方式可描述为砂浆或黏结剂黏贴、挂贴、干挂等，不论哪种安装方式，都要详细描述与组价相关的内容。

12）柱梁面干挂石材的钢骨架、零星项目干挂石材的钢骨架及幕墙钢骨架均按表2.13.6相应项目编码列项。

13）墙柱面≤0.5 m^2 的少量分散的镶贴块料面层按表2.13.9中镶贴零星项目执行。

2.13.3　清单工程量计算规则及应用案例

1. 墙面抹灰

墙面抹灰包括墙面一般抹灰、墙面装饰抹灰、墙面勾缝、立面砂浆找平层4个清单子项。墙面抹灰项目适用于砖墙、石墙、混凝土墙、砌块墙以及内墙、外墙等。墙面抹灰清单工程量计算规则见表2.13.2。

表2.13.2　墙面抹灰清单工程量计算规则

墙面抹灰	计算规则	计量单位	工程内容
墙面一般抹灰（清单编码：011201001×××）	按设计图示尺寸以面积计算： 1. 外墙抹灰面积按外墙垂直投影面积计算 2. 外墙裙抹灰面积按其长度乘以高度计算 3. 内墙抹灰面积按主墙间的净长乘以高度计算： ①无墙裙的，高度按室内楼地面至天棚底面计算； ②有墙裙的，高度按墙裙顶至天棚底面计算； ③有吊顶天棚抹灰，高度算至天棚底 4. 内墙裙抹灰面按内墙净长乘以高度计算	m^2	1. 基层清理 2. 砂浆制作、运输 3. 底层抹灰 4. 抹面层 5. 抹装饰面 6. 勾分格缝
墙面装饰抹灰（清单编码：011201002×××）			
墙面勾缝（清单编码：011201003×××）			1. 基层清理 2. 砂浆制作、运输 3. 勾缝
立面砂浆找平层（清单编码：011201004×××）			1. 基层清理 2. 砂浆制作、运输 3. 抹灰找平

【小贴士】

墙面抹灰工程量计算相关规则如下：

①“扣除部分”为墙裙、门窗洞口及单个>0.3 m^2 的孔洞面积；

②“不扣除部分”为踢脚线、挂镜线和墙与构件交接处的面积（见图2.13.1）；

③“不增加部分”门窗洞口和孔洞的侧壁及顶面不增加面积；

④“并入部分”为附墙柱、梁、垛、烟囱侧壁并入相应的墙面面积内。

【应用案例2.13.1】　图2.13.2所示为××工程建筑施工图，室内墙面采用1∶1∶6水泥石灰砂浆打底15 mm厚，1∶3石灰砂浆批面5 mm厚；室内墙裙采用1∶2∶8水泥石灰砂浆打底15 mm厚，1∶2.5水泥砂浆批面5 mm厚。试编制室内墙面一般抹灰和室内墙裙工程量。

M：1000 mm×2700 mm 共3个；C：1500 mm×1800 mm 共4个

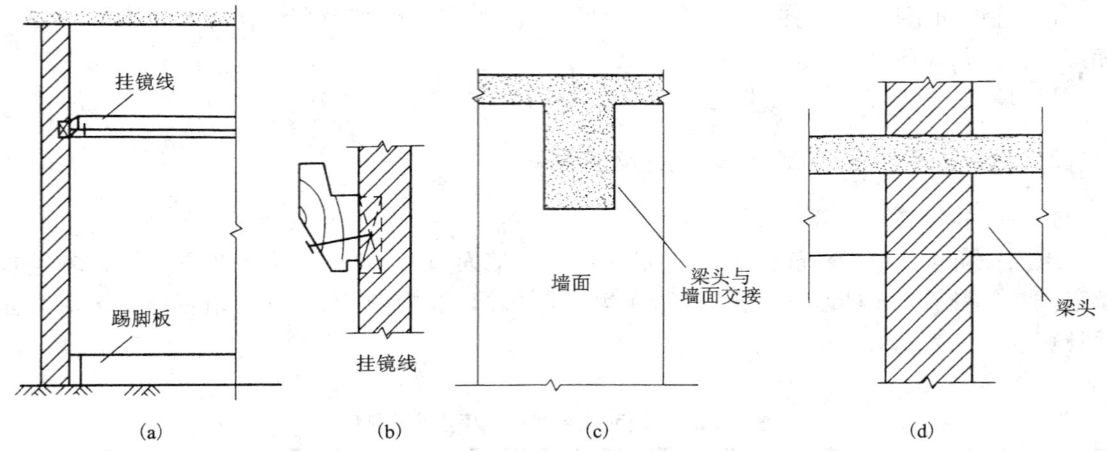

图 2.13.1　踢脚板、挂镜线和墙与构件交接处示意图

(a)踢脚板；(b)挂镜线；(c)梁头与墙面交接；(d)梁头

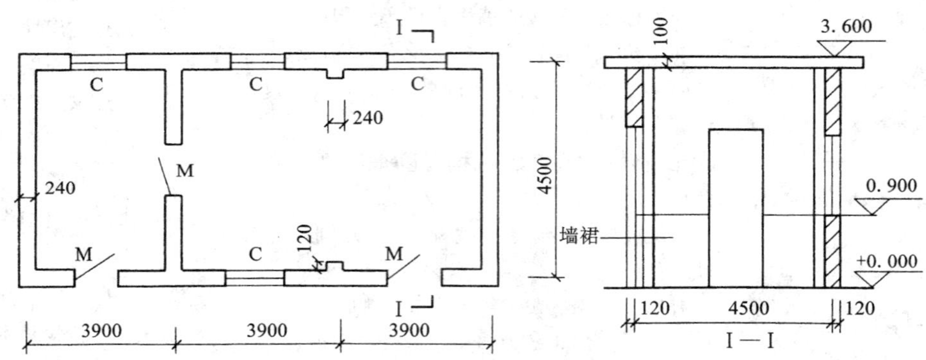

图 2.13.2　××工程建筑施工图

【解】

1)计算内墙抹灰工程量：

室内墙面一般抹灰工程量 = 主墙间净长 × 墙高 - 门窗等面积 + 垛的侧面抹灰面积 = [(3.9 ×3 -0.12 ×2 -0.24 +0.12 ×2(垛)) ×2 + (4.5 -0.12 ×2) ×4 面] × (3.6 -0.1 -0.9) -1 × (2.7 -0.9) ×4 面(门) -1.5 ×1.8 ×4 樘(窗) = 85.90 m^2

2)计算室内墙裙工程量：

室内墙裙工程量 = 主墙间净长度 × 墙裙高度 - 门窗所占面积 + 垛的侧面抹灰面积 = {[3.9 ×3 -0.12 ×2 -0.24 +0.12 ×2(垛)] ×2 + (4.5 -0.12 ×2) ×4 面} ×0.9 -1 ×0.9 ×4 面(门) =32.36 m^2

3)编制工程量清单：

工程量清单见表 2.13.3。

表 2.13.3 分部分项工程和单价措施项目清单与计价表

工程名称：××工程　　　　标 段：　　　　第 页 共 页

序号	项目编码	项目名称	项目特征描述	计量单位	工程量	金额(元)		
						综合单价	合价	其中 暂估价
1	011201001001	墙面一般抹灰	1.墙体类型：内墙 2.底层厚度、砂浆配合比：15 mm 厚 1∶1∶6 水泥石灰砂浆 3.面层厚度、砂浆配合比：5 mm 厚 1∶3 石灰砂浆	m^2	85.90			
2	011201001002	墙面一般抹灰	1.墙体类型：内墙裙 2.底层厚度、砂浆配合比：15 mm 厚 1∶2∶8 水泥石灰砂浆 3.面层厚度、砂浆配合比：5 mm 厚 1∶2.5 水泥砂浆	m^2	32.36			

2.柱(梁)面抹灰

柱(梁)面抹灰包括柱、梁面一般抹灰，柱、梁面装饰抹灰，柱、梁面砂浆找平，柱面勾缝4个清单子项。柱(梁)面抹灰清单工程量计算规则见表2.13.4。

表 2.13.4 柱(梁)面抹灰清单工程量计算规则

柱(梁)面抹灰	计算规则	计量单位	工程内容
柱、梁面一般抹灰(清单编码：011202001×××)	1.柱面抹灰：按设计图示柱断面周长乘高度以面积计算 2.梁面抹灰：按设计图示梁断面周长乘长度以面积计算	m^2	1.基层清理 2.砂浆制作、运输 3.底层抹灰 4.抹面层 5.勾分格缝
柱、梁面装饰抹灰(清单编码：011202002×××)			
柱、梁面砂浆找平(清单编码：011202003×××)			1.基层清理 2.砂浆制作、运输 3.抹灰找平
柱面勾缝(清单编码：011202004×××)	按设计图示柱断面周长乘高度以面积计算		1.基层清理 2.砂浆制作、运输 3.勾缝

3.零星抹灰

零星抹灰清单工程量计算规则见表2.13.5。

表 2.13.5　零星抹灰清单工程量计算规则

零星抹灰	计算规则	计量单位	工程内容
零星项目一般抹灰（清单编码：011203001×××）	按设计图示尺寸以面积计算	m^2	1. 基层清理 2. 砂浆制作、运输 3. 底层抹灰 4. 抹面层 5. 抹装饰面 6. 勾分格缝
零星项目装饰抹灰（清单编码：011203002×××）			
零星项目砂浆找平（清单编码：011203003×××）			1. 基层清理 2. 砂浆制作、运输 3. 抹灰找平

4. 墙面块料面层

墙面块料面层包括石材墙面、碎拼石材墙面、块料墙面、干挂石材钢骨架 4 个清单子项。墙面块料面层清单工程量计算规则见表 2.13.6。

表 2.13.6　墙面块料面层清单工程量计算规则

墙面块料面层	计算规则	计量单位	工程内容
石材墙面（清单编码：011204001×××）	按镶贴表面积计算	m^2	1. 基层清理 2. 砂浆制作、运输 3. 黏结层铺贴 4. 面层安装 5. 嵌缝 6. 刷防护材料 7. 磨光、酸洗、打蜡
碎拼石材墙面（清单编码：011204002×××）			
块料墙面（清单编码：011204003×××）			
干挂石材钢骨架（清单编码：011204004×××）	按设计图示以质量计算	t	1. 骨架制作、运输、安装 2. 刷漆

【知识链接】

① 面砖贴面构造层次见图 2.13.3；② 墙面贴块料阴角构造处理见图 2.13.4；③ 柱面、墙面阳角的构造处理见图 2.13.5。

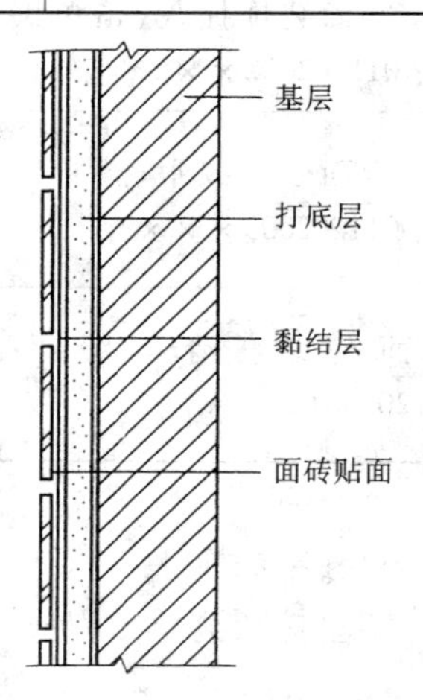

图 2.13.3　面砖贴面示意图

【应用案例 2.13.2】　××工程如图 2.13.6 所示。已知 M：1500 mm×2000 mm；C1：1500 mm×1500 mm；C2：1200 mm×800 mm；门窗侧面镶贴宽度为 100 mm，外墙具体工程做法采用 15 mm 厚 1∶3 水泥砂浆打底，5 mm 水泥膏镶贴 45 mm×95 mm 白色纸皮条形瓷砖，灰缝 5 mm，试编制块料墙面工程量清单。

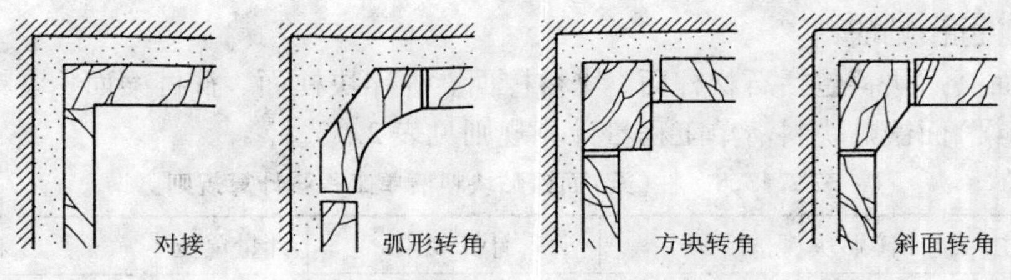

图 2.13.4　墙面贴块料阴角构造处理

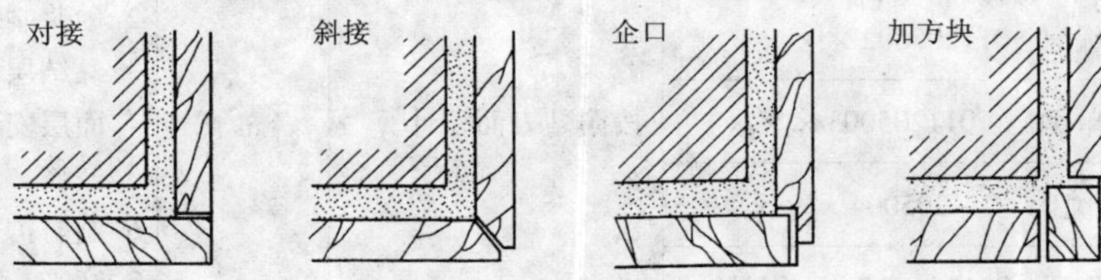

图 2.13.5　柱面、墙面阳角的构造处理

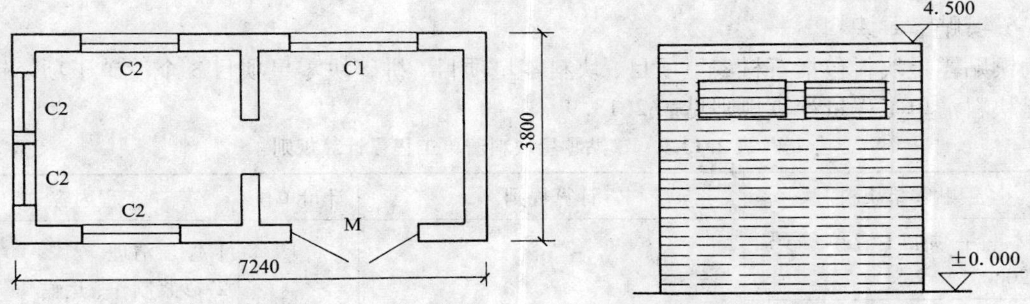

图 2.13.6　××工程外墙面示意图

【解】

1)计算外墙块料墙面清单工程量：

块料墙面工程量按镶贴表面积计算。

外墙面砖工程量 = (7.24 + 3.80) × 2 × 4.5 − 1.5 × 2 − 1.5 × 1.5 − 1.2 × 0.8 × 4 + [(2 × 2 + 1.5) + 1.5 × 4 + (1.2 + 0.8) × 2 × 4] × 0.1 = 93.02 m^2

2)编制工程量清单：

外墙块料工程量清单见表 2.13.7。

表 2.13.7　分部分项工程和单价措施项目清单与计价表

工程名称：××工程　　　　标　段：　　　　第　页　共　页

序号	项目编码	项目名称	项目特征描述	计量单位	工程量	金额(元)		
						综合单价	合价	其中 暂估价
1	011204003001	块料墙面	1. 墙体类型：外墙 2. 面层材料品种、规格、颜色：白色纸皮条形瓷砖 45 mm × 95 mm	m^2	93.02			

5. 柱（梁）面镶贴块料

柱（梁）面镶贴块料包括石材柱面、块料柱面、拼碎块柱面、石材梁面、块料梁面5个清单子项。柱（梁）面镶贴块料清单工程量计算规则见表2.13.8。

表2.13.8　柱（梁）面镶贴块料清单工程量计算规则

柱（梁）面镶贴块料	计算规则	计量单位	工程内容
石材柱面（清单编码：011205001×××）	按镶贴表面积计算	m^2	1. 基层清理 2. 砂浆制作、运输 3. 黏结层铺贴 4. 面层安装 5. 嵌缝 6. 刷防护材料 7. 磨光、酸洗、打蜡
块料柱面（清单编码：011205002×××）			
拼碎块柱面（清单编码：011205003×××）			
石材梁面（清单编码：011205004×××）			
块料梁面（清单编码：011205005×××）			

6. 镶贴零星块料

镶贴零星块料包括石材零星项目、块料零星项目、拼碎块零星项目3个清单子项。镶贴零星块料清单工程量计算规则见表2.13.9。

表2.13.9　镶贴零星块料清单工程量计算规则

镶贴零星块料	计算规则	计量单位	工程内容
石材零星项目（清单编码：011206001×××）	按镶贴表面积计算	m^2	1. 基层清理 2. 砂浆制作、运输 3. 面层安装 4. 嵌缝 5. 刷防护材料 6. 磨光、酸洗、打蜡
块料零星项目（清单编码：011206002×××）			
拼碎块零星项目（清单编码：011206003×××）			

7. 墙饰面

墙饰面清单工程量计算规则见表2.13.10。

表2.13.10　墙饰面清单工程量计算规则

墙饰面	计算规则	计量单位	工程内容
墙面装饰板（清单编码：011207001×××）	按设计图示墙净长乘净高以面积计算。扣除门窗洞口及单个>0.3 m^2的孔洞所占面积	m^2	1. 基层清理 2. 龙骨制作、运输、安装 3. 钉隔离层 4. 基层铺钉 5. 面层铺贴
墙面装饰浮雕（清单编码：011207002×××）	按设计图示尺寸以面积计算	m^2	1. 基层清理 2. 材料制作、运输 3. 安装成型

8. 柱(梁)饰面

柱(梁)饰面清单工程量计算规则见表2.13.11。

表2.13.11　柱(梁)饰面清单工程量计算规则

柱(梁)饰面	计算规则	计量单位	工程内容
柱(梁)面装饰(清单编码:011208001×××)	按设计图示饰面外围尺寸以面积计算。柱帽、柱墩并入相应柱饰面工程量内	m^2	1. 清理基层 2. 龙骨制作、运输、安装 3. 钉隔离层 4. 基层铺钉 5. 面层铺贴
成品装饰柱(清单编码:011208002×××)	1. 以根计量，按设计数量计算 2. 以米计量，按设计长度计算	1. 根 2. m	柱运输、固定、安装

【应用案例2.13.3】　××工程钢筋混凝土柱饰面做法为：木龙骨，五合板基层，不锈钢柱面尺寸如图2.13.7所示，共10根，龙骨断面为30 mm×40 mm，间距250 mm，采用1 mm厚不锈钢板饰面，试编制柱面装饰工程量清单。

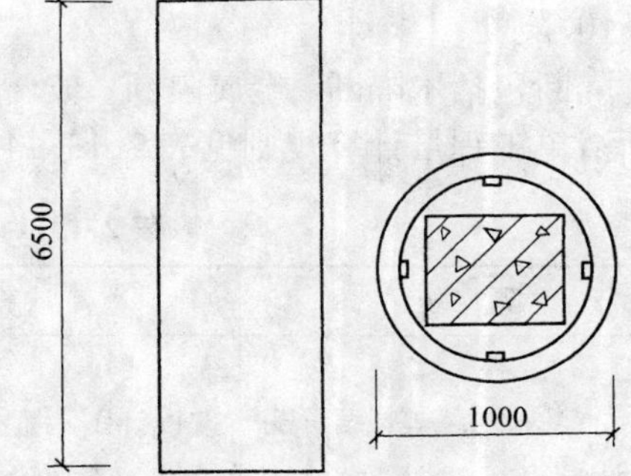

图2.13.7　不锈钢柱示意图

【解】　1)计算柱面装饰清单工程量：

柱面装饰板工程量 = 柱饰面外围周长×装饰高度 + 柱帽、柱墩面积 = 1×3.14×6.5×10 = 204.10 m^2

2)编制工程量清单：

柱面装饰工程量清单见表2.13.12。

表2.13.12　分部分项工程和单价措施项目清单与计价表

工程名称：××工程　　　　标　段：　　　　第　页　共　页

序号	项目编码	项目名称	项目特征描述	计量单位	工程量	金额(元)		
						综合单价	合价	其中
								暂估价
1	011208001001	柱(梁)面装饰	1. 龙骨材料种类、规格、中距：木龙骨、30 mm×40 mm、间距250 mm 2. 基层材料种类、规格：五合板 3. 面层材料品种、规格、颜色：不锈钢板1 mm厚	m^2	204.10			

9. 幕墙工程

幕墙工程清单工程量计算规则见表 2.13.13。

表 2.13.13　幕墙工程清单工程量计算规则

幕墙工程	计算规则	计量单位	工程内容
带骨架幕墙（清单编码：011209001×××）	按设计图示框外围尺寸以面积计算。与幕墙同种材质的窗所占面积不扣除	m^2	1. 骨架制作、运输、安装 2. 面层安装 3. 隔离带、框边封闭 4. 嵌缝、塞口 5. 清洗
全玻（无框玻璃）幕墙（清单编码：011209002×××）	按设计图示尺寸以面积计算，带肋全玻幕墙按展开面积计算		1. 幕墙安装 2. 嵌缝、塞口 3. 清洗

10. 隔断

隔断包括木隔断、金属隔断、玻璃隔断、塑料隔断、成品隔断、其他隔断 6 个清单子项。隔断清单工程量计算规则见表 2.13.14。

表 2.13.14　隔断清单工程量计算规则

隔　断	计算规则	计量单位	工程内容
木隔断（清单编码：011210001×××）	按设计图示框外围尺寸以面积计算。不扣除单个≤0.3 m^2 的孔洞所占面积；浴厕门的材质与隔断相同时，门的面积并入隔断面积内	m^2	1. 骨架及边框制作、运输、安装 2. 隔板制作、运输、安装 3. 嵌缝、塞口 4. 装钉压条
金属隔断（清单编码：011210002×××）			1. 骨架及边框制作、运输、安装 2. 隔板制作、运输、安装 3. 嵌缝、塞口
玻璃隔断（清单编码：011210003×××）	按设计图示框外围尺寸以面积计算。不扣除单个≤0.3 m^2 的孔洞所占面积		1. 边框制作、运输、安装 2. 玻璃制作、运输、安装 3. 嵌缝、塞口
塑料隔断（清单编码：011210004×××）			1. 骨架及边框制作、运输、安装 2. 隔板制作、运输、安装 3. 嵌缝、塞口
成品隔断（清单编码：011210005×××）	1. 以平方米计量，按设计图示框外围尺寸以面积计算 2. 以间计量，按设计间的数量计算	1. m^2 2. 间	1. 隔板运输、安装 2. 嵌缝、塞口
其他隔断（清单编码：011210006×××）	按设计图示框外围尺寸以面积计算。不扣除单个≤0.3 m^2 的孔洞所占面积	m^2	1. 骨架及边框安装 2. 隔板安装 3. 嵌缝、塞口

【能力训练 2.13.1】 计算墙、柱面工程工程量。

【原始资料】 学生创业训练综合楼建筑施工图、结构施工图(见附录)。

任务14　天棚工程清单工程量计算

2.14.1　工程量清单项目设置

天棚工程工程量清单项目按照《房屋建筑与装饰工程工程量计算规范》(GB 50854—2013)附录N列项，共分4节10个子项，包括天棚抹灰、天棚吊顶、采光天棚、天棚其他装饰。天棚工程工程量清单项目设置见表2.14.1所示。

表2.14.1　天棚工程工程量清单项目设置

<table>
<tr><th>项目编码</th><th>项目名称</th><th>项目特征</th><th>备　注</th></tr>
<tr><td>011301001</td><td>天棚抹灰</td><td>基层类型，抹灰厚度、材料种类，砂浆配合比</td><td>天棚抹灰
(编码：011301)</td></tr>
<tr><td>011302001</td><td>吊顶天棚</td><td>吊顶形式、吊杆规格、高度，龙骨材料种类、规格、中距，基层材料种类、规格，面层材料品种、规格，压条材料种类、规格，嵌缝材料种类，防护材料种类</td><td rowspan="6">天棚吊顶
(编码：011302)</td></tr>
<tr><td>011302002</td><td>格栅吊顶</td><td>龙骨材料种类、规格、中距，基层材料种类、规格，面层材料品种、规格，防护材料种类</td></tr>
<tr><td>011302003</td><td>吊筒吊顶</td><td>吊筒形状、规格，吊筒材料种类，防护材料种类</td></tr>
<tr><td>011302004</td><td>藤条造型悬挂吊顶</td><td rowspan="2">骨架材料种类、规格，面层材料品种、规格</td></tr>
<tr><td>011302005</td><td>织物软雕吊顶</td></tr>
<tr><td>011302006</td><td>装饰网架吊顶</td><td>网架材料品种、规格</td></tr>
<tr><td>011303001</td><td>采光天棚</td><td>骨架类型，固定类型、固定材料品种、规格，面层材料品种、规格，嵌缝、塞口材料种类</td><td>采光天棚
(编码：011303)</td></tr>
<tr><td>011304001</td><td>灯带(槽)</td><td>灯带型式、尺寸，格栅片材料品种、规格，安装固定方式</td><td rowspan="2">天棚其他装饰
(编码：011304)</td></tr>
<tr><td>011304002</td><td>送风口、回风口</td><td>风口材料品种、规格，安装固定方式，防护材料种类</td></tr>
</table>

2.14.2　工程量清单编制规定

采光天棚骨架应单独按《房屋建筑与装饰工程工程量计算规范》(GB 50854—2013)附录F相关项目编码列项。

2.14.3　清单工程量计算规则及应用案例

1. 天棚抹灰

天棚抹灰适用于在各种基层(混凝土现浇板、预制板、木板条等)上的抹灰工程。天棚抹灰清单工程量计算规则见表2.14.2。

表2.14.2　天棚抹灰清单工程量计算规则

天棚抹灰	计算规则	计量单位	工程内容
天棚抹灰(清单编码:011301001×××)	按设计图示尺寸以水平投影面积计算。不扣除间壁墙、垛、柱、附墙烟囱、检查口和管道所占的面积,带梁天棚的梁两侧抹灰面积并入天棚面积内,板式楼梯底面抹灰按斜面积计算,锯齿形楼梯底板抹灰按展开面积计算	m^2	1. 基层清理 2. 底层抹灰 3. 抹面层

【小贴士】

在对天棚抹灰进行清单描述时,应注意对基层类型、抹灰厚度、抹灰材料种类、砂浆配合比进行描述,如果天棚有装饰线条还要将装饰线条道数描述清楚,线条的区别如图2.14.1所示。

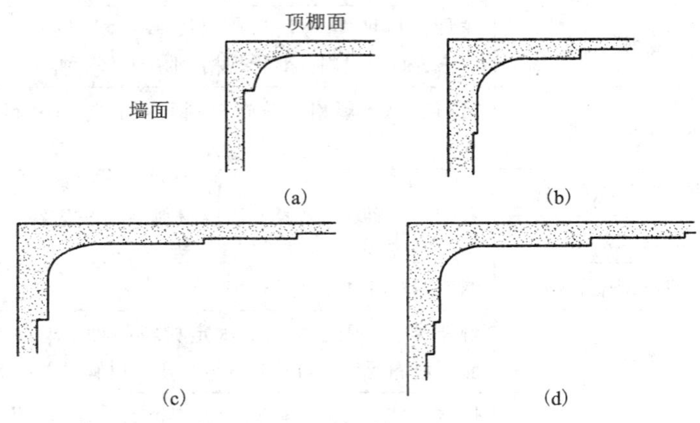

图2.14.1　装饰线条数示意图

(a)一道线;(b)二道线;(c)三道线;(d)四道线

【应用案例2.14.1】　××工程现浇井字梁顶棚如图2.14.2所示,顶棚工程做法:钢筋混凝土板底清理干净后刷素水泥浆一遍,10 mm厚1∶1∶6水泥石灰砂浆打底,3 mm厚纸筋石灰浆批面。试编制天棚抹灰工程量清单(已知砖墙厚度为240 mm)。

【解】　1)顶棚抹灰:

S=主墙间净长×主墙间净宽+梁侧面=(6.6−0.12×2)×(4.4−0.12×2)+(0.4−0.12)×(6.6−0.12×2)×2+(0.25−0.12)×(4.4−0.12×2−0.3)×2×2−(0.25−0.12)×0.15×4=31.95 m^2

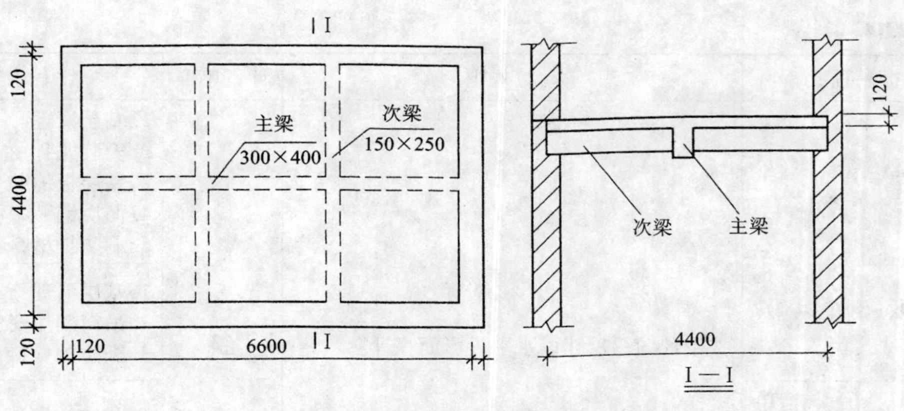

图 2.14.2　现浇井字梁顶棚

2）编制工程量清单：天棚抹灰工程量清单见表2.14.3。

表 2.14.3　分部分项工程和单价措施项目清单与计价表

工程名称：××工程　　　　　　　　　　标　段：　　　　　　　　　　第　页　共　页

序号	项目编码	项目名称	项目特征描述	计量单位	工程量	金额(元)		
						综合单价	合价	其中 暂估价
1	011301001001	天棚抹灰	1. 基层类型：现浇钢筋混凝土梁板底 2. 抹灰厚度、材料种类：10 mm + 3 mm、水泥石灰砂浆 + 纸筋石灰浆 3. 砂浆配合比：1∶1∶6	m^2	31.95			

2. 天棚吊顶

天棚吊顶包括吊顶天棚、格栅吊顶、吊筒吊顶、藤条造型悬挂吊顶、织物软雕吊顶、装饰网架吊顶6个清单子项。天棚吊顶清单工程量计算规则见表2.14.4。

表 2.14.4　天棚吊顶清单工程量计算规则

天棚吊顶	计算规则	计量单位	工程内容
吊顶天棚(清单编码：011302001×××)	按设计图示尺寸以水平投影面积计算。天棚面中的灯槽及跌级、锯齿形、吊挂式、藻井式天棚面积不展开计算。不扣除间壁墙、检查口、附墙烟囱、柱垛和管道所占面积，扣除单个>0.3 m^2 的孔洞、独立柱及与天棚相连的窗帘盒所占的面积	m^2	1. 基层清理、吊杆安装 2. 龙骨安装 3. 基层板铺贴 4. 面层铺贴 5. 嵌缝 6. 刷防护材料

续表 2.14.4

天棚吊顶	计算规则	计量单位	工程内容
格栅吊顶（清单编码：011302002×××）	按设计图示尺寸以水平投影面积计算	m^2	1. 基层清理 2. 安装龙骨 3. 基层板铺贴 4. 面层铺贴 5. 刷防护材料
吊筒吊顶（清单编码：011302003×××）			1. 基层清理 2. 吊筒制作安装 3. 刷防护材料
藤条造型悬挂吊顶（清单编码：011302004×××）			1. 基层清理 2. 龙骨安装 3. 铺贴面层
织物软雕吊顶（清单编码：011302005×××）			
装饰网架吊顶（清单编码：011302006×××）			1. 基层清理 2. 网架制作安装

【知识链接】

常见各种类型天棚吊顶见图 2.14.3 至图 2.14.5。

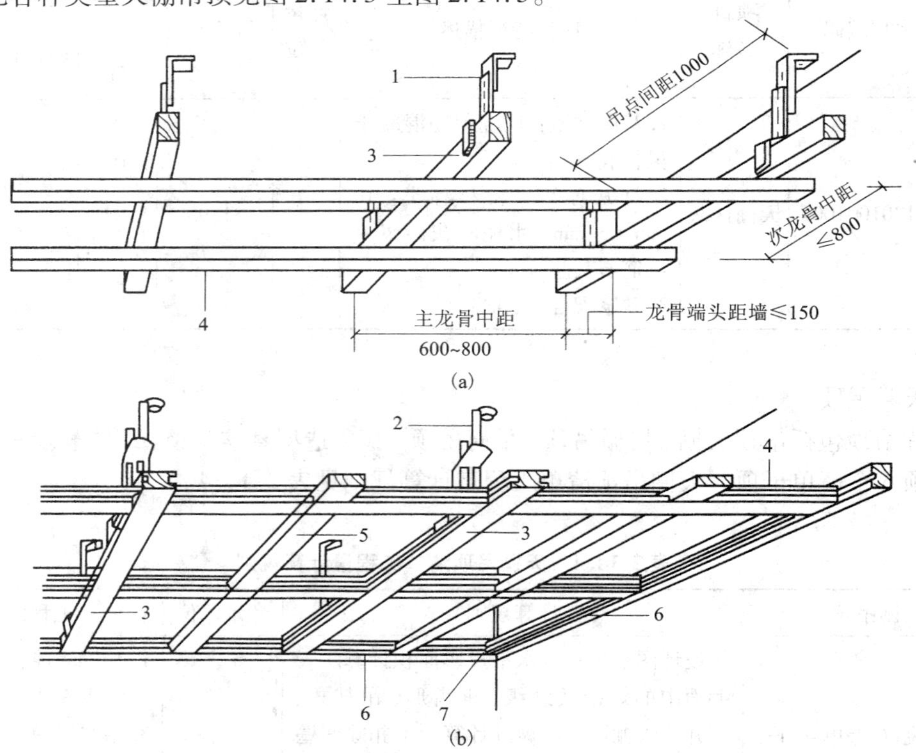

图 2.14.3 天棚方木龙骨构造示意图

(a)方木龙骨间距及吊点间距；(b)方木龙骨构件

1—开孔铁带吊件；2—弹簧可伸缩吊件；3—主龙骨；4—次龙骨；5—间距龙骨；6—边龙骨；7—角接榫板

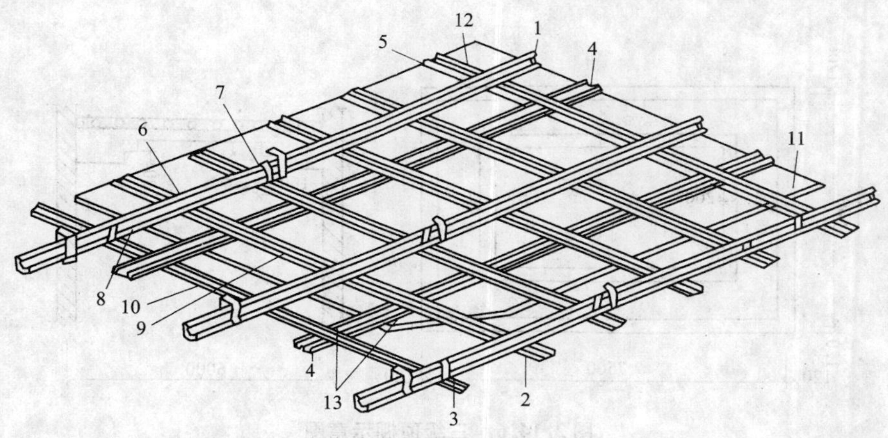

图 2.14.4　U 形轻钢龙骨吊顶安装示意图

1—大龙骨；2—中龙骨；3—小龙骨；4—横撑龙骨；5—大吊挂件；6—中吊挂件；7—小吊挂件；8—大接插件；9—中接插件；10—小接插件；11—罩面板；12—吊杆；13—龙骨支托连接

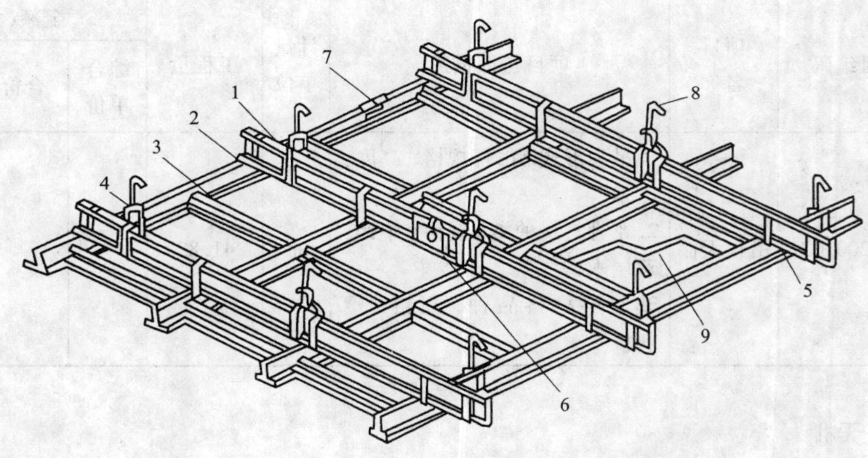

图 2.14.5　LT 形铝合金龙骨吊顶安装示意图

1—大龙骨；2—中龙骨；3—小龙骨；4—大吊挂件；5—中吊挂件；6—大接插件；7—中接插件；8—吊杆；9—罩面板

【应用案例 2.14.2】　××工程三级顶棚尺寸如图 2.14.6 所示，做法为钢筋混凝土板下吊双层木楞作龙骨，采用塑料板面层。试编制天棚吊顶工程量清单（已知砖墙厚度为 240 mm）。

【解】　1）计算天棚吊顶清单工程量：

天棚吊顶工程量 = 主墙间净长度 × 主墙间净宽度 − 独立柱及相连窗帘盒等所占面积

$$=(7.5-0.12\times2)\times(6-0.12\times2)=41.82\ \mathrm{m}^2$$

2）编制工程量清单：

天棚吊顶工程量清单见表 2.14.5。

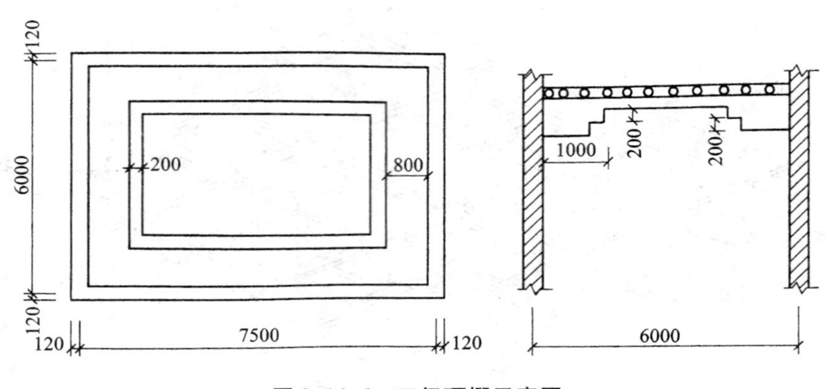

图 2.14.6　三级顶棚示意图

表 2.14.5　分部分项工程和单价措施项目清单与计价表

工程名称：××工程　　　　　　　　　标　段：　　　　　　　　　第　页　共　页

序号	项目编码	项目名称	项目特征描述	计量单位	工程量	金额(元)		
						综合单价	合价	其中 暂估价
1	011302001001	吊顶天棚	1. 吊顶形式、吊杆规格、高度：方木 2. 龙骨材料种类、规格、中距：双层木楞 3. 面层材料品种、规格：塑料板	m^2	41.82			

3. 采光天棚

采光天棚清单工程量计算规则见表 2.14.6。

表 2.14.6　采光天棚清单工程量计算规则

采光天棚	计算规则	计量单位	工程内容
采光天棚(清单编码：011303001×××)	按框外围展开面积计算	m^2	1. 清理基层 2. 面层制安 3. 嵌缝、塞口 4. 清洗

4. 天棚其他装饰

天棚其他装饰包括灯带(槽)，送风口、回风口 2 个清单子项。天棚其他装饰清单工程量计算规则见表 2.14.7。

表 2.14.7　天棚其他装饰清单工程量计算规则

天棚其他装饰	计算规则	计量单位	工程内容
灯带(槽)(清单编码：011304001×××)	按设计图示尺寸以框外围面积计算	m^2	安装、固定
送风口、回风口(清单编码：011304002×××)	按设计图示数量计算	个	1. 安装、固定 2. 刷防护材料

【能力训练 2.14.1】　计算天棚工程工程量。

【原始资料】　学生创业训练综合楼建筑施工图、结构施工图(见附录)。

任务15　油漆、涂料、裱糊工程清单工程量计算

2.15.1　工程量清单项目设置

油漆、涂料、裱糊工程工程量清单项目按照《房屋建筑与装饰工程工程量计算规范》(GB 50854—2013)附录P列项，共分8节36个子项，包括门油漆，窗油漆，木扶手及其他板条、线条油漆，木材面油漆，金属面油漆，抹灰面油漆，喷刷涂料，裱糊。油漆、涂料、裱糊工程工程量清单项目设置见表2.15.1所示。

表 2.15.1　油漆、涂料、裱糊工程工程量清单项目设置

项目编码	项目名称	项目特征	备　注
011401001	木门油漆	门类型，门代号及洞口尺寸，腻子种类，刮腻子遍数，防护材料种类，油漆品种、刷漆遍数	门油漆 (编码：011401)
011401002	金属门油漆		
011402001	木窗油漆	窗类型，窗代号及洞口尺寸，腻子种类，刮腻子遍数，防护材料种类，油漆品种、刷漆遍数	窗油漆 (编码：011402)
011402002	金属窗油漆		
011403001	木扶手油漆	断面尺寸，腻子种类，刮腻子遍数，防护材料种类，油漆品种、刷漆遍数	木扶手及其他板条、线条油漆 (编码：011403)
011403002	窗帘盒油漆		
011403003	封檐板、顺水板油漆		
011403004	挂衣板、黑板框油漆		
011403005	挂镜线、窗帘棍、单独木线油漆		

续表 2.15.1

项目编码	项目名称	项目特征	备注
011404001	木护墙、木墙裙油漆	腻子种类，刮腻子遍数，防护材料种类，油漆品种、刷漆遍数	木材面油漆（编码：011404）
011404002	窗台板、筒子板、盖板、门窗套、踢脚线油漆		
011404003	清水板条天棚、檐口油漆		
011404004	木方格吊顶天棚油漆		
011404005	吸音板墙面、天棚面油漆		
011404006	暖气罩油漆		
011404007	其他木材面		
011404008	木间壁、木隔断油漆		
011404009	玻璃间壁露明墙筋油漆		
011404010	木栅栏、木栏杆（带扶手）油漆		
011404011	衣柜、壁柜油漆		
011404012	梁柱饰面油漆		
011404013	零星木装修油漆		
011404014	木地板油漆		
011404015	木地板烫硬蜡面	硬蜡品种，面层处理要求	
011405001	金属面油漆	构件名称，腻子种类，刮腻子要求，防护材料种类，油漆品种、刷漆遍数	金属面油漆（编码：011405）
011406001	抹灰面油漆	基层类型，腻子种类，刮腻子遍数，防护材料种类，油漆品种、刷漆遍数，部位	抹灰面油漆（编码：011406）
011406002	抹灰线条油漆	线条宽度、道数，腻子种类，刮腻子遍数，防护材料种类，油漆品种、刷漆遍数	
011406003	满刮腻子	基层类型，腻子种类，刮腻子遍数	
011407001	墙面喷刷涂料	基层类型，喷刷涂料部位，腻子种类，刮腻子要求，涂料品种、喷刷遍数	喷刷涂料（编码：011407）
011407002	天棚喷刷涂料		
011407003	空花格、栏杆刷涂料	腻子种类，刮腻子遍数，涂料品种、刷喷遍数	
011407004	线条刷涂料	基层清理，线条宽度，刮腻子遍数，刷防护材料、油漆	
011407005	金属构件刷防火涂料	喷刷防火涂料构件名称，防火等级要求，涂料品种、喷刷遍数	
011407006	木材构件喷刷防火涂料		
011408001	墙纸裱糊	基层类型，裱糊部位，腻子种类，刮腻子遍数，黏结材料种类，防护材料种类，面层材料品种、规格、颜色	裱糊（编码：011408）
011408002	织锦缎裱糊		

2.15.2　工程量清单编制规定

1)木门油漆应区分木大门、单层木门、双层(一玻一纱)木门、双层(单裁口)木门、全玻自由门、半玻自由门、装饰门及有框门或无框门等项目，分别编码列项。

2)金属门油漆应区分平开门、推拉门、钢质防火门等项目，分别编码列项。

3)门窗油漆若以平方米计量，项目特征可不必描述洞口尺寸。

4)木窗油漆应区分单层木门、双层(一玻一纱)木窗、双层框扇(单裁口)木窗、双层框三层(二玻一纱)木窗、单层组合窗、双层组合窗、木百叶窗、木推拉窗等项目，分别编码列项。

5)金属窗油漆应区分平开窗、推拉窗、固定窗、组合窗、金属隔栅窗等项目，分别编码列项。

6)木扶手应区分带托板与不带托板，分别编码列项，若是木栏杆带扶手，木扶手不应单独列项，应包含在木栏杆油漆中。

7)喷刷墙面涂料部位要注明内墙或外墙。

2.15.3　清单工程量计算规则及应用案例

1.门油漆

门油漆项目适用于各类型门的油漆工程。门油漆清单工程量计算规则见表2.15.2。

表2.15.2　门油漆清单工程量计算规则

门油漆	计算规则	计量单位	工程内容
木门油漆(清单编码:011401001×××)	1.以樘计量，按设计图示数量计量 2.以平方米计量，按设计图示洞口尺寸以面积计算	1.樘 2. m^2	1.基层清理 2.刮腻子 3.刷防护材料、油漆
金属门油漆(清单编码:011401002×××)			1.除锈、基层清理 2.刮腻子 3.刷防护材料、油漆

2.窗油漆

窗油漆项目适用于各类型窗油漆工程。窗油漆清单工程量计算规则见表2.15.3。

表2.15.3　窗油漆清单工程量计算规则

窗油漆	计算规则	计量单位	工程内容
木窗油漆(清单编码:011402001×××)	1.以樘计量，按设计图示数量计量 2.以平方米计量，按设计图示洞口尺寸以面积计算	1.樘 2. m^2	1.基层清理 2.刮腻子 3.刷防护材料、油漆
金属窗油漆(清单编码:011402002×××)			1.除锈、基层清理 2.刮腻子 3.刷防护材料、油漆

3. 木扶手及其他板条、线条油漆

木扶手及其他板条、线条油漆清单工程量计算规则见表 2.15.4。

表 2.15.4　木扶手及其他板条、线条油漆清单工程量计算规则

木扶手及其他板条、线条油漆	计算规则	计量单位	工程内容
木扶手油漆（清单编码：011403001 × × ×）	按设计图示尺寸以长度计算	m	1. 基层清理 2. 刮腻子 3. 刷防护材料、油漆
窗帘盒油漆（清单编码：011403002 × × ×）			
封檐板、顺水板油漆（清单编码：011403003 × × ×）			
挂衣板、黑板框油漆（清单编码：011403004 × × ×）			
挂镜线、窗帘棍、单独木线油漆（清单编码：011403005 × × ×）			

4. 木材面油漆

木材面油漆包括木护墙、木墙裙油漆，窗台板、筒子板、盖板、门窗套、踢脚线油漆，清水板条天棚、檐口油漆，木方格吊顶天棚油漆等 15 个清单子项。木材面油漆清单工程量计算规则见表 2.15.5。

表 2.15.5　木材面油漆清单工程量计算规则

木材面油漆	计算规则	计量单位	工程内容
木护墙、木墙裙油漆（清单编码：011404001 × × ×）	按设计图示尺寸以面积计算	m^2	1. 基层清理 2. 刮腻子 3. 刷防护材料、油漆
窗台板、筒子板、盖板、门窗套、踢脚线油漆（清单编码：011404002 × × ×）			
清水板条天棚、檐口油漆（清单编码：011404003 × × ×）			
木方格吊顶天棚油漆（清单编码：011404004 × × ×）			
吸音板墙面、天棚面油漆（清单编码：011404005 × × ×）			
暖气罩油漆（清单编码：011404006 × × ×）			
其他木材面油漆（清单编码：011404007 × × ×）			
木间壁、木隔断油漆（清单编码：011404008 × × ×）	按设计图示尺寸以单面外围面积计算		
玻璃间壁露明墙筋油漆（清单编码：011404009 × × ×）			
木栅栏、木栏杆（带扶手）油漆（清单编码：011404010 × × ×）			
衣柜、壁柜油漆（清单编码：011404011 × × ×）	按设计图示尺寸以油漆部分展开面积计算		
梁柱饰面油漆（清单编码：011404012 × × ×）			
零星木装修油漆（清单编码：011404013 × × ×）			
木地板油漆（清单编码：011404014 × × ×）	按设计图示尺寸以面积计算。空洞、空圈、暖气包槽、壁龛的开口部分并入相应的工程量内		
木地板烫硬蜡面（清单编码：011404015 × × ×）			1. 基层清理 2. 烫蜡

5. 金属面油漆

金属面油漆清单工程量计算规则见表2.15.6。

表2.15.6　金属面油漆清单工程量计算规则

金属面油漆	计算规则	计量单位	工程内容
金属面油漆（清单编码：011405001×××）	1. 以吨计量，按设计图示尺寸以质量计算 2. 以平方米计量，按设计展开面积计算	1. t 2. m^2	1. 基层清理 2. 刮腻子 3. 刷防护材料、油漆

6. 抹灰面油漆

抹灰面油漆包括抹灰面油漆、抹灰线条油漆和满刮腻子3个清单子项。抹灰面油漆清单工程量计算规则见表2.15.7。

表2.15.7　抹灰面油漆清单工程量计算规则

抹灰面油漆	计算规则	计量单位	工程内容
抹灰面油漆（清单编码：011406001×××）	按设计图示尺寸以面积计算	m^2	1. 基层清理 2. 刮腻子 3. 刷防护材料、油漆
抹灰线条油漆（清单编码：011406002×××）	按设计图示尺寸以长度计算	m	
满刮腻子（清单编码：011406003×××）	按设计图示尺寸以面积计算	m^2	1. 基层清理 2. 刮腻子

7. 喷刷涂料

喷刷涂料清单工程量计算规则见表2.15.8。

表2.15.8　喷刷涂料清单工程量计算规则

喷刷涂料	计算规则	计量单位	工程内容
墙面喷刷涂料（清单编码：011407001×××）	按设计图示尺寸以面积计算	m^2	1. 基层清理 2. 刮腻子 3. 刷、喷涂料
天棚喷刷涂料（清单编码：011407002×××）			
空花格、栏杆刷涂料（清单编码：011407003×××）	按设计图示尺寸以单面外围面积计算		
线条刷涂料（清单编码：011407004×××）	按设计图示尺寸以长度计算	m	
金属构件刷防火涂料（清单编码：011407005×××）	1. 以吨计量，按设计图示尺寸以质量计算 2. 以平方米计量，按设计展开面积计算	1. m^2 2. t	1. 基层清理 2. 刷防护材料、油漆
木材构件喷刷防火涂料（清单编码：011407006×××）	以平方米计量，按设计图示尺寸以面积计算	m^2	1. 基层清理 2. 刷防火材料

8. 裱糊

裱糊包括墙纸裱糊和织锦缎裱糊 2 个清单子项。裱糊清单工程量计算规则见表 2.15.9。

表 2.15.9　裱糊清单工程量计算规则

裱　糊	计算规则	计量单位	工程内容
墙纸裱糊（清单编码：011408001×××）	按设计图示尺寸以面积计算	m^2	1. 基层清理 2. 刮腻子 3. 面层铺粘 4. 刷防护材料
织锦缎裱糊（清单编码：011408002×××）			

【应用案例 2.15.1】　××工程房间装饰如图 2.15.1 所示，内墙抹灰面满刮腻子两遍，粘贴对花墙纸，门窗洞口侧面贴墙纸 120 mm 宽，房间净高 3.5 m；挂镜线刷底油一遍、调和漆两遍；挂镜线以上及天棚刷仿瓷涂料两遍。试编制该房间装饰工程量清单。

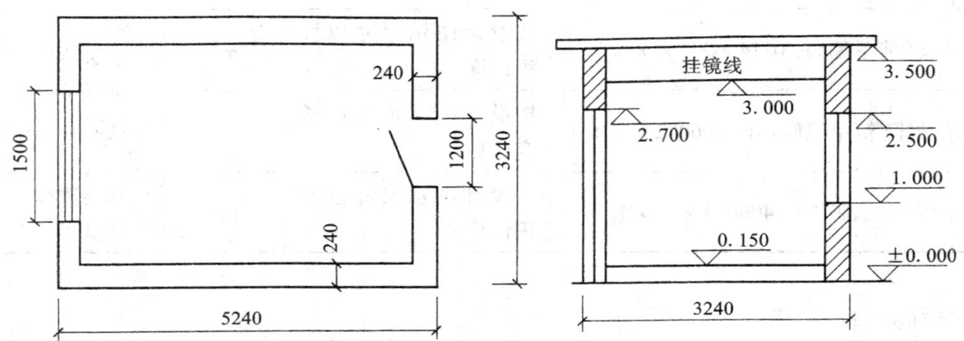

图 2.15.1　××工程房间装饰施工图

【解】　1）墙纸裱糊工程量：

对花墙纸工程量 = 净长度 × 净高 − 门窗洞口 + 垛及门窗侧面

$$= [(5.24-0.24\times2)+(3.24-0.24\times2)]\times2\times(3-0.15)-1.2\times(2.7-0.15)-1.5\times1.5+\{[1.2+(2.7-0.15)\times2]+1.5\times4\}\times0.12=39.03\ m^2$$

2）挂镜线油漆工程量：

挂镜线油漆工程量 = 设计图示尺寸长度

$$= [(5.24-0.24\times2)+(3.24-0.24\times2)]\times2=15.04\ m$$

3）挂镜线以上及天棚刷仿瓷涂料工程量：

刷仿瓷涂料工程量 = 主墙间净长度 × 主墙间净宽度 + 梁侧面面积

$$= [(5.24-0.24\times2)+(3.24-0.24\times2)]\times2\times0.5+(5.24-0.24\times2)\times(3.24-0.24\times2)=20.66\ m^2$$

4）编制工程量清单：

该房间装饰工程量清单见表 2.15.10。

表 2.15.10　分部分项工程和单价措施项目清单与计价表

工程名称：××工程　　标　段：　　第　页 共　页

序号	项目编码	项目名称	项目特征描述	计量单位	工程量	金额(元)		
						综合单价	合价	其中 暂估价
1	011408001001	墙纸裱糊	1. 基层类型：抹灰面 2. 裱糊部位：内墙 3. 刮腻子遍数：两遍 4. 面层材料品种、规格、颜色：对花墙纸	m^2	39.03			
2	011403005001	挂镜线、窗帘棍、单独木线油漆	油漆品种、刷漆遍数：刷底油一遍，调和漆两遍	m	15.04			
3	011407002001	天棚喷刷涂料	1. 基层类型：抹灰面 2. 涂料品种、刷喷遍数：仿瓷涂料两遍	m^2	20.66			

【能力训练 2.15.1】 计算油漆、涂料、裱糊工程工程量。

【原始资料】 学生创业训练综合楼建筑施工图、结构施工图(见附录)。

任务 16　其他装饰工程清单工程量计算

2.16.1　工程量清单项目设置

其他装饰工程工程量清单项目按照《房屋建筑与装饰工程工程量计算规范》(GB 50854—2013)附录 Q 列项，共分 8 节 62 个子项，包括柜类、货架，压条、装饰线，扶手、栏杆、栏板装饰，暖气罩，浴厕配件，雨篷、旗杆，招牌、灯箱，美术字。其他装饰工程工程量清单项目设置见表 2.16.1 所示。

表 2.16.1　其他装饰工程工程量清单项目设置

项目编码	项目名称	项目特征	备　注
011501001	柜台	台柜规格，材料种类、规格，五金种类、规格，防护材料种类，油漆品种、刷漆遍数	柜类、货架（编码：011501）
011501002	酒柜		
011501003	衣柜		
011501004	存包柜		
011501005	鞋柜		
011501006	书柜		

续表 2.16.1

项目编码	项目名称	项目特征	备 注
011501007	厨房壁柜	台柜规格，材料种类、规格，五金种类、规格，防护材料种类，油漆品种、刷漆遍数	柜类、货架（编码：011501）
011501008	木壁柜		
011501009	厨房低柜		
011501010	厨房吊柜		
011501011	矮柜		
011501012	吧台背柜		
011501013	酒吧吊柜		
011501014	酒吧台		
011501015	展台		
011501016	收银台		
011501017	试衣间		
011501018	货架		
011501019	书架		
011501020	服务台		
011502001	金属装饰线	基层类型，线条材料品种、规格、颜色，防护材料种类	压条、装饰线（编码：011502）
011502002	木质装饰线		
011502003	石材装饰线		
011502004	石膏装饰线		
011502005	镜面玻璃线		
011502006	铝塑装饰线		
011502007	塑料装饰线		
011502008	GRC 装饰线条	基层类型，线条规格，线条安装部位，填充材料种类	
011503001	金属扶手、栏杆、栏板	扶手材料种类、规格，栏杆材料种类、规格，栏板材料种类、规格、颜色，固定配件种类，防护材料种类	扶手、栏杆、栏板装饰（编码：011503）
011503002	硬木扶手、栏杆、栏板		
011503003	塑料扶手、栏杆、栏板		
011503004	GRC 栏杆、扶手	栏杆的规格，安装间距，扶手类型规格，填充材料种类	
011503005	金属靠墙扶手	扶手材料种类、规格，固定配件种类，防护材料种类	
011503006	硬木靠墙扶手		
011503007	塑料靠墙扶手		
011503008	玻璃栏板	栏杆玻璃的种类、规格、颜色，固定方式，固定配件种类	

续表 2.16.1

项目编码	项目名称	项目特征	备　注
011504001	饰面板暖气罩	暖气罩材质，防护材料种类	暖气罩（编码：011504）
011504002	塑料板暖气罩		
011504003	金属暖气罩		
011505001	洗漱台	材料品种、规格、颜色，支架、配件品种、规格	浴厕配件（编码：011505）
011505002	晒衣架		
011505003	帘子杆		
011505004	浴缸拉手		
011505005	卫生间扶手		
011505006	毛巾杆(架)		
011505007	毛巾环		
011505008	卫生纸盒		
011505009	肥皂盒		
011505010	镜面玻璃	镜面玻璃品种、规格，框材质、断面尺寸，基层材料种类，防护材料种类	
011505011	镜箱	箱体材质、规格，玻璃品种、规格，基层材料种类，防护材料种类，油漆品种、刷漆遍数	
011506001	雨篷吊挂饰面	基层类型，龙骨材料种类、规格、中距，面层材料品种、规格，吊顶(天棚)材料品种、规格，嵌缝材料种类，防护材料种类	雨篷、旗杆（编码：011506）
011506002	金属旗杆	旗杆材料、种类、规格，旗杆高度，基础材料种类，基座材料种类，基座面层材料、种类、规格	
011506003	玻璃雨篷	玻璃雨篷固定方式，龙骨材料种类、规格、中距，玻璃材料品种、规格，嵌缝材料种类，防护材料种类	
011507001	平面、箱式招牌	箱体规格，基层材料种类，面层材料种类，防护材料种类	招牌、灯箱（编码：011507）
011507002	竖式标箱		
011507003	灯箱		
011507004	信报箱	箱体规格，基层材料种类，面层材料种类，保护材料种类，户数	
011508001	泡沫塑料字	基层类型，镌字材料品种、颜色，字体规格，固定方式，油漆品种、刷漆遍数	美术字（编码：011508）
011508002	有机玻璃字		
011508003	木质字		
011508004	金属字		
011508005	吸塑字		

2.16.2　工程量清单编制规定

1）柜类、货架，浴厕配件（镜面玻璃除外），雨篷、旗杆（金属旗杆除外），招牌、灯箱，美术字等单件项目，工作内容包括了“刷油漆”，主要考虑整体性，不得单独将油漆分离，单列油漆清单项目；本章其他项目，工作内容中没有包括“刷油漆”可单独按《房屋建筑与装饰工程工程量计算规范》（GB 50854—2013）附录P相应项目编码列项。

2）凡栏杆、栏板含扶手的项目，不得单独将扶手进行编码列项。

3）美术字不分字体，按大小规格分类。美术字的字体规格以字的外接矩形长、宽和字的厚度表示。固定方式指粘贴、焊接以及铁钉、螺栓、铆钉固定等方式。

4）突出招牌的灯饰、店徽及其他艺术字装潢等，应另行计算。

2.16.3　清单工程量计算规则及应用案例

1. 柜类、货架

柜类、货架适用于各类材料制作及各种用途的柜类、货架项目。柜类、货架包括柜台、酒柜、衣柜、存包柜、鞋柜、书柜等20个清单子项。柜类、货架清单工程量计算规则见表2.16.2。

表2.16.2　柜类、货架清单工程量计算规则

柜类、货架	计算规则	计量单位	工程内容
柜台（清单编码：011501001×××）	1. 以个计量，按设计图示数量计量 2. 以米计量，按设计图示尺寸以延长米计算 3. 以立方米计量，按设计图示尺寸以体积计算	1. 个 2. m 3. m^3	1. 台柜制作、运输、安装（安放） 2. 刷防护材料、油漆 3. 五金件安装
酒柜（清单编码：011501002×××）			
衣柜（清单编码：011501003×××）			
存包柜（清单编码：011501004×××）			
鞋柜（清单编码：011501005×××）			
书柜（清单编码：011501006×××）			
厨房壁柜（清单编码：011501007×××）			
木壁柜（清单编码：011501008×××）			
厨房低柜（清单编码：011501009×××）			
厨房吊柜（清单编码：011501010×××）			
矮柜（清单编码：011501011×××）			
吧台背柜（清单编码：011501012×××）			
酒吧吊柜（清单编码：011501013×××）			
酒吧台（清单编码：011501014×××）			
展台（清单编码：011501015×××）			
收银台（清单编码：011501016×××）			
试衣间（清单编码：011501017×××）			
货架（清单编码：011501018×××）			
书架（清单编码：011501019×××）			
服务台（清单编码：011501020×××）			

2. 压条、装饰线

压条、装饰线适用于各种材料制作的压条、装饰线，包括金属装饰线、木质装饰线、石材装饰线、石膏装饰线、镜面玻璃线、铝塑装饰线、塑料装饰线、GRC 装饰线条 8 个清单子项。压条、装饰线清单工程量计算规则见表 2.16.3。

表 2.16.3　压条、装饰线清单工程量计算规则

压条、装饰线	计算规则	计量单位	工程内容
金属装饰线（清单编码：011502001 × × ×）	按设计图示尺寸以长度计算	m	1. 线条制作、安装 2. 刷防护材料
木质装饰线（清单编码：011502002 × × ×）			
石材装饰线（清单编码：011502003 × × ×）			
石膏装饰线（清单编码：011502004 × × ×）			
镜面玻璃线（清单编码：011502005 × × ×）			
铝塑装饰线（清单编码：011502006 × × ×）			
塑料装饰线（清单编码：011502007 × × ×）			
GRC 装饰线条（清单编码：011502008 × × ×）			线条制作安装

3. 扶手、栏杆、栏板装饰

扶手、栏杆、栏板装饰项目（见图 2.16.1 至图 2.16.3）包括金属扶手、栏杆、栏板，硬木扶手、栏杆、栏板，塑料扶手、栏杆、栏板，GRC 栏杆、扶手，金属靠墙扶手，硬木靠墙扶手，塑料靠墙扶手，玻璃栏板 8 个清单子项。扶手、栏杆、栏板装饰清单工程量计算规则见表 2.16.4。

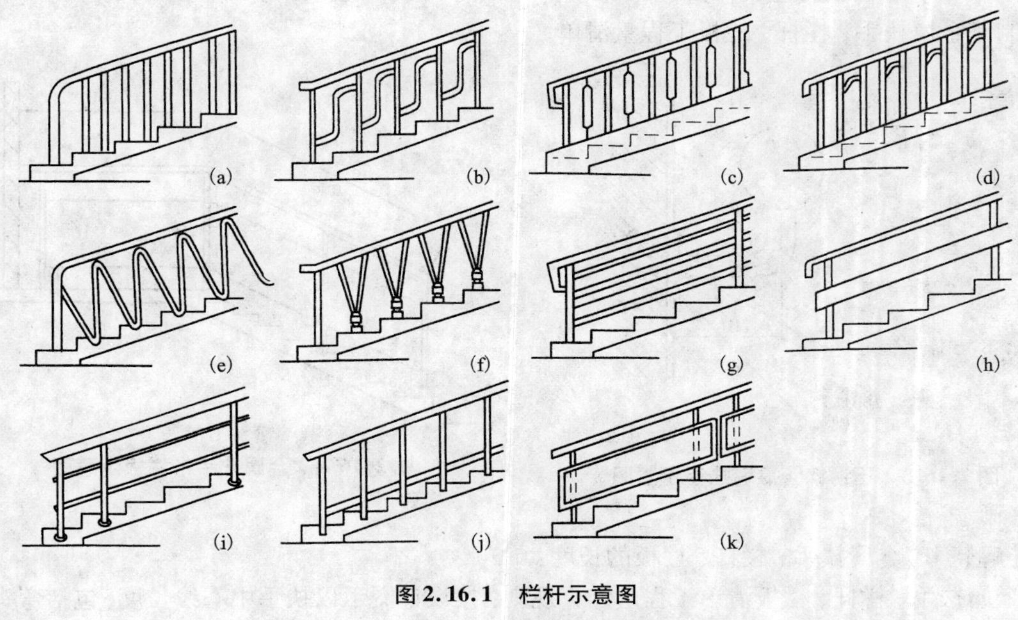

图 2.16.1　栏杆示意图

(a)～(k)各种类型的栏杆

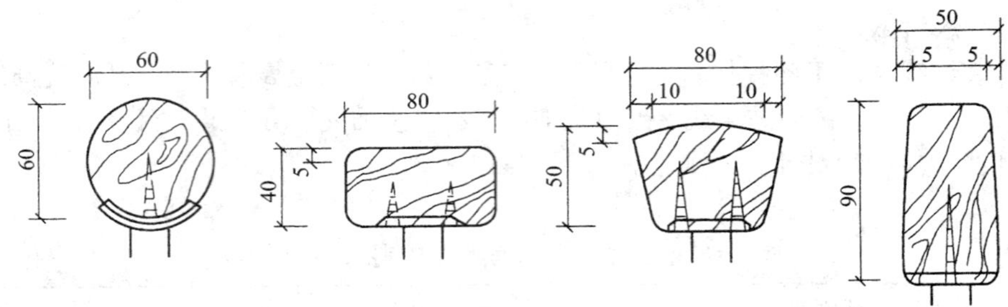

图 2.16.2　硬木扶手示意图

表 2.16.4　扶手、栏杆、栏板装饰清单工程量计算规则

扶手、栏杆、栏板装饰	计算规则	计量单位	工程内容
金属扶手、栏杆、栏板（清单编码：011503001×××）	按设计图示以扶手中心线长度（包括弯头长度）计算	m	1. 制作 2. 运输 3. 安装 4. 刷防护材料
硬木扶手、栏杆、栏板（清单编码：011503002×××）			
塑料扶手、栏杆、栏板（清单编码：011503003×××）			
GRC 栏杆、扶手（清单编码：011503004×××）			
金属靠墙扶手（清单编码：011503005×××）			
硬木靠墙扶手（清单编码：011503006×××）			
塑料靠墙扶手（清单编码：011503007×××）			
玻璃栏板（清单编码：011503008×××）			

【应用案例 2.16.1】　××工程有如图 2.16.4 所示金属扶手带栏板 10 副。扶手为不锈钢管 $\phi60\times1.5$，栏板为 6 mm 厚的有机玻璃，每副弯头 2 个且每副弯头中心线长度为 0.05 m。试编制该金属扶手、栏杆、栏板工程量清单。

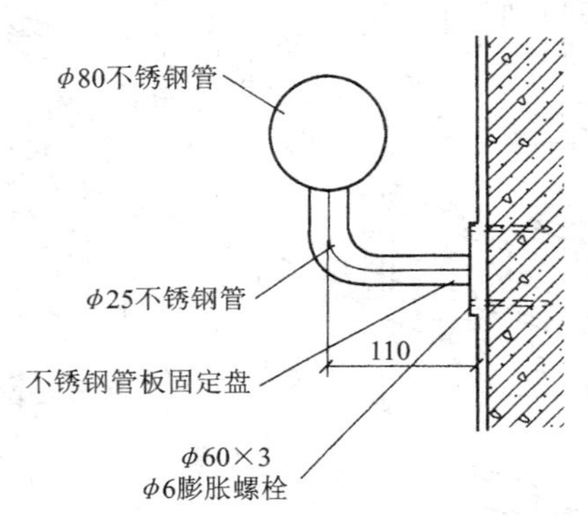

图 2.16.3　不锈钢管靠墙扶手示意图

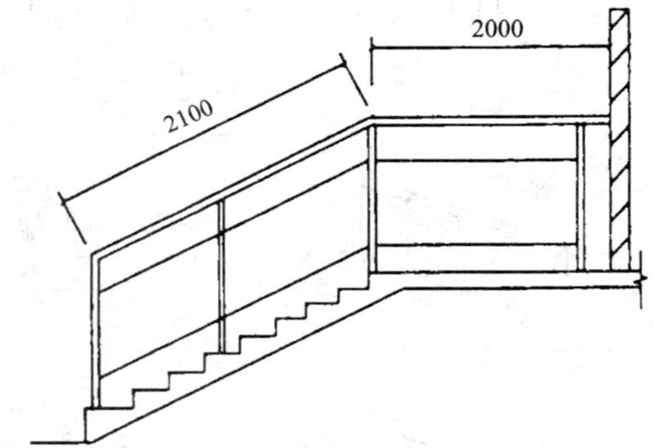

图 2.16.4　金属扶手带栏板示意图

【解】　1）金属扶手、栏杆、栏板的长度：

金属扶手、栏杆、栏板清单工程量计算规则：按设计图示以扶手中心线长度（包括弯头长度）计算

$L=(2.10+2+0.05)\times10=41.50$ m

2)编制工程量清单：

该金属扶手、栏杆、栏板工程量清单见表2.16.5。

表2.16.5　分部分项工程和单价措施项目清单与计价表

工程名称：××工程　　　　标　段：　　　　第　页　共　页

序号	项目编码	项目名称	项目特征描述	计量单位	工程量	金额(元)		
						综合单价	合价	其中 暂估价
1	011503001001	金属扶手、栏杆、栏板	1. 扶手材料种类、规格：不锈钢管 $\phi60\times1.5$ 2. 栏板材料种类、规格、颜色：6 mm厚的有机玻璃	m	41.50			

4. 暖气罩

暖气罩适用于各类材料制作的暖气罩项目。包括饰面板暖气罩、塑料板暖气罩、金属暖气罩3个清单子项。暖气罩清单工程量计算规则见表2.16.6。

表2.16.6　暖气罩清单工程量计算规则

暖气罩	计算规则	计量单位	工程内容
饰面板暖气罩(清单编码：011504001×××)	按设计图示尺寸以垂直投影面积(不展开)计算	m^2	1. 暖气罩制作、运输、安装 2. 刷防护材料
塑料板暖气罩(清单编码：011504002×××)			
金属暖气罩(清单编码：011504003×××)			

【应用案例2.16.2】　已知××工程建筑房间墙壁装饰如图2.16.5所示，试编制暖气罩和木压条工程量清单。

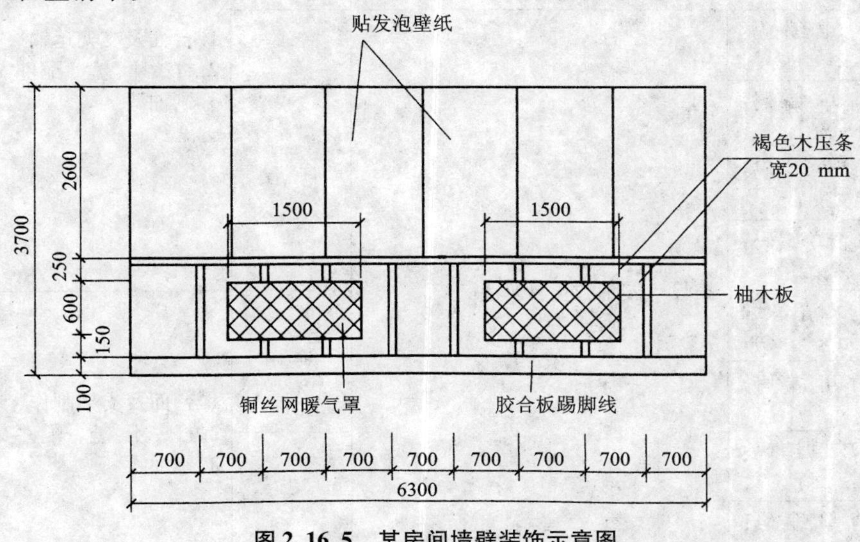

图2.16.5　某房间墙壁装饰示意图

【解】 1)铜丝网暖气罩的工程量 = 1.5 × 0.6 × 2 = 1.80 m²

2)木压条的工程量 = 6.3 + (0.15 + 0.6 + 0.25) × 8 = 14.30 m

3)编制工程量清单见表 2.16.7。

表 2.16.7 分部分项工程和单价措施项目清单与计价表

工程名称：××工程　　　　标　段：　　　　第　页　共　页

<table>
<tr><th rowspan="3">序号</th><th rowspan="3">项目编码</th><th rowspan="3">项目
名称</th><th rowspan="3">项目特征描述</th><th rowspan="3">计量
单位</th><th rowspan="3">工程量</th><th colspan="3">金额(元)</th></tr>
<tr><th rowspan="2">综合
单价</th><th rowspan="2">合价</th><th>其中</th></tr>
<tr><th>暂估价</th></tr>
<tr><td>1</td><td>011504003001</td><td>金属暖气罩</td><td>暖气罩材质：铜丝网</td><td>m²</td><td>1.80</td><td></td><td></td><td></td></tr>
<tr><td>2</td><td>011502002001</td><td>木质
装饰线</td><td>1. 基层类型：柚木板
2. 线条材料品种、规格、颜色：柚木、20 mm、褐色</td><td>m</td><td>14.30</td><td></td><td></td><td></td></tr>
</table>

5. 浴厕配件

浴厕配件包括洗漱台、晒衣架、帘子杆、浴缸拉手、卫生间扶手、毛巾杆(架)、毛巾环、卫生纸盒、肥皂盒、镜面玻璃、镜箱 11 个清单子项。浴厕配件清单工程量计算规则见表 2.16.8。

表 2.16.8 浴厕配件清单工程量计算规则

<table>
<tr><th>浴厕配件</th><th>计算规则</th><th>计量单位</th><th>工程内容</th></tr>
<tr><td>洗漱台(清单编码：011505001×××)</td><td>1. 按设计图示尺寸以台面外接矩形面积计算。不扣除孔洞、挖弯、削角所占面积，挡板、吊沿板面积并入台面面积内
2. 按设计图示数量计算</td><td>1. m²
2. 个</td><td rowspan="5">1. 台面及支架运输、安装
2. 杆、环、盒、配件安装
3. 刷油漆</td></tr>
<tr><td>晒衣架(清单编码：011505002×××)</td><td rowspan="8">按设计图示数量计算</td><td rowspan="4">个</td></tr>
<tr><td>帘子杆(清单编码：011505003×××)</td></tr>
<tr><td>浴缸拉手(清单编码：011505004×××)</td></tr>
<tr><td>卫生间扶手(清单编码：011505005×××)</td></tr>
<tr><td>毛巾杆(架)(清单编码：011505006×××)</td><td>套</td><td rowspan="4">1. 台面及支架制作、运输、安装
2. 杆、环、盒、配件安装
3. 刷油漆</td></tr>
<tr><td>毛巾环(清单编码：011505007×××)</td><td>副</td></tr>
<tr><td>卫生纸盒(清单编码：011505008×××)</td><td rowspan="2">个</td></tr>
<tr><td>肥皂盒(清单编码：011505009×××)</td></tr>
</table>

续表 2.16.8

浴厕配件	计算规则	计量单位	工程内容
镜面玻璃（清单编码：011505010×××）	按设计图示尺寸以边框外围面积计算	m^2	1. 基层安装 2. 玻璃及框制作、运输、安装
镜箱（清单编码：011505011×××）	按设计图示数量计算	个	1. 基层安装 2. 箱体制作、运输、安装 3. 玻璃安装 4. 刷防护材料、油漆

6. 雨篷、旗杆

雨篷、旗杆包括雨篷吊挂饰面、金属旗杆、玻璃雨篷 3 个清单子项。雨篷、旗杆清单工程量计算规则见表 2.16.9。

表 2.16.9　雨篷、旗杆清单工程量计算规则

雨篷、旗杆	计算规则	计量单位	工程内容
雨篷吊挂饰面（清单编码：011506001×××）	按设计图示尺寸以水平投影面积计算	m^2	1. 底层抹灰 2. 龙骨基层安装 3. 面层安装 4. 刷防护材料、油漆
金属旗杆（清单编码：011506002×××）	按设计图示数量计算	根	1. 土石挖、填、运 2. 基础混凝土浇注 3. 旗杆制作、安装 4. 旗杆台座制作、饰面
玻璃雨篷（清单编码：011506002×××）	按设计图示尺寸以水平投影面积计算	m^2	1. 龙骨基层安装 2. 面层安装 3. 刷防护材料、油漆

7. 招牌、灯箱

招牌、灯箱清单工程量计算规则见表 2.16.10。

表 2.16.10　招牌、灯箱清单工程量计算规则

招牌、灯箱	计算规则	计量单位	工程内容
平面、箱式招牌（清单编码：011507001×××）	按设计图示尺寸以正立面边框外围面积计算。复杂形的凸凹造型部分不增加面积	m^2	1. 基层安装 2. 箱体及支架制作、运输、安装 3. 面层制作、安装 4. 刷防护材料、油漆
竖式标箱（清单编码：011507002×××）	按设计图示数量计算	个	
灯箱（清单编码：011507003×××）			
信报箱（清单编码：011507004×××）			

8. 美术字

美术字适用于各种材料制作的美术字。美术字清单工程量计算规则见表 2.16.11。

表 2.16.11　美术字清单工程量计算规则

美术字	计算规则	计量单位	工程内容
泡沫塑料字（清单编码：011508001×××）	按设计图示数量计算	个	1. 字制作、运输、安装 2. 刷油漆
有机玻璃字（清单编码：011508002×××）			
木质字（清单编码：011508003×××）			
金属字（清单编码：011508004×××）			
吸塑字（清单编码：011508005×××）			

练习与思考

1.《房屋建筑与装饰工程工程量计算规范》（GB 50854—2013）中的挖一般土方项目适用于什么情况的挖土？

2. 锚杆与土钉清单工程量计算规则各是什么？其项目特征有哪些异同点？

3.《房屋建筑与装饰工程工程量计算规范》（GB 50854—2013）清单列项中，预制钢筋混凝土管桩的计量单位是什么？其对应的工程量计算规则是什么？

4. 砖基础长度怎样确定？

5. 计算实心砖墙清单工程量时，对于腰线及挑檐有什么规定？

6. 计算现浇混凝土柱清单工程量时，柱的高度怎样确定？

7. 现浇混凝土楼梯清单工程量怎样计算？

8. 对于不规则及多边形钢板的清单工程量怎样计算？

9. 铝合金门五金是指哪些五金？

10. 屋面卷材防水和屋面刚性层在计算清单工程量时，有何异同点？

11. 柱帽保温隔热工程量应并入哪个项目计算？

12. 哪些项目按整体面层编码列项？

13. 台阶面层的工程量是否包括侧面装饰的工程量？

14. 计算墙面一般抹灰清单工程量应扣除什么？

15. 板式楼梯及锯齿形楼梯底面抹灰清单工程量怎样计算？

16. 木门油漆清单工程量怎样计算？

17. 清单项目中浴厕配件包括哪些？

学习情境3　建筑与装饰装修工程措施项目工程量计算

【能力目标】

能用《广东省建筑、装饰工程工程量清单计价指引(2013)》进行实际工程脚手架、混凝土模板及支架(撑)、垂直运输、超高施工增加、大型机械设备进出场及安拆、施工排水降水、安全文明施工及其他措施、专业措施等项目清单工程量计算及项目特征的描述，并能编制其工程量清单。

【知识目标】

掌握《广东省建筑、装饰工程工程量清单计价指引(2013)》中脚手架、混凝土模板及支架(撑)、垂直运输、超高施工增加、大型机械设备进出场及安拆、施工排水降水、安全文明施工及其他措施、专业措施等清单项目设置及工程量计算规则，掌握其工程量清单的编制方法。

任务1　脚手架工程清单工程量计算

3.1.1　工程量清单项目设置

脚手架工程工程量清单项目按照《广东省建筑、装饰工程工程量清单计价指引(2013)》列项，共分12个清单子项，包括满堂脚手架(见图3.1.1)、单排钢脚手架、综合钢脚手架(见图3.1.2)、里脚手架(见图3.1.3至图3.1.6)、活动脚手架、靠脚手架安全挡板(见图3.1.7)、独立安全挡板、电梯井脚手架、烟囱脚手架、架空运输道、围尼龙编织布、单独挂尼龙安全网。脚手架工程工程量清单项目设置见表3.1.1所示。

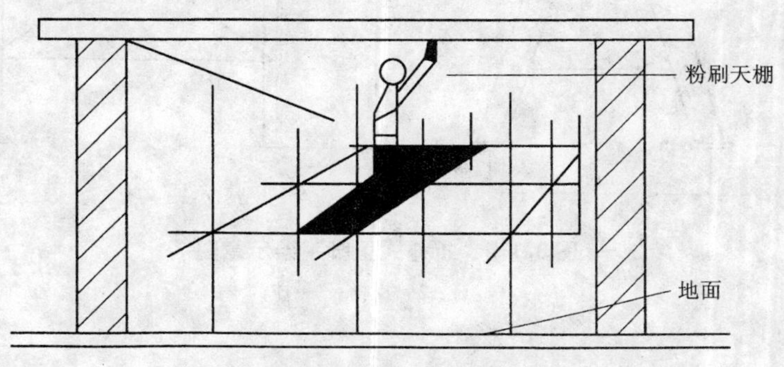

图3.1.1　满堂脚手架示意图

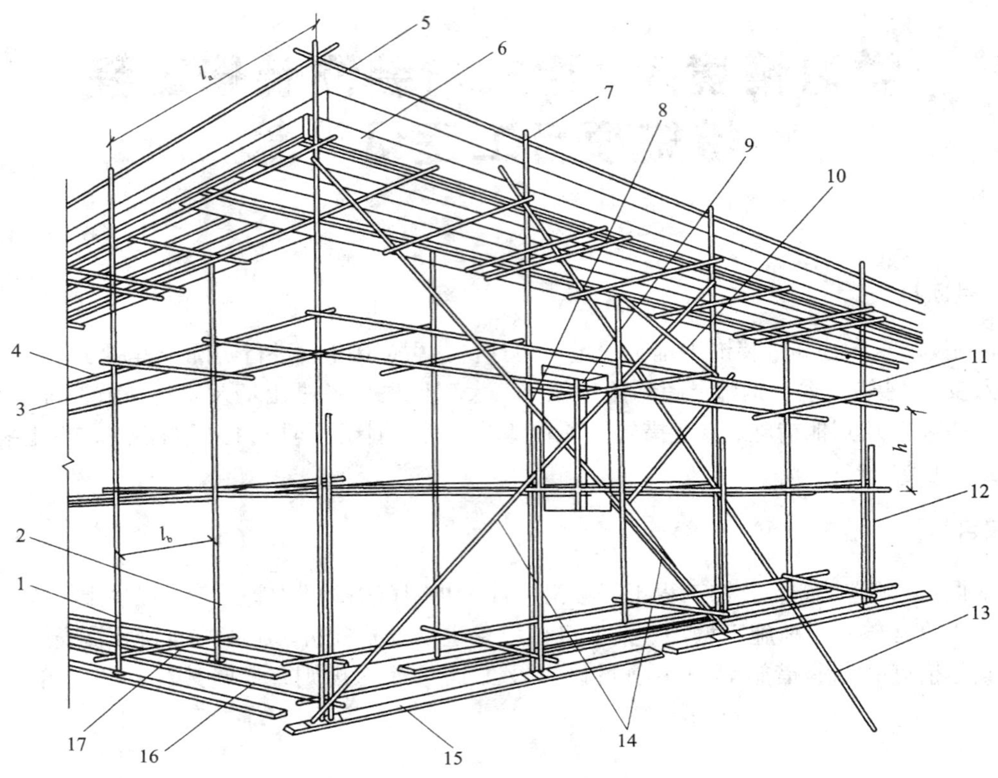

图 3.1.2　综合脚手架示意图(扣件式钢管脚手架的组成)

1—外立杆；2—内立杆；3—横向水平杆；4—纵向水平杆；5—栏杆；6—挡脚板；7—直角扣件；8—旋转扣件；9—连墙件；10—横向斜撑；11—主立杆；12—副立杆；13—抛撑；14—剪刀撑；15—垫板；16—纵向扫地杆；17—横向扫地杆；l_a—立杆纵距；l_b—立杆横距；h—步距

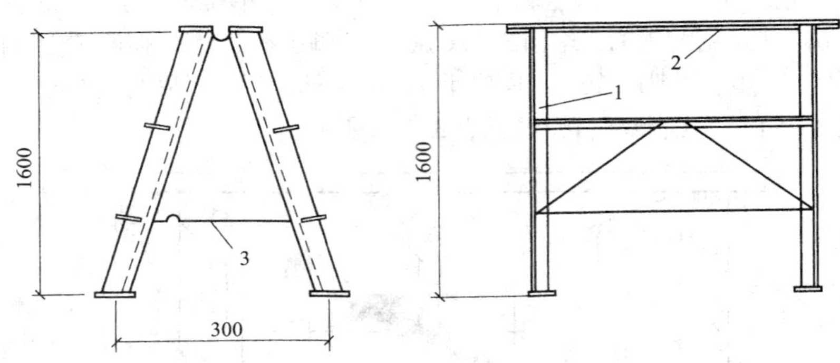

图 3.1.3　折叠式里脚手架示意图

1—立柱；2—横楞；3—挂钩

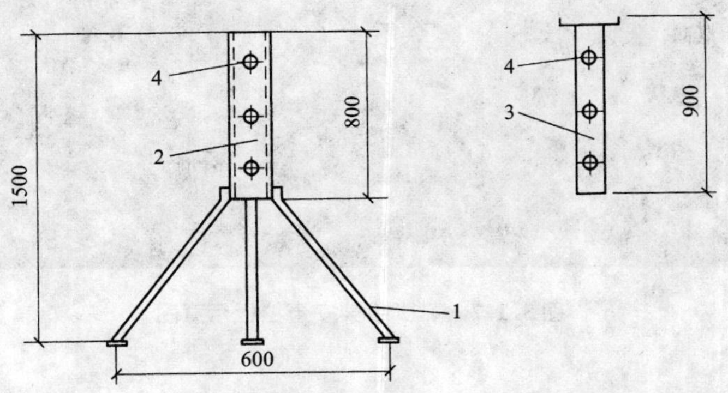

图 3.1.4　套管式支柱示意图

1—支脚；2—立管；3—插管；4—销孔

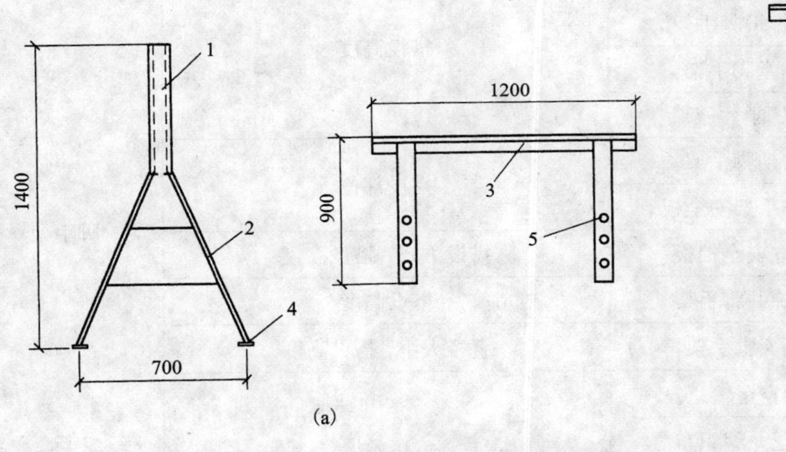

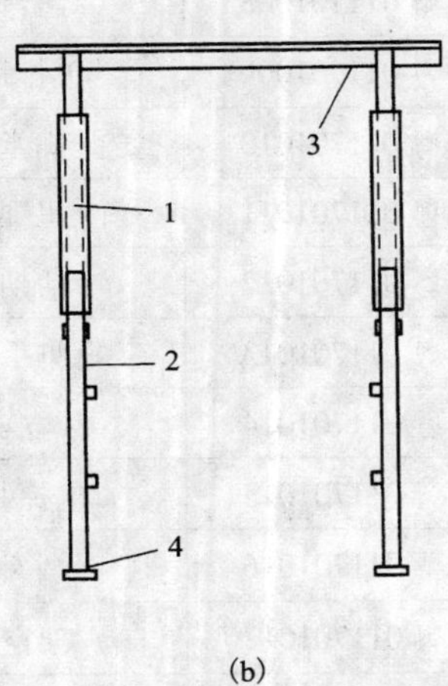

图 3.1.5　门架式里脚手架示意图

(a)A 形支架与门架；(b)安装示意图

1—立管；2—支脚；3—门架；4—垫板；5—销孔

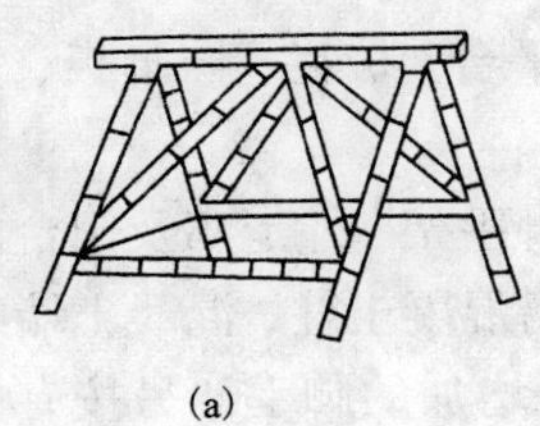

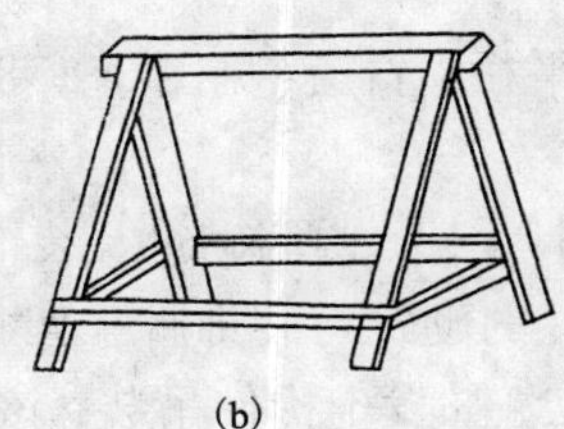

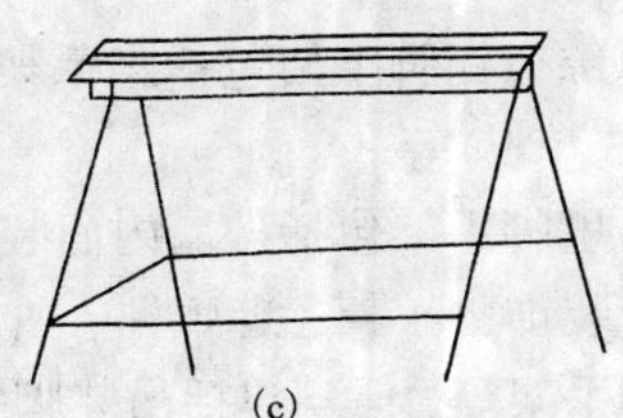

图 3.1.6　其他常见里脚手架示意图

(a)竹马凳；(b)木马凳；(c)钢马凳

图 3.1.7　靠脚手架安全挡板示意图

表 3.1.1　脚手架工程工程量清单项目设置

项目编码	项目名称	项目特征	备　注
粤 011701008	综合钢脚手架	搭设高度	脚手架
粤 011701009	单排钢脚手架		
粤 011701010	满堂脚手架		
粤 011701011	里 脚 手 架		
粤 011701012	活动脚手架	搭设部位	
粤 011701013	靠脚手架安全板		
粤 011701014	独立安全挡板	搭设方式，搭设高度	
粤 011701015	电梯井脚手架	搭设高度	
粤 011701016	烟囱脚手架	直径大小，搭设高度	
粤 011701017	架空运输道	搭设高度	
粤 011701018	围尼龙编织布		
粤 011701019	单独挂尼龙安全网		

3.1.2　工程量清单编制规定

1）综合钢脚手架包括脚手架、平桥、斜道（见图 3.1.8）、平台、护栏、挡脚板、安全网（见图 3.1.9）等。

2）里脚手架包括外墙内面装饰脚手架、内墙砌筑及装饰用脚手架、外走廊及阳台的外墙砌筑与装饰脚手架，走廊柱、独立柱的砌筑与装饰脚手架，现捣混凝土柱、混凝土墙结构及装饰脚手架等，但不包括吊装脚手架，如发生构件吊装，该部分增加的脚手架另按有关的工程量计算规则计算，套用单排脚手架。

3）烟囱脚手架综合垂直运输架、斜桥、风缆、地锚等子目。

4）独立安全水平挡板和垂直挡板，是指脚手架以外单独搭设的，用于车辆通道、人行通道（见图 3.1.10）、临街防护和施工现场与其他危险场所隔离等防护。

5)外墙采用钢骨架封彩钢板结构，按综合钢脚手架计算。

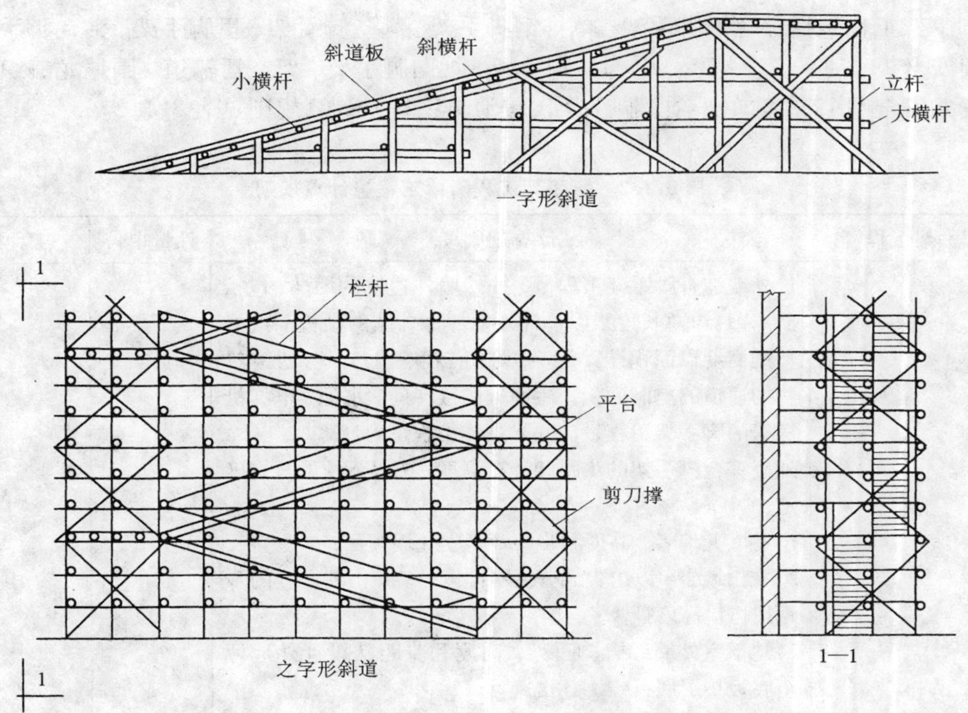

图3.1.8 斜道示意图

图3.1.9 安全网示意图

图3.1.10 安全通道示意图

3.1.3 清单工程量计算规则及应用案例

脚手架工程包括综合钢脚手架、单排钢脚手架、满堂脚手架、里脚手架、活动脚手架、靠脚手架安全板、独立安全挡板、电梯井脚手架、烟囱脚手架、架空运输道、围尼龙编织布、单独挂尼龙安全网12个清单子项，脚手架工程清单工程量计算规则见表3.1.2。

表3.1.2 脚手架工程清单工程量计算规则

脚手架工程	计算规则	计量单位	工程内容
综合钢脚手架（清单编码：粤011701008×××）	1. 外墙综合脚手架工程量，按外墙外边线的凹凸（包括凸出阳台）总长度乘以设计外地坪至外墙的顶板面或檐口的高度以面积计算；不扣除门、窗、洞口及穿过建筑物的通道的空洞面积。屋面上的楼梯间、水池、电梯机房等的脚手架工程量应并入主体工程量内计算 外墙综合脚手架的步距和计算高度，按以下情形分别确定： 1）有女儿墙者，高度和步距计至女儿墙顶面； 2）有山墙者，以山尖二分之一高度计算，山墙高度的步距按檐口高度计算； 3）地下室外墙综合脚手架，高度和步距从设计外地坪至底板垫层底； 4）上层外墙或裙楼上有缩入的塔楼者，工程量分别计算。裙楼的高度和步距应按设计外地坪至裙楼顶面的高度计算；缩入的塔楼高度从缩入面计至塔楼的顶面，但套用定额步距的高度应从设计外地坪计至塔楼顶面 2. 多层建筑工程中，上层飘出的，外墙综合脚手架按最长一层的外墙长度计算；下层缩入部分，按围护面垂直投影面积，套相应高度的单排脚手架 3. 外墙为幕墙时，幕墙部分按幕墙外围面积计算综合脚手架 4. 加层建筑工程部分，按综合脚手架计算，其高度按加层建筑物的高度加2.5 m，脚手架的定额步距按外地坪至加层建筑物外墙顶的高度 5. 现浇钢筋混凝土屋架以及不与板相接的梁，按屋架跨度或梁长乘以高度以面积计算综合脚手架，高度从地面或楼面算起，屋架计至架顶平均高度，单梁高度计至梁面在外墙轴线的现浇屋架，单梁及与楼板一起现浇的梁均不得计算脚手架 6. 建筑花架廊外脚手架：按水平投影外边线总长度乘以设计外地坪至花架顶高度以面积计算。廊顶高度在3.6 m以内套用单排脚手架，在3.6 m以上套用综合脚手架	m^2	1. 场内外材料搬运 2. 搭、拆脚手架、斜道、上料平台 3. 安全网的铺设 4. 拆除脚手架后材料的堆放

续表 3.1.2

脚手架工程	计算规则	计量单位	工程内容
单排钢脚手架（清单编码：粤 011701009）	1. 多层建筑工程中，下层缩入部分，按围护面垂直投影面积，套相应高度的单排脚手架 2. 水池墙、烟道墙等高度在 3.6 m 以内套用单排脚手架 3. 石墙砌筑不论内外墙，高度超过 1.2 m 且墙厚大于 400 mm 以上时，则计算一面综合脚手架及一面单排脚手架 4. 各种类型的预制钢筋混凝土及钢结构屋架，如跨度在 8 m 以上，吊装时按屋架外围面积计算脚手架工程量，套 10 m 以内单排脚手架乘以系数 2 计算 5. 吊装系梁、吊车梁、柱间支撑、屋架等（未能搭外脚手架时），搭设的临时柱架和工作台，按柱（大截面）周长加 3.6 m 后乘以高，套单排脚手架计算 6. 加层建筑物工程中原有建筑物的外墙脚手架工程量按两个单排脚手架计算，其高度以原有建筑物的外地坪至原有建筑物高度减 2.5 m 7. 大型设备基础高度超过 2 m 时，脚手架工程量按其外形周长乘以基础高度以面积计算，套单排脚手架 8. 围墙脚手架按设计外地坪至围墙顶高度乘以围墙长度以面积计算，套相应高度的单排脚手架，围墙双面抹灰的，增加一面单排脚手架 9. 建筑面积计算范围外的独立柱，柱高超过 1.2 m 时，按柱身周长加 3.6 m 后乘以高度，套单排脚手架。在外轴线上的附墙柱的脚手架已综合考虑，不另行计算 10. 凿桩头的高度如超高 1.2 m 时，混凝土灌注桩、预制方桩、管桩每凿 1 m^3 桩头，计算单排脚手架 16 m^2；钻（冲）孔桩按直径乘以 4 加 3.6 m 再乘以高以面积计算单排脚手架	m^2	1. 场内、场外材料搬运 2. 搭设 3. 拆除脚手架后材料的堆放
满堂脚手架（清单编码：粤 011701010 × × ×）	整体满堂红钢筋混凝土基础、条形基础，凡其宽度超过 3 m 以上，深度在 1.5 m 以上时，增加的工作平台按基础底板面积计算满堂基础脚手架	m^2	1. 场内、场外材料搬运 2. 搭设 3. 拆除脚手架后材料的堆放
里脚手架（清单编码：粤 011701011 × × ×）	建筑里脚手架，楼层高度在 3.6 m 以内按各层建筑面积计算，层高超过 3.6 m 每增 1.2 m 按调增子目计算，不足 0.6 m 不计算。在有满堂脚手架搭设的部分，里脚手架按该部分建筑面积的 50% 计算，没有建筑面积部分的脚手架搭设按相应子目规定分别计算		

续表 3.1.2

脚手架工程	计算规则	计量单位	工程内容
活动脚手架(清单编码：粤 011701012 × × ×)	对于单独装饰脚手架工程： 1. 外墙内面装饰和内墙砌筑、装饰脚手架，按实际搭设长度乘以高度以面积计算。高度在 3.6 m 以内时，按活动脚手架计算 2. 独立柱捣制及装饰脚手架，按柱周长 +3.6 m 乘以高度以面积计算，高度在 3.6 m 以内时，套活动脚手架 3. 围墙脚手架，按外地坪至围墙顶高度乘以围墙长度以面积计算，套用活动脚手架。围墙双面抹灰，增加一面活动脚手架 4. 天棚装饰脚手架，楼层高度在 3.6 m 以内时按天棚面积计算，套活动脚手架	m^2	1. 场内、场外材料搬运 2. 搭设 3. 拆除脚手架后材料的堆放
靠脚手架安全板(清单编码：粤 011701013 × × ×)	安全挡板编制预算时，每层安全挡板工程量，按建筑物外墙的凹凸面(包括凸出阳台)的总长度加 16 m 乘以宽度 2 m 计算。建筑物高度在 3 层以内或 9 m 范围内不计安全挡板。高度在 3 ~6 层或在 9 m 至 18 m 计算一层，以后每增加 3 层或高度 9 m 者计一层。安全挡板结算时，除另有约定外，按实搭面积计算	m^2	
独立安全挡板(清单编码：粤 011701014 × × ×)	水平挡板，按水平投影面积计算；垂直挡板，按自然地坪至最上一层横杆之间的搭设高度，乘以实际搭设长度，以面积计算		
电梯井脚手架(清单编码：粤 011701015 × × ×)	按井底板面至顶板底高度，套相应定额子目以座计算。如 ±0.000 以上不同施工单位施工时，上盖仍按座计算，高度步距从电梯井底起计，±0.000 以下则按井内净空周长乘以井底至 ±0.000 高度计算，套单排脚手架	座	
烟囱脚手架(清单编码：粤 011701016 × × ×)	1. 烟囱、水塔、独立筒仓脚手架，分不同内径，按外地坪至顶面高度，套相应定额子目 2. 烟囱内衬的脚手架，按烟囱内衬砌体的面积，套单排脚手架	座	
架空运输道(清单编码：粤 011701017 × × ×)	按搭设长度以延长米计算	m	
围尼龙编织布(清单编码：粤 011701018 × × ×)	按实搭面积计算(垂直防护挡板除外)	m^2	1. 场内、场外材料搬运 2. 围尼龙编织布 3. 拆除后材料堆放
单独挂尼龙安全网(清单编码：粤 011701019 × × ×)	按实际搭设面积计算	m^2	1. 场内、场外材料搬运 2. 安全网的铺设 3. 拆除后材料的堆放

【知识链接】

1)天棚装饰(包括抹平扫白)楼层高度超过3.6 m时，计算满堂脚手架(见图3.1.11)。满堂脚手架按室内净面积计算，其高度在3.6～5.2 m时，按满堂脚手架基本层计算，超过5.2 m每增加1.2 m按增加一层计算，不足0.6 m的不计。计算式表示如下：

满堂脚手架增加层=(楼层高度－5.2 m)/1.2 m

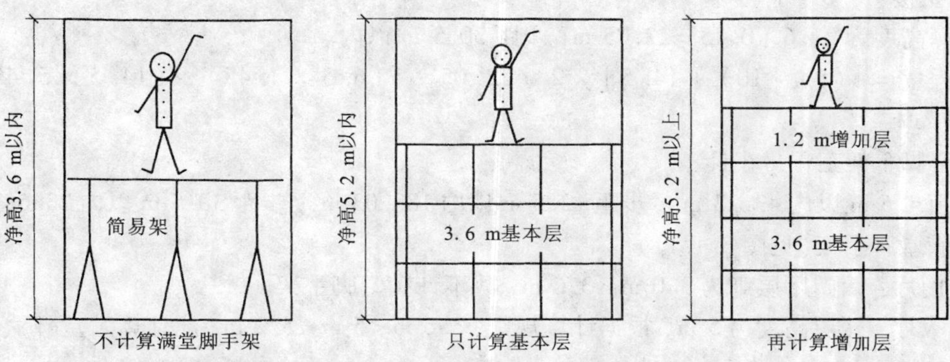

图3.1.11　满堂架计算示意图

2)天棚面单独刷(喷)灰水时，楼层高度在5.2 m以下者，均不计算脚手架费用，高度在5.2～10 m者，按满堂脚手架基本层子目的50%计算。

3)整体满堂红钢筋混凝土基础、条形基础，凡其宽度超过3 m以上，深度在1.5 m以上时，增加的工作平台按基础底板面积计算满堂基础脚手架。

【应用案例3.1.1】　××工程建筑平面图如图3.1.12所示，主楼共7层，层高为3.1 m，每层室内净面积均为570 m^2，檐口高度为21.6 m。门厅位于主楼前部，共1层，层高为3.0 m，室内净面积17 m^2。主楼左边有一大厅，为单层，层高为5.0 m，室内净面积135 m^2，室外地坪标高为－0.45 m。按照《广东省建筑、装饰工程工程量清单计价指引(2013)》的规定，试编制该建筑物外墙综合脚手架，里脚手架以及天棚装饰用满堂脚手架工程量清单(已知各脚手架均用钢管脚手架)。

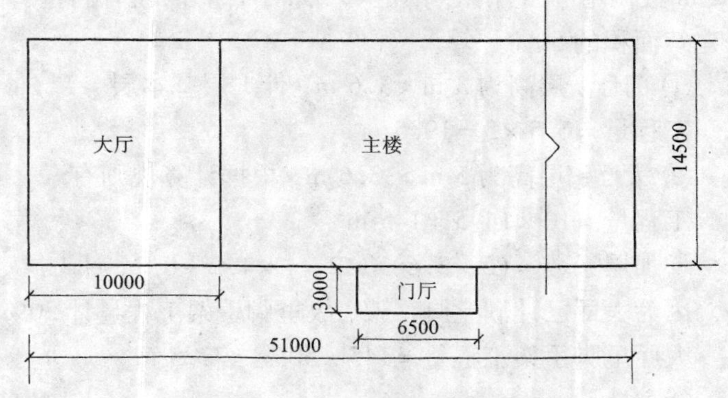

图3.1.12　××工程建筑平面图

【解】　1)计算外墙综合脚手架：

外墙综合脚手架工程量按外墙外边线的凹凸(包括凸出阳台)总长度乘以设计外地坪至外墙的顶板面或檐口的高度以面积计算；不扣除门、窗、洞口及穿过建筑物的通道的空洞面积。

① 门厅：

计算高度为 3 +0.45 =3.45 m，步距 4.5 m 以内。

工程量 = (6.5 +3 ×2) ×3.45 =43.13 m^2

② 大厅：

计算高度为 5 +0.45 =5.45 m，步距 12.5 m 以内。

工程量 = (14.5 +10 ×2) ×5.45 =188.03 m^2

③ 主楼：

计算高度为 21.6 +0.45 =22.05 m，步距 30.5 m 以内。

工程量 = [(51 −10) +14.5] ×2 ×22.05 −[(6.5 ×3.45) +(14.5 ×5.45)] = 2346.10 m^2

综合脚手架工程量小计：

步距 4.5 m 以内 43.13 m^2；步距 12.5 m 以内 188.03 m^2；步距 30.5 m 以内 2346.10 m^2。

2)满堂脚手架(见图 3.1.11)。

① 门厅：因门厅层高为 3.0 m <3.6 m，故不计满堂脚手架。

② 大厅：楼层高度为 5 m，根据计算规则，3.6 m <5 m <5.2 m，应计算满堂脚手架基本层。

工程量 = 室内净面积 =135 m^2

③ 主楼：主楼层高为 3.1 m，均小于 3.6 m，故不计满堂脚手架。

满堂脚手架工程量小计：基本层 3.6 ~5.2 m 的工程量为 135 m^2。

3)里脚手架。

房屋建筑里脚手架，楼层高度在 3.6 m 以内按各层建筑面积计算，层高超过 3.6 m 每增 1.2 m 按调增子目计算，不足 0.6 m 不计算。在有满堂脚手架搭设的部分，里脚手架按该部分建筑面积的 50% 计算。

① 门厅：层高为 3 m <3.6 m，计 1 层基本层。

工程量 =6.5 ×3 =19.5 m^2

② 大厅：层高为 5 m > 3.6 m，根据计算规则有

工程量 =10 ×14.5 =145 m^2

增加层系数 = (5 −3.6)/1.2 =1 ×1.2 +0.2，计 1 层。

因为大厅已计满堂脚手架，故里脚手架工程量计 50%。即，

大厅里脚手架工程量 =145 ×50% =72.5 m^2

③主楼：

因为 1 ~7 层层高均为 3.1 m <3.6 m，故均计 1 层基本层。

工程量 = (51 −10) ×14.5 ×7 层 =4161.50 m^2

里脚手架工程量小计：基本层(门厅 + 主楼) ≤3.6 m，工程量为 19.5 +4161.5 = 4181 m^2；

大厅基本层为 72.5 m^2，每增加 1.2 m 的工程量为 72.5 m^2。

4)编制脚手架工程量清单见表 3.1.3。

表 3.1.3　分部分项工程和单价措施项目清单与计价表

工程名称：××工程　　　　标　段：　　　　第　页　共　页

序号	项目编码	项目名称	项目特征描述	计量单位	工程量	金额(元)		
						综合单价	合价	其中
								暂估价
1	粤 011701008001	综合钢脚手架	搭设高度：3.45 m	m^2	43.13			
2	粤 011701008002	综合钢脚手架	搭设高度：5.45 m	m^2	188.03			
3	粤 011701008003	综合钢脚手架	搭设高度：22.05 m	m^2	2346.10			
4	粤 011701010001	满堂脚手架	搭设高度：5 m	m^2	135			
5	粤 011701011001	里脚手架	搭设高度：门厅，3 m；主楼，3.1 m	m^2	4181			
6	粤 011701011002	里脚手架	搭设高度：大厅，5 m	m^2	72.5			

【能力训练 3.1.1】　计算脚手架工程工程量。

【原始资料】　学生创业训练综合楼建筑施工图、结构施工图(见附录)。

任务2　混凝土模板及支架(撑)工程清单工程量计算

3.2.1　工程量清单项目设置

混凝土模板及支架(撑)工程工程量清单项目按照《广东省建筑、装饰工程工程量清单计价指引(2013)》列项，共分基础、矩形柱、构造柱等 32 个清单子项。其中基础模板(见图 3.2.1)、柱模板(见图 3.2.2)、墙模板(见图 3.2.3)、梁模板(见图 3.2.4)、板模板(见图 3.2.4)、楼梯模板(见图 3.2.5)等。模板工程工程量清单项目设置见表 3.2.1 所示。

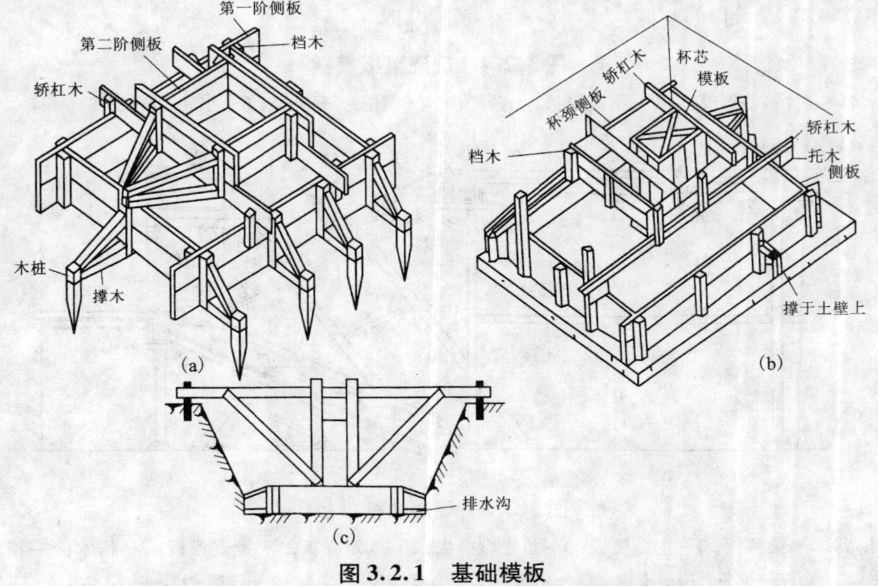

图 3.2.1　基础模板

(a)阶梯形基础模板；(b)杯口形基础模板；(c)条形基础模板

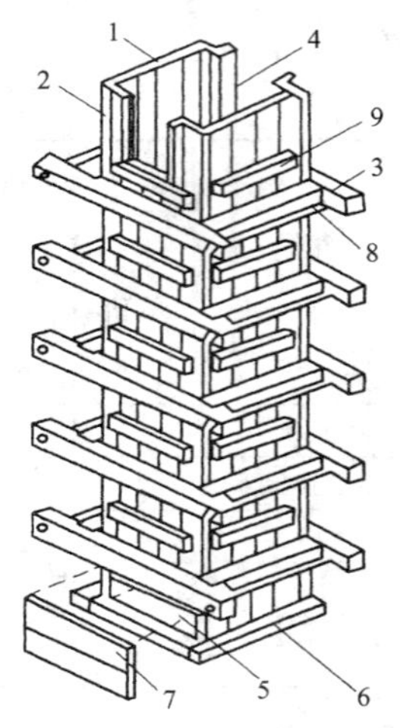

图 3.2.2 拼板柱模板

1—内拼板；2—外拼板；3—柱箍；4—梁缺口；5—清扫口；6—木框；7—清扫口盖板；8—拉紧螺栓；9—拼条

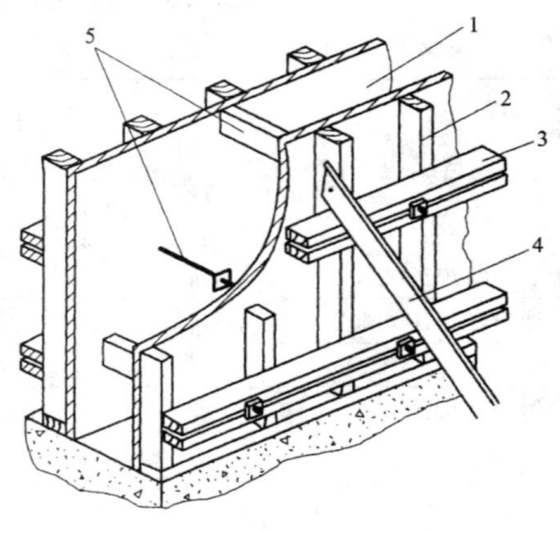

图 3.2.3 墙模板(胶合板)

1—侧模；2—次肋；3—主肋；4—斜撑；5—对拉螺栓及撑块

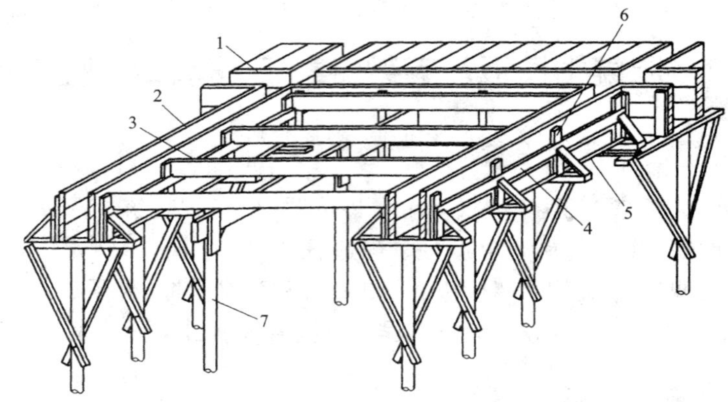

图 3.2.4 现浇梁板模板

1—楼板模板；2—梁侧模板；3—搁栅；4—横楞；5—夹条；6—小肋；7—支撑

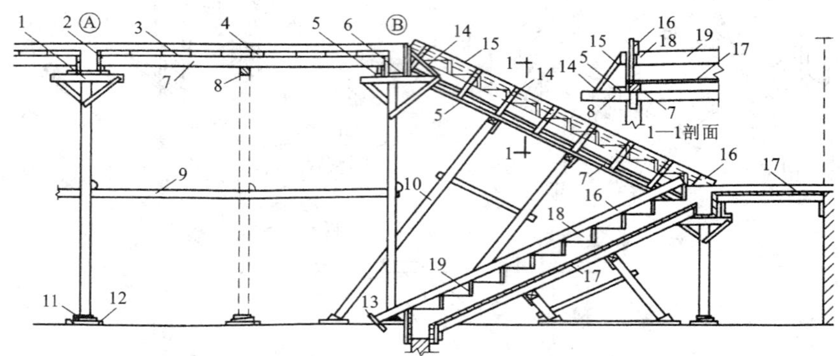

图 3.2.5 现浇楼梯模板

1—托板；2—梁侧板；3—定型模板；4—承定型模板；5—固定夹板；6—梁底模板；7—楞木；8—横木；9—拉条；10—支撑；11—木楔；12—垫板；13—木桩；14—斜撑；15—边板；16—反扶梯基；17—板底模板；18—三角木；19—踢脚板

表3.2.1　模板工程工程量清单项目设置

项目编码	项目名称	项目特征
011702001	基础	基础类型
011702002	矩形柱	
011702003	构造柱	
011702004	异形柱	柱截面形状
011702005	基础梁	梁截面形状
011702006	矩形梁	支撑高度
011702007	异形梁	梁截面形状，支撑高度
011702008	圈梁	
011702009	过梁	
011702010	弧形、拱形梁	梁截面形状，支撑高度
011702011	直形墙	
011702012	弧形墙	
011702013	短肢剪力墙、电梯井壁	
011702014	有梁板	支撑高度
011702015	无梁板	
011702016	平板	
011702017	拱板	
011702018	薄壳板	
011702019	空心板	
011702020	其他板	
011702021	栏板	
011702022	天沟、檐沟	构件类型
011702023	雨篷、悬挑板、阳台板	构件类型，板厚度
011702024	楼梯	类型
011702025	其他现浇构件	构件类型
011702026	电缆沟、地沟	沟类型，沟截面
011702027	台阶	台阶踏步宽
011702028	扶手	扶手断面尺寸
011702029	散水	
011702030	后浇带	后浇带部位
011702031	化粪池	化粪池部位，化粪池规格
011702032	检查井	检查井部位，检查井规格

3.2.2 工程量清单编制规定

1)原槽浇灌的混凝土基础，不计算模板。

2)混凝土模板及支撑(架)项目，只适用于以平方米计量，按模板与混凝土构件的接触面积计算。以立方米计量的模板及支撑(支架)，按混凝土及钢筋混凝土实体项目执行，综合单价中应包含模板及支撑(支架)。

3)采用清水模板时，应在特征中注明。

4)若现浇混凝土梁、板支撑高度超过3.6 m时，项目特征应描述支撑高度。

3.2.3 清单工程量计算规则及应用案例

混凝土模板及支架(撑)包括基础、矩形柱、构造柱、异形柱等32个清单子项，混凝土模板及支架(撑)清单工程量计算规则见表3.2.2。

表3.2.2 混凝土模板及支架(撑)清单工程量计算规则

<table>
<tr><th>混凝土模板及支架(撑)</th><th>计算规则</th><th>计量单位</th><th>工程内容</th></tr>
<tr><td>基础(清单编码：011702001×××)</td><td rowspan="21">按模板与现浇混凝土构件的接触面积计算。
1. 现浇钢筋混凝土墙、板单孔面积≤0.3 m²的孔洞不予扣除，洞侧壁模板亦不增加；单孔面积>0.3 m²时应予扣除，洞侧壁模板面积并入墙、板工程量内计算
2. 现浇框架分别按梁、板、柱有关规定计算；附墙柱、暗梁、暗柱并入墙内工程量内计算
3. 柱、梁、墙、板相互连接的重叠部分，均不计算模板面积
4. 构造柱按图示外露部分计算模板面积</td><td rowspan="21">m²</td><td rowspan="21">1. 模板制作
2. 模板安装、拆除、整理堆放及场内外运输
3. 清理模板黏结物及模内杂物、刷隔离剂等</td></tr>
<tr><td>矩形柱(清单编码：011702002×××)</td></tr>
<tr><td>构造柱(清单编码：011702003×××)</td></tr>
<tr><td>异形柱(清单编码：011702004×××)</td></tr>
<tr><td>基础梁(清单编码：011702005×××)</td></tr>
<tr><td>矩形梁(清单编码：011702006×××)</td></tr>
<tr><td>异形梁(清单编码：011702007×××)</td></tr>
<tr><td>圈梁(清单编码：011702008×××)</td></tr>
<tr><td>过梁(清单编码：011702009×××)</td></tr>
<tr><td>弧形、拱形梁(清单编码：011702010×××)</td></tr>
<tr><td>直形墙(清单编码：011702011×××)</td></tr>
<tr><td>弧形墙(清单编码：011702012×××)</td></tr>
<tr><td>短肢剪力墙、电梯井壁(清单编码：011702013×××)</td></tr>
<tr><td>有梁板(清单编码：011702014×××)</td></tr>
<tr><td>无梁板(清单编码：011702015×××)</td></tr>
<tr><td>平板(清单编码：011702016×××)</td></tr>
<tr><td>拱板(清单编码：011702017×××)</td></tr>
<tr><td>薄壳板(清单编码：011702018×××)</td></tr>
<tr><td>空心板(清单编码：011702019×××)</td></tr>
<tr><td>其他板(清单编码：011702020×××)</td></tr>
<tr><td>栏板(清单编码：011702021×××)</td></tr>
</table>

续表 3.2.2

混凝土模板及支架(撑)	计算规则	计量单位	工程内容
天沟、檐沟(清单编码：011702022×××)	按模板与现浇混凝土构件的接触面积计算	m^2	1. 模板制作 2. 模板安装、拆除、整理堆放及场内外运输 3. 清理模板黏结物及模内杂物、刷隔离剂等
雨篷、悬挑板、阳台板(清单编码：011702023×××)	按图示外挑部分尺寸的水平投影面积计算，挑出墙外的悬臂梁及板边不另计算		
楼梯(清单编码：011702024×××)	按楼梯(包括休息平台、平台梁、斜梁和楼层板的连接梁)的水平投影面积计算，不扣除宽度≤500 mm 的楼梯井所占面积，楼梯踏步、踏步板、平台梁等侧面模板不另计算，伸入墙内部分亦不增加		
其他现浇构件(清单编码：011702025×××)	按模板与现浇混凝土构件的接触面积计算		
电缆沟、地沟(清单编码：011702026×××)	按模板与电缆沟、地沟接触的面积计算		
台阶(清单编码：011702027×××)	按图示台阶水平投影面积计算，台阶端头两侧不另计算模板面积。架空式混凝土台阶，按现浇楼梯计算		
扶手(清单编码：011702028×××)	按模板与扶手的接触面积计算		
散水(清单编码：011702029×××)	按模板与散水的接触面积计算		
后浇带(清单编码：011702030×××)	按模板与后浇带的接触面积计算		
化粪池(清单编码：011702031×××)	按模板与混凝土接触面积计算		
检查井(清单编码：011702032×××)			

【小贴士】

对于现浇柱模板、现浇墙模板、现浇梁板模板支模高度见图 3.2.6。

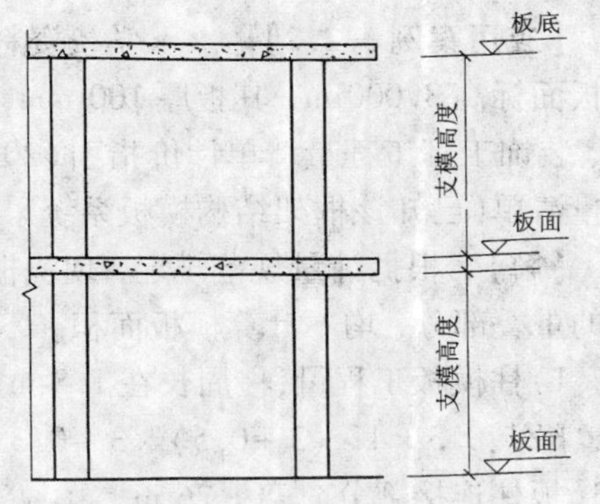

图 3.2.6　支模高度示意图

【应用案例 3.2.1】　××工程建筑物桩承台基础，设计室外地坪 -0.300 m，尺寸如图 3.2.7 所示，按照《广东省建筑、装饰工程工程量清单计价指引(2013)》的规定，试编制该现浇混凝土桩承台基础模板工程的工程量清单(已知该基础模板采用胶合板模板)。

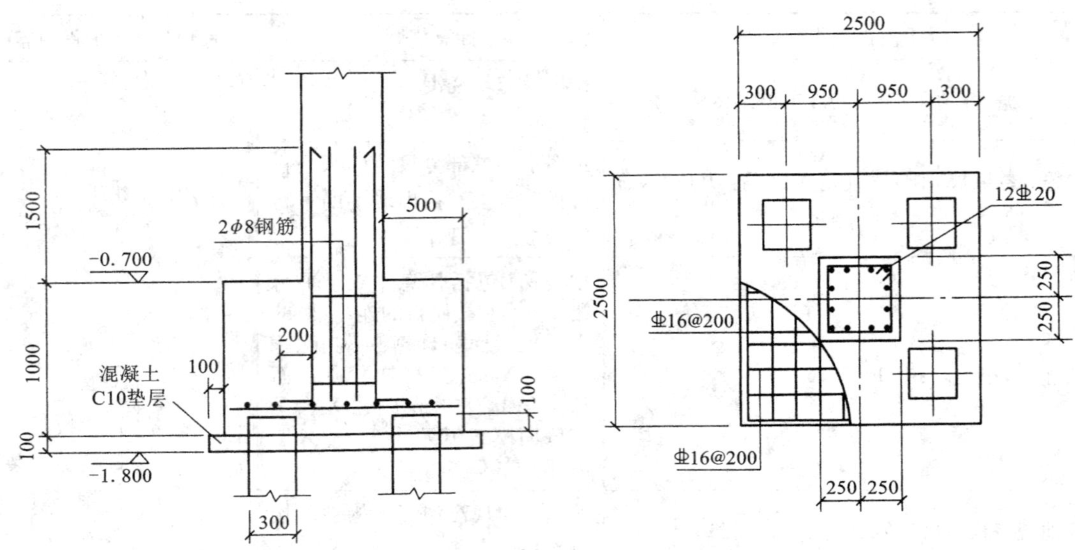

图 3.2.7 桩承台基础示意图

【解】 1)桩承台模板清单工程量。

$V_{承台} = 2.50 \times 1 \times 4 = 10.00\ m^2$

2)编制桩承台基础模板工程量清单见表 3.2.3。

表 3.2.3 分部分项工程和单价措施项目清单与计价表

工程名称：××工程 标 段： 第 页 共 页

序号	项目编码	项目名称	项目特征描述	计量单位	工程量	金额(元)		
						综合单价	合价	其中
								暂估价
1	011702001001	基础	基础类型：桩承台	m^2	10.00			

【应用案例 3.2.2】 ××学校资料室如图 3.2.8 所示，现浇钢筋混凝土框架结构，二层楼板面标高 3.000 m，其板厚 100 mm，柱下独立基础顶面标高为 -0.500 m，按照《广东省建筑、装饰工程工程量清单计价指引(2013)》的规定，试编制该现浇混凝土工程模板工程的工程量清单(已知该框架结构模板系统采用胶合板模板、钢支撑配制)。

【解】 根据计量规范规定，现浇框架模板分别按梁、板、柱计算。柱、梁、墙、板相互连接的重叠部分，均不计算模板面积。

1)柱模板工程量，柱周长在 1.8 m 外、支模高度 3.6 m 内

KZ1：$0.5 \times 4 \times (3+0.5) \times 3 - 0.3 \times 0.9 \times 2 \times 3$(梁柱连接部分) $-(0.5-0.3) \times 0.1 \times 2 \times 3$(板柱连接部分) $= 19.26\ m^2$

KZ2：$0.6 \times 4 \times (3+0.5) \times 2 - [(0.3 \times 0.9 \times 2 + 0.2 \times 0.5) + 0.3 \times 0.9 \times 2]_{(梁柱连接部分)} -$

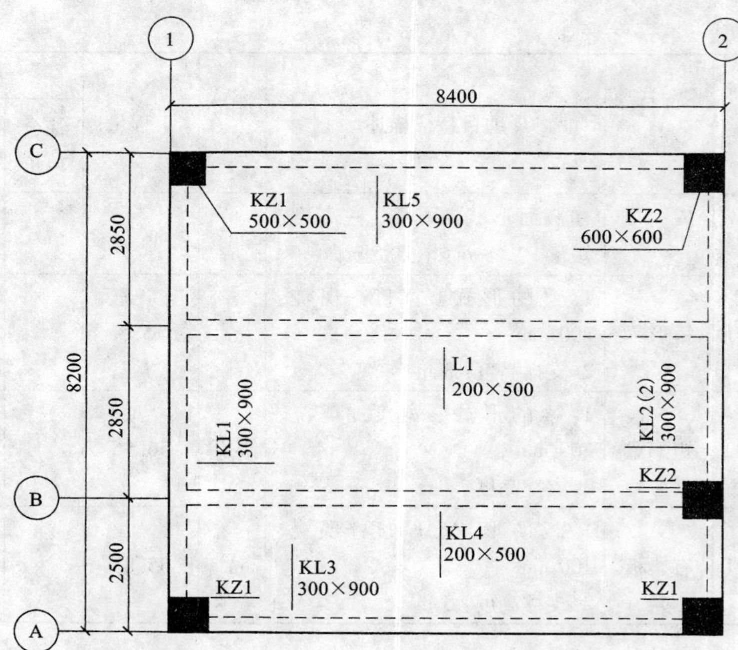

图 3.2.8 ××学校资料室二层楼板面结构图

$[(0.6-0.2)\times0.1+(0.6-0.3)\times0.1\times2\times2]_{(板柱连接部分)}=15.46\ m^2$

柱模板工程量小计：$19.26+15.46=34.72\ m^2$

2)梁模板工程量：

① 梁宽 25 cm 以内、支模高度 3.6 m 内

KL4(200×500)：$(8.4-0.3-0.6)\times[0.2+(0.5-0.1)\times2]=7.5\times1=7.5\ m^2$

L1(200×500)：$(8.4-0.3-0.3)\times[0.2+(0.5-0.1)\times2]=7.8\times1=7.8\ m^2$

梁宽 25 cm 以内梁模板工程量小计：$7.5+7.8=15.3\ m^2$

② 梁宽 25 cm 以外、支模高度 3.6 m 内

KL1(300×900)：$(8.2-0.5\times2)\times[0.3+0.9+(0.9-0.1)]-0.2\times(0.5-0.1)\times2=7.2\times2-0.16=14.24\ m^2$

KL2(300×900)：$(8.2-0.5-0.6\times2)\times[0.3+0.9+(0.9-0.1)]-0.2\times(0.5-0.1)=6.5\times2-0.08=12.92\ m^2$

KL3(300×900)：$(8.4-0.5\times2)\times[0.3+0.9+(0.9-0.1)]=7.4\times2=14.8\ m^2$

KL5(300×900)：$(8.4-0.5-0.6)\times[0.3+0.9+(0.9-0.1)]=7.3\times2=14.6\ m^2$

梁宽 25 cm 以外梁模板工程量小计：$14.24+12.92+14.8+14.6=56.56\ m^2$

3)板工程量：

$8.4\times8.2-(0.5\times0.5\times3+0.6\times0.6\times2)-[(7.5+7.8)\times0.2+(7.2+6.5+7.4+7.3)\times0.3]=55.83\ m^2$

4)编制模板工程工程量清单(见表 3.2.4)。

表 3.2.4　分部分项工程和单价措施项目清单与计价表

工程名称：××学校　　　　　　　　　标　段：　　　　　　　　　第　页　共　页

序号	项目编码	项目名称	项目特征描述	计量单位	工程量	金额(元)		
						综合单价	合价	其中 暂估价
1	011702002001	矩形柱	柱截面形状、周长、柱高度：矩形、1.8 m外、3.5 m	m^2	34.72			
2	011702006001	矩形梁	1. 梁的形式、宽度：现浇、200 mm 2. 支撑高度：3 m	m^2	15.3			
3	011702006002	矩形梁	1. 梁的形式、宽度：现浇、300 mm 2. 支撑高度：3 m	m^2	56.56			
4	011702014001	有梁板	1. 板的形式、厚度：现浇、100 mm 2. 支撑高度：3 m	m^2	55.83			

【能力训练 3.2.1】 计算模板工程工程量。

【原始资料】 学生创业训练综合楼建筑施工图、结构施工图(见附录)。

任务3　其他措施工程清单工程量计算

3.3.1　工程量清单项目设置

按照《房屋建筑与装饰工程工程量计算规范》(GB 50854—2013)、《广东省建筑、装饰工程工程量清单计价指引(2013)》规定，本节所指的其他措施工程是指垂直运输，超高施工增加，大型机械设备进出场及安拆，施工排水、降水，安全文明施工及其他措施项目、专用措施项目。其他措施工程工程量清单项目设置见表 3.3.1 所示。

表 3.3.1　其他措施工程工程量清单项目设置

项目编码	项目名称	项目特征	备　注
011703001	垂直运输	建筑物建筑类型及结构形式，地下室建筑面积，建筑物檐口高度、层数	垂直运输 (编码：011703)
粤 011703002	单独装饰装修工程垂直运输	装饰的高度、层数，装饰内容，运输条件或方式	
011704001	超高施工增加	建筑物建筑类型及结构形式，建筑物檐口高度、层数，单层建筑物檐口高度超过 20 m，多层建筑物超过 6 层部分的建筑面积	超高施工增加 (编码：011704)

续表 3.3.1

项目编码	项目名称	项目特征	备 注
011705001	大型机械设备进出场及安拆	机械设备名称，机械设备规格型号	大型机械设备进出场及安拆（编码：011705）
011706001	成井	成井方式，地层情况，成井直径，井(滤)管类型、直径	施工排水、降水（编码：011706）
011706002	排水、降水	机械规格型号，降排水管规格	
011707001	安全文明施工		安全文明施工及其他措施项目（编码：011707）
011707002	夜间施工		
011707003	非夜间施工照明		
011707004	二次搬运	材料品种，运输距离，运输方式	
011707005	冬雨季施工		
011707006	地上、地下设施、建筑物的临时保护设施		
011707007	已完工程及设备保护	保护部位，保护材料	
粤 011708001	支承胎架	支承高度，规格尺寸，防锈要求	专用措施项目（编码：011708）
粤 011708002	拼装平台		
粤 011708003	耳板	材质，其他要求	

3.3.2 工程量清单编制规定

1. 垂直运输注意事项

1）建筑物的檐口高度是指设计室外地坪至檐口滴水的高度（平屋顶系指屋面板底高度），突出主体建筑物屋顶的电梯机房、楼梯出口间、水箱间、瞭望塔、排烟机房等不计入檐口高度。

2）垂直运输指施工工程在合理工期内所需垂直运输机械。

3）同一建筑物有不同檐高时，按建筑物的不同檐高做纵向分割，分别计算建筑面积，以不同檐高分别编码列项。

2. 超高施工增加注意事项

1）单层建筑物檐口高度超过 20 m，多层建筑物超过 6 层时，可按超高部分的建筑面积计算超高施工增加。计算层数时，地下室不计入层数。

2）同一建筑物有不同檐高时，可按不同高度的建筑面积分别计算建筑面积，以不同檐高分别编码列项。

3. 大型机械设备进出场及安拆

1）安拆费工作内容包括施工机械、设备在现场进行安装拆卸所需人工、材料、机械和试运转费用以及机械辅助设施的折旧、搭设、拆除等费用。

2）进出场费工作内容包括施工机械、设备整体或分体自停放地点运至施工现场或由一施工地点运至另一施工地点所发生的运输、装卸、辅助材料等费用。

4. 施工排水、降水

（1）成井工作内容

1）准备钻孔机械、埋设护筒、钻机就位；泥浆制作、固壁；成孔、出渣、清孔等；

2）对接上、下井管（滤管），焊接，安放，下滤料，洗井，连接试抽等。

（2）排水、降水工作内容

1）管道安装、拆除，场内搬运等；

2）抽水、值班、降水设备维修等。

5. 安全文明施工及其他措施项目

（1）安全文明施工工作内容及包含范围

1）环境保护：现场施工机械设备降低噪音、防扰民措施；水泥和其他易飞扬细颗粒建筑材料密闭存放或采取覆盖措施等；工程防扬尘洒水；土石方、建渣外运车辆防护措施等；现场污染源的控制、生活垃圾清理外运、场地排水排污措施；其他环境保护措施。

2）文明施工："五牌一图"；现场围挡的墙面美化（包括内外粉刷、刷白、标语等）、压顶装饰；现场厕所便槽刷白、贴面砖，水泥砂浆地面或地砖，建筑物内临时便溺设施；其他施工现场临时设施的装饰装修、美化措施；现场生活卫生设施；符合卫生要求的饮水设备、淋浴、消毒等设施；生活用洁净燃料；防煤气中毒、防蚊虫叮咬等措施；施工现场操作场地的硬化；现场绿化、治安综合治理；现场配备医药保健器材、物品和急救人员培训；现场工人的防暑降温、电风扇、空调等设备及用电；其他文明施工措施。

3）安全施工：安全资料、特殊作业专项方案的编制，安全施工标志的购置及安全宣传；"三宝"（安全帽、安全带、安全网）、"四口"（楼梯口、电梯井口、通道口、预留洞口），"五临边"（阳台围边、楼板围边、屋面围边、槽坑围边、卸料平台两侧），水平防护架、垂直防护架、外架封闭等防护；施工安全用电，包括配电箱三级配电、两级保护装置要求、外电防护措施；起重机、塔吊等起重设备（含井架、门架）及外用电梯的安全防护措施（含警示标志）及卸料平台的临边防护、层间安全门、防护棚等设施；建筑工地起重机械的检验检测；施工机具防护棚及其围栏的安全保护设施；施工安全防护通道；工人的安全防护用品、用具购置；消防设施与消防器材的配置；电气保护、安全照明设施；其他安全防护措施。

4）临时设施：施工现场采用彩色、定型钢板，砖、混凝土砌块等围挡的安砌、维修、拆除；施工现场临时建筑物、构筑物的搭设、维修、拆除，如临时宿舍、办公室，食堂、厨房、厕所、诊疗所、临时文化福利用房、临时仓库、加工场、搅拌台、临时简易水塔、水池等。施工现场临时设施的搭设、维修、拆除，如临时供水管道、临时供电管线、小型临时设施等；施工现场规定范围内临时简易道路铺设，临时排水沟、排水设施安砌、维修、拆除；其他临时设施搭设、维修、拆除。

（2）夜间施工工作内容及包含范围

1）夜间固定照明灯具和临时可移动照明灯具的设置、拆除。

2）夜间施工时，施工现场交通标志、安全标牌、警示灯等的设置、移动、拆除。

3）包括夜间照明设备摊销及照明用电、施工人员夜班补助、夜间施工劳动效率降低等。

（3）非夜间施工照明工作内容及包含范围

为保证工程施工正常进行，在地下室等特殊施工部位施工时所采用的照明设备的安拆、维护、摊销及照明用电等。

(4)二次搬运工作内容及包含范围

由于施工场地条件限制而发生的材料、成品、半成品等一次运输不能到达堆放地点，必须进行的二次或多次搬运。

(5)冬雨季施工工作内容及包含范围

1)冬雨(风)季施工时增加的临时设施(防寒保温、防雨、防风设施)的搭设、拆除。

2)冬雨(风)季施工时，对砌体、混凝土等采用的特殊加温、保温和养护措施。

3)冬雨(风)季施工时，施工现场的防滑处理、对影响施工的雨雪的清除。

4)包括冬雨(风)季施工时增加的临时设施、施工人员的劳动保护用品、冬雨(风)季施工劳动效率降低等。

(6)地上、地下设施、建筑物的临时保护设施工作内容及包含范围

在工程施工过程中，对已建成的地上、地下设施和建筑物进行的遮盖、封闭、隔离等必要保护措施。

(7)已完工程及设备保护工作内容及包含范围

对已完工程及设备采取的覆盖、包裹、封闭、隔离等必要保护措施。

3.3.3　清单工程量计算规则及应用案例

1. 垂直运输

垂直运输清单工程量计算规则见表3.3.2。

表3.3.2　垂直运输清单工程量计算规则

垂直运输	计算规则	计量单位	工程内容
垂直运输(清单编码：011703001×××)	1. 按建筑面积计算 2. 按施工工期日历天数计算	1. m^2 2. 天	1. 垂直运输机械的固定装置、基础制作、安装 2. 行走式垂直运输机械轨道的铺设、拆除、摊销
单独装饰装修工程垂直运输(清单编码：粤011703002×××)	1. 机械垂直运输，按装修楼层不同垂直运输高度以定额工日计算 2. 人工垂直运输，按不同装修楼层和不同材料以定额所示计量单位计算	项	1. 垂直运输机械的固定装置、基础制作、安装、拆除或原有垂直运输机械的保护 2. 材料、设备的垂直运输

【应用案例3.3.1】　××招待所框架结构7层，层高均为3 m，出屋面梯间层高2.6 m，水箱间高2 m，房屋总建筑面积1429 m^2。室外地坪标高为－0.5 m，屋面板厚为0.12 mm厚。

根据以上资料及现行国家标准《房屋建筑与装饰工程工程量计算规范》(GB 50854—2013)、《广东省建筑、装饰工程工程量清单计价指引(2013)》，试计算檐口高度并编制该建筑物的垂直运输清单工程量(要求按建筑面积计量)。

【解】　(1)确定檐口高度

建筑物的檐口高度是指设计室外地坪至檐口滴水的高度(平屋顶系指屋面板底高度)，突出主体建筑物屋顶的电梯机房、楼梯出口间、水箱间、瞭望塔、排烟机房等不计入檐口高度。

$$檐高=3\times7+0.5-0.12=21.38\ \text{m}$$

(2)计算垂直运输清单工程量：$S=1429\ \text{m}^2$

2. 超高施工增加

超高施工增加清单工程量计算规则见表3.3.3。

表3.3.3 超高施工增加清单工程量计算规则

超高施工增加	计算规则	计量单位	工程内容
超高施工增加(清单编码：011704001×××)	以不同檐高分别按建筑物超高部分的建筑面积计算	m^2	1. 建筑物超高引起的人工工效降低以及由于人工工效降低引起的机械降效 2. 高层施工用水加压水泵的安装、拆除及工作台班 3. 通信联络设备的使用及摊销

3. 大型机械设备进出场及安拆

大型机械设备进出场及安拆清单工程量计算规则见表3.3.4。

表3.3.4 大型机械设备进出场及安拆清单工程量计算规则

大型机械设备进出场及安拆	计算规则	计量单位	工程内容
大型机械设备进出场及安拆(清单编码：011705001×××)	按使用机械设备的数量计量	台次	详见3.3.2 工程量清单编制规定

4. 施工排水、降水

施工排水、降水清单工程量计算规则见表3.3.5。

表3.3.5 施工排水、降水清单工程量计算规则

施工排水、降水	计算规则	计量单位	工程内容
成井(清单编码：011706001×××)	按设计图示尺寸以钻孔深度计算	m	详见3.3.2 工程量清单编制规定
排水、降水(清单编码：011706002×××)	按排、降水日历天数计算	昼夜	

5. 安全文明施工及其他措施项目

安全文明施工及其他措施项目清单工程量计算规则见表3.3.6。

6. 专用措施项目

专用措施项目清单工程量计算规则见表3.3.7。

表3.3.6　安全文明施工及其他措施项目清单工程量计算规则

安全文明施工及其他措施项目	计算规则	计量单位	工程内容
安全文明施工(清单编码：011707001×××)	按2010年《广东省建筑与装饰工程综合定额》相关规定计算	项	详见3.3.2工程量清单编制规定
夜间施工(清单编码：011703002×××)			
非夜间施工照明(清单编码：011707003×××)	按"关于实施《房屋建筑与装饰工程工程量计算规范》(GB 50854—2013)等若干意见"的规定		
二次搬运(清单编码：011707004×××)	按2010年《广东省建筑与装饰工程综合定额》相关规定计算		
冬雨季施工(清单编码：011707005×××)			
地上、地下设施，建筑物的临时保护设施(清单编码：011707006×××)			
已完工程及设备保护(清单编码：011707007×××)			

表3.3.7　专用措施项目清单工程量计算规则

专用措施项目	计算规则	计量单位	工程内容
支承胎架(清单编码：粤011708001×××)	以座计算	座	1. 制作 2. 安装 3. 除锈油漆 4. 拆除、场内、场外运输
拼装平台(清单编码：粤011708002×××)	按拼装构件质量计算	t	
耳板(清单编码：粤011708003×××)	按设计图示尺寸以质量计算	t	

【应用案例3.3.2】　××高层建筑如图3.3.1所示，框剪结构，女儿墙高度为1.8 m，由某施工单位承包，施工组织设计中，垂直运输，采用自升式塔式起重机及单笼施工电梯。

根据以上资料及现行国家标准《建设工程工程量清单计价规范》(GB 50500—2013)、《房屋建筑与装饰工程工程量计算规范》(GB 50854—2013)、《广东省建筑、装饰工程工程量清单计价指引(2013)》，试列出该高层建筑物的垂直运输、超高施工增加的分部分项工程量清单。

【解】　1)计算清单工程量：

①垂直运输(檐高22.50 m)：步距20米以上30 m以内。

$S_1=(56.24\times36.24-36.24\times26.24)\times5=5436.00\ \text{m}^2$

②垂直运输(檐高94.20 m)：步距20米以上100 m以内：

$S_2=26.24\times36.24\times5+26.24\times36.24\times15=19018.75\ \text{m}^2$

③超高施工增加：

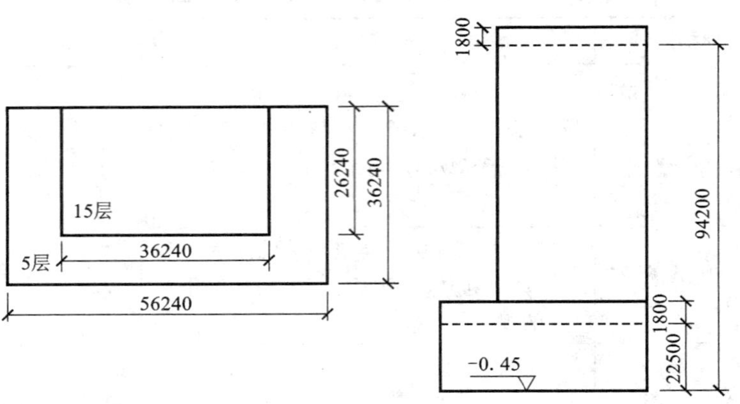

图 3.3.1　××高层建筑示意图

$S_3 = 36.24 \times 26.24 \times 14 = 13313.13\ \text{m}^2$

2）编制工程量清单见表3.3.8。

表 3.3.8　分部分项工程和单价措施项目清单与计价表

工程名称：××工程　　　　标　段：　　　　第　页　共　页

序号	项目编码	项目名称	项目特征描述	计量单位	工程量	金额（元）		
						综合单价	合价	其中 暂估价
1	011703001001	垂直运输（檐高22.50 m）	1.建筑物建筑类型及结构形式：现浇框架结构 2.建筑物檐口高度、层数：22.5 m，5层	m^2	5436.00			
2	011703001002	垂直运输（檐高94.20 m）	1.建筑物建筑类型及结构形式：现浇框架结构 2.建筑物檐口高度、层数：94.2 m，20层	m^2	19018.75			
2	011704001001	超高施工增加	1.建筑物建筑类型及结构形式：现浇框架结构 2.建筑物檐口高度、层数：94.2 m，20层	m^2	13313.13			

【能力训练 3.3.1】　计算垂直运输工程量。

【原始资料】　学生创业训练综合楼建筑施工图、结构施工图（见附录）。

练习与思考

1. 加层建筑工程部分外墙脚手架工程量怎样计算?

2. 脚手架的计算步距指什么?

3. 某工程共5层，每层高度4.5 m，总建筑面积为2568.36 m^2，试计算该工程建筑里脚手架的搭设面积。

4. 现浇混凝土楼梯模板清单工程量怎样计算?

5. 什么是建筑物的檐口高度? 对于同一建筑物有不同檐高时，在计算超过施工增加时，有何规定?

6. 请谈谈安全文明施工的工作内容。

学习情境4　建筑与装饰装修工程费用计算

【能力目标】

1. 能结合工程实务分析建筑工程费用的组成；
2. 能正确描述综合单价的确定方法；
3. 能结合工程实务正确计算分部分项工程费；
4. 能结合工程实务正确计算措施项目费；
5. 能正确描述其他项目费的计算方法；
6. 能正确描述规费及税金的计算方法；
7. 能计算出实际项目工程总费用。

【知识目标】

1. 熟悉建筑工程费用的组成；
2. 掌握综合单价的计算方法；
3. 掌握分部分项工程费的计算方法；
4. 掌握措施项目费的计算方法；
5. 熟悉其他项目费的计算方法；
6. 熟悉规费及税金的计算方法；
7. 掌握工程总费用的计算步骤。

任务1　建筑安装工程费用项目组成

4.1.1　按费用构成要素划分的建筑安装工程费用项目组成

依据《建筑安装工程费用项目组成》(建标〔2013〕44号)，我国现行建筑安装工程费按照费用构成要素划分：由人工费、材料(包含工程设备，下同)费、施工机具使用费、企业管理费、利润、规费和税金组成。其中人工费、材料费、施工机具使用费、企业管理费和利润包含在分部分项工程费、措施项目费、其他项目费中(见图4.1.1)。

1. 人工费

人工费是指按工资总额构成规定，支付给从事建筑安装工程施工的生产工人和附属生产单位工人的各项费用。内容包括：

1)计时工资或计件工资：是指按计时工资标准和工作时间或对已做工作按计件单价支付给个人的劳动报酬。

2)奖金：是指对超额劳动和增收节支支付给个人的劳动报酬。如节约奖、劳动竞赛奖等。

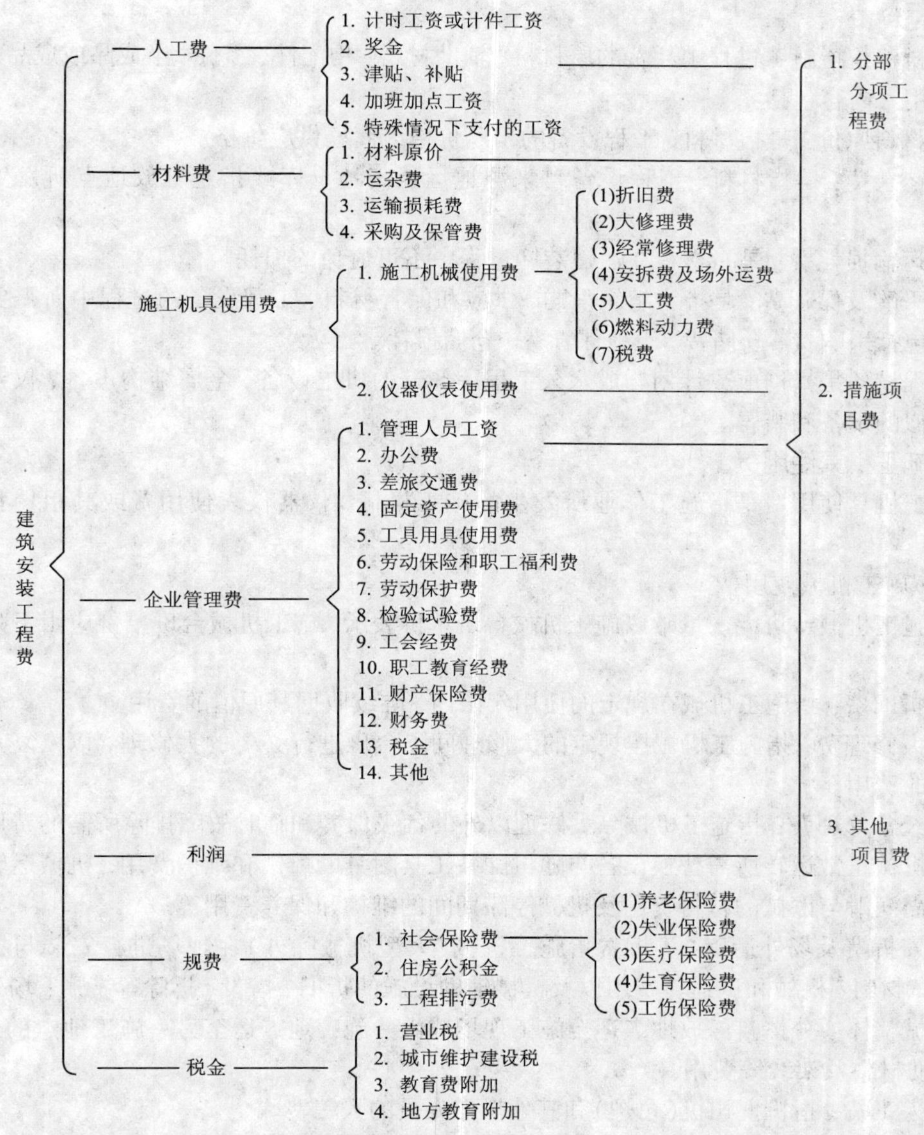

图 4.1.1　按费用构成要素划分的建筑安装工程费用项目组成图

3)津贴补贴：是指为了补偿职工特殊或额外的劳动消耗和因其他特殊原因支付给个人的津贴，以及为了保证职工工资水平不受物价影响支付给个人的物价补贴。如流动施工津贴、特殊地区施工津贴、高温(寒)作业临时津贴、高空津贴等。

4)加班加点工资：是指按规定支付的在法定节假日工作的加班工资和在法定日工作时间外延时工作的加点工资。

5)特殊情况下支付的工资：是指根据国家法律、法规和政策规定，因病、工伤、产假、计划生育假、婚丧假、事假、探亲假、定期休假、停工学习、执行国家或社会义务等原因按计时工资标准或计时工资标准的一定比例支付的工资。

2. 材料费

材料费是指施工过程中耗费的原材料、辅助材料、构配件、零件、半成品或成品、工程设备的费用。内容包括：

1) 材料原价：是指材料、工程设备的出厂价格或商家供应价格。

2) 运杂费：是指材料、工程设备自来源地运至工地仓库或指定堆放地点所发生的全部费用。

3) 运输损耗费：是指材料在运输装卸过程中不可避免的损耗。

4) 采购及保管费：是指为组织采购、供应和保管材料、工程设备的过程中所需要的各项费用。包括采购费、仓储费、工地保管费、仓储损耗。

工程设备是指构成或计划构成永久工程一部分的机电设备、金属结构设备、仪器装置及其他类似的设备和装置。

3. 施工机具使用费

施工机具使用费是指施工作业所发生的施工机械、仪器仪表使用费或其租赁费。内容包括：

(1) 施工机械使用费

以施工机械台班耗用量乘以施工机械台班单价表示，施工机械台班单价应由下列七项费用组成：

1) 折旧费：指施工机械在规定的使用年限内，陆续收回其原值的费用。

2) 大修理费：指施工机械按规定的大修理间隔台班进行必要的大修理，以恢复其正常功能所需的费用。

3) 经常修理费：指施工机械除大修理以外的各级保养和临时故障排除所需的费用。包括为保障机械正常运转所需替换设备与随机配备工具附具的摊销和维护费用，机械运转中日常保养所需润滑与擦拭的材料费用及机械停滞期间的维护和保养费用等。

4) 安拆费及场外运费：安拆费指施工机械（大型机械除外）在现场进行安装与拆卸所需的人工、材料、机械和试运转费用以及机械辅助设施的折旧、搭设、拆除等费用；场外运费指施工机械整体或分体自停放地点运至施工现场或由一施工地点运至另一施工地点的运输、装卸、辅助材料及架线等费用。

5) 人工费：指机上司机（司炉）和其他操作人员的人工费。

6) 燃料动力费：指施工机械在运转作业中所消耗的各种燃料及水、电等。

7) 税费：指施工机械按照国家规定应缴纳的车船使用税、保险费及年检费等。

(2) 仪器仪表使用费

是指工程施工所需使用的仪器仪表的摊销及维修费用。

4. 企业管理费

企业管理费是指建筑安装企业组织施工生产和经营管理所需的费用。内容包括：

1) 管理人员工资：是指按规定支付给管理人员的计时工资、奖金、津贴补贴、加班加点工资及特殊情况下支付的工资等。

2) 办公费：是指企业管理办公用的文具、纸张、账表、印刷、邮电、书报、办公软件、现场监控、会议、水电、烧水和集体取暖降温（包括现场临时宿舍取暖降温）等费用。

3) 差旅交通费：是指职工因公出差、调动工作的差旅费、住勤补助费，市内交通费和误餐补助费，职工探亲路费，劳动力招募费，职工退休、退职一次性路费，工伤人员就医路费，工地转移费以及管理部门使用的交通工具的油料、燃料等费用。

4）固定资产使用费：是指管理和试验部门及附属生产单位使用的属于固定资产的房屋、设备、仪器等的折旧、大修、维修或租赁费。

5）工具用具使用费：是指企业施工生产和管理使用的不属于固定资产的工具、器具、家具、交通工具和检验、试验、测绘、消防用具等的购置、维修和摊销费。

6）劳动保险和职工福利费：是指由企业支付的职工退职金、按规定支付给离休干部的经费，集体福利费、夏季防暑降温、冬季取暖补贴、上下班交通补贴等。

7）劳动保护费：是企业按规定发放的劳动保护用品的支出。如工作服、手套、防暑降温饮料以及在有碍身体健康的环境中施工的保健费用等。

8）检验试验费：是指施工企业按照有关标准规定，对建筑以及材料、构件和建筑安装物进行一般鉴定、检查所发生的费用，包括自设试验室进行试验所耗用的材料等费用。不包括新结构、新材料的试验费，对构件做破坏性试验及其他特殊要求检验试验的费用和建设单位委托检测机构进行检测的费用，对此类检测发生的费用，由建设单位在工程建设其他费用中列支。但对施工企业提供的具有合格证明的材料进行检测不合格的，该检测费用由施工企业支付。

9）工会经费：是指企业按《工会法》规定的全部职工工资总额比例计提的工会经费。

10）职工教育经费：是指按职工工资总额的规定比例计提，企业为职工进行专业技术和职业技能培训，专业技术人员继续教育、职工职业技能鉴定、职业资格认定以及根据需要对职工进行各类文化教育所发生的费用。

11）财产保险费：是指施工管理用财产、车辆等的保险费用。

12）财务费：是指企业为施工生产筹集资金或提供预付款担保、履约担保、职工工资支付担保等所发生的各种费用。

13）税金：是指企业按规定缴纳的房产税、车船使用税、土地使用税、印花税等。

14）其他：包括技术转让费、技术开发费、投标费、业务招待费、绿化费、广告费、公证费、法律顾问费、审计费、咨询费、保险费等。

5. 利润

利润是指施工企业完成所承包工程获得的盈利。

6. 规费

规费是指按国家法律、法规规定，由省级政府和省级有关权力部门规定必须缴纳或计取的费用。包括：

（1）社会保险费

①养老保险费：是指企业按照规定标准为职工缴纳的基本养老保险费。

②失业保险费：是指企业按照规定标准为职工缴纳的失业保险费。

③医疗保险费：是指企业按照规定标准为职工缴纳的基本医疗保险费。

④生育保险费：是指企业按照规定标准为职工缴纳的生育保险费。

⑤工伤保险费：是指企业按照规定标准为职工缴纳的工伤保险费。

（2）住房公积金

是指企业按规定标准为职工缴纳的住房公积金。

（3）工程排污费

是指按规定缴纳的施工现场工程排污费。

其他应列而未列入的规费，按实际发生计取。

7. 税金

税金是指国家税法规定的应计入建筑安装工程造价内的营业税、城市维护建设税、教育费附加以及地方教育附加。

4.1.2 按造价形成划分的建筑安装工程费用项目组成

建筑安装工程费按照工程造价形成由分部分项工程费、措施项目费、其他项目费、规费、税金组成，分部分项工程费、措施项目费、其他项目费包含人工费、材料费、施工机具使用费、企业管理费和利润，具体费用项目构成见图 4.1.2 所示。

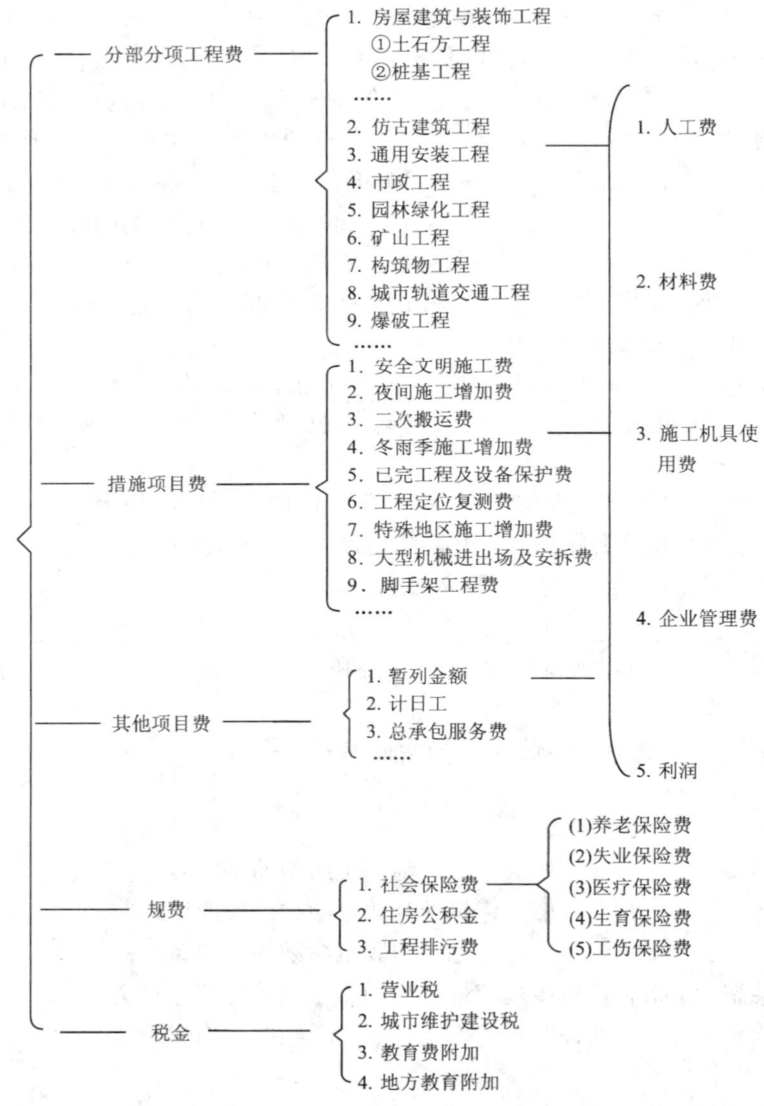

图 4.1.2 按造价形成划分的建筑安装工程费用项目组成图

1. 分部分项工程费

分部分项工程费是指各专业工程的分部分项工程应予列支的各项费用。

(1) 专业工程

是指按现行国家计量规范划分的房屋建筑与装饰工程、仿古建筑工程、通用安装工程、市政工程、园林绿化工程、矿山工程、构筑物工程、城市轨道交通工程、爆破工程等各类工程。

(2) 分部分项工程

指按现行国家计量规范对各专业工程划分的项目。如房屋建筑与装饰工程划分的土石方工程、地基处理与桩基工程、砌筑工程、钢筋及钢筋混凝土工程等。

各类专业工程的分部分项工程划分见现行国家或行业计量规范。

2. 措施项目费

措施项目费是指为完成建设工程施工，发生于该工程施工前和施工过程中的技术、生活、安全、环境保护等方面的费用。内容包括：

(1) 安全文明施工费

①环境保护费：是指施工现场为达到环保部门要求所需要的各项费用。

②文明施工费：是指施工现场文明施工所需要的各项费用。

③安全施工费：是指施工现场安全施工所需要的各项费用。

④临时设施费：是指施工企业为进行建设工程施工所必须搭设的生活和生产用的临时建筑物、构筑物和其他临时设施费用。包括临时设施的搭设、维修、拆除、清理费或摊销费等。

(2) 夜间施工增加费

是指因夜间施工所发生的夜班补助费、夜间施工降效、夜间施工照明设备摊销及照明用电等费用。

(3) 二次搬运费

是指因施工场地条件限制而发生的材料、构配件、半成品等一次运输不能到达堆放地点，必须进行二次或多次搬运所发生的费用。

(4) 冬雨季施工增加费

是指在冬季或雨季施工需增加的临时设施、防滑、排除雨雪，人工及施工机械效率降低等费用。

(5) 已完工程及设备保护费

是指竣工验收前，对已完工程及设备采取的必要保护措施所发生的费用。

(6) 工程定位复测费

是指工程施工过程中进行全部施工测量放线和复测工作的费用。

(7) 特殊地区施工增加费

是指工程在沙漠或其边缘地区、高海拔、高寒、原始森林等特殊地区施工增加的费用。

(8) 大型机械设备进出场及安拆费

是指机械整体或分体自停放场地运至施工现场或由一个施工地点运至另一个施工地点，所发生的机械进出场运输及转移费用及机械在施工现场进行安装、拆卸所需的人工费、材料费、机械费、试运转费和安装所需的辅助设施的费用。

(9) 脚手架工程费

是指施工需要的各种脚手架搭、拆、运输费用以及脚手架购置费的摊销(或租赁)费用。

措施项目及其包含的内容详见各类专业工程的现行国家或行业计量规范。

3. 其他项目费

(1)暂列金额

是指建设单位在工程量清单中暂定并包括在工程合同价款中的一笔款项。用于施工合同签订时尚未确定或者不可预见的所需材料、工程设备、服务的采购，施工中可能发生的工程变更、合同约定调整因素出现时的工程价款调整以及发生的索赔、现场签证确认等的费用。

(2)计日工

是指在施工过程中，施工企业完成建设单位提出的施工图纸以外的零星项目或工作所需的费用。

(3)总承包服务费

是指总承包人为配合、协调建设单位进行的专业工程发包，对建设单位自行采购的材料、工程设备等进行保管以及施工现场管理、竣工资料汇总整理等服务所需的费用。

4. 规费

定义同4.1.1。

5. 税金

定义同4.1.1。

任务2　综合单价的编制与计算

4.2.1　综合单价的编制

1. 综合单价的组成

综合单价是指完成一个规定清单项目所需的人工费、材料和工程设备费、施工机具使用费和企业管理费、利润以及一定范围内的风险费用。也就是分部分项工程的单价。分部分项工程费由清单分项工程数量乘以综合单价汇总而成，所以综合单价是计算分部分项工程费的基础。

2. 综合单价的规范格式

综合单价的规范格式，请参照学习情境1中表1.4.25所示。表中所指的清单项目综合单价是由所填的工作内容来确定的，要根据实际工作内容选用相应的地区定额或企业定额，在各专业工程计量规范中，对各分部分项工作内容均作了基本的规定，可以参照。但清单分项的具体工作内容，是按分部工程项目的通用性列举的，编制人需要结合工程实际情况确定。

3. 综合单价的编制步骤

确定综合单价是承包商准备响应和承诺招标文件核心工作，是能否中标的关键一环。因而首先要做好充分的准备工作。其具体编制步骤如图4.2.1所示。

4.2.2　综合单价的计算

综合单价的计算是一项复杂的工作。需要在熟悉工程的具体情况、当地市场价格、各种技术经济法规等情况下进行。

《房屋建筑与装饰工程工程量计算规范》(GB 50854—2013)与定额中的工程量计算规则、计量单位、项目内容不尽相同，总结起来，综合单价的组价方法包括以下三种：一是直接套用单项定额组价；二是重新计算工程量组价；三是复合组价。

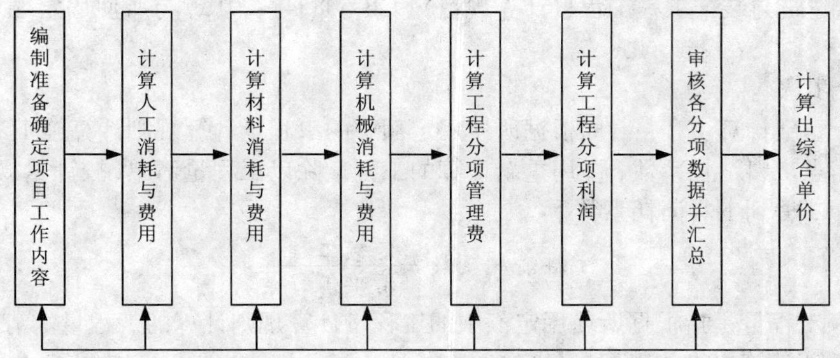

图4.2.1 综合单价编制步骤示意图

1. 直接套用单项定额组价

单项定额组价是指一个分项工程的单价仅由一个定额项目组合而成。这种组价较简单，在一个单位工程中大多数的分项工程都可利用这种方法组价。

(1)组价要求

1)内容比较简单。

2)《房屋建筑与装饰工程工程量计算规范》(GB 50854—2013)与所使用定额中的工程量计算规则相同。

(2)组价步骤

第一步，直接套用所选定额的参考价目表。

第二步，计算该清单工程量的工料费用，包括人工费、材料费、机械费。

$$人工费=\sum(工日数\times人工单价)$$

$$材料费=\sum(材料数量\times材料单价)$$

$$机械费=\sum(台班数量\times台班单价)$$

第三步，计算管理费及利润。

$$管理费=人工费\times管理费费率$$

或
$$管理费=(人工费+机械费)\times管理费费率$$

或
$$管理费=直接工程费\times管理费费率$$

$$直接工程费=人工费+材料费+机械费$$

第四步，计算综合单价。

2. 重新计算工程量组价

重新计算工程量组价是指工程量清单给出的分项工程项目的单位，与所选用的定额的单位不同或工程量计算规则不同，需要按定额的计算规则重新计算施工工程量来组合综合单价。

工程量清单要根据《房屋建筑与装饰工程工程量计算规范》(GB 50854—2013)的计算规则来编制，综合性很强，其工程量的计量单位可能与所选用定额的计量单位不同，需要重新计算其工程量。

(1)组价要求

1)内容比较复杂。

2)《房屋建筑与装饰工程工程量计算规范》(GB 50854—2013)与所使用定额中工程量计算规则不相同。

(2)组价步骤

第一步，重新计算工程量，即根据所使用定额中的工程量计算规则计算施工工程量。

第二步，求工料消耗系数，即用重新计算的工程量除以工程量清单(按计量规范计算)中给定的工程量，得到工料消耗系数。

$$工料消耗系数=\frac{定额工程量}{清单工程量}$$

所谓定额工程量是指根据所使用定额中的工程量计算规则计算的工程量。清单工程量是指根据计量规范计算出来的工程量。

第三步，用工料消耗系数乘以定额中消耗量，得到组价项目的工料消耗量。

$$工料消耗量=定额消耗量\times工料消耗系数$$

接下来的步骤同“直接套用定额组价”的第二步至第四步。

3. 复合组价

复合组价是指一些复合分项工程项目要根据多个定额项目组合而成，这种组合较为复杂。

(1)组价要求

1)内容比较复杂。

2)《房屋建筑与装饰工程工程量计算规范》(GB 50854—2013)与所使用定额工程量计算规则不完全相同。

(2)组价步骤

第一步，根据所使用定额中的工程量计算规则重新计算组合综合单价的工程内容的施工工程量。

第二步，求工料消耗系数，即用重新计算的工程量除以工程量清单(按计量规范计算)中给定的工程量，得到工料消耗系数。

$$工料消耗系数=\frac{定额工程量}{清单工程量}$$

第三步，工料消耗系数乘以定额中的消耗量，得到组价项目的工料消耗量。

$$工料消耗量=定额消耗量\times工料消耗系数$$

第四步，将各项消耗量相加，得到该项目工料消耗总量。

接下来的步骤同“直接套用定额组价”的第二步至第四步。

【课堂活动】

根据《广东省建筑、装饰工程工程量清单计价指引(2013)》，分组讨论各分部工程清单子项的组合内容，分别是选用哪种组价方式。

任务3　分部分项工程费计算

4.3.1　分部分项工程费计算公式

分部分项工程量清单计价是投标人依据招标文件报价的有关要求、现场的实际情况、拟建工程的具体施工方案，按照《房屋建筑与装饰工程工程量计算规范》(GB 50854—2013)的规定，结合企业定额或地区定额，进行自主报价。

分部分项工程费计算应采用综合单价法计算，它综合了完成工程量清单中一个规定的计量单位项目所需的人工费、材料费、施工机具使用费、管理费和利润，并考虑了风险因素。

分部分项工程费应按设计文件或参照《房屋建筑与装饰工程工程量计算规范》(GB 50854—2013)附录的工作内容确定。其计算公式如下：

$$\text{分部分项工程费} = \sum(\text{分部分项工程量} \times \text{综合单价})$$

4.3.2　分部分项工程量清单计价方法及解析

1. 直接套用定额组价解析

【应用案例4.3.1】　根据【应用案例2.5.2】，完成实心砖墙(外墙)工程量清单计价。实心砖墙工程量清单见表4.3.1所示。其中：人工单价为51元/工日，利润=人工费×18%(表4.3.2是根据《广东省建筑与装饰工程综合定额(2010)》编制)。

表4.3.1　分部分项工程和单价措施项目清单与计价表

工程名称：某住宅工程　　　　标　段：　　　　第　页　共　页

序号	项目编码	项目名称	项目特征描述	计量单位	工程量	金额(元)		
						综合单价	合价	其中
								暂估价
1	010401003001	实心砖墙	1. 砖品种、规格、强度等级：页岩砖、240 mm×115 mm×53 mm、MU10 2. 墙体类型：外墙 3. 砂浆强度等级、配合比：M5.0水泥石灰砂浆	m^3	17.86			

表4.3.2　综合定额参考价目表　　　　单位：元

序号	定额编号	项目名称	单位	人工费	材料费	机械费	管理费
1	A3-6换	混水砖外墙墙体厚度1砖，合并M5.0水泥石灰砂浆制作	10 m^3	690.32	1833.88	22.23	98.68

【解】　1)对应的计价定额：A3-6换。

2)计算定额工程量。《广东省建筑与装饰工程综合定额(2010)》中砖墙工程量计算规则是：按设计图示尺寸以体积计算。扣除门窗洞口等所占的体积。对于实心砖墙外墙，《房屋建筑与装饰工程工程量计算规范》(GB 50854—2013)与所使用定额中的工程量计算规则相同，所以可直接套用定额组合综合单价。则定额工程量为17.86 m^3。

3)工程量清单综合单价分析。计算综合单价分析表(见表4.3.3)。

其中，由于外墙砌筑施工工程量与清单工程量计算规则相同，但定额单位不同，表格中数量需折合为0.1，即1.786 m^3/17.86 m^3 =0.1

合价：人工费 =0.1 ×690.32 =69.03 元

材料费 =0.1 ×1833.88 =183.39 元

机械费 =0.1 ×22.23 =2.22 元

管理费 + 利润 =0.1 ×(98.68 +690.32 ×18%) =0.1 ×222.94 =22.29 元

表 4.3.3　综合单价分析表

工程名称：某住宅工程　　　　　　　　标　段：　　　　　　　　第　页　共　页

项目编码	010401003001	项目名称	实心砖墙	计量单位	m^3	工程量	17.86				
清单综合单价组成明细											
定额编号	定额项目名称	定额单位	数量	单　价				合　价			
				人工费	材料费	机械费	管理费和利润	人工费	材料费	机械费	管理费和利润
A3－6 换	混水砖外墙墙体厚度 1 砖，合并 M5.0 水泥石灰砂浆制作	$10m^3$	0.1	690.32	1833.88	22.23	222.94	69.03	183.39	2.22	22.29
人工单价		小　计						69.03	183.39	2.22	22.29
综合工日 51 元/工日		未计价材料费									
清单项目综合单价								276.93			

4）填写分部分项工程和单价措施项目清单与计价表（见表 4.3.4）。

表 4.3.4　分部分项工程和单价措施项目清单与计价表

工程名称：某住宅工程　　　　　　　　标　段：　　　　　　　　第　页　共　页

序号	项目编码	项目名称	项目特征描述	计量单位	工程量	金额（元）		
						综合单价	合价	其中
								暂估价
1	010401003001	实心砖墙	1. 砖品种、规格、强度等级：页岩砖、240 mm ×115 mm ×53 mm、MU10 2. 墙体类型：外墙 3. 砂浆强度等级、配合比：M5.0 水泥石灰砂浆	m^3	17.86	276.93	4945.97	

2. 重新计算工程量组价解析

【应用案例 4.3.2】　已知 × ×工程某现浇混凝土直形楼梯清单工程量 39.34 m^2，定额工程量为 9.2 m^3，采用强度等级为 C25、碎石最大粒径为 20 mm 的商品混凝土，编制分部分项工程量清单并计价。其中：人工单价为 51 元/工日，利润 = 人工费 ×18%（表 4.3.5 是根据《× ×省建筑工程综合定额》编制）。

表4.3.5　综合定额参考价目表　　单位：元

序号	定额编号	项目名称	单位	人工费	材料费	机械费	管理费
1	A4－20换	直形楼梯，合并C25制作	10 m^3	661.47	2562.13	23.18	196.84

【解】　1）编制分部分项工程和单价措施项目清单与计价表（见表4.3.6）。

表4.3.6　分部分项工程和单价措施项目清单与计价表

工程名称：××工程　　标　段：　　第　页　共　页

序号	项目编码	项目名称	项目特征描述	计量单位	工程量	金额（元）		
						综合单价	合价	其中
								暂估价
1	010506001001	直形楼梯	1. 混凝土种类：商品混凝土 2. 混凝土强度等级：C25	m^2	39.34			

2）根据已知条件可知：现浇混凝土直形楼梯清单工程量39.34 m^2，定额工程量为9.2 m^3。《房屋建筑与装饰工程工程量计算规范》（GB 50854—2013）与《××省建筑工程综合定额》对现浇混凝土楼梯工程量计算的规则不同，需要重新计算工程量组合综合单价。

3）工程量清单综合单价分析。计算综合单价分析表（见表4.3.7）。

其中，由于定额工程量与清单工程量计算规则不相同，表格中数量0.92 m^3/39.34 m^2 = 0.0234。

合价：人工费 = 0.0234 × 661.47 = 15.48元

材料费 = 0.0234 × 2562.13 = 59.95元

机械费 = 0.0234 × 23.18 = 0.54元

管理费 + 利润 = 0.0234 × (196.84 + 661.47 × 18%) = 0.0234 × 351.90 = 7.39元

表4.3.7　综合单价分析表

工程名称：××工程　　标　段：　　第　页　共　页

项目编码	010506001001	项目名称	直形楼梯	计量单位	m^2	工程量	39.34

清单综合单价组成明细

定额编号	定额项目名称	定额单位	数量	单价				合价			
				人工费	材料费	机械费	管理费和利润	人工费	材料费	机械费	管理费和利润
A4－20换	直形楼梯，合并C25制作	10m^3	0.0234	661.47	2562.13	23.18	315.90	15.48	59.95	0.54	7.39
人工单价		小　计						15.48	59.95	0.54	7.39
综合工日51元/工日		未计价材料费									
清单项目综合单价								83.36			

4)填写分部分项工程和单价措施项目清单与计价表(见表4.3.8)。

表4.3.8 分部分项工程和单价措施项目清单与计价表

工程名称：××工程　　　　标　段：　　　　第　页　共　页

序号	项目编码	项目名称	项目特征描述	计量单位	工程量	金额(元)		
						综合单价	合价	其中 暂估价
1	010506001001	直形楼梯	1.混凝土种类：商品混凝土 2.混凝土强度等级：C25	m^2	39.34	83.36	3279.38	

3.复合组价解析

【应用案例4.3.3】 根据【应用案例2.12.2】，完成块料楼面工程量清单计价。块料楼面工程量清单见表4.3.9所示。其中：人工单价为51元/工日，利润=人工费×18%。[表4.3.10是根据《广东省建筑与装饰工程综合定额(2010)》编制]

表4.3.9 分部分项工程和单价措施项目清单与计价表

工程名称：××工程　　　　标　段：　　　　第　页　共　页

序号	项目编码	项目名称	项目特征描述	计量单位	工程量	金额(元)		
						综合单价	合价	其中 暂估价
1	011102003001	块料楼地面	1.找平层厚度、砂浆配合比：20 mm厚1∶3水泥砂浆 2.面层材料品种、规格、颜色：600×600抛光砖浅色 3.嵌缝材料种类：白水泥	m^2	50.04			

表4.3.10 综合定额参考价目表　　　　单位：元

序号	定额编号	项目名称	单　位	人工费	材料费	机械费	管理费
1	A9－1换	楼地面水泥砂浆找平层，混凝土或硬基层上，合并20 mm厚1∶3水泥砂浆制作	100 m^2	303.71	418.02	19.61	48.37
2	A9－68换	楼地面陶瓷块料(每块周长)2600 mm以内，合并1∶2水泥砂浆制作	100 m^2	1121.18	7463	9.81	196.05

【解】 1)对应的计价定额为A9－1换、A9－68换。

2)计算定额工程量：《广东省建筑与装饰工程综合定额(2010)》中楼地面工程工程量计算规则是：找平层是按相应面层的工程量的计算规则计算。块料面层是按设计图示尺寸以面

积计算，门洞开口部分不增加面积。即

$$S_{找平}=S_{块料}=(5.8-0.12\times2)\times(9.6-0.12\times2-0.24\times2)=49.37\ m^2$$

要将这些工作内容组合成块料面层的综合单价内，所以要用复合组价的方法。

3）工程量清单综合单价分析。计算综合单价分析表（见表4.3.11）。其中，由于块料工程定额工程量与清单工程量计算规则不相同，定额单位也不同，表格中数量为 $0.4937\ m^2/50.04\ m^2=0.009866$

合价：① 水泥砂浆找平层：

人工费 $=0.009866\times303.71=3.00$ 元

材料费 $=0.009866\times418.02=4.12$ 元

机械费 $=0.009866\times19.61=0.19$ 元

管理费 + 利润 $=0.009866\times(48.37+303.71\times18\%)=0.009866\times103.04=1.02$ 元

② 块料面层：

人工费 $=0.009866\times1121.18=11.06$ 元

材料费 $=0.009866\times7463=73.63$ 元

机械费 $=0.009866\times9.81=0.10$ 元

管理费 + 利润 $=0.009866\times(196.05+1121.18\times18\%)=0.009866\times397.86=3.93$ 元

表4.3.11　综合单价分析表

工程名称：××工程　　　　标　段：　　　　第　页　共　页

项目编码	011102003001	项目名称	块料楼地面	计量单位	m^2	工程量	50.04

清单综合单价组成明细

定额编号	定额项目名称	定额单位	数量	单价				合价			
				人工费	材料费	机械费	管理费和利润	人工费	材料费	机械费	管理费和利润
A9－1换	楼地面水泥砂浆找平层，混凝土或硬基层上，合并20 mm厚1:3水泥砂浆制作	$100m^2$	0.009866	303.71	418.02	19.61	103.04	3.00	4.12	0.19	1.02
A9－68换	楼地面陶瓷块料（每块周长）2600mm以内，合并1:2水泥砂浆制作	$100m^2$	0.009866	1121.18	7463	9.81	397.86	11.06	73.63	0.10	3.93
人工单价		小计						14.06	77.75	0.29	4.95
综合工日51元/工日		未计价材料费									
清单项目综合单价								97.05			

4）填写分部分项工程和单价措施项目清单与计价表（见表4.3.12）。

表 4.3.12　分部分项工程和单价措施项目清单与计价表

工程名称：××工程　　　　　　　　　标　段：　　　　　　　　　　第　页　共　页

<table>
<tr><th rowspan="3">序号</th><th rowspan="3">项目编码</th><th rowspan="3">项目名称</th><th rowspan="3">项目特征描述</th><th rowspan="3">计量单位</th><th rowspan="3">工程量</th><th colspan="3">金额(元)</th></tr>
<tr><th rowspan="2">综合单价</th><th rowspan="2">合价</th><th>其中</th></tr>
<tr><th>暂估价</th></tr>
<tr><td>1</td><td>011102003001</td><td>块料楼地面</td><td>1. 找平层厚度、砂浆配合比：20 mm 厚 1∶3 水泥砂浆
2. 面层材料品种、规格、颜色：600×600 抛光砖浅色
3. 嵌缝材料种类：白水泥</td><td>m^2</td><td>50.04</td><td>97.05</td><td>4856.38</td><td></td></tr>
</table>

任务 4　措施项目费计算

措施项目清单计价应根据建设工程的施工组织设计，可以计算工程量的措施项目，应按分部分项工程量清单的方式采用综合单价计价；其余的不能算出工程量的措施项目，则采用总价项目的方式，以“项”为单位的方式计价，应包括除规费、税金外的全部费用。措施项目清单中的安全文明施工费应按照国家或省级、行业建设主管部门的规定计价，不得作为竞争性费用。用于措施费的计算方法有按参数法计算、按综合单价法计算和按分包法计算三种。

4.4.1　按参数法计算

参数法计算是指按一定的基数乘系数的方法或自定义公式进行计算。这种方法简单明了，但最大的难点是公式的科学性、准确性难以把握。这种方法主要适用于施工过程中必须发生，但在投标时很难具体分项预测，又无法单独列出项目内容的措施项目。按参数法计算的措施费有安全文明施工费、夜间施工增加费、二次搬运费、冬雨季施工增加费、已完工程及设备保护费等。

1. 安全文明施工费

安全文明施工费 = 计算基数 × 安全文明施工费费率(%)

计算基数应为定额基价(定额分部分项工程费 + 定额中可以计量的措施项目费)、定额人工费或(定额人工费 + 定额机械费)，其费率由工程造价管理机构根据各专业工程的特点综合确定。

2. 夜间施工增加费

夜间施工增加费 = 计算基数 × 夜间施工增加费费率(%)

3. 二次搬运费

二次搬运费 = 计算基数 × 二次搬运费费率(%)

4. 冬雨季施工增加费

冬雨季施工增加费 = 计算基数 × 冬雨季施工增加费费率(%)

5. 已完工程及设备保护费

已完工程及设备保护费 = 计算基数 × 已完工程及设备保护费费率(%)

上述2～5项措施项目的计费基数应为定额人工费或(定额人工费＋定额机械费)，其费率由工程造价管理机构根据各专业工程特点和调查资料综合分析后确定。

【课堂活动】

根据《广东省建筑与装饰工程综合定额(2010)》，分组讨论按系数计算安全文明施工措施费有哪些，措施费的费率是多少，计费基数是什么。

4.4.2　按综合单价法计算

按综合单价法计算与计算分部分项工程综合单价的方法一样，就是根据需要消耗的实物工程量与实物单价计算措施费，适用于可以计算工程量的措施项目，主要是指一些与工程实体有紧密联系的项目，如混凝土模板、脚手架、垂直运输等。

措施项目费＝∑(单价措施项目的工程量×单价措施项目的综合单价)

【课堂活动】

根据【应用案例3.2.1】，分组讨论并填写桩承台基础模板工程量清单计价表中“?”。已知表4.4.1是摘自《广东省建筑与装饰工程综合定额(2010)》，桩承台工程量清单见表4.4.2所示(其中：人工单价为51元/工日，利润＝人工费×18%，一类地区)。

表4.4.1　综合定额参考价目表　　单位：元

序号	定额编号	项目名称	单位	人工费	材料费	机械费	管理费
1	A21－13	桩承台模板	100 m^2	1193.40	1222.93	89.91	338.15

表4.4.2　分部分项工程和单价措施项目清单与计价表

工程名称：××工程　　　标　段：　　　第　页　共　页

序号	项目编码	项目名称	项目特征描述	计量单位	工程量	金额(元)		
						综合单价	合价	其中
								暂估价
1	011702001001	基础	基础类型：桩承台	m^2	10.00	?		

4.4.3　按分包法计算

在分包价格的基础上增加投标人的管理费及风险费进行计价的方法，这种方法适合可以分包的独立项目，如室内空气污染测试等。

有时招标人要求对措施项目费进行明细分析，这时采用参数法组价和分包法组价都是先计算该措施项目的总费用，这就需人为用系数或比例的办法分摊人工费、材料费、机械费、管理费及利润。

任务5　其他项目费计算

4.5.1　其他项目费的构成

其他项目清单应按照下列内容列项。

1）暂列金额。

2）暂估价，包括材料暂估单价、工程设备暂估单价、专业工程暂估价。

3）计日工。

4）总承包服务费。

4.5.2　其他项目费的计价

工程建设标准的高低、工程的复杂程度、工程的工期长短、工程的组成内容、发包人对工程管理的要求等都直接影响其他项目清单的具体内容和计价。

1. 暂列金额

为保证工程施工建设的顺利实施，应对施工过程中可能出现的各种不确定因素对工程造价的影响，在招标控制价中估算一笔暂列金额。暂列金额由招标人根据工程特点、工期长短、按有关计价规定进行估算确定，一般可按分部分项工程费的10%～15%作为参考。

2. 暂估价

暂估价，包括材料暂估单价、工程设备暂估单价、专业工程暂估价。编制招标控制价时，材料暂估单价应按工程造价管理机构发布的工程造价信息中的材料单价计算，工程造价信息未发布的材料单价，其单价参考市场价格估算。专业工程暂估价应分不同的专业，按有关计价规定进行估算。

3. 计日工

计日工包括计日工人工、材料和施工机械费用。在编制招标控制价时，对计日工中的人工单价和施工机械台班单价应按省级、行业建设主管部门或其授权的工程造价管理机构公布的单价计算；材料应按工程造价管理机构发布的工程造价信息中的材料单价计算，工程造价信息未发布材料单价的材料，其价格应按市场调查确定的单价计算。

4. 总承包服务费

编制招标控制价时，招标人应根据招标文件中列出的内容和向总承包人提出的要求参照下列标准计算：

1）招标人仅要求对分包的专业工程进行总承包管理和协调时，按分包的专业工程估算造价的1.5%计算；

2）招标人要求对分包的专业工程进行总承包管理和协调并同时要求提供配合服务时，根据招标文件列出的配合服务内容和提出的要求按分包的专业工程估算造价的3%～5%计算；

3）招标人自行供应材料的，按招标人供应材料价值的1%计算。

【课堂活动】

查阅《关于实施〈房屋建筑与装饰工程工程量计算规范〉（GB 50854—2013）等的若干意

见》(粤建造发〔2013〕4号)文件，分组讨论广东省对总承包服务费操作方面有哪些要求。

任务6　规费及税金计算

4.6.1　规费的计算

根据住房和城乡建设部、财政部联合发布的《建筑安装工程费用项目组成》(建标〔2013〕44号)的规定，规费包括社会保险费(包括养老保险费、失业保险费、医疗保险费、生育保险费、工伤保险费)、住房公积金、工程排污费。其他应列而未列入的规费，按实际发生计取。规费按当地有关部门的规定计算。

1. 社会保险费和住房公积金

社会保险费和住房公积金应以定额人工费为计算基础，根据工程所在地省、自治区、直辖市或行业建设主管部门规定费率计算。

社会保险费和住房公积金 = $\sum$(工程定额人工费 × 社会保险费和住房公积金费率)

式中：社会保险费和住房公积金费率可以每万元发承包价的生产工人人工费和管理人员工资含量与工程所在地规定的缴纳标准综合分析取定。

2. 工程排污费

工程排污费等其他应列而未列入的规费应按工程所在地环境保护等部门规定的标准缴纳，按实计取列入。

【课堂活动】

列举一个工程项目，根据《广东省建筑与装饰工程综合定额(2010)》规定，分组讨论该工程所在地规定列出费用的名称和标准，规费的计算基数是什么。

4.6.2　税金的计算

根据我国现行税法规定，建筑安装工程的税金包括营业税、城市维护建设税、教育费附加、地方教育附加。在工程计价时应严格按照政府和有关部门规定的税率计取，税金计算如下：

税金 = 税前造价 × 综合税率(%)

综合税率：

①纳税地点在市区的企业：综合税率(%) = 3.48%

②纳税地点在县城、镇的企业：综合税率(%) = 3.41%

③纳税地点不在市区、县城、镇的企业：综合税率(%) = 3.28%

④实行营业税改增值税的，按纳税地点现行税率计算。

任务7　工程总费用计算及实例

4.7.1　单位工程费计算

单位工程费 = 分部分项工程费 + 措施项目费 + 其他项目费 + 规费 + 税金

4.7.2　单项工程费计算

单项工程费将“建筑工程”、“装饰工程”、“安装工程”等各个单位工程费汇总即可。

4.7.3　工程量清单及工程量清单计价编制示例

1. 工程量清单编制示例

工程量清单编制示例见表4.7.1至表4.7.16。

表4.7.1　招标工程量清单封面

建工科技楼　　工程

招标工程量清单

招　标　人：××大学
（单位盖章）

造价咨询人：××工程造价咨询公司
（单位盖章）

××××年×月×日

表4.7.2　招标工程量清单扉页

建工科技楼　　工程

招标工程量清单

招　标　人：××大学 （单位盖章）	造价咨询人：××工程造价咨询公司 （单位资质专用章）
法定代表人　××大学 或其授权人：××× （签字或盖章）	法定代表人　××工程造价咨询公司 或其授权人：××× （签字或盖章）
编　制　人：××× （造价人员签字盖专用章）	复　核　人：××× （造价工程师签字盖专用章）
编制时间：××××年×月×日	复核时间：××××年×月×日

表 4.7.3　总说明

工程名称：建工科技楼工程　　　　第1页　共1页

1. 工程概况：本工程为框架结构，采用预应力高强度混凝土管桩，建筑层数为4层，建筑面积1435.19 m^2，建筑总高度15.9 m，计划工期为80日历天。

2. 工程招标范围：本次招标范围为施工图范围内的建筑工程。

3. 工程量清单编制依据：

(1)建工科技楼施工图；

(2)《建设工程工程量清单计价规范》(GB 50500—2013)；

(3)《房屋建筑与装饰工程工程量计算规范》(GB 50854—2013)；

(4)拟定的招标文件；

(5)相关的规范、标准图集和技术资料。

4. 其他需要说明的问题：

(1)招标人供应现浇构件的全部钢筋，单价暂定为4000元/t。

承包人应在施工现场对招标人供应的钢筋进行验收、保管和使用发放。

招标人供应钢筋的价款支付，由招标人按每次发生的金额支付给承包人，再由承包人支付给供应商。

(2)进户防盗门另进行专业发包。总承包人应配合专业工程承包人完成以下工作。

1)按专业工程承包人的要求提供施工工作面并对施工现场进行统一管理，对竣工资料进行统一整理汇总。

2)为专业工程承包人提供垂直运输机械和焊接电源接入点，并承担垂直运输费和电费。

3)为防盗门安装后进行补缝和找平并承担相应费用。

表 4.7.4　建设项目投标报价汇总表

工程名称：建工科技楼工程　　　　第 1 页　共 1 页

序号	单项工程名称	金额(元)	其中：金额(元)		
			暂估价	安全文明施工费	规费
合　计					

注：本表适用于建设项目招标控制价或投标报价的汇总。

说明：本工程仅为一栋建工科技楼，故单项工程为建设项目。

表 4.7.5 单项工程投标报价汇总表

工程名称：建工科技楼工程 第 1 页 共 1 页

序号	单位工程名称	金额(元)	其中：金额(元)		
			暂估价	安全文明施工费	规费
合计					

注：本表适用于单项工程招标控制价或投标报价的汇总。暂估价包括分部分项工程中的暂估价和专业工程暂估价。

表 4.7.6　单位工程投标报价汇总表

工程名称：建工科技楼工程　　　　标　段：　　　　第1页　共1页

序号	汇总内容	金　额(元)	其中：暂估价(元)
1	分部分项工程		
1.1	0101　土石方工程		
1.2	0103　桩基工程		
1.3	0104　砌筑工程		
1.4	0105　混凝土及钢筋混凝土工程		
1.5	0108　门窗工程		
1.6	0109　屋面及防水工程		
1.7	0110　保温、隔热、防腐工程		
1.8	0111　楼地面装饰工程		
1.9	0112　墙、柱面装饰与隔断、幕墙工程		
1.10	0114　油漆、涂料、裱糊工程		
2	措施项目		–
2.1	其中：安全文明施工费		–
3	其他项目		–
3.1	其中：暂列金额		–
3.2	其中：专业工程暂估价		–
3.3	其中：计日工		–
3.4	其中：总承包服务费		–
3.5	其中：材料检验试验费		–
3.6	其中：预算包干费		–
4	规费		–
5	税金		–
投标报价合计 =1 +2 +3 +4 +5			

注：本表适用于单位工程控制价或投标报价的汇总，如无单位工程的划分，单项工程汇总也使用本表汇总。

表 4.7.7　分部分项工程和单价措施项目清单与计价表

工程名称：建工科技楼工程　　　　标　段：　　　　第1页　共5页

<table>
<tr><th rowspan="3">序号</th><th rowspan="3">项目编码</th><th rowspan="3">项目名称</th><th rowspan="3">项目特征描述</th><th rowspan="3">计量单位</th><th rowspan="3">工程量</th><th colspan="3">金　额(元)</th></tr>
<tr><th rowspan="2">综合单价</th><th rowspan="2">合价</th><th>其中</th></tr>
<tr><th>暂估价</th></tr>
<tr><td></td><td colspan="5">0101　土石方工程</td><td></td><td></td><td></td></tr>
<tr><td>1</td><td>010101001001</td><td>平整场地</td><td>1. 土壤类别：一、二类土</td><td>m^2</td><td>410.70</td><td></td><td></td><td></td></tr>
<tr><td>2</td><td>010101004001</td><td>挖基坑土方</td><td>1. 土壤类别：一、二类土
2. 挖土深度：2.0 m 内
3. 弃土运距：10 km</td><td>m^3</td><td>87.54</td><td></td><td></td><td></td></tr>
<tr><td></td><td></td><td>（其他略）</td><td></td><td></td><td></td><td></td><td></td><td></td></tr>
<tr><td></td><td></td><td>分部小计</td><td></td><td></td><td></td><td></td><td></td><td></td></tr>
<tr><td></td><td colspan="5">0103　桩基工程</td><td></td><td></td><td></td></tr>
<tr><td>3</td><td>010301002001</td><td>预制钢筋混凝土管桩</td><td>1. 地层情况；一、二类土
2. 送桩深度、桩长：单根有效桩长 30 m
3. 桩外径、壁厚：400 mm、100 mm
4. 沉桩方法：静力压桩
5. 桩尖类型：钢桩尖
6. 混凝土强度等级：C80
7. 填充材料种类：桩芯填 1200 mm 高商品混凝土 C30</td><td>m</td><td>960.00</td><td></td><td></td><td></td></tr>
<tr><td></td><td></td><td>（其他略）</td><td></td><td></td><td></td><td></td><td></td><td></td></tr>
<tr><td></td><td></td><td>分部小计</td><td></td><td></td><td></td><td></td><td></td><td></td></tr>
<tr><td colspan="6">本页小计</td><td></td><td></td><td></td></tr>
<tr><td colspan="6">合　计</td><td></td><td></td><td></td></tr>
</table>

注：为计取规费等的使用，可在表中增设其中：“定额人工费”。

分部分项工程和单价措施项目清单与计价表

工程名称：建工科技楼工程　　　　标　段：　　　　第2页　共5页

序号	项目编码	项目名称	项目特征描述	计量单位	工程量	金额(元)		
						综合单价	合价	其中 暂估价
		0104　砌筑工程						
4	010401001001	砖基础	1. 砖品种、规格、强度等级： 灰砂砖、240 mm × 115 mm × 53 mm、MU10.0 2. 砂浆强度等级：M7.5 水泥砂浆	m^3	28.14			
5	010401003001	实心砖墙	1. 砖品种、规格、强度等级：灰砂砖、240 mm × 115 mm × 53 mm、MU10.0 2. 墙体类型：卫生间隔墙 3. 砂浆强度等级、配合比：M5 水泥石灰砂浆	m^3	19.52			
		(其他略)						
		分部小计						
		0105　混凝土及钢筋混凝土工程						
6	010503001001	基础梁	1. 混凝土种类：商品混凝土 2. 混凝土强度等级：C30	m^3	19.24			
7	010515001001	现浇构件钢筋	钢筋种类、规格：现浇构件螺纹钢 ϕ25 内	t	26.370			
		(其他略)						
		分部小计						
本页小计								
合　计								

注：为计取规费等的使用，可在表中增设其中："定额人工费"。

分部分项工程和单价措施项目清单与计价表

工程名称：建工科技楼工程　　　　标　段：　　　　第3页　共5页

<table>
<tr><th rowspan="3">序号</th><th rowspan="3">项目编码</th><th rowspan="3">项目名称</th><th rowspan="3">项目特征描述</th><th rowspan="3">计量单位</th><th rowspan="3">工程量</th><th colspan="3">金　额(元)</th></tr>
<tr><th rowspan="2">综合单价</th><th rowspan="2">合价</th><th>其中</th></tr>
<tr><th>暂估价</th></tr>
<tr><td colspan="9">0108　门窗工程</td></tr>
<tr><td>8</td><td>010801001001</td><td>木质门</td><td>1. 门代号及洞口尺寸：胶合板门 M1、1000 mm × 2100 mm
2. 镶嵌玻璃品种、厚度：钢化玻璃 6 mm 厚</td><td>m²</td><td>107.10</td><td></td><td></td><td></td></tr>
<tr><td></td><td></td><td></td><td>(其他略)</td><td></td><td></td><td></td><td></td><td></td></tr>
<tr><td></td><td></td><td></td><td>分部小计</td><td></td><td></td><td></td><td></td><td></td></tr>
<tr><td colspan="9">0109　屋面及防水工程</td></tr>
<tr><td>9</td><td>010902001001</td><td>屋面卷材防水</td><td>1. 卷材品种、规格、厚度：APP 改性沥青防水卷材 3 mm 厚
2. 防水层数：1 层
3. 防水层做法：满铺</td><td>m²</td><td>516.75</td><td></td><td></td><td></td></tr>
<tr><td></td><td></td><td></td><td>(其他略)</td><td></td><td></td><td></td><td></td><td></td></tr>
<tr><td></td><td></td><td></td><td>分部小计</td><td></td><td></td><td></td><td></td><td></td></tr>
<tr><td colspan="9">0110　保温、隔热、防腐工程</td></tr>
<tr><td>10</td><td>011001001001</td><td>保温隔热屋面</td><td>1. 保温隔热材料品种、规格、厚度：膨胀珍珠岩块 300 mm × 300 mm × 65 mm
2. 防护材料种类、做法：1∶3 水泥砂浆护面、厚 25 mm</td><td>m²</td><td>391.26</td><td></td><td></td><td></td></tr>
<tr><td></td><td></td><td></td><td>(其他略)</td><td></td><td></td><td></td><td></td><td></td></tr>
<tr><td></td><td></td><td></td><td>分部小计</td><td></td><td></td><td></td><td></td><td></td></tr>
<tr><td colspan="6">本页小计</td><td></td><td></td><td></td></tr>
<tr><td colspan="6">合　计</td><td></td><td></td><td></td></tr>
</table>

注：为计取规费等的使用，可在表中增设其中："定额人工费"。

分部分项工程和单价措施项目清单与计价表

工程名称：建工科技楼工程　　　　　　　　　标　段：　　　　　　　　　　第4页　共5页

<table>
<tr><th rowspan="3">序号</th><th rowspan="3">项目编码</th><th rowspan="3">项目名称</th><th rowspan="3">项目特征描述</th><th rowspan="3">计量单位</th><th rowspan="3">工程量</th><th colspan="3">金　额(元)</th></tr>
<tr><th rowspan="2">综合单价</th><th rowspan="2">合价</th><th>其中</th></tr>
<tr><th>暂估价</th></tr>
<tr><td></td><td></td><td colspan="2">0111　楼地面装饰工程</td><td></td><td></td><td></td><td></td><td></td></tr>
<tr><td>11</td><td>011101001001</td><td>水泥砂浆楼地面</td><td>1. 素水泥浆遍数：1遍
2. 面层厚度、砂浆配合比：30厚1∶2水泥砂浆</td><td>m²</td><td>29.75</td><td></td><td></td><td></td></tr>
<tr><td></td><td></td><td colspan="2">(其他略)</td><td></td><td></td><td></td><td></td><td></td></tr>
<tr><td></td><td></td><td colspan="2">分部小计</td><td></td><td></td><td></td><td></td><td></td></tr>
<tr><td></td><td></td><td colspan="2">0112　墙、柱面装饰与隔断、幕墙工程</td><td></td><td></td><td></td><td></td><td></td></tr>
<tr><td>12</td><td>011201001001</td><td>墙面一般抹灰</td><td>1. 墙体类型：灰砂砖墙面
2. 底层厚度、砂浆配合比：15厚1∶3水泥砂浆底层
3. 面层厚度、砂浆配合比：1∶2.5水泥砂浆面层，厚6 mm</td><td>m²</td><td>24.68</td><td></td><td></td><td></td></tr>
<tr><td>13</td><td>011204003001</td><td>块料墙面</td><td>1. 墙体类型：灰砂砖外墙
2. 安装方式：镶贴
3. 面层材料品种、规格、颜色：黄色外墙砖45 mm×45 mm</td><td>m²</td><td>496.70</td><td></td><td></td><td></td></tr>
<tr><td></td><td></td><td colspan="2">(其他略)</td><td></td><td></td><td></td><td></td><td></td></tr>
<tr><td></td><td></td><td colspan="2">分部小计</td><td></td><td></td><td></td><td></td><td></td></tr>
<tr><td></td><td></td><td colspan="2">0114　油漆、涂料、裱糊工程</td><td></td><td></td><td></td><td></td><td></td></tr>
<tr><td>14</td><td>011406001001</td><td>抹灰面油漆</td><td>1. 基层类型：15厚1∶1∶6水泥石灰砂浆底，5厚1∶0.5∶3水泥石灰砂浆面
2. 油漆品种、刷漆遍数：乳胶漆面一底二度</td><td>m²</td><td>3820.78</td><td></td><td></td><td></td></tr>
<tr><td></td><td></td><td colspan="2">(其他略)</td><td></td><td></td><td></td><td></td><td></td></tr>
<tr><td></td><td></td><td colspan="2">分部小计</td><td></td><td></td><td></td><td></td><td></td></tr>
<tr><td colspan="7">本页小计</td><td></td><td></td></tr>
<tr><td colspan="7">合　计</td><td></td><td></td></tr>
</table>

注：为计取规费等的使用，可在表中增设其中：“定额人工费”。

分部分项工程和单价措施项目清单与计价表

工程名称：建工科技楼工程　　　　标　段：　　　　第5页　共5页

序号	项目编码	项目名称	项目特征描述	计量单位	工程量	金额(元)		
						综合单价	合价	其中 暂估价
			0117　措施项目					
15	粤011701008001	综合钢脚手架	搭设高度：16 m	m^2	1558.44			
16	粤011701010001	满堂脚手架	搭设高度：4 m	m^2	410.70			
17	011702001001	基础	基础类型：桩承台基础	m^2	79.89			
18	011702002001	矩形柱	1. 柱截面形状：矩形 2. 周长：2 m 3. 柱高度：3.5 m	m^2	138.37			
	……							
			（其他略）					
			分部小计					
			本页小计					
			合　计					

注：为计取规费等的使用，可在表中增设其中：“定额人工费”。

表 4.7.8　总价措施项目清单与计价表

工程名称：建工科技楼工程　　　　标　段：　　　　第 1 页 共 1 页

序号	项目编码	项目名称	计算基础	费率（%）	金额（元）	调整费率（%）	调整后金额（元）	备注
1		安全文明施工费						
2		夜间施工增加费						
3		二次搬运费						
4		冬雨季施工增加费						
5		已完工程及设备保护费						
		合计						

编制人（造价人员）：　　　　复核人（造价工程师）：

注：①“计算基础”中安全文明施工费可为“定额基价”、“定额人工费”或“定额人工费 + 定额机械费”，其他项目可为“定额人工费”或“定额人工费 + 定额机械费”。

②按施工方案计算的措施费，若无“计算基础”和“费率”的数值，也可只填“金额”数值，但应在备注栏说明施工方案出处或计算方法。

表 4.7.9　其他项目清单与计价汇总表

工程名称：建工科技楼工程　　　　标　段：　　　　第 1 页　共 1 页

序号	项　目　名　称	金额（元）	结算金额（元）	备注
1	暂列金额	30000		明细详见表 4.7.10
2	暂估价	8000		
2.1	材料（工程设备）暂估价/结算价	—		明细详见表 4.7.11
2.2	专业工程暂估价/结算价	8000		明细详见表 4.7.12
3	计日工			明细详见表 4.7.13
4	总承包服务费			明细详见表 4.7.14
5	材料检验试验费			
6	预算包干费			
	合　计			—

注：材料（工程设备）暂估单价进入清单项目综合单价，此处不汇总。

表 4.7.10 暂列金额明细表

工程名称：建工科技楼工程　　标　段：　　第1页 共1页

序号	项目名称	计量单位	暂定金额（元）	备注
1	工程量清单中工程量偏差和设计变更	项	10000	
2	政策性调整和材料价格风险	项	10000	
3	其他	项	10000	
4				
5				
6				
7				
8				
9				
10				
11				
合 计			30000	—

注：此表由招标人填写，如不能详列，也可只列暂定金额总额，投标人应将上述暂列金额计入投标总价中。

表 4.7.11 材料(工程设备)暂估单价及调整表

工程名称：建工科技楼工程　　标　段：　　第 1 页　共 1 页

序号	材料(工程设备)名称、规格、型号	计量单位	数量		暂估(元)		确认(元)		差额		备注
			暂估	确认	单价	合价	单价	合价	单价	合价	
1	钢筋(规格、型号综合)	t	37.5		4000	150000					用在所有现浇混凝土钢筋清单项目
合计						150000					

注：此表由招标人填写“暂估单价”，并在备注栏说明暂估价的材料、工程设备拟用在哪些清单项目上，投标人应将上述材料、工程设备暂估单价计入工程量清单综合单价报价中。

表 4.7.12　专业工程暂估价及结算价表

工程名称：建工科技楼工程　　　　标　段：　　　　第1页　共1页

序号	工程名称	工程内容	暂估金额（元）	结算金额（元）	差额±（元）	备注
1	入户防盗门	制作安装	8000			
合　计			8000			

注：此表“暂估金额”由招标人填写，投标人应将“暂估金额”计入投标总价中。结算时按合同约定结算金额填写。

表 4.7.13　计日工表

工程名称：建工科技楼工程　　　　标　段：　　　　第1页　共1页

编号	项目名称	单位	暂定数量	实际数量	综合单价（元）	合价（元）	
						暂定	实际
一	人工						
1	普工	工日	15				
2	技工（综合）	工日	20				
3							
4							
人工小计							
二	材料						
1	水泥 42.5	t	1				
2	中砂	m^3	10				
3	砾石（5～40 mm）	m^3	3				
4	灰砂砖（240 mm×115 mm×53 mm）	千块	1				
5							
材料小计							
三	施工机械						
1	灰浆搅拌机（400 L）	台班	3				
2							
3							
施工机械小计							
四、企业管理费和利润							
总　计							

注：此表项目名称、暂定数量由招标人填写，编制招标控制价时，单价由招标人按有关计价规定确定；投标时，单价由投标人自主报价，按暂定数量计算合价计入投标总价中。结算时，按发承包双方确认的实际数量计算合价。

表4.7.14　总承包服务费计价表

工程名称：建工科技楼工程　　　　标　段：　　　　第1页　共1页

序号	项目名称	项目价值（元）	服务内容	计算基础	费率（%）	金额（元）
1	发包人发包专业工程	8000	1.按专业工程承包人的要求提供施工工作面并对施工现场进行统一管理，对竣工资料进行统一整理汇总 2.为专业工程承包人提供垂直运输机械和焊接电源接入点，并承担垂直运输费和电费 3.为防盗门安装后进行补缝和找平并承担相应费用			
2	发包人供应材料	150000	对发包人供应的材料进行验收及保管和使用发放			
	合计	—	—		—	

注：此表项目名称、服务内容由招标人填写，编制招标控制价时，费率及金额由招标人按有关计价规定确定；投标时，费率及金额由投标人自主报价，计入投标总价中。

表 4.7.15　规费、税金项目清单与计价表

工程名称：建工科技楼工程　　　　标　段：　　　　第 1 页　共 1 页

序号	项目名称	计算基础	费率(%)	金额(元)
1	规　费	分部分项工程费 + 措施项目费 + 其他项目项目费		
1.1	工程排污费(暂不考虑)	按工程所在地环保部门规定按实计算		
1.2	施工噪音排污费(暂不考虑)	分部分项工程费 + 措施项目费 + 其他项目项目费		
1.3	防洪工程维护费(暂不考虑)	分部分项工程费 + 措施项目费 + 其他项目项目费		
1.4	危险作业意外伤害保险费	分部分项工程费 + 措施项目费 + 其他项目项目费		
2	税　金	分部分项工程费 + 措施项目费 + 其他项目费 + 规费		
合　计				

注：①本表按广东省清单计价程序表(2010)制定。

②人工费已含住房公积金与社会保险费，具体详见各专业定额。

③危险作业意外伤害保险费按广东社保〔2007〕47 号文执行。

表 4.7.16 综合单价分析表

工程名称：建工科技楼工程 标 段： 第 页 共 页

项目编码		项目名称		计量单位		工程量	

清单综合单价组成明细

定额编号	定额项目名称	定额单位	数量	单价				合价			
				人工费	材料费	机械费	管理费和利润	人工费	材料费	机械费	管理费和利润
人工单价		小计									
元/工日		未计价材料费									
清单项目综合单价											

材料费明细	主要材料名称、规格、型号	单位	数量	单价（元）	合价（元）	暂估单价（元）	暂估合价（元）
	其他材料费			—		—	
	材料费小计			—		—	

注：①如不使用省级或行业建设主管部门发布的计价依据，可不填定额项目、编号等。

②招标文件提供了暂估单价的材料，按暂估的单价填入表内“暂估单价”栏及“暂估合价”栏。

2. 工程量清单计价编制示例

工程量清单计价编制示例见表4.7.17至表4.7.32。按照《房屋建筑与装饰工程工程量计算规范》(GB 50854—2013)的有关规定，工程量清单计价包括招标控制价、投标报价和竣工结算价，本书因篇幅有限，只对投标报价的编制进行介绍。

表4.7.17 投标总价封面

<table>
<tr><td>

建工科技楼 工程

投 标 总 价

投 标 人：××建筑公司

（单位盖章）

××××年×月×日

</td></tr>
</table>

表4.7.18 投标总价扉页

<table>
<tr><td>

投标总价

招 标 人：××大学

工 程 名 称：建工科技楼工程

投 标 总 价(小写)：1735832.97元

(大写)：壹佰柒拾叁万伍仟捌佰叁拾贰元玖角柒分

投 标 人：××建筑公司

（单位盖章）

法定代表人
或其授权人：× × ×

（签字或盖章）

编 制 人：× × ×

（造价人员签字盖专用章）

编 制 时 间：××××年×月×日

</td></tr>
</table>

表 4.7.19　总说明

工程名称：建工科技楼工程　　　　第1页　共1页

1. 工程概况：本工程为框架结构，采用预应力高强度混凝土管桩，建筑层数为4层，建筑面积1435.19 m^2，建筑总高度15.9 m。计划工期为80日历天，投标工期为70日历天。

2. 投标报价包括范围：为本次招标建工科技楼工程施工图范围内的建筑工程。

3. 投标报价编制依据：

(1)招标文件及其所提供的工程量清单和有关报价的要求，招标文件的补充通知和答疑纪要；

(2)建工科技楼工程施工图及投标施工组织设计；

(3)有关的技术标准、规范和安全管理规定等；

(4)广东省建设主管部门颁发的计价定额和计价管理办法及相关计价文件；

(5)材料价格根据本公司掌握的价格情况并参照工程所在地工程造价管理机构××××年×月工程造价信息发布的价格确定。

表 4.7.20　建设项目投标报价汇总表

工程名称：建工科技楼工程　　　　第 1 页　共 1 页

序号	单项工程名称	金额(元)	其　中：(元)		
			暂估价	安全文明施工费	规费
1	建工科技楼工程	1735832.97	150000	41721.68	1675.83
合　计		1735832.97	150000	41721.68	1675.83

注：本表适用于建设项目招标控制价或投标报价的汇总。

表4.7.21　单项工程投标报价汇总表

工程名称：建工科技楼工程　　　　第1页　共1页

序号	单位工程名称	金额(元)	其　中：(元)		
			暂估价	安全文明施工费	规费
1	建工科技楼工程	1735832.97	150000	41721.68	1675.83
合　计		1735832.97	150000	41721.68	1675.83

注：本表适用于单项工程招标控制价或投标报价的汇总。暂估价包括分部分项工程中的暂估价和专业工程暂估价。

表 4.7.22　单位工程投标报价汇总表

工程名称：建工科技楼工程　　　　标　段：　　　　第 1 页　共 1 页

序号	汇总内容	金　额(元)	其中：暂估价(元)
1	分部分项工程	1312002.45	150000
1.1	0101　土石方工程	6152.34	
1.2	0103　桩基工程	183829.76	
1.3	0104　砌筑工程	125362.72	
1.4	0105　混凝土及钢筋混凝土工程	390298.18	150000
1.5	0108　门窗工程	155721.89	
1.6	0109　屋面及防水工程	35053.19	
1.7	0110　保温、隔热、防腐工程	14372.15	
1.8	0111　楼地面装饰工程	165832.02	
1.9	0112　墙、柱面装饰与隔断、幕墙工程	81429.32	
1.10	0114　油漆、涂料、裱糊工程	153950.88	
2	措施项目	301376.77	—
2.1	其中：安全文明施工费	41721.68	—
3	其他项目	62451.03	—
3.1	其中：暂列金额	30000	—
3.2	其中：专业工程暂估价	8000	—
3.3	其中：计日工	4745	—
3.4	其中：总承包服务费	2650	—
3.5	其中：材料检验试验费	3936.01	—
3.6	其中：预算包干费	13120.02	—
4	规费	1675.83	—
5	税金	58326.89	—
投标报价合计 = 1 + 2 + 3 + 4 + 5		1735832.97	150000

注：本表适用于单位工程控制价或投标报价的汇总，如无单位工程的划分，单项工程汇总也使用本表汇总。

表4.7.23　分部分项工程和单价措施项目清单与计价表

工程名称：建工科技楼工程　　　　标　段：　　　　第1页　共5页

序号	项目编码	项目名称	项目特征描述	计量单位	工程量	金额(元)		
						综合单价	合价	其中 暂估价
			0101　土石方工程					
1	010101001001	平整场地	1. 土壤类别：一、二类土	m^2	410.70	3.80	1560.66	
2	010101004001	挖基坑土方	1. 土壤类别：一、二类土 2. 挖土深度：2.0 m内 3. 弃土运距：10 km	m^3	87.54	25.68	2248.03	
			（其他略）					
			分部小计				6152.34	
			0103　桩基工程					
3	010301002001	预制钢筋混凝土管桩	1. 地层情况：一、二类土 2. 送桩深度、桩长：单根有效桩长30 m 3. 桩外径、壁厚：400 mm、100 mm 4. 沉桩方法：静力压桩 5. 桩尖类型：钢桩尖 6. 混凝土强度等级：C80 7. 填充材料种类：桩芯填1200 mm高商品混凝土C30	m	960.00	185.63	178204.80	
			（其他略）					
			分部小计				183829.76	
			本页小计				189982.10	—
			合　计				189982.10	—

注：为计取规费等的使用，可在表中增设其中："定额人工费"。

分部分项工程和单价措施项目清单与计价表

工程名称：建工科技楼工程　　标　段：　　

序号	项目编码	项目名称	项目特征描述	计量单位	工程量	金额(元) 综合单价	金额(元) 合价	金额(元) 其中 暂估价
		0104　砌筑工程						
4	010401001001	砖基础	1. 砖品种、规格、强度等级：灰砂砖、240×115×53、MU10.0 2. 砂浆强度等级：M7.5 水泥砂浆	m^3	28.14	242.06	6811.57	
5	010401003001	实心砖墙	1. 砖品种、规格、强度等级：灰砂砖、240×115×53、MU10.0 2. 墙体类型：卫生间隔墙 3. 砂浆强度等级、配合比：M5 水泥石灰砂浆	m^3	19.52	268.99	5250.68	
		(其他略)						
		分部小计					125362.72	
		0105　混凝土及钢筋混凝土工程						
6	010503001001	基础梁	1. 混凝土种类：商品混凝土 2. 混凝土强度等级：C30	m^3	19.24	380.68	7324.28	
7	010515001001	现浇构件钢筋	钢筋种类、规格：现浇构件螺纹钢 ϕ25 内	t	26.370	4520.05	119193.72	105480
		(其他略)						
		分部小计					390298.18	150000
本页小计							515660.90	150000
合　计							705643.00	150000

注：为计取规费等的使用，可在表中增设其中："定额人工费"。

分部分项工程和单价措施项目清单与计价表

工程名称：建工科技楼工程　　　　标　段：　　　　第3页　共5页

序号	项目编码	项目名称	项目特征描述	计量单位	工程量	金额（元）		
						综合单价	合价	其中 暂估价
			0108　门窗工程					
8	010801001001	木质门	1. 门代号及洞口尺寸：胶合板门 M1、1000 mm × 2100 mm 2. 镶嵌玻璃品种、厚度：钢化玻璃6 mm厚	m^2	107.10	218.27	23376.72	
			（其他略）					
			分部小计				155721.89	
			0109 屋面及防水工程					
9	010902001001	屋面卷材防水	1. 卷材品种、规格、厚度：APP改性沥青防水卷材3mm厚 2. 防水层数：1层 3. 防水层做法：满铺	m^2	516.75	65.90	34053.83	
			（其他略）					
			分部小计				35053.19	
			0110　保温、隔热、防腐工程					
10	011001001001	保温隔热屋面	1. 保温隔热材料品种、规格、厚度：膨胀珍珠岩块 300 mm × 300 mm × 65 mm 2. 防护材料种类、做法：1∶3 水泥砂浆护面、厚25mm	m^2	391.26	31.00	12129.06	
			（其他略）					
			分部小计				14372.15	
			本页小计				205147.23	—
			合　计				910790.23	150000

注：为计取规费等的使用，可在表中增设其中："定额人工费"。

分部分项工程和单价措施项目清单与计价表

工程名称：建工科技楼工程　　　　　　标　段：　　　　　　第 4 页　共 5 页

序号	项目编码	项目名称	项目特征描述	计量单位	工程量	金额(元)		
						综合单价	合价	其中 暂估价
		0111　楼地面装饰工程						
11	011101001001	水泥砂浆楼地面	1. 素水泥浆遍数：1 遍 2. 面层厚度、砂浆配合比：30 厚 1∶2 水泥砂浆	m^2	29.75	16.03	476.89	
		（其他略）						
		分部小计					165832.02	
		0112 墙、柱面装饰与隔断、幕墙工程						
12	011201001001	墙面一般抹灰	1. 墙体类型：灰砂砖墙面 2. 底层厚度、砂浆配合比：15 厚 1∶3 水泥砂浆底层 3. 面层厚度、砂浆配合比：1∶2.5 水泥砂浆面层，厚 6 mm	m^2	24.68	24.06	593.80	
13	011204003001	块料墙面	1. 墙体类型：灰砂砖外墙 2. 安装方式：镶贴 3. 面层材料品种、规格、颜色：黄色外墙砖，45 mm×45 mm	m^2	496.70	70.25	34893.18	
		（其他略）						
		分部小计					81429.32	
		0114 油漆、涂料、裱糊工程						
14	011406001001	抹灰面油漆	1. 基层类型：15 厚 1∶1∶6 水泥石灰砂浆底，5 厚 1∶0.5∶3 水泥石灰砂浆面 2. 油漆品种、刷漆遍数：乳胶漆面一底二度	m^2	3820.78	30.84	117832.86	
		（其他略）						
		分部小计					153950.88	
本页小计							401212.22	—
合　计							1312002.45	150000

注：为计取规费等的使用，可在表中增设其中：“定额人工费”。

分部分项工程和单价措施项目清单与计价表

工程名称：建工科技楼工程　　　　标　段：　　　　第5页　共5页

序号	项目编码	项目名称	项目特征描述	计量单位	工程量	金额(元)		
						综合单价	合价	其中 暂估价
		0117　措施项目						
15	粤011701008001	综合钢脚手架	搭设高度：16 m	m^2	1558.44	26.46	41236.32	
16	粤011701010001	满堂脚手架	搭设高度：4 m	m^2	410.70	7.37	3026.86	
17	011702001001	基础	基础类型：桩承台基础	m^2	79.89	30.59	2443.84	
18	011702002001	矩形柱	1. 柱截面形状：矩形 2. 周长：2 m 3. 柱高度：3.5 m	m^2	138.37	35.92	4970.25	
	……							
		（其他略）						
		分部小计					301376.77	
		本页小计					301376.77	—
		合　计					1613379.22	150000

注：为计取规费等的使用，可在表中增设其中："定额人工费"。

表 4.7.24　总价措施项目清单与计价表

工程名称：建工科技楼工程　　　　　　　　　　标　段：　　　　　　　　　　第 1 页　共 1 页

序号	项目编码	项目名称	计算基础	费率（%）	金额（元）	调整费率（%）	调整后金额（元）	备注
1		安全文明施工费	分部分项合计	3.18	41721.68			
2		夜间施工增加费						
3		二次搬运费						
4		冬雨季施工增加费						
5		已完工程及设备保护费						
合计								

编制人（造价人员）：　　　　　　　　　　　　　　复核人（造价工程师）：

注：①“计算基础”中安全文明施工费可为“定额基价”、“定额人工费”或“定额人工费＋定额机械费”，其他项目可为“定额人工费”或“定额人工费＋定额机械费”。

②按施工方案计算的措施费，若无“计算基础”和“费率”的数值，也可只填“金额”数值，但应在备注栏说明施工方案出处或计算方法。

表 4.7.25　其他项目清单与计价汇总表

工程名称：建工科技楼工程　　　　　　　　　　标　段：　　　　　　　　　　第 1 页　共 1 页

序号	项　目　名　称	金额（元）	结算金额（元）	备注
1	暂列金额	30000		明细详见表 4.7.26
2	暂估价	8000		
2.1	材料（工程设备）暂估价/结算价	—		明细详见表 4.7.27
2.2	专业工程暂估价/结算价	8000		明细详见表 4.7.28
3	计日工	4745		明细详见表 4.7.29
4	总承包服务费	2650		明细详见表 4.7.30
5	材料检验试验费	3936.01		按分部分项工程费×0.3%计取
6	预算包干费	13120.02		按分部分项工程费×1%计取
合　计		62451.03		—

注：材料（工程设备）暂估单价进入清单项目综合单价，此处不汇总。

表 4.7.26 暂列金额明细表

工程名称：建工科技楼工程　　　　标　段：　　　　第1页　共1页

序号	项目名称	计量单位	暂定金额（元）	备注
1	工程量清单中工程量偏差和设计变更	项	10000	
2	政策性调整和材料价格风险	项	10000	
3	其他	项	10000	
4				
5				
6				
7				
8				
9				
10				
11				
合　计			30000	

注：此表由招标人填写，如不能详列，也可只列暂定金额总额，投标人应将上述暂列金额计入投标总价中。

表 4.7.27　材料(工程设备)暂估单价及调整表

工程名称：建工科技楼工程　　　　　　　　标　段：　　　　　　　　　　第1页　共1页

序号	材料(工程设备)名称、规格、型号	计量单位	数量		暂估(元)		确认(元)		差额		备注
			暂估	确认	单价	合价	单价	合价	单价	合价	
1	钢筋(规格、型号综合)	t	37.5		4000	150000					用在所有现浇混凝土钢筋清单项目
合计						150000					

注：此表由招标人填写“暂估单价”，并在备注栏说明暂估价的材料、工程设备拟用在哪些清单项目上，投标人应将上述材料、工程设备暂估单价计入工程量清单综合单价报价中。

表 4.7.28　专业工程暂估价及结算价表

工程名称：建工科技楼工程　　　　标　段：　　　　第1页　共1页

序号	工程名称	工程内容	暂估金额（元）	结算金额（元）	差额±（元）	备注
1	入户防盗门	制作安装	8000			
合　计			8000			

注：此表“暂估金额”由招标人填写，投标人应将“暂估金额”计入投标总价中。结算时按合同约定结算金额填写。

表 4.7.29 计 日 工 表

工程名称：建工科技楼工程　　　　　　　　标　段：　　　　　　　　　　第 1 页　共 1 页

编号	项目名称	单位	暂定数量	实际数量	综合单价（元）	合价（元）	
						暂定	实际
一	人工						
1	普工	工日	15		50	750	
2	技工（综合）	工日	20		80	1600	
3							
4							
人工小计							
二	材料						
1	水泥 42.5	t	1		600	600	
2	中砂	m^3	10		80	800	
3	砾石（5～40 mm）	m^3	3		45	135	
4	灰砂砖（240 mm×115 mm×53 mm）	千块	1		300	300	
5							
材料小计							
三	施工机械						
1	灰浆搅拌机（400 L）	台班	3		30	90	
2							
3							
施工机械小计						90	
四、企业管理费和利润（按人工费 20% 计）						470	
总　计						4745	

注：此表项目名称、暂定数量由招标人填写，编制招标控制价时，单价由招标人按有关计价规定确定；投标时，单价由投标人自主报价，按暂定数量计算合价计入投标总价中。结算时，按发承包双方确认的实际数量计算合价。

表 4.7.30　总承包服务费计价表

工程名称：建工科技楼工程　　　　标　段：　　　　第1页　共1页

序号	项目名称	项目价值（元）	服务内容	计算基础	费率（%）	金额（元）
1	发包人发包专业工程	8000	1. 按专业工程承包人的要求提供施工工作面并对施工现场进行统一管理，对竣工资料进行统一整理汇总 2. 为专业工程承包人提供垂直运输机械和焊接电源接入点，并承担垂直运输费和电费 3. 为防盗门安装后进行补缝和找平并承担相应费用	项目价值	5	400
2	发包人供应材料	150000	对发包人供应的材料进行验收及保管和使用发放	项目价值	1.5	2250
	合计	—	—		—	2650

注：此表项目名称、服务内容由招标人填写，编制招标控制价时，费率及金额由招标人按有关计价规定确定；投标时，费率及金额由投标人自主报价，计入投标总价中。

表 4.7.31　规费、税金项目清单与计价表

工程名称：建工科技楼工程　　　　标　段：　　　　第 1 页　共 1 页

序号	项目名称	计算基础	费率(%)	金额(元)
1	规　费	分部分项工程费 + 措施项目费 + 其他项目项目费	0.1	1675.83
1.1	工程排污费(暂不考虑)	按工程所在地环保部门规定按实计算		
1.2	施工噪音排污费(暂不考虑)	分部分项工程费 + 措施项目费 + 其他项目项目费		
1.3	防洪工程维护费(暂不考虑)	分部分项工程费 + 措施项目费 + 其他项目项目费		
1.4	危险作业意外伤害保险费	分部分项工程费 + 措施项目费 + 其他项目项目费	0.1	1675.83
2	税　金	分部分项工程费 + 措施项目费 + 其他项目费 + 规费	3.477	58326.89
合　计				60002.72

注：①本表按广东省清单计价程序表(2010)制定。

②人工费已含住房公积金与社会保险费，具体详见各专业定额。

③危险作业意外伤害保险费按广东社保〔2007〕47 号文执行。

表 4.7.32　综合单价分析表

工程名称：建工科技楼工程　　　　标　段：　　　　第　页　共　页

项目编码	011101001001	项目名称	水泥砂浆楼地面	计量单位	m^2	工程量	29.75

清单综合单价组成明细

定额编号	定额项目名称	定额单位	数量	单价				合价			
				人工费	材料费	机械费	管理费和利润	人工费	材料费	机械费	管理费和利润
A9－11＋A9－3×2	水泥砂浆整体面层，楼地面20 mm，实际厚度30 mm	100 m^2	0.01	590.89	779.43	29.52	202.87	5.91	7.79	0.30	2.03
人工单价		小　计						5.91	7.79	0.30	2.03
综合工日 51 元/工日		未计价材料费									
清单项目综合单价								16.03			

材料费明细	主要材料名称、规格、型号	单位	数量	单价（元）	合价（元）	暂估单价（元）	暂估合价（元）
	水	m^3	0.042	2.80	0.12		
	复合普通硅酸盐水泥 P.C32.5	t	0.0017	317.07	0.54		
	水泥砂浆 1∶2	m^3	0.0304	251.95	7.66		
	其他材料费			—	0.24	—	
	材料费小计			—	8.56	—	

注：①如不使用省级或行业建设主管部门发布的计价依据，可不填定额项目、编号等。

②招标文件提供了暂估单价的材料，按暂估的单价填入表内“暂估单价”栏及“暂估合价”栏。

练习与思考

1. 在规费组成内容上，目前广州地区建筑与装饰工程定额计价程序与《建筑安装工程费用项目组成》(建标〔2013〕44 号)的规定有什么不同?

2. 综合单价包含哪些费用?

3. 综合单价的三种组价方法分别是什么？试分析其异同点。

4. 试描述综合单价的组价步骤。

5. 请结合《建筑安装工程费用项目组成》的通知(建标〔2013〕44 号)，分析说明按造价形成划分的建筑安装工程费用的组成。

附录　学生创业训练综合楼建筑施工图、结构施工图

建筑施工图目录

序号	图别	图号	图纸名称	备注
1	建施	J－T01	建筑设计统一说明 建筑构造用料做法及建筑面层用料表	
2	建施	J－01	首层平面图	
3	建施	J－02	二层平面图	
4	建施	J－03	天面层平面图	
5	建施	J－04	Ⓐ～Ⓨ立面图 Ⓨ～Ⓐ立面图	
6	建施	J－05	①～⑩立面图 ⑩～①立面图 1—1 剖面图 2—2 剖面图	
7	建施	J－06	1 号楼梯大样图	
8	建施	J－07	墙身大样图	
9	建施	J－08	门窗表、门窗大样图	

建筑设计统一说明

简介：

本工程为广州城建职业学院学生创业训练综合楼，高8.3米，2层，建筑面积为1380平方米，采用钢筋混凝土结构兴建，耐火等级为二级，属多层建筑

1、总则

1.1 本工程设计依照国家及当地有关建筑法规，标准及规定

1.2 本工程设计依照业主历次交付文件。

1.3 本设计除标高及总图以米(m)为单位外，其余尺寸均以毫米(mm)为单位

1.4 施工时应与各有关专业图纸配合，有矛盾应及时与设计人联系解决

1.5 本工程设计标高±0.000相当于绝对标高31.34米

2、墙体

2.1 砖墙厚度除图中注明外，外墙及楼梯间隔墙均为200厚，分户墙均为100厚钢筋混凝土墙(柱)与墙体联接构造详结构统一说明

2.2 内外墙楼梯间墙选用加气混凝土砌块

2.3 本工程所有砂浆均采用预拌砂浆。

3、墙身防潮层

3.1 所有砌体墙身应在-0.060标高处铺设20厚1:2水泥砂浆(加3%~5%防水剂)防潮层

4、地坪

4.1 先将原土平整，如有填土则应分层洒水夯实，每层厚度300；如填砂，则应用水冲实，然后现浇100厚C10混凝土垫层(包括门口踏步及散水)，垫层分缝6m×6m，缝宽15~20

5、外墙饰面

5.1 外墙面粉刷前，必须涂刷一层聚合物水泥浆粘结层 外装修各种材料要求定货时，必须根据选送的样品，由业主及建筑师共同选定 在施工中严格执行操作规程，精心施工，确保质量

6、防水，护角线

6.1 卫生间厨房内墙及楼面应作防水处理，凡室内(包括阳台)设有地漏的地面以1%的排水坡度斜向地漏

6.2 外墙防水按《广东省标建筑防水工程技术规程》设防标准做法1采用防水砂浆(内掺3%~5%防水剂)20厚，必须分两道进行，并分别刷毛

6.3 室内墙(柱)面粉刷部分的阳角高度不低于2000和门洞口的阳角应用1:2水泥砂浆做护角，每侧宽度不小于50

6.4 屋面防水等级为II级，具体做法另详大样图

7、门窗

7.1 铝合金门窗(金属卷闸门)立面详建施，承制厂商应根据立面分格，开启方式及技术要求提供设计图纸，经设计人认可后方可施工 外墙上门窗框料颜色为白色框，窗玻璃为白片

7.2 立樘位置

7.2.1 窗立樘位置除图中注明者外，均居墙中，门除图中注明者外，均与开启方向的墙体粉刷面取平

7.3 油漆

7.3.1 钢门经除锈后用防锈漆打底二道，面扫白色油漆二道 普通木门木面刮腻子，砂纸打磨光滑，扫白色调和漆，底油一道

8、屋面

8.1 屋面板与突出屋面结构，如女儿墙变形缝烟囱等的连接处，以及在屋面板的转角处，如天沟檐口水落口等水泥砂浆粉刷应做成圆弧，并做防水层

8.2 屋面刚性防水层应做分格缝，缝宽20，填嵌缝膏，分格缝应设在轴线位置上，其分格尺寸6m×6m，屋面排水坡度另详屋面平面图

9、其他

9.1 砌体要求平整，灰缝均匀饱满，所有墙(柱)，楼(地)面，顶棚等抹面及面层粉刷要求平整洁净并应符合有关工程施工及验收规范的要求

9.2 所有砌体钢筋混凝土板等，如有孔洞，必须在施工前配合有关专业图纸预留，不得事后打洞

9.3 凡预埋的铁件，木构件均需作防锈防腐处理，外露铁构件经除锈后，用防锈漆打底二道，再扫黑色漆油二道

9.4 除图纸注明外，外墙飘板窗台窗楣底用纸筋灰抹光，扫白色外墙涂料二道，并做滴水线

9.5 二次装修应另行设计，不应危及结构安全，影响水电系统和空调方式，应充分满足防火要求

9.6 凡有水湿的房间，楼地面均作坡，坡向地漏或排水口.凡管道穿过有水房间时，须预埋套管，高出地面30空心砖根部浇注150高混凝土，与墙同厚

9.7 凡隐蔽部位和隐蔽工程，应及时会同有关部门进行检查及验收

9.8 本建施未尽事项，在施工配合中共同商定，装修材料须按样品和施工样板共同选定

9.9 本工程施工及验收均应严格执行国家现行的建筑安装工程施工及验收规范和有关规定办理，施工中各工种应密切配合，如有问题应及时与设计单位协商解决

建筑构造用料做法及建筑面层用料表

名称		○ 水泥砂浆面	○ 耐磨砖面	○ 防滑地砖面
(楼)地面	用料做法	1.现浇钢筋混凝土楼板面扫水泥浆一道 2.20厚1:2水泥砂浆，随手抹光	1.现浇钢筋混凝土楼板面扫水泥浆一道 2.18厚1:3水泥砂浆找平层 3.3~4厚水泥胶结层 4.8厚防滑地砖白水泥浆擦缝 规格为500X500	15厚1:2水泥砂浆 2厚聚氨酯涂抹防水层 15厚1:3水泥砂浆保护层 5厚1:1水泥砂浆加水重20%107胶镶贴； 8~10厚面砖，水泥浆擦缝，规格为300X300
	总厚度	20	30	30
	用于		商铺，办公、走廊、楼梯间	开水间
	附注	1，用于天然土体或回填土地面时，以"素土夯实，100厚C10垫层"代替现浇钢筋混凝土楼板		
内墙，柱面	名称	○ 水泥砂浆刷白面	○无光乳胶漆(内墙涂料)面	○ 美术瓷片(厕防水处理)
	用料做法	1.15厚1:1:6水泥石灰砂浆打底 2.5厚1:0.5:3水泥石灰砂浆抹面 3.刷白石灰水二遍(加胶)	1.15厚1:1:6水泥石灰砂浆打底 2.5厚1:0.5:3水泥石灰砂浆抹面 3.福粉腻子刮面砂纸打磨光滑 4.乳胶漆一底二道，(或内墙涂料)	1.1:2水泥砂浆掺3%防水剂20厚抹平 2.PUK聚氨酯防水涂层1厚至天花上100 3.1:2.5水泥钢网砂浆25厚保护层 4.1:2.5水泥砂浆20厚保护层 5.5厚瓷片 白水泥浆擦缝
	用于		商铺，办公、走廊、楼梯间，开水间	
外墙		1，15厚1:3水泥钢网砂浆 2，刷素水泥浆一道 3，4~5厚1:1水泥砂浆加水重20%801胶镶贴 4，面砖层(或涂料层)，1:1水泥砂浆勾缝 注：外墙分色另详立面及效果图		
顶棚	名称	○ 乳胶漆面	○ 白灰水(涂料)面	
	用料做法	1.10厚1:1:6水泥石灰砂浆打底 2.2厚纸筋灰罩面 3.刷白色乳胶漆二道(一底一面)	1.10厚1:1:6水泥石灰砂浆打底 2.2厚纸筋灰罩面 3.扫白灰水(或内墙涂料)二道	
	用于	商铺，办公、走廊、楼梯间、开水间		
踢脚线，墙裙	名称	○ 釉面砖	○ 水泥砂浆面	
	用料做法	1.15厚1:3水泥砂浆打底 2.聚合物水泥浆粘结层 3.8厚釉面砖，高度150，白水泥浆擦缝	1.15厚1:3水泥砂浆打底 2.10厚1:2水泥砂浆抹面，高度150 (与墙身取平)	
	用于	商铺，办公、走廊、楼梯间		
屋面	名称	○ 倒置式不上人隔热屋面		○ 排水沟
	用料做法	1.现浇钢筋混凝土屋面，纵横各扫浓水泥浆一道 2.20厚(最薄处)1:8水泥珍珠岩找2%坡 3.20厚1:2.5水泥砂浆找平层 4.刷基层处理剂一道 5.二层3厚SBS或APP改性沥青防水卷材 6.50厚挤塑聚苯乙烯泡沫塑料板 7.聚酯纤维无纺布隔离层 8.50~100厚粒径20~30软石保护层		1.现浇钢筋混凝土屋面，纵横各扫浓水泥浆一道 2.20厚1:2.5水泥砂浆找平层 3.2厚APP改性沥青防水涂料附加层 4.4厚APP改性沥青防水卷材 5.3厚APP改性沥青防水卷材附加层 6.20厚1:2.5水泥砂浆保护层 7.细石混凝土找1%纵坡

附注：

1.建筑用料如有更改，均应事先征得业主和设计单位同意后，方可施工

2.建筑用料及色彩应由施工单位先做出样板经业主和设计单位同意后，方可订货和施工

3.特殊部位的建筑用料可根据装修设计作出调整

4.有吊顶空间抹灰高度至吊顶上150mm

5.本建筑面层用料表如与大样及详图有矛盾时，应以详图及大样为准

						兴建单位			
						工程名称	学生创业训练综合楼		
审　定			工种负责			图　纸 内　容	建筑建施设计说明 建筑构造用料做法及建筑面层用料表	业务号	
审　核			设　计					图　别	建施
项目负责								图　号	J-T01
校　对								日　期	

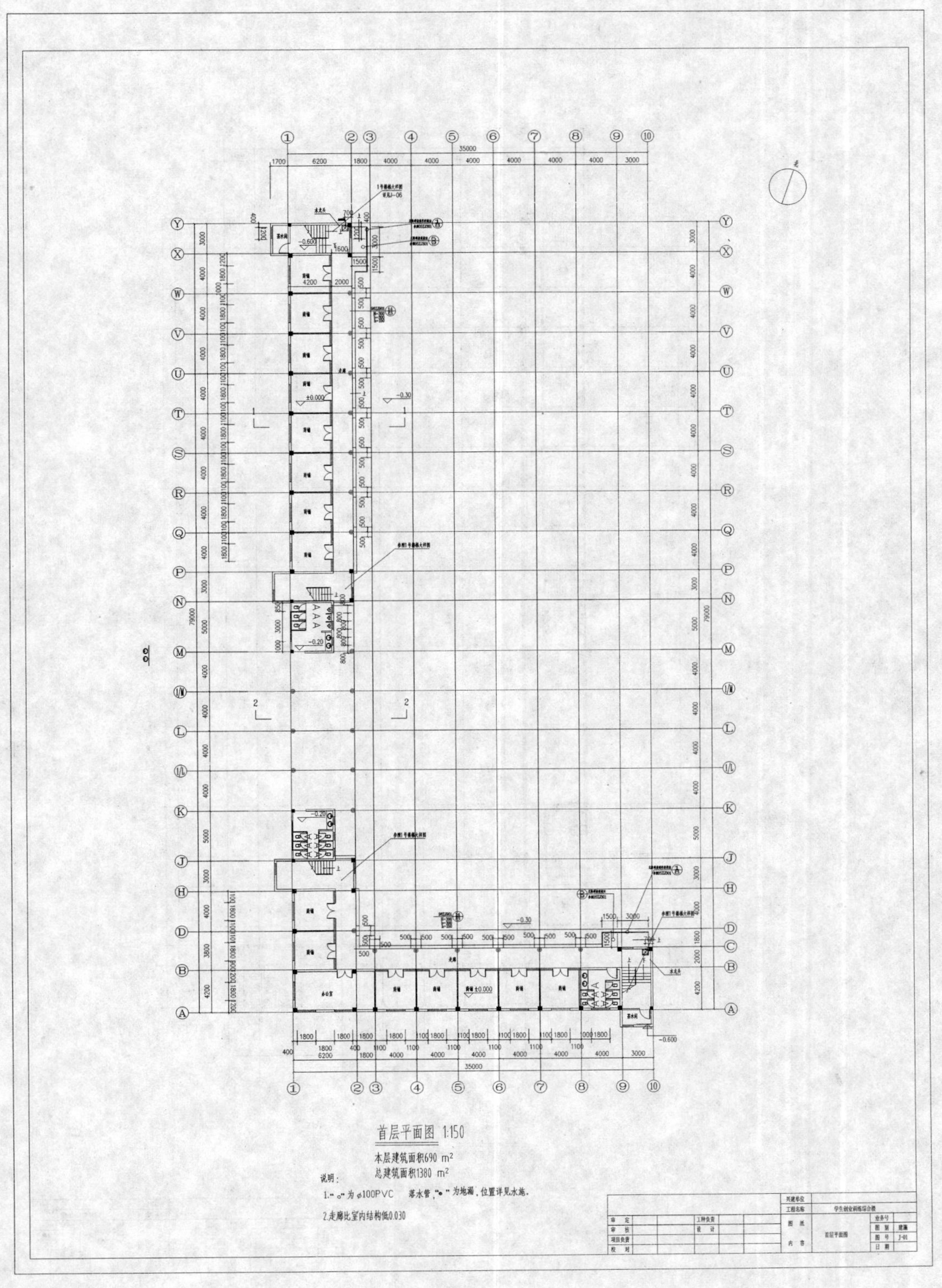
首层平面图 1:150
本层建筑面积690 m²
总建筑面积1380 m²
说明：
1." ○" 为 ø100PVC 落水管，"● " 为地漏，位置详见水施.
2.走廊比室内结构低0.030
兴建单位
工程名称 学生创业训练综合楼
审定
审核
项目负责
校对
工种负责
设计
图纸内容 首层平面图
业务号
图别 建施
图号 J-01
日期

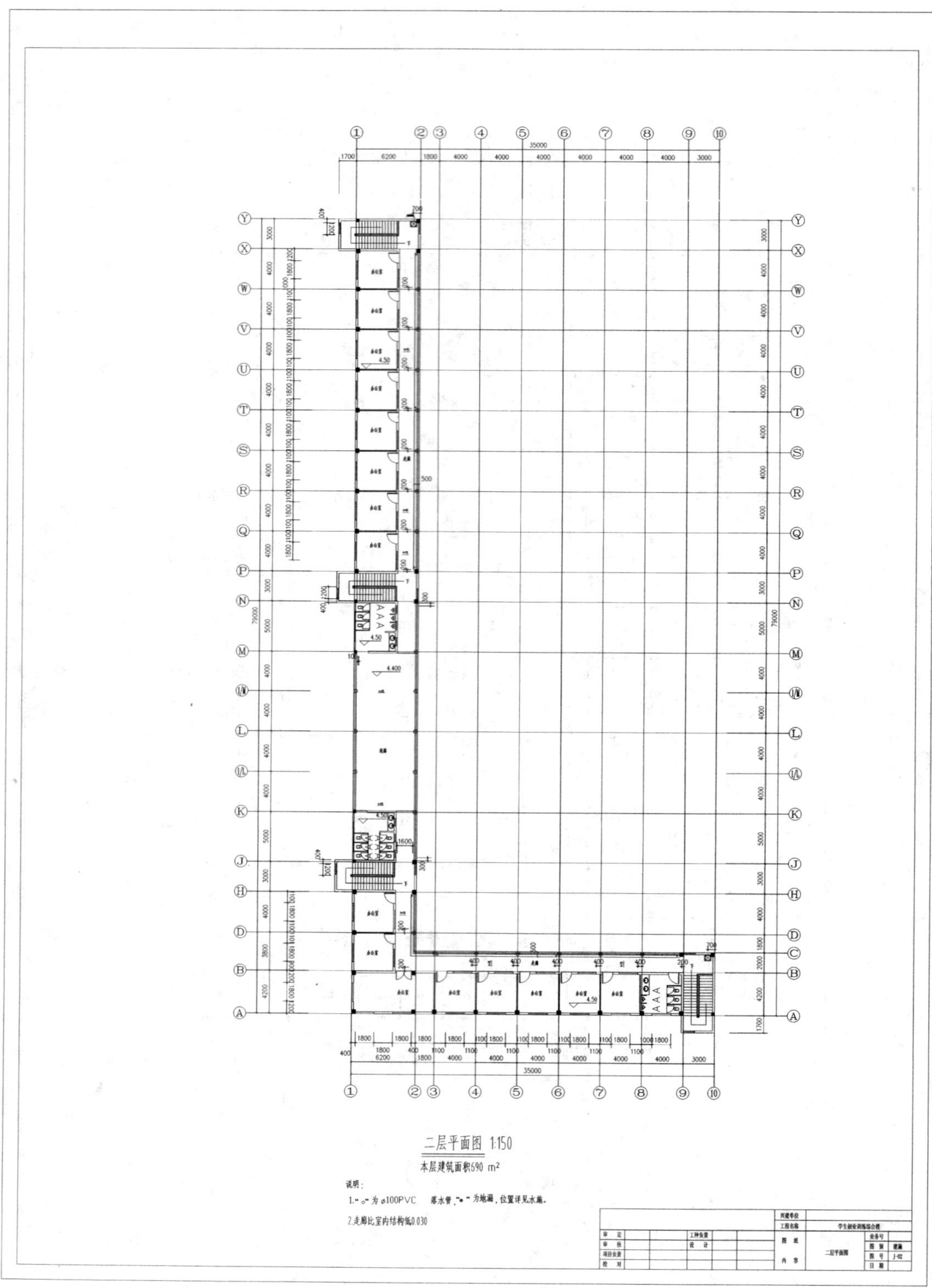
二层平面图 1:150
本层建筑面积690 m²
说明：
1." ○" 为 ø100PVC 落水管，"●" 为地漏，位置详见水施。
2.走廊比室内结构低0.030
兴建单位
工程名称 学生创业训练综合楼
审 定
审 核
项目负责
校 对
工种负责
设 计
图 纸
内 容
二层平面图
业务号
图 别 建施
图 号 J-02
日 期

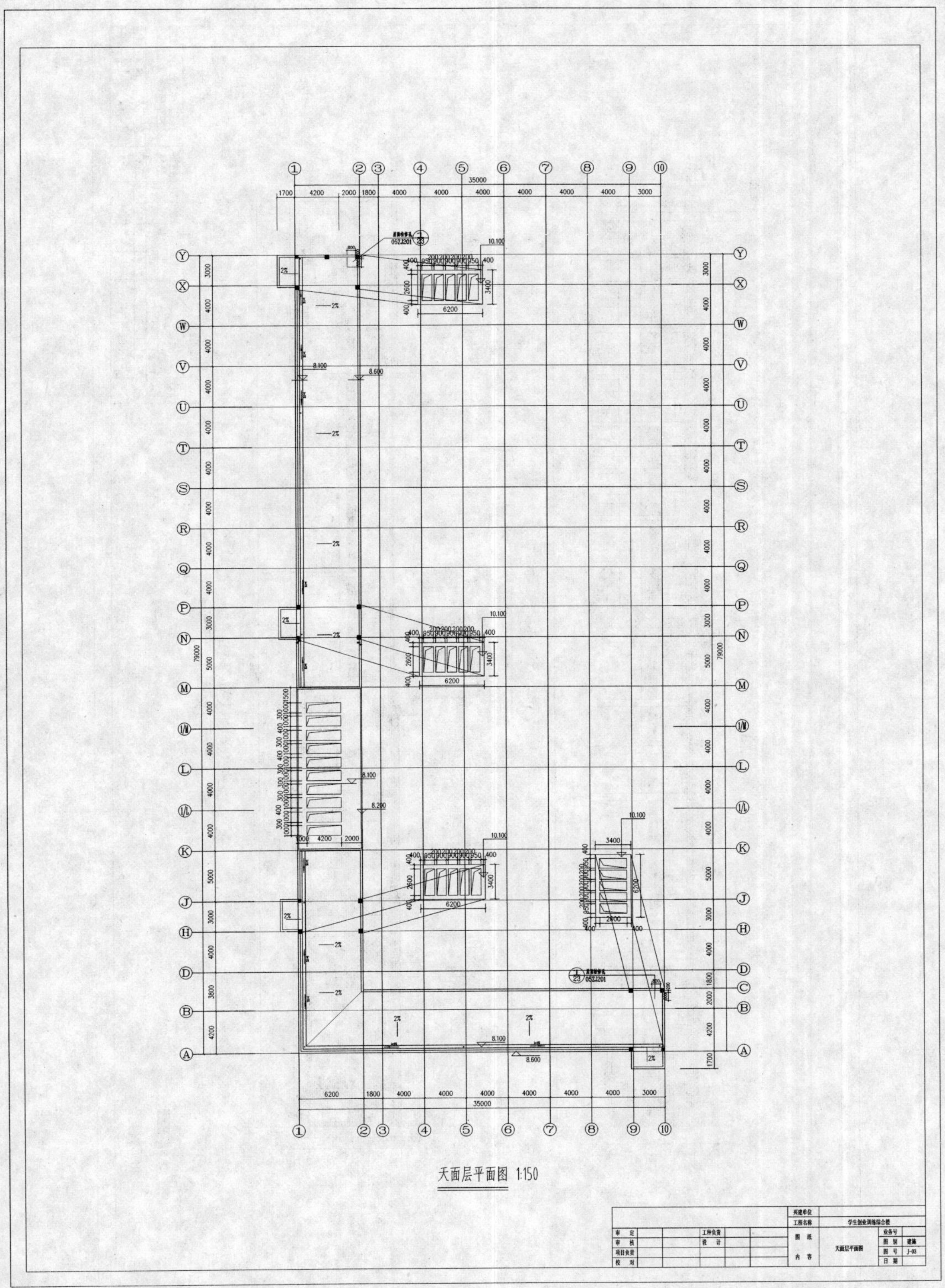

天面层平面图 1:150

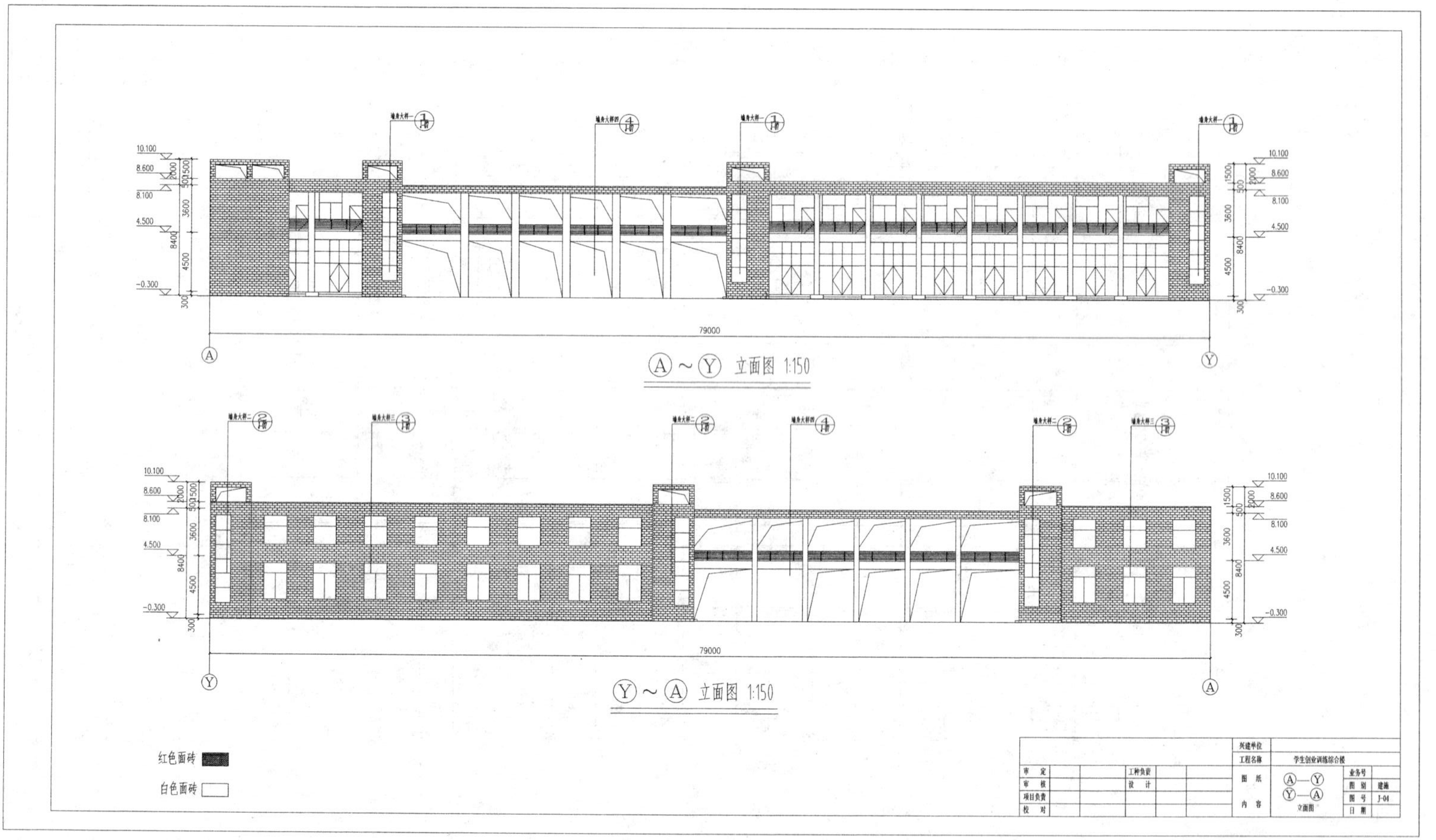
Ⓐ～Ⓨ 立面图 1:150
79000
Ⓨ～Ⓐ 立面图 1:150
79000
10.100
8.600
8.100
4.500
-0.300
红色面砖
白色面砖
兴建单位
工程名称
学生创业训练综合楼
审 定
审 核
项目负责
校 对
工种负责
设 计
图 纸
内 容
Ⓐ—Ⓨ
Ⓨ—Ⓐ
立面图
业务号
图 别
建施
图 号
J-04
日 期

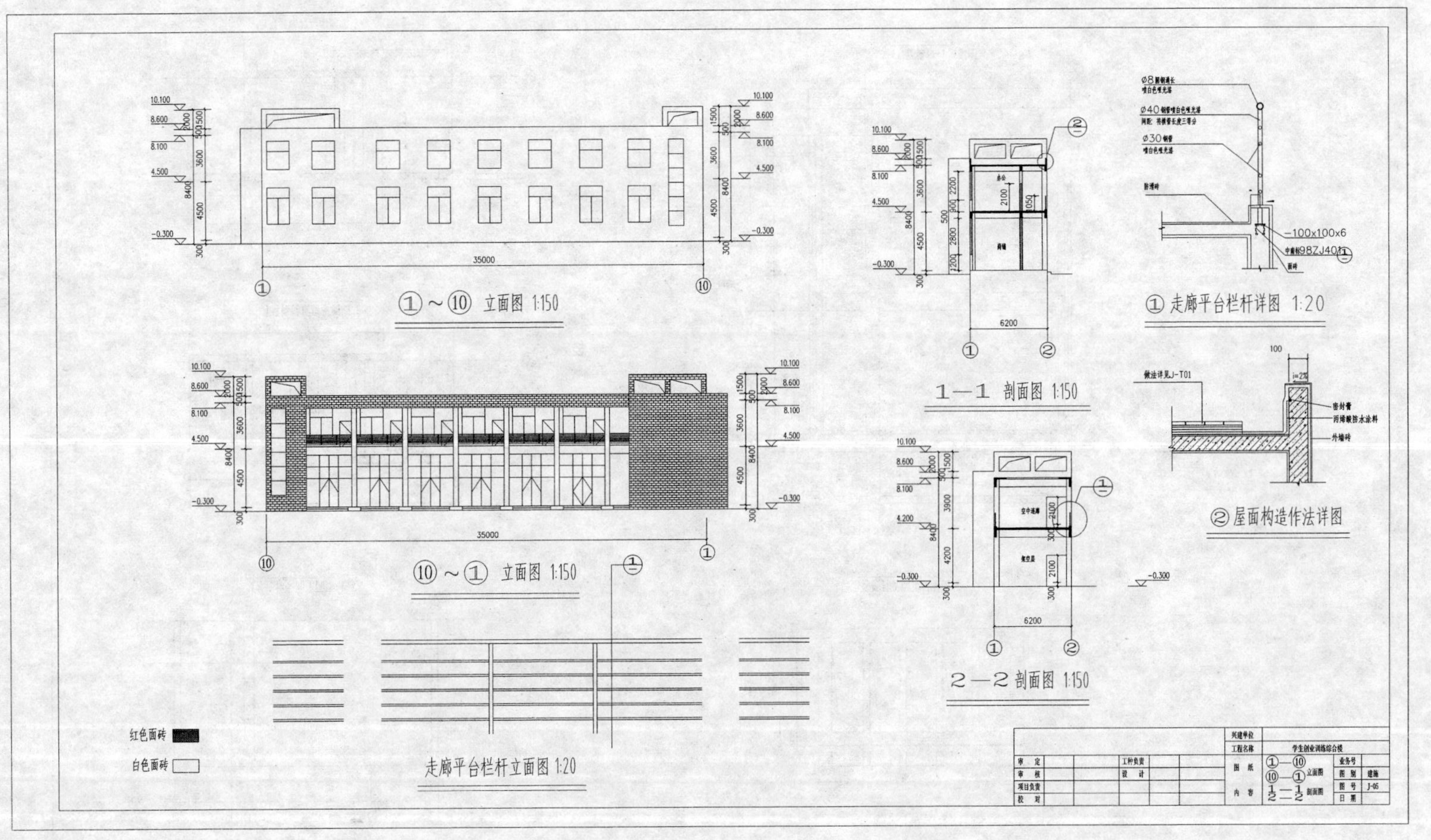
①~⑩ 立面图 1:150
⑩~① 立面图 1:150
1—1 剖面图 1:150
2—2 剖面图 1:150
① 走廊平台栏杆详图 1:20
② 屋面构造作法详图
走廊平台栏杆立面图 1:20
红色面砖
白色面砖
35000
6200
学生创业训练综合楼

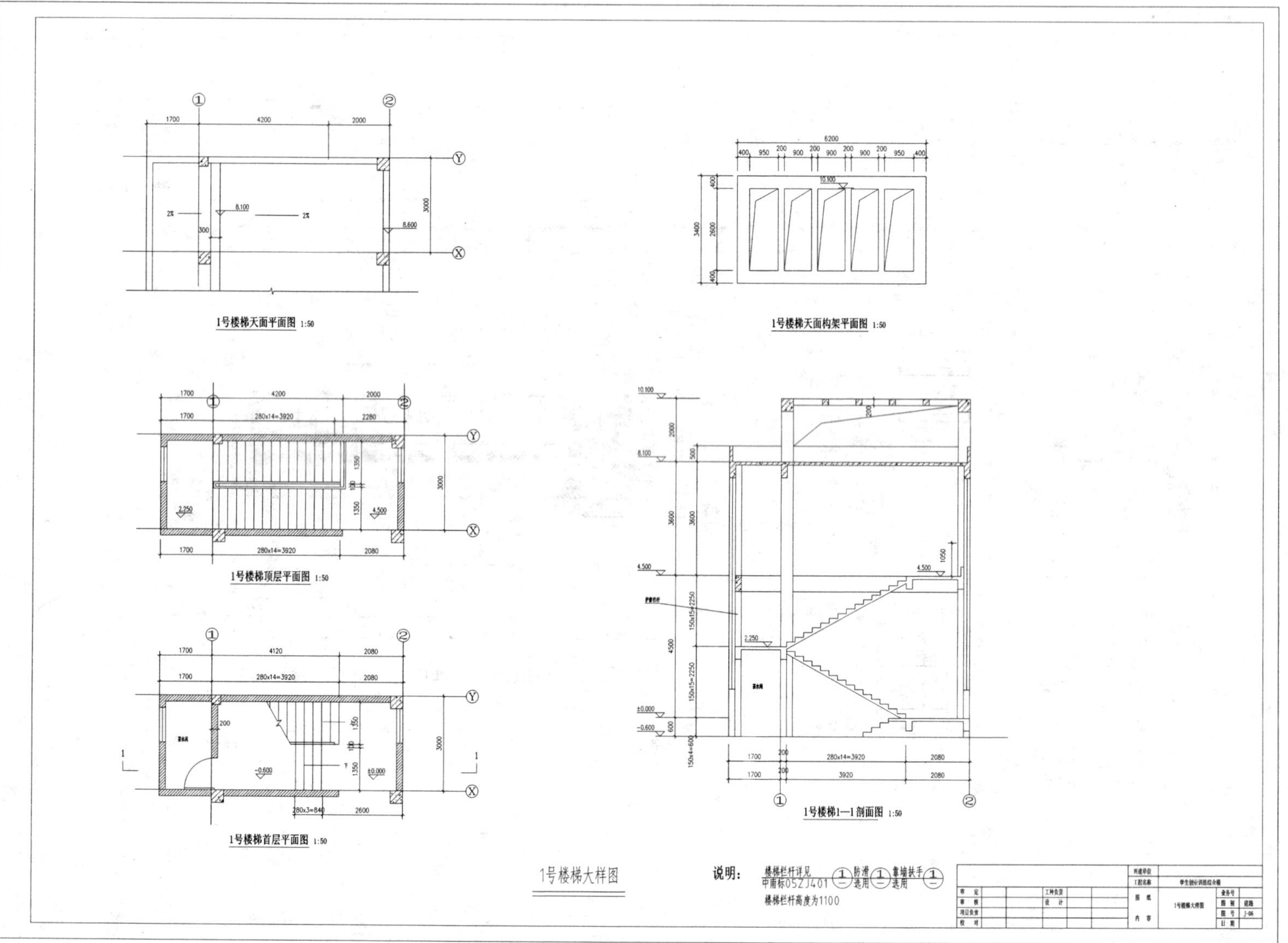

1号楼梯天面平面图 1:50
1号楼梯天面构架平面图 1:50
1号楼梯顶层平面图 1:50
1号楼梯1—1剖面图 1:50
1号楼梯首层平面图 1:50
1号楼梯大样图
说明：
楼梯栏杆详见中南标05ZJ401
楼梯栏杆高度为1100

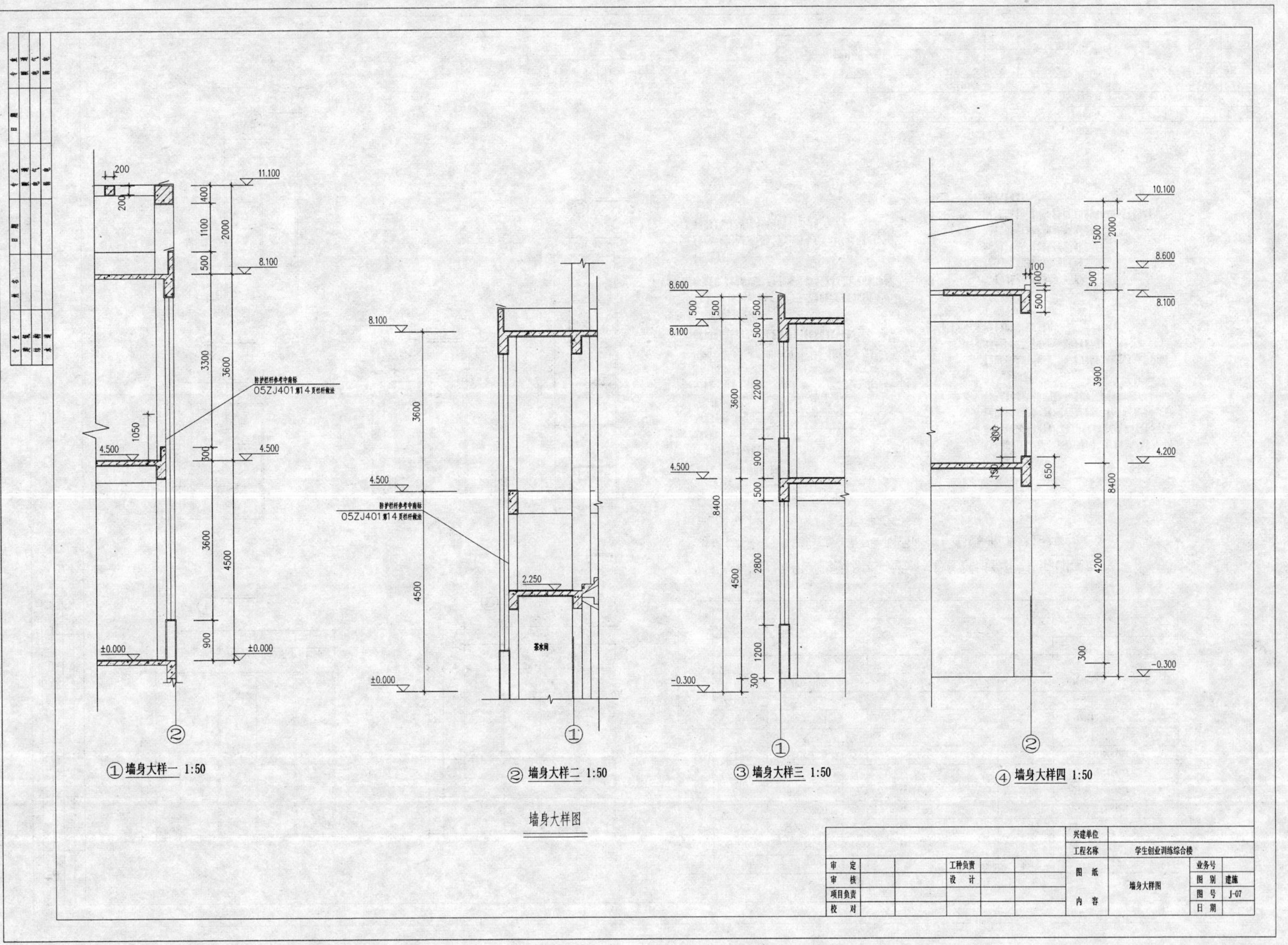
① 墙身大样一 1:50
② 墙身大样二 1:50
③ 墙身大样三 1:50
④ 墙身大样四 1:50
墙身大样图
防护栏杆参考中南标
05ZJ401第14页栏杆做法
茶水间
11.100
8.100
4.500
±0.000
8.600
−0.300
10.100
4.200
2.250
兴建单位
工程名称
学生创业训练综合楼
审 定
审 核
项目负责
校 对
工种负责
设 计
图 纸
内 容
墙身大样图
业务号
图 别
建施
图 号
J-07
日 期

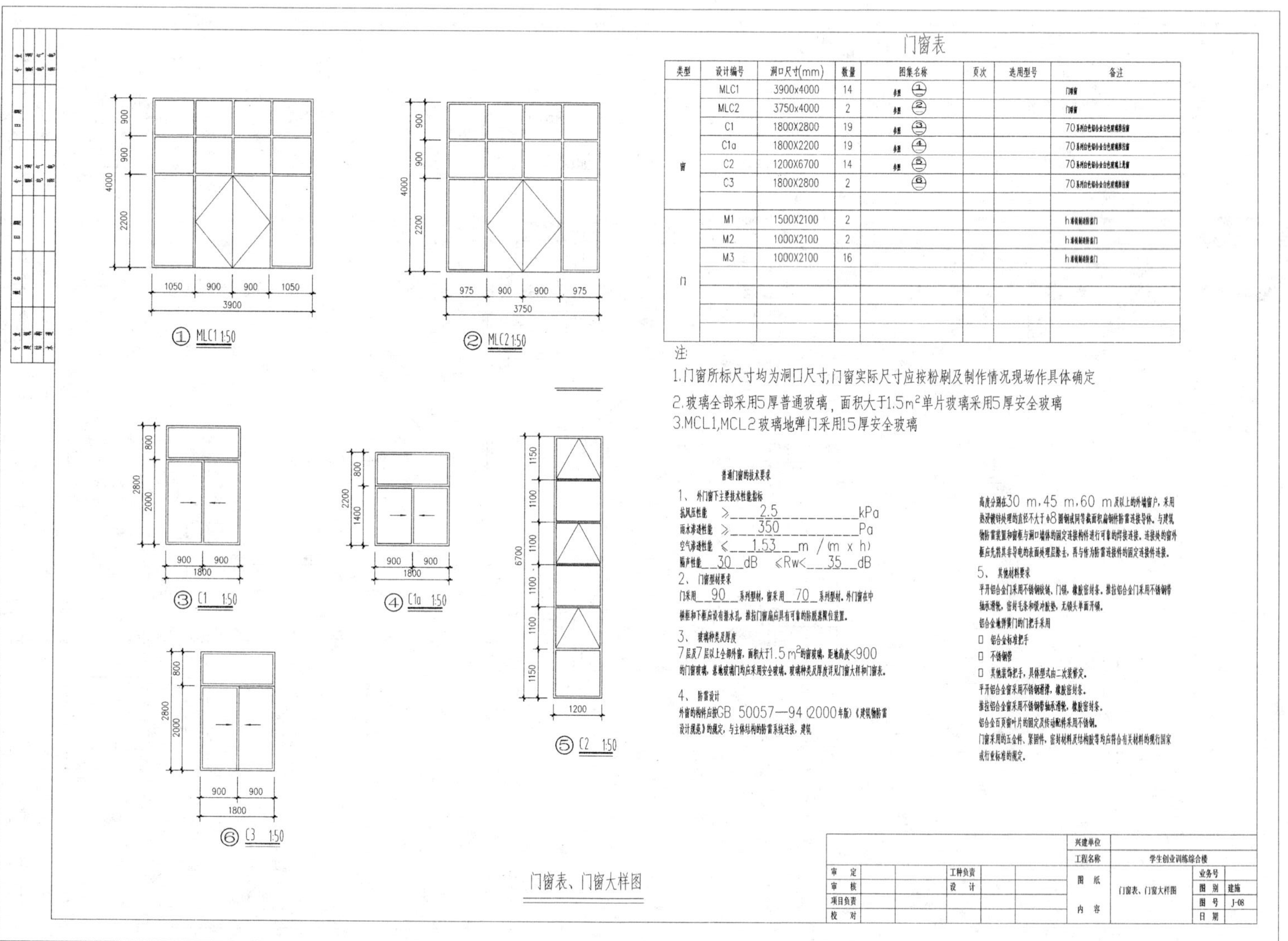
门窗表
类型 设计编号 洞口尺寸(mm) 数量 图集名称 页次 选用型号 备注
窗 MLC1 3900x4000 14
MLC2 3750x4000 2
C1 1800X2800 19
C1a 1800X2200 19
C2 1200X6700 14
C3 1800X2800 2
门 M1 1500X2100 2
M2 1000X2100 2
M3 1000X2100 16
注:
1.门窗所标尺寸均为洞口尺寸,门窗实际尺寸应按粉刷及制作情况现场作具体确定
2.玻璃全部采用5厚普通玻璃，面积大于1.5m²单片玻璃采用5厚安全玻璃
3.MCL1,MCL2玻璃地弹门采用15厚安全玻璃
普通门窗的技术要求
1、外门窗下主要技术性能指标
抗风压性能 ≥ 2.5 kPa
雨水渗透性能 ≥ 350 Pa
空气渗透性能 ≤ 1.53 m / (m x h)
隔声性能 30 dB ≤Rw< 35 dB
2、门窗型材要求
门采用 90 系列型材，窗采用 70 系列型材。
3、玻璃种类及厚度
4、防雷设计
GB 50057—94 (2000年版)
5、其他材料要求
① MLC1 1:50
② MLC2 1:50
③ C1 1:50
④ C1a 1:50
⑤ C2 1:50
⑥ C3 1:50
3900
4000
3750
1050
900
2200
975
6700
2800
2000
800
1800
2200
1400
1100
1150
1200
门窗表、门窗大样图
审定
审核
项目负责
校对
工种负责
设计
兴建单位
工程名称
学生创业训练综合楼
图纸
内容
门窗表、门窗大样图
业务号
图别 建施
图号 J-08
日期

结构施工图目录

序号	图别	图号	图纸名称	备注
1	结施	G－01	结构设计总说明	
2	结施	G－02	钢筋混凝土结构平面整体 表示法柱构造通用图说明	
3	结施	G－03	钢筋混凝土结构平面整体 表示法梁构造通用图说明	
4	结施	G－04	基础平面布置图	
5	结施	G－05	基础大样图	
6	结施	G－06	基础顶面～屋面层柱配筋图	
7	结施	G－07	地梁配筋图	
8	结施	G－08	二层板配筋图	
9	结施	G－09	二层梁配筋图	
10	结施	G－10	屋面层板配筋图	
11	结施	G－11	屋面层梁配筋图	
12	结施	G－12	楼梯结构图	

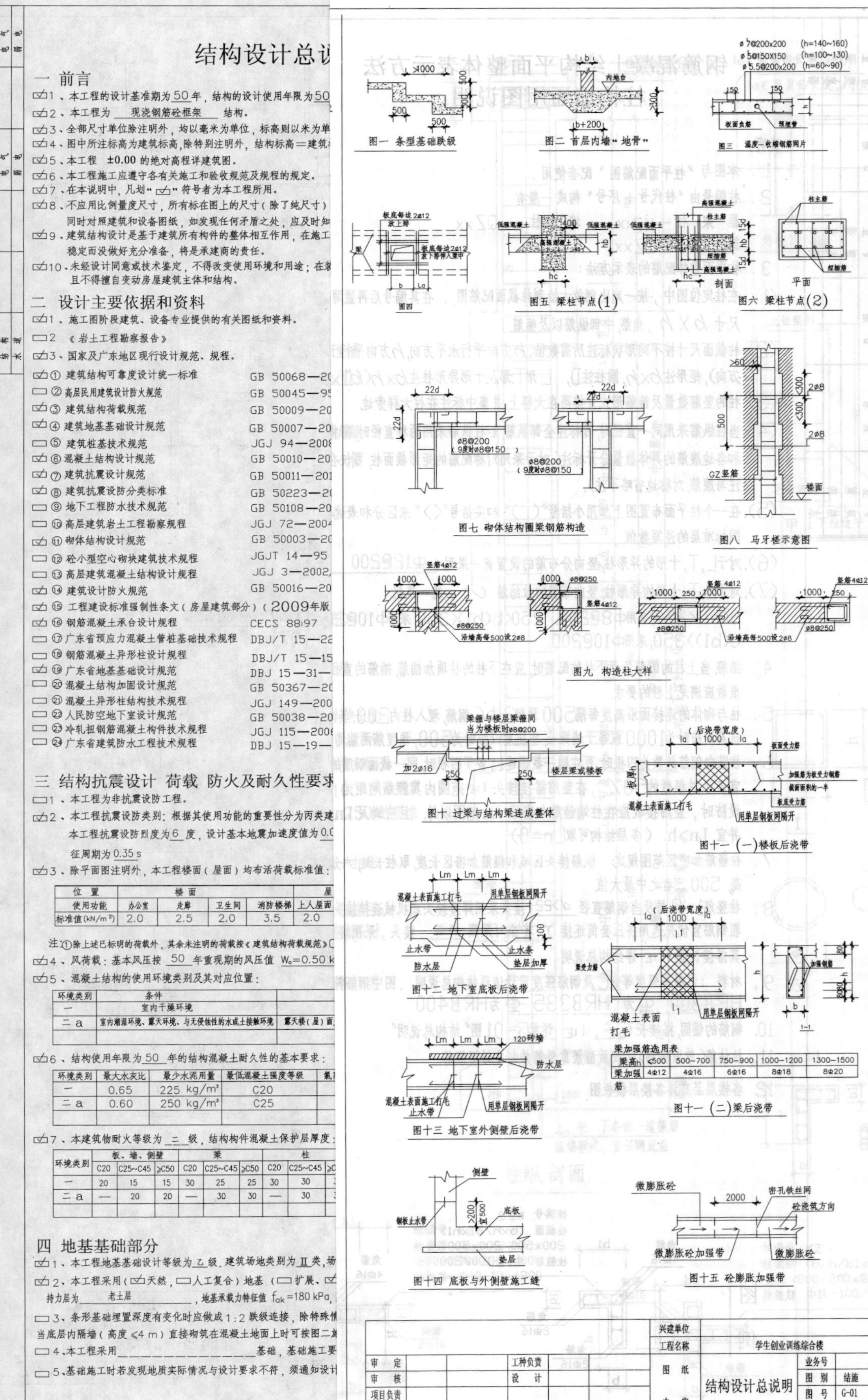

结构设计总说
一 前言
1、本工程的设计基准期为50年，结构的设计使用年限为50
2、本工程为 现浇钢筋砼框架 结构。
3、全部尺寸单位除注明外，均以毫米为单位，标高则以米为单
4、图中所注标高为建筑标高，除特别注明外，结构标高＝建筑
5、本工程 ±0.00 的绝对高程详建筑图。
6、本工程施工应遵守各有关施工和验收规范及规程的规定。
7、在本说明中，凡划"☑"符号者为本工程所用。
8、不应用比例量度尺寸，所有标在图上的尺寸（除了纯尺寸）
同时对照建筑和设备图纸，如发现任何矛盾之处，应及时知
9、建筑结构设计是基于建筑所有构件的整体相互作用，在施工
稳定而没做好充分准备，将是承建商的责任。
10、未经设计同意或技术鉴定，不得改变使用环境和用途；在装
且不得擅自变动房屋建筑主体和结构。
二 设计主要依据和资料
1、施工图阶段建筑、设备专业提供的有关图纸和资料。
2 《岩土工程勘察报告》
3、国家及广东地区现行设计规范、规程。
① 建筑结构可靠度设计统一标准 GB 50068—20
② 高层民用建筑设计防火规范 GB 50045—95
③ 建筑结构荷载规范 GB 50009—20
④ 建筑地基基础设计规范 GB 50007—20
⑤ 建筑桩基技术规范 JGJ 94—2008
⑥ 混凝土结构设计规范 GB 50010—20
⑦ 建筑抗震设计规范 GB 50011—201
⑧ 建筑抗震设防分类标准 GB 50223—20
⑨ 地下工程防水技术规范 GB 50108—20
⑩ 高层建筑岩土工程勘察规程 JGJ 72—2004
⑪ 砌体结构设计规范 GB 50003—20
⑫ 砼小型空心砌块建筑技术规程 JGJT 14—95
⑬ 高层建筑混凝土结构设计规程 JGJ 3—2002,
⑭ 建筑设计防火规范 GB 50016—20
⑮ 工程建设标准强制性条文（房屋建筑部分）（2009年版
⑯ 钢筋混凝土承台设计规程 CECS 88:97
⑰ 广东省预应力混凝土管桩基础技术规程 DBJ/T 15—22
⑱ 钢筋混凝土异形柱设计规程 DBJ/T 15—15
⑲ 广东省地基基础设计规范 DBJ 15—31—
⑳ 混凝土结构加固设计规范 GB 50367—20
㉑ 混凝土异形柱结构技术规程 JGJ 149—200
㉒ 人民防空地下室设计规范 GB 50038—20
㉓ 冷轧扭钢筋混凝土构件技术规程 JGJ 115—2006
㉔ 广东省建筑防水工程技术规程 DBJ 15—19—
三 结构抗震设计 荷载 防火及耐久性要求
1、本工程为非抗震设防工程。
2、本工程抗震设防类别：根据其使用功能的重要性分为丙类建
本工程抗震设防烈度为6度，设计基本地震加速度值为0.0
征周期为0.35 s
3、除平面图注明外，本工程楼面（屋面）均布活荷载标准值：
位置 | 楼面 | 屋
使用功能 | 办公室 | 走廊 | 卫生间 | 消防楼梯 | 上人屋面
标准值(kN/m²) | 2.0 | 2.5 | 2.0 | 3.5 | 2.0
注：①除上述已标明的荷载外，其余未注明的荷载按《建筑结构荷载规范》
4、风荷载：基本风压按 50 年重现期的风压值 W₀=0.50 k
5、混凝土结构的使用环境类别及其对应位置：
环境类别 | 条件
一 | 室内干燥环境
二 a | 室内潮湿环境、露天环境、与无侵蚀性的水或土接触环境 | 露天楼（屋）面
6、结构使用年限为50 年的结构混凝土耐久性的基本要求：
环境类别 | 最大水灰比 | 最少水泥用量 | 最低混凝土强度等级
一 | 0.65 | 225 kg/m³ | C20
二 a | 0.60 | 250 kg/m³ | C25
7、本建筑物耐火等级为 二 级，结构构件混凝土保护层厚度：
环境类别 | 板、墙、侧壁 | 梁 | 柱
 | C20 | C25~C45 | ≥C50 | C20 | C25~C45 | ≥C50 | C20 | C25~C45
一 | 20 | 15 | 15 | 30 | 25 | 25 | 30 | 30
二 a | — | 20 | 20 | — | 30 | 30 | — | 30
四 地基基础部分
1、本工程地基基础设计等级为乙级，建筑场地类别为Ⅱ类，场
2、本工程采用（☑天然，□人工复合）地基（□扩展、
持力层为 老土层 ，地基承载力特征值 fak=180 kPa,
3、条形基础埋置深度有变化时应做成1:2 踩级连接，除特殊情
当底层内隔墙（高度≤4 m）直接砌筑在混凝土地面上时可按图二施
4.本工程采用 基础，基础施工要
5.基础施工时若发现地质实际情况与设计要求不符，须通知设计
图一 条型基础踩级
图二 首层内墙"地骨"
ø7@200x200 (h=140~160)
ø5@150x150 (h=100~130)
ø5.5@200x200 (h=60~90)
图三 温度—收缩钢筋网片
图四
图五 梁柱节点(1)
图六 梁柱节点(2)
图七 砌体结构圈梁钢筋构造
图八 马牙槎示意图
图九 构造柱大样
图十 过梁与结构梁连成整体
图十一（一）楼板后浇带
图十二 地下室底板后浇带
图十三 地下室外侧壁后浇带
梁加强筋选用表
梁高h | <500 | 500~700 | 750~900 | 1000~1200 | 1300~1500
梁加强筋 | 4⌀12 | 4⌀16 | 6⌀16 | 8⌀18 | 8⌀20
图十一（二）梁后浇带
图十四 底板与外侧壁施工缝
微膨胀砼
密孔铁丝网
砼浇筑方向
微膨胀砼加强带
图十五 砼膨胀加强带
审定 | 工种负责
审核 | 设计
项目负责
校对
兴建单位
工程名称 学生创业训练综合楼
图纸内容 结构设计总说明
业务号
图别 结施
图号 G-01
日期

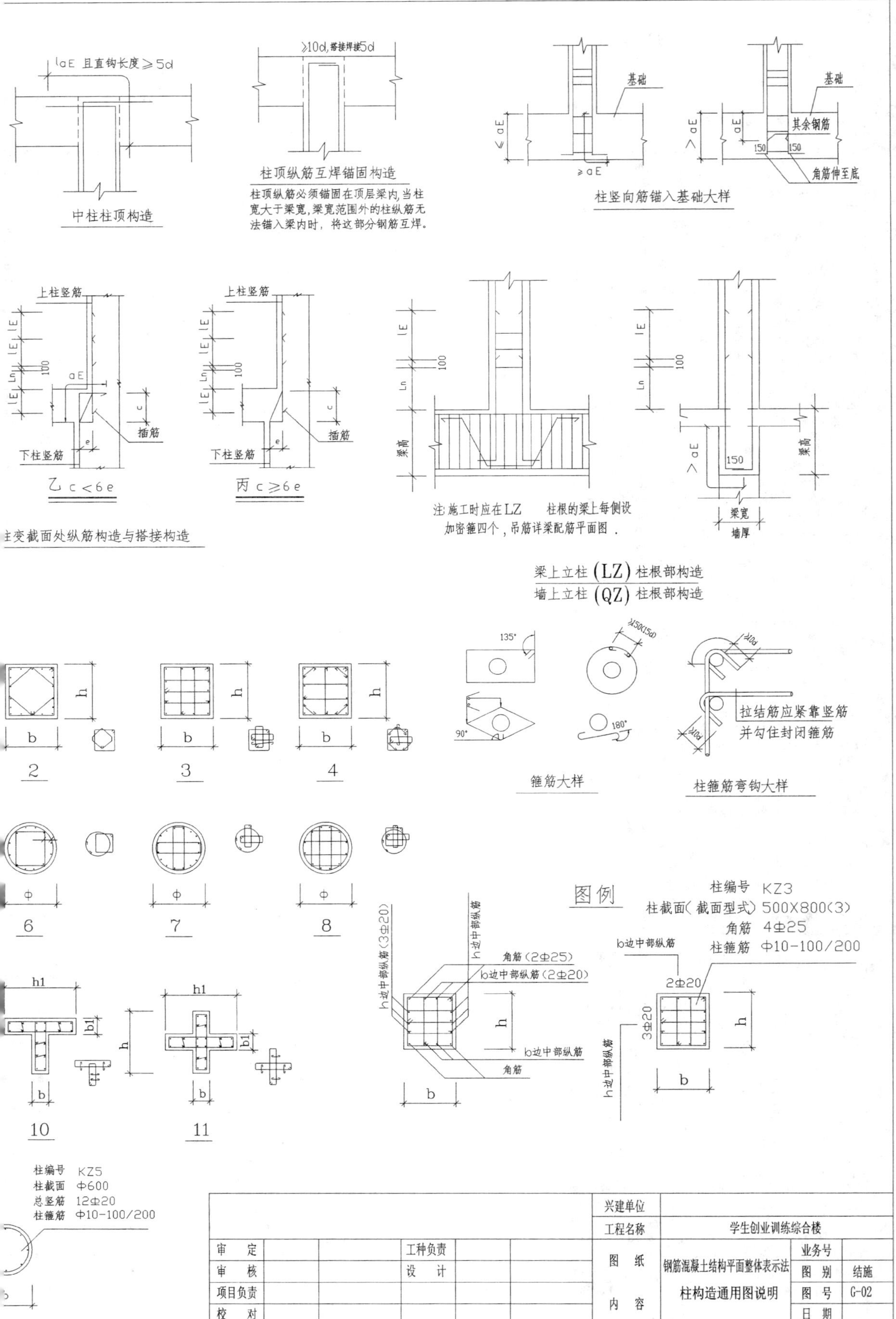
laE 且直钩长度≥5d
中柱柱顶构造
≥10d,搭接焊接5d
柱顶纵筋互焊锚固构造
柱顶纵筋必须锚固在顶层梁内,当柱宽大于梁宽,梁宽范围外的柱纵筋无法锚入梁内时，将这部分钢筋互焊。
基础
≤aE
≥aE
>aE
其余钢筋
150
角筋伸至底
柱竖向筋锚入基础大样
上柱竖筋
lE
Ln
100
aE
插筋
下柱竖筋
乙 c<6e
丙 c≥6e
柱变截面处纵筋构造与搭接构造
梁高
150
注:施工时应在LZ 柱根的梁上每侧设加密箍四个，吊筋详梁配筋平面图 .
梁宽
墙厚
梁上立柱(LZ)柱根部构造
墙上立柱(QZ)柱根部构造
135°
90°
180°
≥50(15d)
≥10d
拉结筋应紧靠竖筋
并勾住封闭箍筋
箍筋大样
柱箍筋弯钩大样
h
b
2
3
4
φ
6
7
8
h1
b1
10
11
图例
柱编号 KZ3
柱截面(截面型式) 500X800(3)
角筋 4⌀25
柱箍筋 Φ10-100/200
h边中部纵筋(3⌀20)
h边中部纵筋
角筋(2⌀25)
b边中部纵筋(2⌀20)
b边中部纵筋
角筋
b边中部纵筋
2⌀20
3⌀20
柱编号 KZ5
柱截面 Φ600
总竖筋 12⌀20
柱箍筋 Φ10-100/200
审 定
审 核
项目负责
校 对
工种负责
设 计
兴建单位
工程名称 学生创业训练综合楼
图 纸 内 容
钢筋混凝土结构平面整体表示法
柱构造通用图说明
业务号
图 别 结施
图 号 G-02
日 期

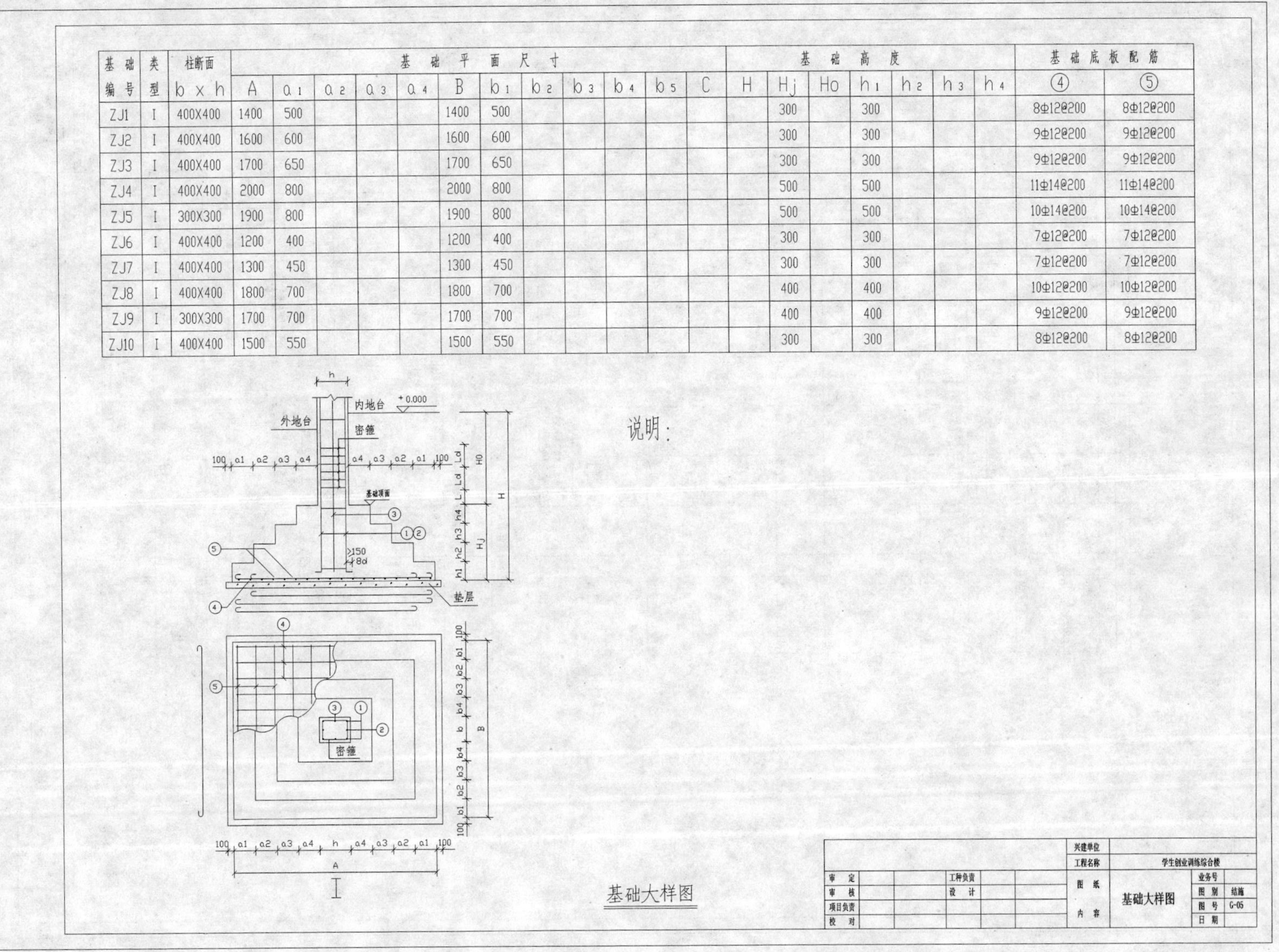

基础编号	类型	柱断面 b×h	基础平面尺寸 A	a1	a2	a3	a4	B	b1	b2	b3	b4	b5	C	基础高度 H	Hj	Ho	h1	h2	h3	h4	基础底板配筋 ④	⑤
ZJ1	I	400X400	1400	500				1400	500							300		300				8Φ12@200	8Φ12@200
ZJ2	I	400X400	1600	600				1600	600							300		300				9Φ12@200	9Φ12@200
ZJ3	I	400X400	1700	650				1700	650							300		300				9Φ12@200	9Φ12@200
ZJ4	I	400X400	2000	800				2000	800							500		500				11Φ14@200	11Φ14@200
ZJ5	I	300X300	1900	800				1900	800							500		500				10Φ14@200	10Φ14@200
ZJ6	I	400X400	1200	400				1200	400							300		300				7Φ12@200	7Φ12@200
ZJ7	I	400X400	1300	450				1300	450							300		300				7Φ12@200	7Φ12@200
ZJ8	I	400X400	1800	700				1800	700							400		400				10Φ12@200	10Φ12@200
ZJ9	I	300X300	1700	700				1700	700							400		400				9Φ12@200	9Φ12@200
ZJ10	I	400X400	1500	550				1500	550							300		300				8Φ12@200	8Φ12@200

说明：

基础大样图

审定		工种负责		兴建单位	
审核		设计		工程名称	学生创业训练综合楼
项目负责				图纸内容	基础大样图
校对				业务号 / 图别 结施 / 图号 G-05 / 日期	

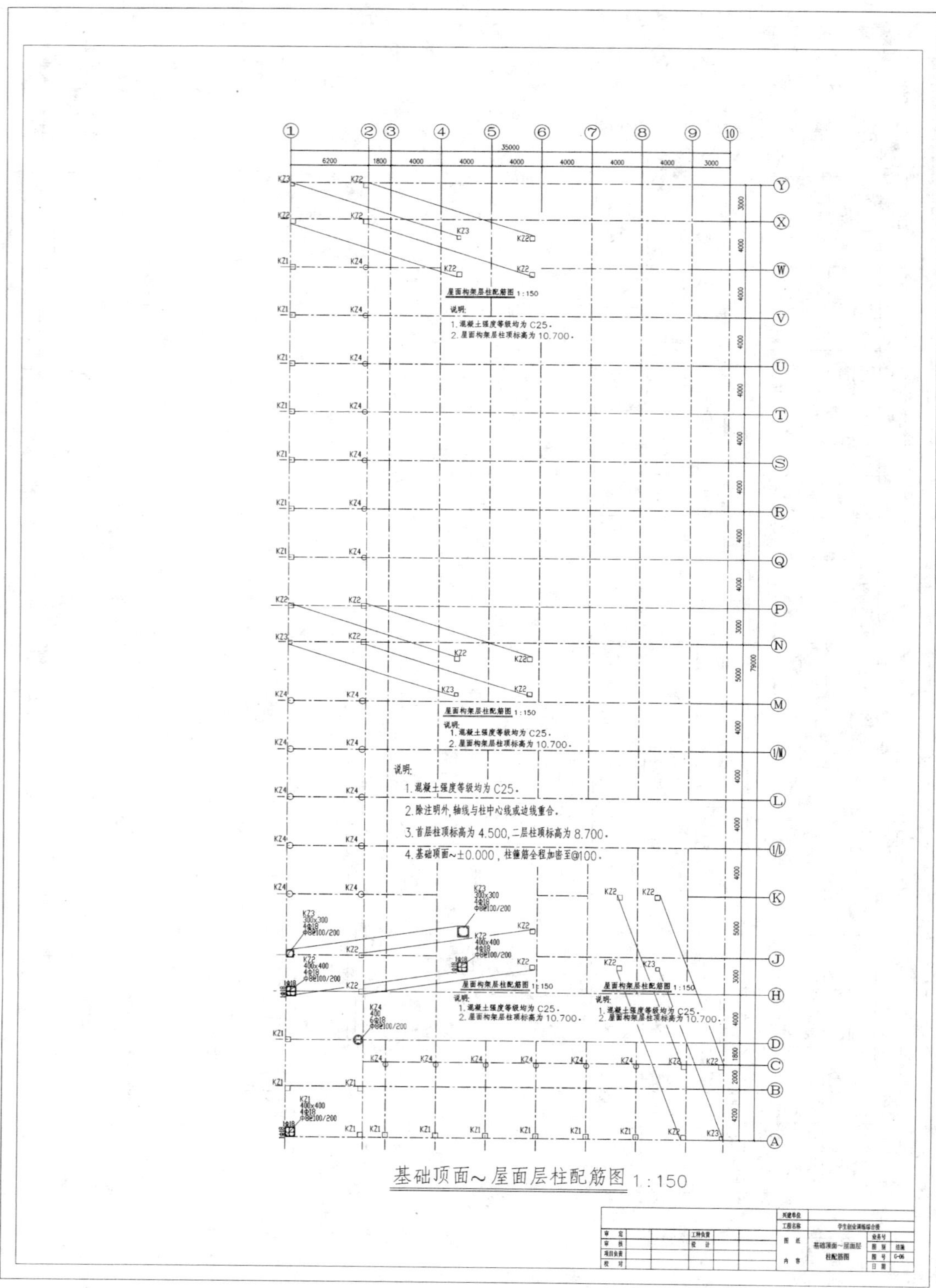

基础顶面~屋面层柱配筋图 1:150

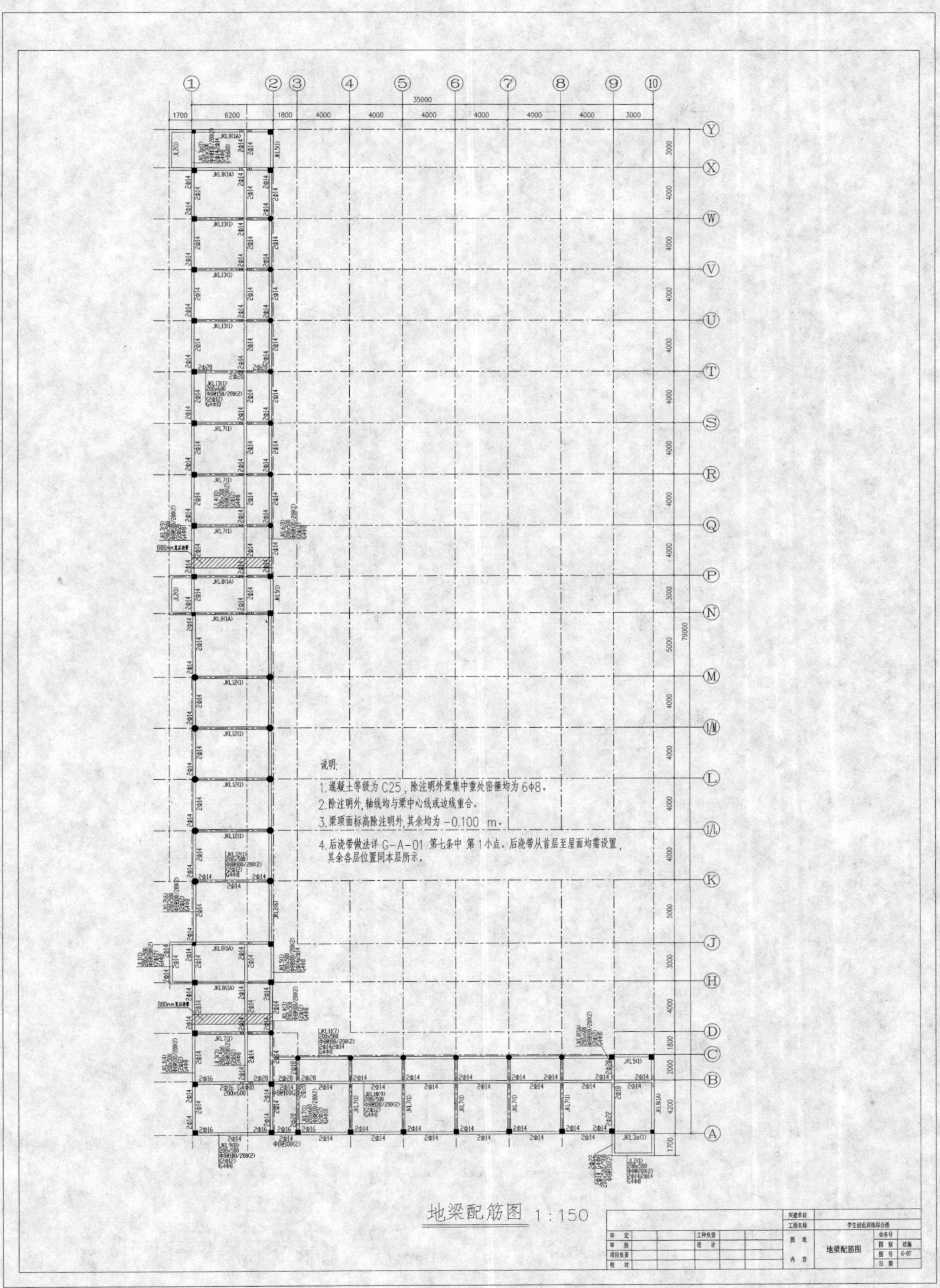

① ② ③ ④ ⑤ ⑥ ⑦ ⑧ ⑨ ⑩
35000
1700 6200 1800 4000 4000 4000 4000 4000 4000 3000
Y X W V U T S R Q P N M 1/M L 1/L K J H D C B A
79000
800mm宽后浇带
说明:
1.混凝土等级为 C25，除注明外梁集中重处密箍均为 6Φ8.
2.除注明外，轴线均与梁中心线或边线重合。
3.梁顶面标高除注明外，其余均为 -0.100 m.
4.后浇带做法详 G-A-01 第七条中 第 1 小点. 后浇带从首层至屋面均需设置，
其余各层位置同本层所示。
地梁配筋图 1:150
兴建单位
工程名称 学生创业训练综合楼
审定
审核
项目负责
校对
工种负责
设计
图纸内容 地梁配筋图
业务号
图别 结施
图号 G-07
日期

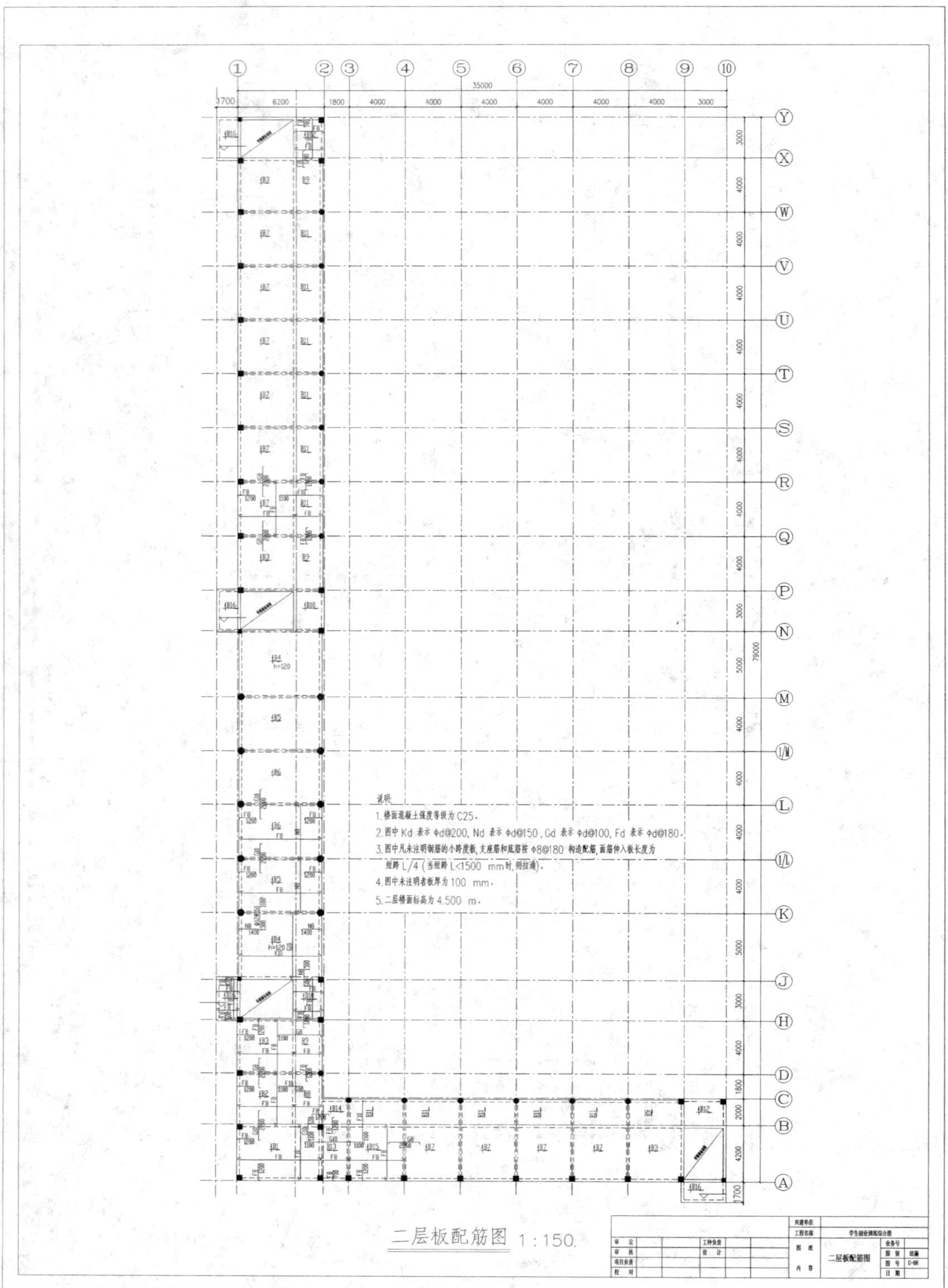
说明:
1.楼面混凝土强度等级为C25.
2.图中Kd 表示 ϕd@200, Nd 表示 ϕd@150 , Gd 表示 ϕd@100, Fd 表示 ϕd@180.
3.图中凡未注明钢筋的小跨度板,支座筋和底筋按 ϕ8@180 构造配筋,面筋伸入板长度为
短跨 L/4 (当短跨 L<1500 mm时,则拉通).
4.图中未注明者板厚为100 mm.
5.二层楼面标高为4.500 m.
兴建单位
工程名称
学生创业训练综合楼
审定
审核
项目负责
校对
工种负责
设计
图纸
内容
二层板配筋图
业务号
图别
结施
图号
G-08
日期
二层板配筋图 1:150

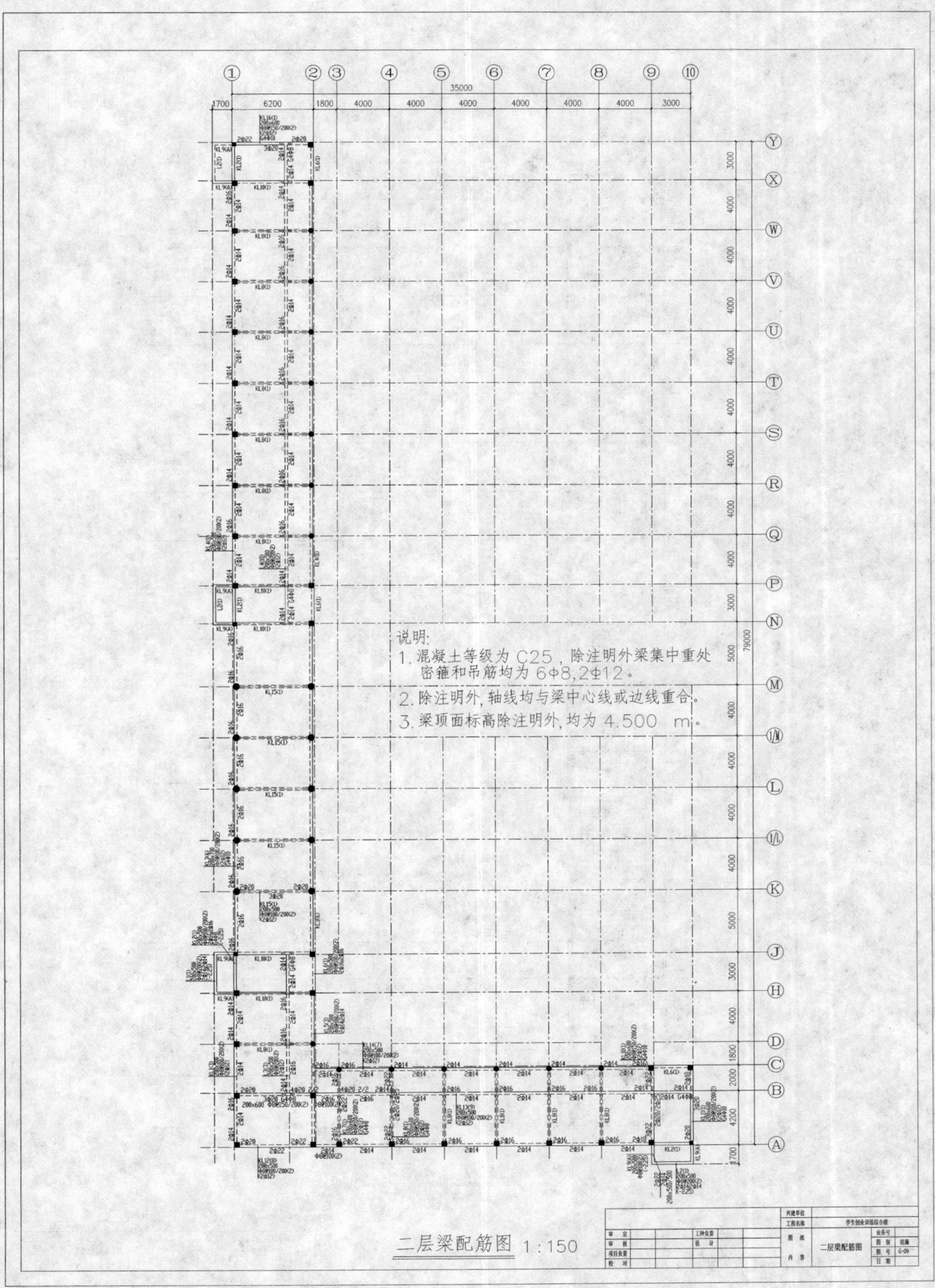
说明:
1. 混凝土等级为 C25，除注明外梁集中重处密箍和吊筋均为 6Φ8,2Φ12。
2. 除注明外,轴线均与梁中心线或边线重合。
3. 梁顶面标高除注明外,均为 4.500 m。
二层梁配筋图

二层梁配筋图 1:150

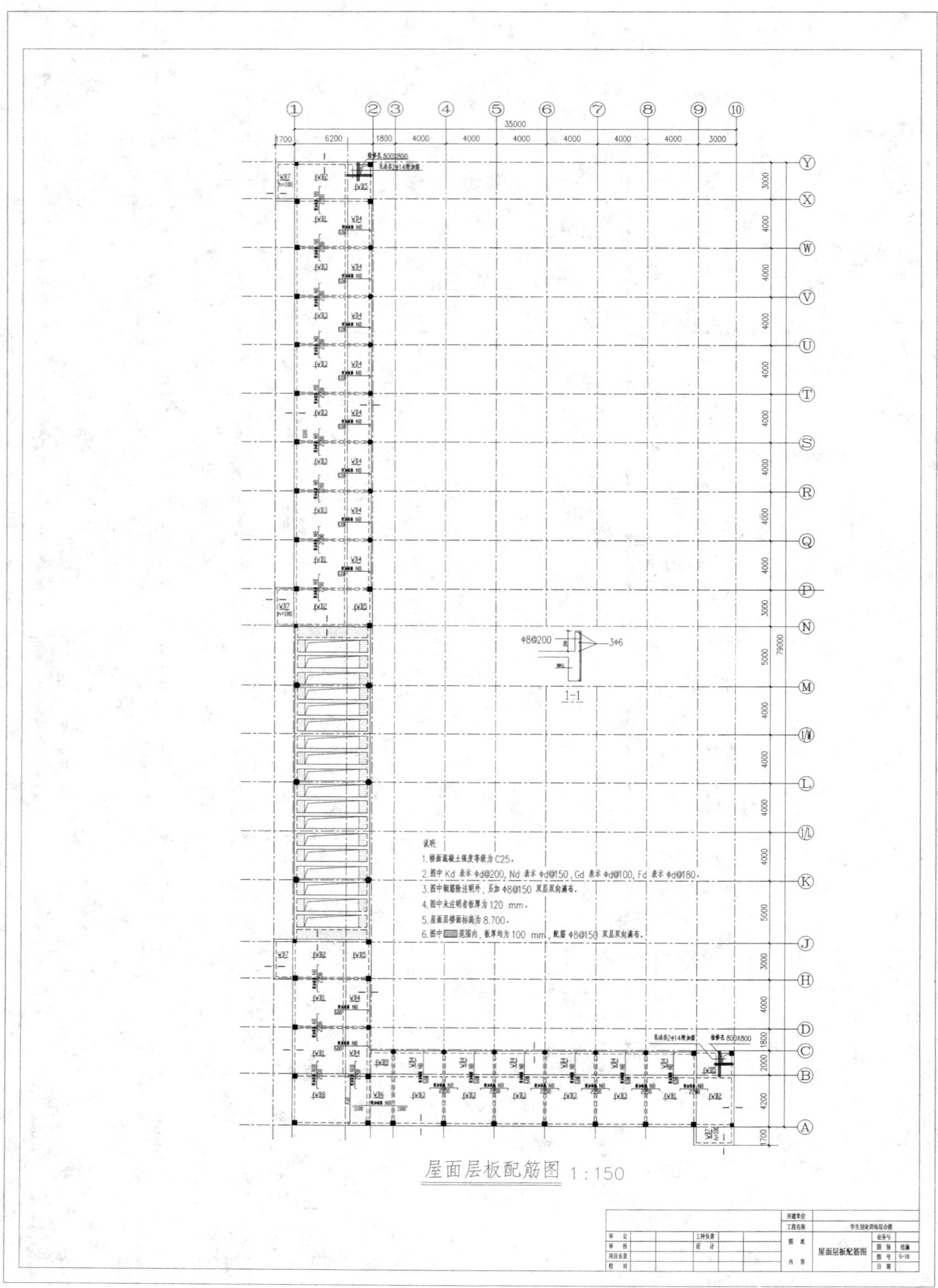

屋面层板配筋图 1:150

						兴建单位			
						工程名称	学生创业训练综合楼		
审定			工种负责			图纸内容	屋面层板配筋图	业务号	
审核			设计					图别	结施
项目负责								图号	G-10
校对								日期	

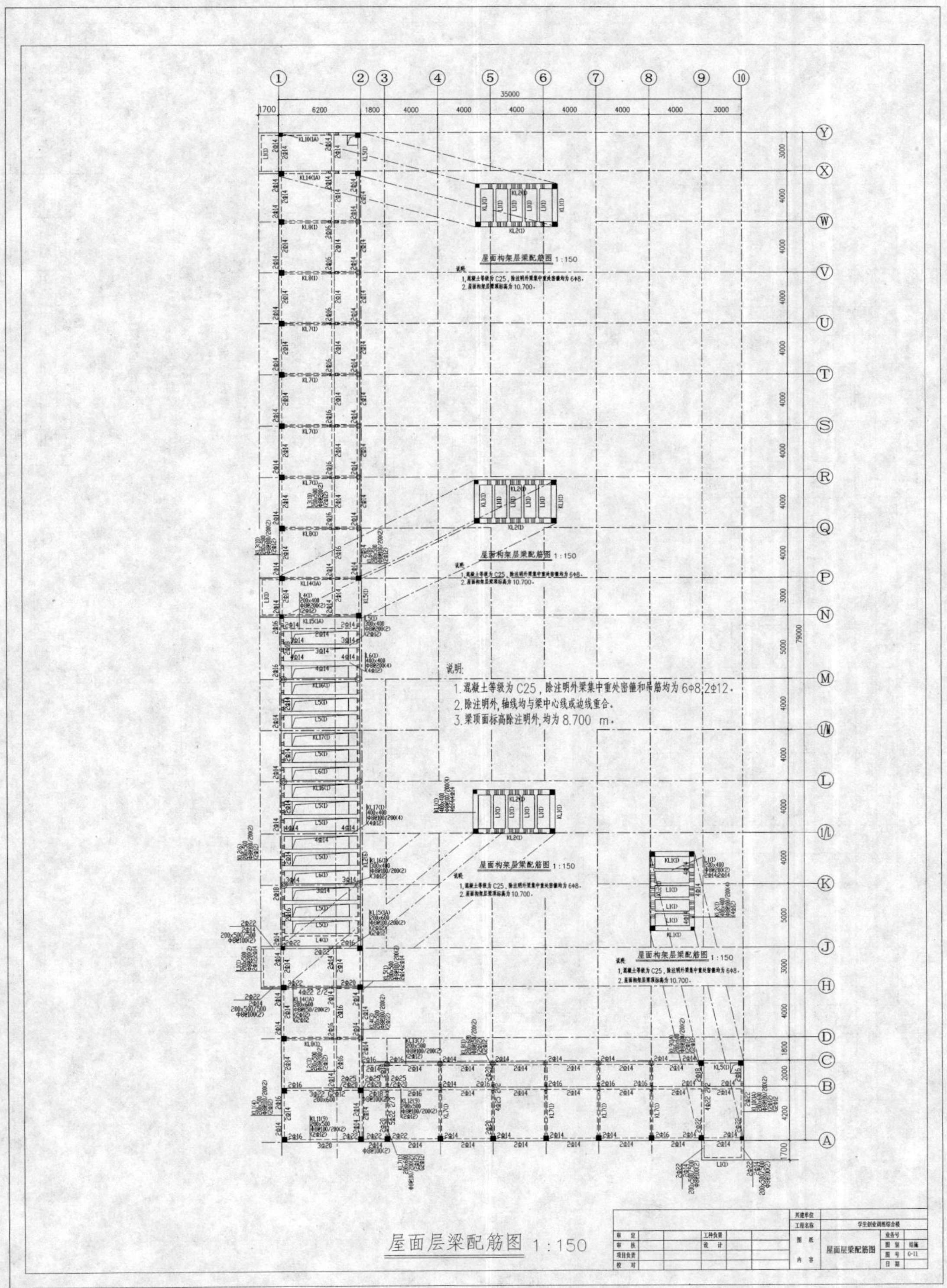

屋面层梁配筋图 1:150

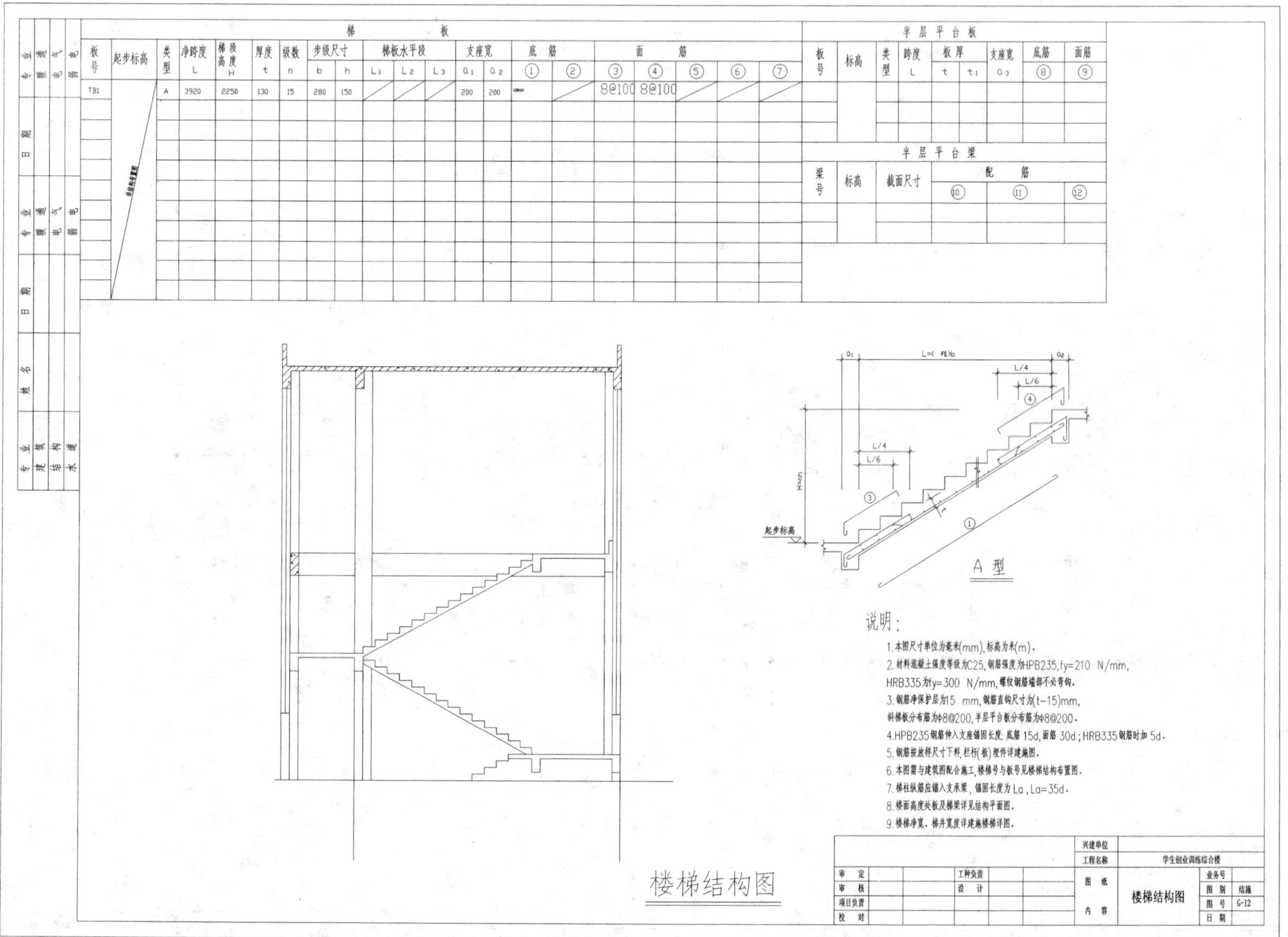

板号	起步标高	类型	净跨度 L	梯段高度 H	厚度 t	级数 n	步级尺寸 b	步级尺寸 h	梯板水平段 L1	梯板水平段 L2	梯板水平段 L3	支座宽 a1	支座宽 a2	底筋 ①	底筋 ②	面筋 ③	面筋 ④	面筋 ⑤	面筋 ⑥	面筋 ⑦
TB1		A	3920	2250	130	15	280	150				200	200			8@100	8@100			

半层平台板

板号	标高	类型	跨度 L	板厚 t	板厚 t1	支座宽 a3	底筋 ⑧	面筋 ⑨

半层平台梁

梁号	标高	截面尺寸	配筋 ⑩	配筋 ⑪	配筋 ⑫

说明：

1. 本图尺寸单位为毫米(mm)，标高为米(m)。
2. 材料混凝土强度等级为C25，钢筋强度为HPB235，fy=210 N/mm，HRB335为fy=300 N/mm，螺纹钢筋端部不必弯钩。
3. 钢筋净保护层为15 mm，钢筋直钩尺寸为(t-15)mm，斜梯板分布筋为φ8@200，半层平台板分布筋为φ8@200。
4. HPB235钢筋伸入支座锚固长度：底筋15d，面筋30d；HRB335钢筋时加5d。
5. 钢筋按放样尺寸下料，栏杆(板)埋件详建施图。
6. 本图需与建筑图配合施工，楼梯号与板号见楼梯结构布置图。
7. 梯柱纵筋应锚入支承梁，锚固长度为La，La=35d。
8. 楼面高度处板及梯梁详见结构平面图。
9. 楼梯净宽、梯井宽度详建施楼梯详图。

楼梯结构图

审定		工种负责		兴建单位		
审核		设计		工程名称	学生创业训练综合楼	
项目负责				图纸内容	楼梯结构图	业务号
校对						图别 结施
						图号 G-12
						日期

专业	日期	专业	日期	楼名	专业
暖通 电气 弱电		暖通 电气 弱电			建筑 结构 水道

参考文献

[1] 中华人民共和国住房和城乡建设部. 建设工程工程量清单计价规范(GB 50500—2013)[S]. 北京：中国计划出版社，2013.

[2] 规范编制组. 2013 建设工程计价计量规范辅导[M]. 北京：中国计划出版社，2013.

[3] 中华人民共和国住房和城乡建设部. 房屋建筑与装饰工程工程量计算规范(GB 50854—2013)[S]. 北京：中国计划出版社，2013.

[4] 中华人民共和国住房和城乡建设部. 建筑工程建筑面积计算规范（GB/T 50353—2013)[S]. 北京：中国计划出版社，2013.

[5] 广东省住房和城乡建设厅. 广东省建设工程计价通则[S]. 北京：中国计划出版社，2010.

[6] 广东省住房和城乡建设厅. 广东省建筑与装饰工程综合定额(上、中、下)[S]. 北京：中国计划出版社，2010.

[7] 广东省建设工程造价管理总站. 广东省建筑、装饰工程工程量清单计价指引(2013).

[8] 郝杰忠，张伟，邹盛国. 建筑工程工程量清单计价速查速算手册[M]. 北京：机械工业出版社，2009.

[9] 中国建筑标准设计研究院. 混凝土结构施工图平面整体表示方法制图规则和构造详图(11G101 -1、11G101 -2、11G101 -3)[S]. 北京：中国计划出版社，2011.

图书在版编目（CIP）数据

建筑工程计量与计价 / 黄昌见主编.
—长沙：中南大学出版社，2015.6
ISBN 978-7-5487-1604-4

Ⅰ.建…　Ⅱ.黄…　Ⅲ.①建筑工程—计量—高等职业教育—教材②建筑造价—高等职业教育—教材
Ⅳ.TU723.3

中国版本图书馆 CIP 数据核字(2015)第 150944 号

建筑工程计量与计价
JIANZHU GONGCHENG JILIANG YU JIJIA

黄昌见　主编

□责任编辑　韩　雪
□责任印制　易建国
□出版发行　中南大学出版社
社址：长沙市麓山南路　　邮编：410083
发行科电话：0731-88876770　　传真：0731-88710482
□印　　装　长沙印通印刷有限公司

□开　　本　787×1092　1/16　□印张 22.25　□字数 555 千字
□版　　次　2015 年 6 月第 1 版　□印次　2019 年 8 月第 3 次印刷
□书　　号　ISBN 978-7-5487-1604-4
□定　　价　49.00 元